中等职业教育国家规划教材
全国中等职业教育教材审定委员会审定

电力系统继电保护与自动装置

（第二版）

电厂及变电站电气运行专业

主　　编　李火元
责任主审　孙保民
审　　稿　黄　梅　夏瑞华

中国电力出版社
CHINA ELECTRIC POWER PRESS

内容提要

本书是中等职业教育国家规划教材。

本书分为13个单元，主要内容有：电网的电流保护、电网距离保护、输电线路的全线速动保护、输电线路的自动重合闸、电力变压器继电保护、发电机继电保护、母线保护、微机型继电保护、备用电源自动投入装置、按频率自动减负荷装置、同步发电机的自动并列装置、同步发电机的自动调节励磁装置、故障录波装置。

本书覆盖了电力系统继电保护与自动装置两个方面。在微机型继电保护装置及微机型自动装置普遍采用的今天，把原来分设的继电保护和自动装置合二为一完全是可行的。因为，它们的输入信号预处理和硬件电路基本相同，合二为一后，减少了不必要的重复。同时，也符合电厂及变电站向综合自动化方向发展的趋势。

本书单元标题下面有本单元的内容提要，每单元后面是本单元小结和复习思考题。本书可作为各类中等职业教育电气类各专业的教材，也可供从事继电保护及自动装置有关工作的工程技术人员参考。

图书在版编目（CIP）数据

电力系统继电保护与自动装置/李火元主编．—2版．北京：中国电力出版社，2006.1（2019.3重印）
中等职业教育国家规划教材
ISBN 978-7-5083-3685-5

Ⅰ．电…　Ⅱ．李…　Ⅲ．①电力系统-继电保护-专业学校-教材②电力系统-继电自动装置-专业学校-教材
Ⅳ．TM77

中国版本图书馆CIP数据核字（2005）第128411号

中国电力出版社出版、发行
（北京市东城区北京站西街19号　100005　http://www.cepp.sgcc.com.cn）
北京雁林吉兆印刷有限公司印刷
各地新华书店经售
*
2002年1月第一版
2006年1月第二版　2019年3月北京第二十六次印刷
787毫米×1092毫米　16开本　18.25印张　412千字
定价 **40.00** 元

电力中等职业教育国家规划教材

编 委 会

中等职业教育国家规划教材

出版说明

为了贯彻《中共中央国务院关于深化教育改革全面推进素质教育的决定》精神，落实《面向21世纪教育振兴行动计划》中提出的职业教育课程改革和教材建设规划，根据教育部关于《中等职业教育国家规划教材申报、立项及管理意见》（教职成［2001］1号）的精神，我们组织力量对实现中等职业教育培养目标和保证基本教学规格起保障作用的德育课程、文化基础课程、专业技术基础课程和80个重点建设专业主干课程的教材进行了规划和编写，从2001年秋季开学起，国家规划教材将陆续提供给各类中等职业学校选用。

国家规划教材是根据教育部最新颁布的德育课程、文化基础课程、专业技术基础课程和80个重点建设专业主干课程的教学大纲（课程教学基本要求）编写，并经全国中等职业教育教材审定委员会审定。新教材全面贯彻素质教育思想，从社会发展对高素质劳动者和中初级专门人才需要的实际出发，注重对学生的创新精神和实践能力的培养。新教材在理论体系、组织结构和阐述方法等方面均作了一些新的尝试。新教材实行一纲多本，努力为教材选用提供比较和选择，满足不同学制、不同专业和不同办学条件的教学需要。

希望各地、各部门积极推广和选用国家规划教材，并在使用过程中，注意总结经验，及时提出修改意见和建议，使之不断完善和提高。

教育部职业教育与成人教育司

二〇〇一年十月

前　言

本书自 2002 年 1 月出版发行以来，已印刷了 8 次。首先对第一版中的错漏之处给读者带来的不便表示歉意。可喜的是第二版给了我们改正的机会，我们将以更加审慎的态度撰写与组稿，尽所能提高质量，回报广大读者。

结合电力职业教育特点，城、农网改造后的需要和电力系统继电保护与自动装置自身技术的发展，第二版在第 4 单元中增加了重合器一节；根据目前电力系统中只要采用阻抗保护就是微机型这一现实，删除了第一版中的 2.3 节；对第 8 单元微机型继电保护的内容进行了重组；删除了 ZZQ-5 的相关内容，因为 ZZQ-5 已基本不用了。

虽然我们有写好本书的主观愿望，但限于水平，书中的错漏仍会存在，恳请读者批评指正。

编　者

2005 年 9 月 8 日于武昌

第一版前言

本书是根据教育部组织的“面向21世纪职业教育课程改革和教材建设规划”研究与开发项目《电厂及变电站电气运行》专业中的《电力系统继电保护与自动装置课程教学大纲》的要求编写的。

本书力求将近年来继电保护与自动装置领域的新原理、新技术用通俗的文字介绍给读者。考虑到电磁型和整流型装置还在广泛使用这一现实，且电磁型和整流型装置易于初学者很好地理解继电保护与自动装置的基本原理，所以在讲述继电保护与自动装置基本原理时以电磁型和整流型装置为重点。由于晶体管型和集成电路型装置已基本被微机型装置取代，因此较复杂的装置（含继电保护装置和自动装置，下同）以微机型为主，如微机型线路保护装置、微机型自动并列装置、微机型自动调节励磁装置、微机型故障录波装置等。书中还介绍了工频变化量继电保护原理等新技术。

全书共分13个单元，由李火元主编，林东主审。第1单元由杨利水编写，第9～13单元由李斌编写，其余各单元由李火元编写。林东同志在审阅过程中提出了许多宝贵意见，在此深表谢意。

由于编者水平所限，书中的错漏之处恳请读者批评指正。

编　者

2001年6月

目　　录

绪　　论

一、电力系统继电保护及自动装置的作用与任务

电力系统继电保护及自动装置（以下简称继电保护及自动装置）是电力系统安全、稳定运行的可靠保证。

电力系统是发（发电机）、供（变压器、线路）、用电的总称。电力系统由于受自然（如雷击、风灾等）、人为（如设备制造上的缺陷、误操作等）因素影响，不可避免地会发生各种形式的短路故障（以下简称故障）和不正常工作状态。故障和不正常工作状态，都可能在电力系统中引起事故。事故是指系统或其中的一部分正常工作遭破坏，造成对用户的少送电或人身伤亡和设备损坏。前者称为停电事故，后者称为人身和设备事故。

为了减轻故障和不正常工作状态造成的影响，继电保护的任务是：当电力系统出现故障时，给控制主设备（如输电线路、发电机、变压器等）的断路器发出跳闸信号，将发生故障的主设备从系统中切除，保证无故障部分继续运行；当电力系统出现不正常工作状态时继电保护发出信号，运行人员根据继电保护发出的信号对不正常工作状态进行处理，防止不正常工作状态发展成故障而造成事故。例如某变压器过载了，运行人员就应相应的减轻该变压器的负载，使该变压器恢复正常运行。

电能的生产（发电）、输送、分配、使用是同时进行的，从电源到负荷是一个紧密连接的且分布十分广泛的大系统。因此，对电能质量及电力系统运行有极严格的要求。运行中出现问题，若处理不及时或处理不正确都会影响电力系统的正常运行，甚至造成大面积停电；局部发生的故障，如处理不当，会影响整个电力系统。随着发电机单机容量及电力系统容量的不断扩大，对运行水平的要求越来越高。只有借助自动装置的帮助，才能达到现代电力系统所要求的运行水平。自动装置的任务是：①配合继电保护提高供电的可靠性（如自动重合闸、备用电源自动投入装置等）；②保证电能质量、提高系统经济运行水平、减轻运行人员的劳动强度（如自动调节励磁装置、按频率自动减负荷装置、自动并列装置等）；③自动记录故障过程，以利于分析处理事故（如故障录波装置等）。

二、对继电保护的四项基本要求

继电保护的功能，就是将检测到的电气量与整定值进行比较，在越过整定值或边界时就动作。继电保护装置工作的好坏用四项基本要求来衡量。

1. 可靠性

电力系统正常运行时，继电保护装置应可靠地不动作；当被保护设备发生故障或不正常工作状态时，继电保护装置应可靠地动作。前者称作安全性，如果电力系统正常运行时继电保护装置动作了，误发信号或误将某设备切除，非但未起到保护作用，反而由于误动作造成了电力系统的不安全；后者称作可依赖性，如果被保护设备发生故障或出现不正常工作状态时继电保护装置拒绝动作，就没有起到保护作用，该保护不可依赖。由此可见，

继电保护必须满足可靠性的要求。

2. 迅速性

迅速性又可称作快速性，是指继电保护装置的动作速度要快。理论上讲，继电保护装置的动作速度越快越好，但是实际应用中，为防止干扰信号造成保护装置的误动作及保证保护间的相互配合，继电保护不得不人为地设置一定的动作时限。

目前继电保护的动作速度完全能满足电力系统的要求。最快的继电保护装置的动作时间约为 5ms。

3. 选择性

选择性是指当电力系统出现故障时，继电保护装置发出跳闸命令仅将故障设备切除，使停电范围尽可能减小，应保证无故障部分继续运行。如图 0-1 中 k1 点故障，断路器 QF1 和 QF2 的保护动作，切除发生在线路 L1 上的故障，保证无故障部分继续运行。

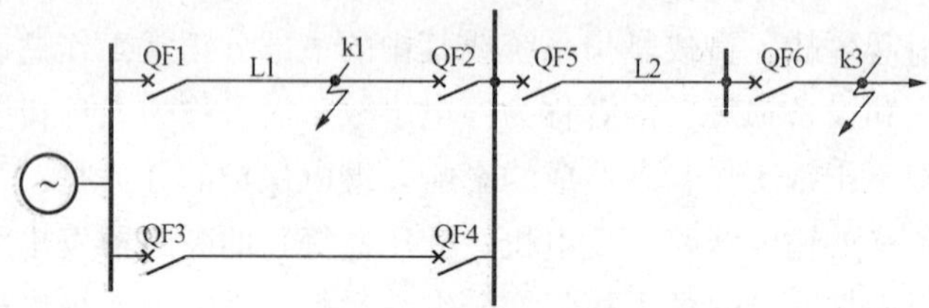

图 0-1　选择性说明图

在图 0-1 中 k3 点故障时，根据选择性的要求应该由断路器 QF6 切除故障。若出现 QF6 上的继电保护装置拒动或者是断路器自身拒动，则应由 QF5 切除 k3 点故障。这是很必要的，称断路器 QF5 是断路器 QF6 的后备，其他的继电保护装置也是如此。这样停电范围虽然有所扩大，但故障总是被切除了。

4. 灵敏性

灵敏性指的是继电保护装置反应故障的能力。灵敏性一般用灵敏系数 K_{sen} 来衡量，不同的继电保护装置对灵敏系数的要求不相同，校验灵敏性的方法也不一样，这将在以后各具体的继电保护装置中分析。

以上四项基本要求，贯穿整个继电保护内容的始终。要注意四项基本要求间的矛盾与统一，例如强调快速性时，可能会影响到可靠性和选择性；强调选择性时可能会影响到快速性。可以推断：同时满足四项基本要求的继电保护装置，其造价一定昂贵。所以，对具体的被保护对象装设怎样的继电保护装置，在满足技术条件的同时还要分析其经济性。

对各种自动装置的基本要求，将在各有关单元介绍。

继电保护及自动装置发展到今天，它的构成原理已形成了两种逻辑：①布线逻辑；②数字逻辑。布线逻辑的继电保护装置和自动装置（以下简称装置），其功能靠接线来完成，不同原理的装置其接线也不同（及硬件不相同）；数字逻辑的装置其功能由计算（程序）来完成，不同原理的装置计算方法（程序）不相同，但硬件基本相同。布线逻辑的装置要实现一种完善的特性（如四边形阻抗边界），接线将十分复杂，有些边界还不可能实现；数字逻辑的装置其原理是由计算（程序）来实现的，因此可实现特性完善的装置。

三、学习继电保护及自动装置时应注意的几个问题

学习继电保护及自动装置要注意学习方法。应在学完电工基础、电机学、电子技术、微机原理、发电厂变电站电气设备、电力系统等课程的基础上进行学习。在对继电保护及自动装置进行理论（基本原理、工作原理、工作特性等）分析时，首先应分析被保护或被控制的主设备（如发电机、变压器、输电线路等）的特点，特别是要分析他们在不正常工作状态和故障情况时的特征，找出特征量或被控量；接着分析用于判别这些特征量或被控量的继电器或自动装置；再分析继电保护及自动装置的工作原理、工作特性。要掌握继电保护及自动装置这门技术，实训操作是必不可少的。在进行实训操作时，要充分模拟主设备不正常状态和故障情况，观察装置的动作情况，记录动作特性（特别是外特性），结合理论知识分析动作的正确性。

继电保护及自动装置课程的理论性、实践性都很强。初学者常感觉起点高，入门难。但入门之后，就会发现该课程逻辑推理严密、系统性强、层次分明、前后知识关联，越学越有趣。所以初学者要知难而进，一旦掌握了学习方法，深入到理论和实践中，就会发现继电保护及自动装置内部世界的“精彩”之处，就会自觉地克服学习中的困难，掌握继电保护及自动装置这门技术。

本课程知识的难点包含两层含义。

（1）基础知识“层次”问题。例如，要求仅有小学文化程度的人去解微分方程，无论多么简单的微分方程他都无法解，因为他的知识没有达到解微分方程这个层次。

（2）“繁”及复杂。

继电保护及自动装置课程对中职学员来讲，上述两类难点都存在。为了快速切除故障，继电保护的动作时间以毫秒记，因此对电磁暂态方面的知识必须有所要求。但中职学员在学习电机学、电力系统等课程时对暂态方面的知识了解很少，这就需要在学习本课程时加以适当的补充。对于这类“层次”问题，将概念搞清即可，没有必要追求理论推导的完整性。学习继电保护及自动装置感到“繁”是每一个初学者的“通病”。要解决“繁”的问题，应从目的出发，结合对每一种装置的基本要求去衡量这些装置是否达到设定目标。在分析过程中可采用“积木”式的分析方法，将一个复杂的大问题（总装置）化为若干小问题进行分析，加之多观察、多动手，难题也容易解决。对于那些结构十分复杂的装置（如微机保护的硬件电路、自动并列装置等），初学时可将它的内部结构看成一个“黑匣子”，先搞清它的外特性，学会使用，有必要时再去研究内部结构。

第 1 单元

电网的电流保护

内容提要和要求

（一）内容提要

（1）本单元是继电保护知识的基础。内容包括：几种常用的电磁型继电器、方向元件的构成原理和工作原理；电流保护的接线方式和三段式电流保护；讨论以电流（功率）的方向为判据，解决两侧电源或单电源环网输电线路电流保护的选择性问题；根据输电线路发生接地故障后会出现零序分量这一特点，介绍零序电流、零序电压保护。

（2）学习本单元的目的是：建立完整的“继电保护概念”，学会绘制、阅读继电保护接线图；掌握阶段式电流保护在保护范围、动作值、动作时限方面的配合；会正确使用接线方式；掌握利用电流（功率）的方向解决选择性问题的方法；掌握阶段式零序电流保护、零序方向保护和绝缘监视装置的工作原理。

（二）教学要求

（1）正确理解动作电流、返回电流和返回系数。

（2）掌握电磁型电流继电器、电压继电器、时间继电器、信号继电器和中间继电器的作用及工作原理。

（3）会分析三段式电流保护的工作原理、各段的保护范围及整定计算。

（4）能对三段式电流保护正确接线。

（5）会分析三段式电流保护的优、缺点。

（6）会分析两侧电源或单电源环网输电线路电流保护的方向问题。

（7）掌握方向元件的动作方向（正方向）。

（8）会分析比相式、比绝对值式的方向元件的工作原理。

（9）掌握死区、动作区、最灵敏角等概念。

（10）掌握消除死区的方法。

（11）熟悉 90°接线并会进行 90°接线。

（12）会阅读阶段式方向电流保护的接线图。

（13）会对阶段式方向电流保护进行整定计算。

（14）会分析零序电流滤过器和零序电压滤过器的工作原理。

（15）会分析阶段式零序电流保护的工作原理。

（16）会对阶段式零序电流保护整定计算。

（17）了解零序功率方向元件的构成原理。

(18) 掌握零序功率方向元件的工作特性和接线方式。

(19) 会分析绝缘监视装置的工作原理。

(20) 了解中性点非直接接地系统接地保护存在的问题。

§1.1 线路相间故障的三段式电流保护

电网担负着由电源向负荷输送电能的任务，正常运行时流过的是负荷电流。当线路发生短路故障时，电源向故障点提供很大的短路电流（是正常运行时负荷电流的几倍），使系统正常运行状态遭到破坏，造成一系列的严重后果。为了消除短路故障给系统造成的危害，可以利用线路短路故障时电流增大的特点，构成电网故障的电流保护，将故障切除，以保证系统非故障部分的正常运行。

一、常用的继电器

线路相间短路故障的显著特点是电流增大、电压降低。利用电流继电器（或电压继电器）判断线路的运行状态，作为线路电流保护（或电压保护）的起动元件，构成线路相间故障的电流、电压保护，以保证系统非故障部分的正常运行。下面介绍继电保护中常用的电磁型继电器。

1. 电磁型电流继电器

电流继电器的作用是测量电流的大小。电流继电器的结构和图形符号如图 1-1 所示。其线圈导线较粗、匝数少，串接在电流互感器的二次侧，作为电流保护的起动元件（或称测量元件），用以判断被保护对象的运行状态。

电磁型电流继电器由铁芯线圈、固定在转轴上的Z形舌片和螺旋弹簧及动触点、静触点等构成。通过继电器的电流产生电磁力矩 M_e，作用于Z形舌片，螺旋弹簧产生反作用力矩 M_s，作用于转轴。当 M_e 大于 M_s 时，使Z形舌片转动（忽略轴与轴承的摩擦力矩），动合触点（亦称常开触点，继电器动作之前处在断开状态，动作时闭合的触点）闭合，称之为继电器动作。继电器的动作条件为

$$M_e > M_s \qquad (1-1)$$

使继电器动作的最小电流称为动作电流，用 I_{act} 表示。

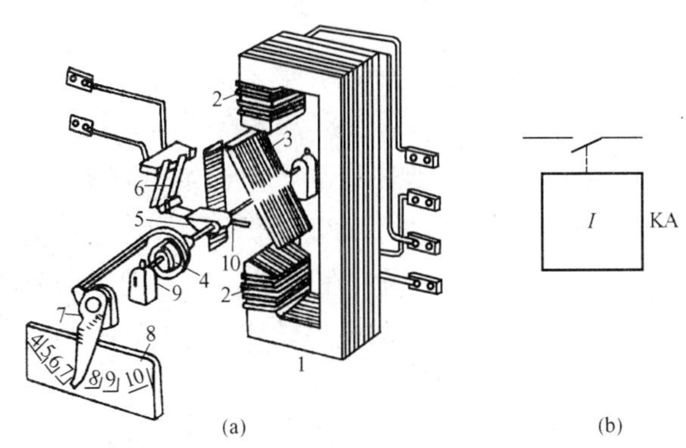

图 1-1　电磁型电流继电器

（a）结构图；（b）图形符号

1—电磁铁；2—线圈；3—Z形舌片；4—螺旋弹簧；5—动触点；6—静触点；7—整定值调整把手；8—刻度盘；9—轴承；10—止档

继电器动作后，若通过继电器的电流减小，则电流产生的电磁力矩 M_e 亦随之减小。当电磁力矩 M_e 小于螺旋弹簧产

生的反作用力矩 M_s 时，Z 形舌片在 M_s 的作用下回到动作前的位置，动合触点断开，称之为继电器的返回。继电器的返回条件为

$$M_e < M_s \tag{1-2}$$

使继电器返回的最大电流称为返回电流，用 I_r 表示。由于动作前后 Z 形舌片的位置不同，动作后磁路的气隙变小，故返回电流 I_r 总是小于动作电流 I_{act}。

返回电流 I_r 与动作电流 I_{act} 的比值称为返回系数 K_r，有

$$K_r = \frac{I_r}{I_{act}} \tag{1-3}$$

K_r=0.85～0.95。

当给继电器所加的控制量（如通过的电流）变化到某一数值时，其触点的状态发生突变（反映在触点的输出），继电器具有明确而快速的动作特性，即继电特性，如图 1-2 所示。

实际应用中应根据具体要求选用电流继电器，如某一电流保护装置，电流继电器整定值为 3A，可选用 DL−11/10 型电流继电器。

继电器型号的意义如下：D——电磁型；L——电流继电器；11——设计序号，有一对动合触点；10——动作值的整定范围为 2.5～10A。

该继电器的整定范围为 2.5～10A，包括 3A，将整定值调整把手的箭头指在 3A 位置，且两个线圈串联，如图 1-3（a）所示，即为整定值为 3A 的电流继电器。

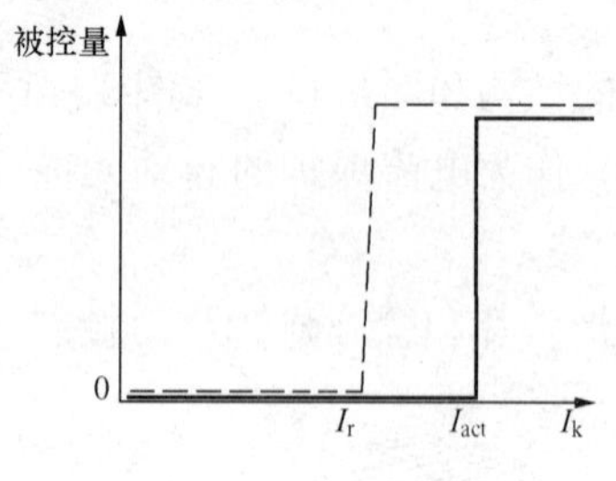

图 1-2　继电特性

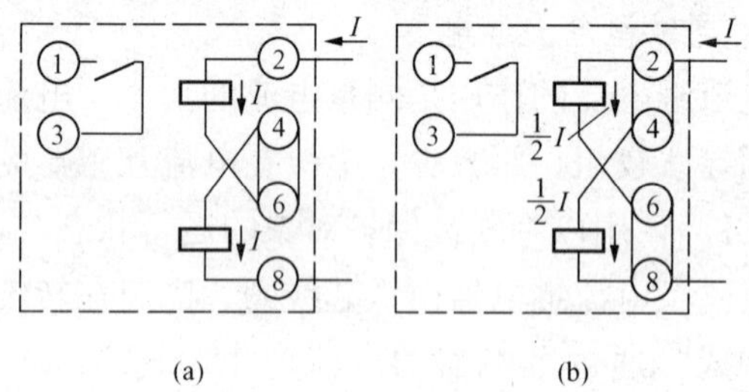

图 1-3　继电器内部接线图

（a）线圈串联；（b）线圈并联

又如某一电流保护装置，电流继电器整定值为 6A，仍可选用 DL−11/10 型电流继电器。将整定值调整把手的箭头仍指在 3A 位置，而将两个线圈并联，如图 1-3（b）所示，其整定值则为 6A。因为在整定值调整把手位置不变的前提下，两个线圈通入了同样的电流，所以并联时产生的电磁转矩与串联时产生的电磁力矩是相等的，但流入继电器的电流确为 6A。

2. 电磁型电压继电器

电压继电器的作用是测量电压的高低，应用时并接在电压互感器的二次侧，作为保护的起动元件（或称测量元件）。电磁型电压继电器的结构与电流继电器基本相同，但电压继电器的线圈导线细、匝数多，为改善继电器的动态特性，需增大线圈的电阻成分，故多用康铜线绕制。电压继电器的图形符号如图 1-4 所示。

电压继电器有过电压继电器和低电压继电器之分。过电压继电器动作和返回的概念等

同于电流继电器。低电压继电器若设有一对动断触点（亦称常闭触点，继电器线圈不通电或电压低于某定值时处于闭合状态的触点），正常运行时系统电压为额定值，电压互感器二次的额定电压加在低电压继电器上，产生的电磁转矩 M_e 大于螺旋弹簧产生的反作用力矩 M_s，触点处于断开状态；当发生短路故障时，系统电压下降，产生的电磁转矩 M_e 小于螺旋弹簧产生的反作用力矩 M_s 时，其触点闭合，称为低电压继电器动作。使其动作的最高电压称为低电压继电器的动作电压 U_{act}。故障消失后电压恢复，电压升高到产生的电磁转矩 M_e 大于螺旋弹簧产生的反作用力矩 M_s 时，其触点断开，称为低电压继电器返回。使其返回的最低电压称为低电压继电器的返回电压 U_r。返回系数 $K_r=U_r/U_{act}$，低电压继电器的返回系数大于1，通常要求 $K_r\leqslant 1.2$。

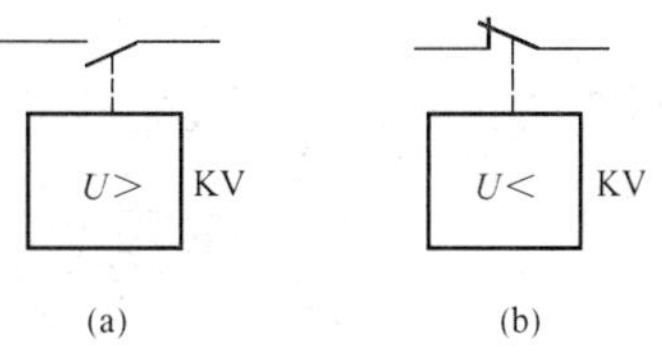

图 1-4　电压继电器图形符号

（a）过电压继电器；（b）低电压继电器

电压继电器动作值的调整可改变两个线圈的连接方式实现，当两个线圈串联时的动作值是两个线圈并联时的 2 倍，整定值的刻度为两个线圈并联时的动作值。

转动舌片式结构的电磁型电流继电器、电压继电器，消耗功率小，结构简单，但触点容量小，不能直接作用于断路器跳闸。

3. 电磁型时间继电器

时间继电器的作用是为保护装置建立必要的延时，以保证保护动作的选择性和某种逻辑关系。它的操作电源有直流的也有交流的，一般多为电磁式直流时间继电器。对时间继电器的要求：

（1）应能延时动作。线圈通电后，继电器的主触点不是立即闭合，而是经过一段延时后才闭合，并且这个延时应十分准确、可调，不受操作电压波动的影响。

（2）应能瞬时返回。对已经动作或正在动作的继电器，一旦线圈上所加电压消失，则整个机构应立即恢复到原始状态，而不应有任何的拖延，以便下一次动作。

电磁型时间继电器的结构及图形符号如图 1-5 所示。它主要由电磁部分、时钟部分和触点组成。当线圈 1 通电时，电磁铁 2 产生磁场，衔铁 3 在磁场作用下向下运动，时钟部分 10 开始计时，动触点 11 随时钟机构而旋转，延时的时间决定于动触点 11 旋转至与静触点 12 接通所需转过的角度，这一延时从刻度盘 13 上可粗略地估计。图 1-5 中 4 为返回弹簧，当线圈 1 失压时，时钟机构在返回弹簧 4 的作用下返回。5～8 为瞬动触点。有的继电器还有滑动延时触点，即当动触点在静触点上滑过时才闭合的触点。

4. 电磁型中间继电器

中间继电器起中间桥梁作用，与电磁型电流、电压继电器相比，有如下特点：①触点容量大，可直接作用于断路器跳闸；②触点数目多；③可实现时间继电器难以实现的短延时；④可实现保护装置电流起动、电压保持或电压起动、电流保持。由于中间继电器具有上述特点，可满足复杂保护和自动装置的需要，因此中间继电器得到了广泛应用。电磁型中间继电器的结构一般是吸引衔铁式，其结构及图形符号如图 1-6 所示。

线圈 2 通电后，电磁铁产生电磁力，吸引衔铁 3，从而带动触点 5，使动合触点闭合、

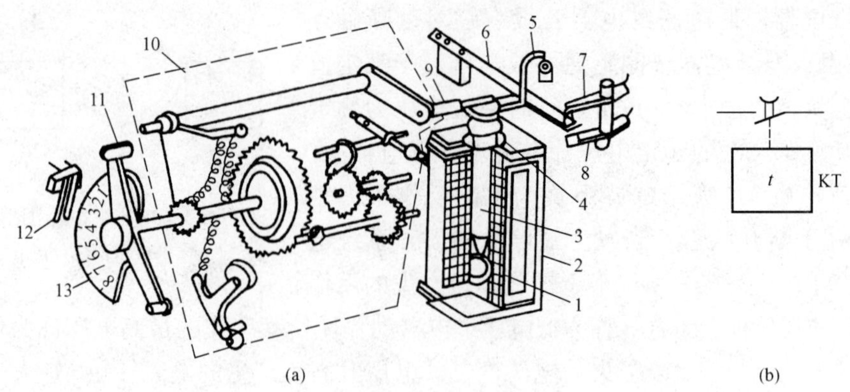

图 1-5　电磁型时间继电器

（a）结构图；（b）图形符号

1—线圈；2—电磁铁；3—衔铁；4—返回弹簧；5—扎头；6—可瞬动触点；

7、8—固定瞬时动断、动合触点；9—曲柄杠杆；10—时钟机构；

11—动触点；12—静触点；13—刻度盘

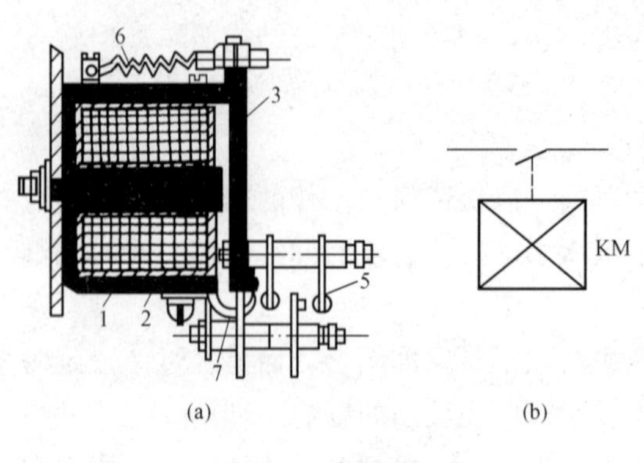

图 1-6　中间继电器

（a）结构图；（b）图形符号

1—电磁铁；2—线圈；3—活动衔铁；4—静触点；

5—动触点；6—弹簧；7—衔铁行程限制

动断触点打开。外加电压（或电流）消失后，在弹簧 6 的拉力下，衔铁返回，触点复位。

为保证在操作电压降低时继电器能可靠动作，一般中间继电器的动作电压不应大于额定电压的 70%（动作电流不应大于铭牌额定电流），在线圈所加电压（或电流）完全消失时返回。具有保持线圈的继电器的保持电流不应大于其额定电流的 80%，保持电压不应大于其额定电压的 65%。

在 DZS 型中间继电器的铁芯上，由于装设了短路环或短路线圈等磁阻尼元件，所以可获得一定的延时特性。当继电器线圈接通或断开电源时，短路环或短路线圈中的感应电流总是力图阻止磁通的变化，延缓铁芯中磁通建立或消失的过程，从而得到一定的动作或返回延时。当短路环装于铁芯根部时，在衔铁吸持前，它所产生的阻尼磁通大部经过漏磁回路而闭合，因此对气隙磁通的影响很小，所以对动作时间几乎没有影响，但却可延缓返回时间。这是因为返回是在衔铁吸持时开始的，此时主磁路没有气隙，阻尼磁通经衔铁而构成了闭合回路，故对主磁通的影响较大。与此相反，当短路环装于铁芯靠近气隙一侧时，则可获得动作延时和返回延时。

5. 电磁型信号继电器

信号继电器作为装置（继电保护装置和自动装置，下同）动作的信号指示，标示装置所处的状态，或接通灯光信号（音响）回路。信号继电器的触点为自保持，应由值班人员手动复归或电动复归。

DX－11 型信号继电器的结构及图形符号如图 1－7 所示。当线圈中通电时，衔铁 3 克服弹簧 6 的拉力被吸引，信号牌 9 失去支持而落下，并保持在垂直位置，动静触点闭合，从信号牌显示窗口可以看到掉牌。在值班员手动转动复归旋钮后才能将掉牌信号和触点复归。信号牌恢复到水平位置后，由衔铁 3 支持，准备下一次动作。

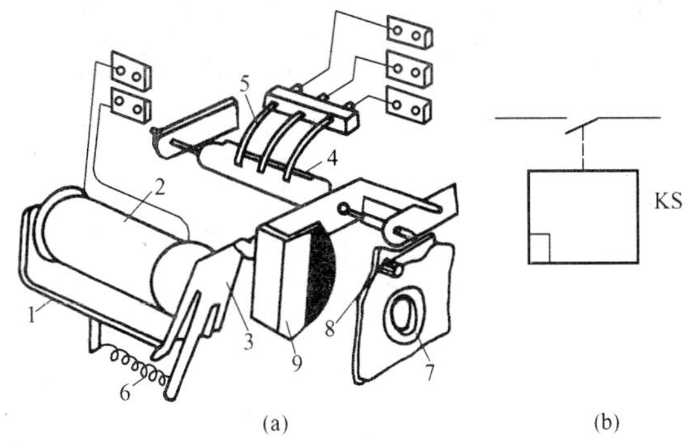

图 1－7　DX－11 型信号继电器

(a) 结构图；(b) 图形符号

1—电磁铁；2—线圈；3—衔铁；4—动触点；5—静触点；6—弹簧；7—信号牌显示窗口；8—复归旋钮；9—信号牌

DXM－2A 型信号继电器分为电流起动和电压起动两种。电流起动的信号继电器结构如图 1－8 所示。继电器采用磁力自保持，灯光显示，电动复归。当工作线圈通电时，电流产生磁通与置于线圈内永久磁铁的磁通方向相同，磁通通过簧片使触点相吸接通，信号指示灯亮。工作线圈断电后，由永久磁铁磁通保持触点闭合。复归时给释放线圈加电压，其所产生磁通与永久磁铁的磁通方向相反而互相抵消，触点返回。电压起动信号继电器的原理，与上述相同。

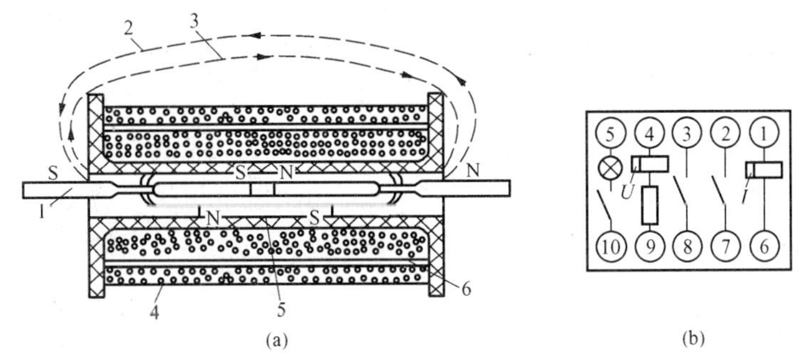

图 1－8　DXM－2A 型信号继电器

(a) 结构图；(b) 接线图

1—干簧触点；2—工作线圈磁通；3—释放线圈磁通；4—释放线圈；5—永久磁铁；6—工作线圈

二、电流保护的接线方式

1. 电流互感器

(1) 电流互感器的极性和一、二次电气量的正方向。为简化继电保护的分析，继电保护用电流互感器的极性及一、二次电气量正方向的规定如图 1－9 所示。互感器一次侧电流从正极性端子流入时，二次侧电流从正极性端子流出；当一次电流从反极性端子流入时，二次电流也从反极性端子流出，这时一、二次侧电流同相位。

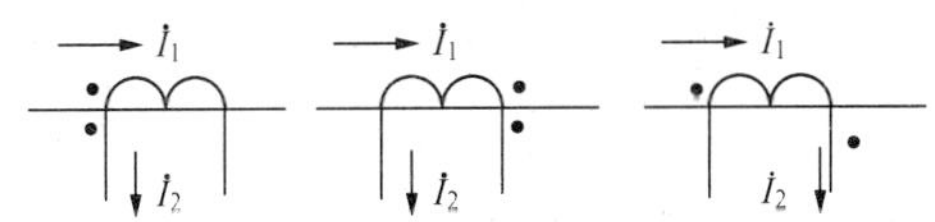

图 1－9　电流互感器的极性及一、二次电气量正方向

（2）电流互感器的10%误差曲线。短路故障时通入电流互感器一次侧的电流远大于其额定值，因铁芯饱和电流互感器会产生较大误差。为了将误差控制在允许范围内（继电保护要求变比误差应不超过10%，角度误差应不超过7°），对接入电流互感器一次侧的电流及二次侧的负载阻抗有一定的限制。当变比误差为10%、角度误差为7°时，饱和电流倍数m（电流互感器一次侧的电流与一次侧额定电流的比值）与二次侧负载阻抗Z_{L2}的关系曲线，称为电流互感器的10%误差的线，如图1-10所示。根据此曲线，若已知通过电流互感器一次侧的最大电流，可查出允许的二次负载阻抗Z_{L2}。反之若已知电流互感器的二次负载阻抗，可查出m值，计算出一次侧允许通过的最大电流。总之饱和电流倍数m与二次负载阻抗的交点在10%误差曲线下方，误差就不超过10%，即可满足继电保护的要求。也可据此选择电流互感器或二次负载。

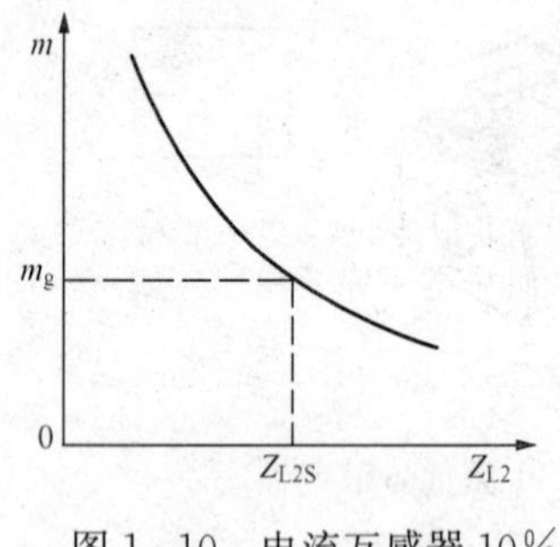

图1-10　电流互感器10%误差曲线

（3）继电保护用电流互感器。为避免因电流互感器铁芯饱和引起的保护动作不正确，也为适应某些保护（如差动保护）的要求，厂家生产了不同准确度等级的电流互感器。其中D级的电流互感器铁芯截面比普通的大，可供差动、距离保护等用；B级的电流互感器可供过流保护等用。因此在选择保护用电流互感器时要注意其型号。

2. 电流保护的接线方式

用电流互感器将大电流成比例地变换成二次侧的小电流，再由串接在电流互感器二次侧的电流继电器反应被保护对象电流的变化，以决定保护是否动作。电流继电器与电流互感器二次侧的连接方式，称为电流保护的接线方式。流入电流继电器的电流与电流互感器二次绕组电流的比值称为接线系数，用K_{con}表示。由于电流保护接线方式的不同，当发生不同类型的短路故障时，流入电流继电器的电流与电流互感器二次绕组电流的比值也不尽相同。

下面介绍电流保护中常用的接线方式。

（1）三相完全星形接线。三相完全星形接线如图1-11所示。三相均装有电流互感器，各相电流互感器二次绕组和电流继电器的线圈串联，然后接成星形连接，通过中性线形成回路。这种接线方式的特点是，能反映三相短路、两相短路、单相接地短路等各种形式的短路故障。例如，A相接地短路，A相电流继电器KA1动作；AB两相短路，KA1、KA2动作等。由于三个电流继电器触点并联，任一个继电器动作，都可以起动整套保护装置。

由图1-11可知，在各种故障时，流入电流继电器的电流总是与电流互感器二次绕组电流相等，所以接线系数$K_{con}=1$。

（2）两相不完全星形接线。两相不完全星形接线如图1-12所示。电流互感器装在两相上，其二次绕组与各自的电流继电器线圈串联后，连接成不完全星形。采用不完全星形接线时，电网各处保护装置的电流互感器都应装设在同名的两相上，一般装设在A相和C相上。

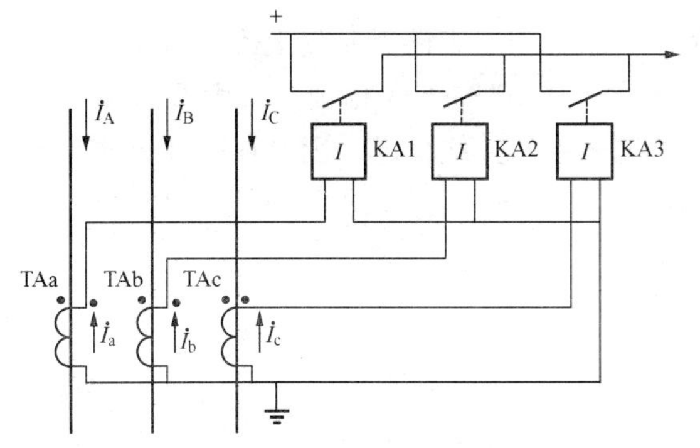

图 1-11　三相完全星形接线

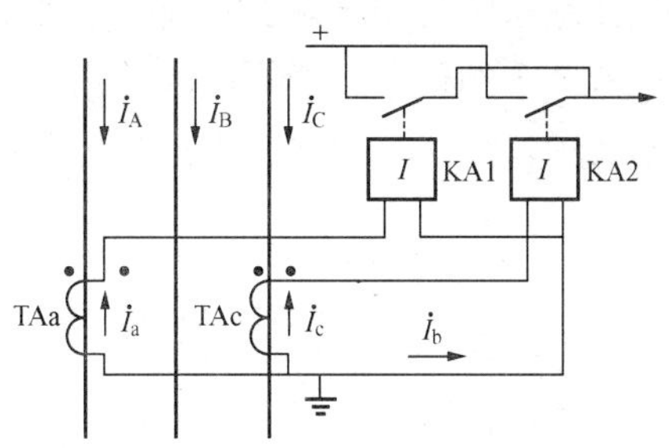

图 1-12　两相两继电器不完全星形接线

两相不完全星形接线的特点是：能反映各种相间故障。当线路上发生两相或三相短路时，至少有一个电流互感器流过短路电流，使继电器动作。但是，如果在没装设电流互感器的一相上发生单相接地故障时，保护装置将不动作。在各种情况下，流入继电器的电流和电流互感器的二次绕组电流相等，接线系数 $K_{con}=1$。

在小接地电流系统中，发生单相接地故障时，没有短路电流，只有较小的电容电流，当电容电流小于允许值时，可继续运行 2h 以内。若采用不完全星形接线且电流互感器装设在同名的两相上，在不同线路的不同相别上发生两相接地短路时，有 6 种故障的可能，其中有 4 种情况只切除一条线路，也即 2/3 的几率切除一条线路，1/3 的几率切除两条线路，如图 1-13 和表 1-1 所示。

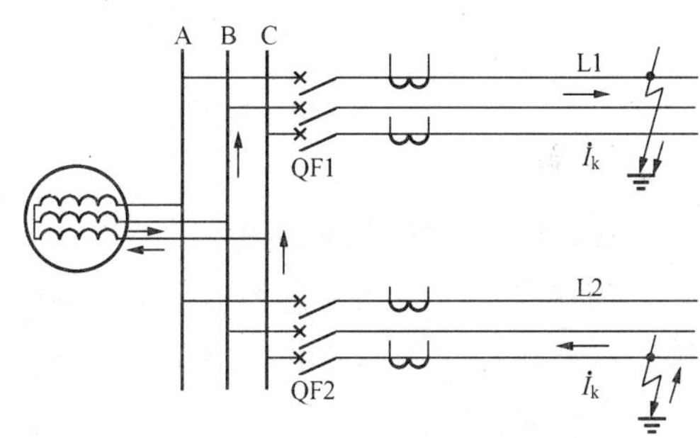

图 1-13　不同地点两点接地时工作分析

表 1-1　不同线路的不同相别两点接地短路时不完全星形接线保护动作情况

线路 L1 接地相别	A	A	B	B	C	C
线路 L2 接地相别	B	C	C	A	A	B
L1 保护动作情况	动作	动作	不动作	不动作	动作	动作
L2 保护动作情况	不动作	动作	动作	动作	动作	不动作
停电线路数	1	2	1	1	2	1

（3）两相不完全星形接线，用于 Y，d11 接线变压器（设保护装在 Y 侧），在变压器的△侧发生两相短路时（如 ab 两相短路，见图 1-14 所示），反应到 Y 侧，故障相的滞后相（B 相）电流最大，是其他任何一相电流的 2 倍。但 B 相没装电流互感器，不能反映该相的电流，其灵敏系数是采用三相完全星形接线保护的一半。为克服这一缺点，可采用两互感器三继电器不完全星形接线，如图 1-15 所示。第三个继电器接在中性线上，流过的是 A、C 两相电流互感器二次电流的和，等于 B 相电流的二次值，从而可将保护的灵敏系数提高 1 倍，与采用三相完全星形接线相同。

两相不完全星形接线方式较简单、经济，广泛应用于中性点非直接接地系统和中性点直接接地系统的相间短路的保护。对前者，在不同线路的不同相别上发生两点接地短路时，有 2/3 的机会只切除一条线路，这比三相完全星形接线优越。因此在中性点非直接接地系统中，广泛采用两相不完全星形接线方式。

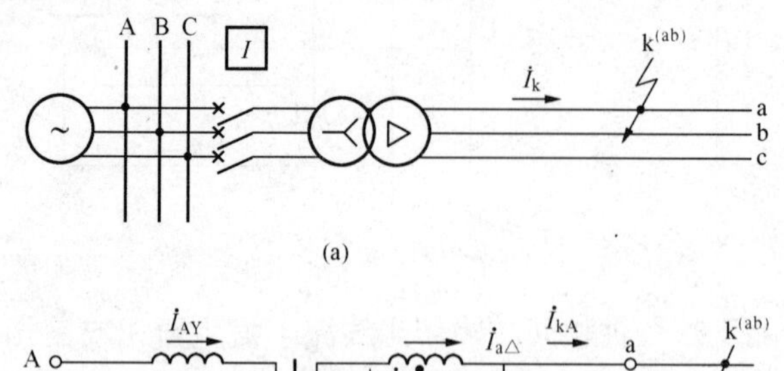

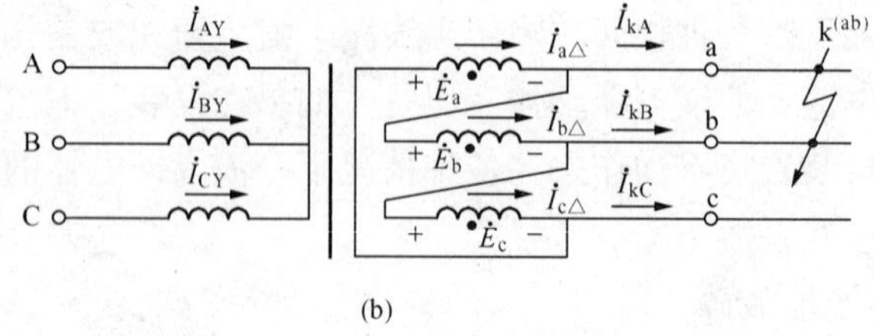

图 1-14　Y，d11 接线变压器后两相短路

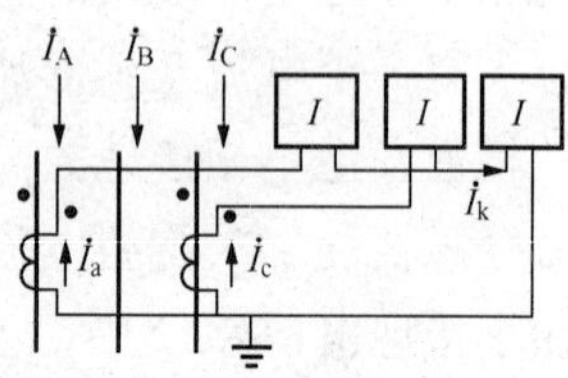

图 1-15　两互感器三继电器不完全星形接线

三、瞬时电流速断保护

为提高系统并列运行的稳定性，保证向重要用户可靠供电，要求保护装置快速切除故障。因此，在电气设备和线路上，应装设快速动作的继电保护。

在被保护线路上发生短路时，流过保护安装点的短路电流值，随短路点的位置不同而变化。在线路的始端短路时，短路电流值最大；短路点向后移动，短路电流将随线路阻抗的增大而减小，直至线路末端短路时短路回路的阻抗最大，短路电流最小。短路电流值还和系统的运行方式及故障类型有关。图 1-16 曲线 1 表示在最大运行方式下三相短路时，线路各点短路电流变化的曲线。曲线 2 则为最小运行方式下两相短路时，短路电流变化的曲线。

由于本线路末端 k1 点短路和下一线路始端的 k2 点短路时，其短路电流是相等的（因 k1 离 k2 很近，两点间的阻抗约为零）。如果要求在被保护线路的末端短路时，保护装置能够动作，那么，在下一线路始端短路时，保护装置不可避免地也将动作。这样，就不能保证应有的选择性。为了保证动作的选择性，将保护范围严格地限制在本线路以内，就应使保护的动作电流 $I_{act.1}$ 大于最大运行方式下线路末端三相短路时的短路电流 $I_{k.B.max}$，即

$$I_{act.1} > I_{k.B.max}$$

$$I_{act.1} = K_{rel} I_{k.B.max} \tag{1-4}$$

式中：K_{rel} 为可靠系数，当采用电磁型电流继电器时，取 $K_{rel}=1.2\sim1.3$。显然，保护的动作电流按躲过线路末端最大短路电流来整定，可保证在其他运行方式和短路类型下，其保护范围均不致于超出本线路的范围。但是，按式（1-4）整定的结果（如图 1-16 中的直线 3），保护范围就必然不能包括被保护线路的全长。因为只有当短路电流大于保护的动作电流时，保护才能动作。从图 1-16 中得出保护装置的保护范围。从图 1-16 中可以看

出，这种保护的缺点是不能保护线路的全长，而且在不同的运行方式及故障类型下，其保护范围也要随着变化。图中在最大运行方式下三相短路时，其保护范围为 l_{max}；而在最小运行方式下两相短路时，其保护范围则缩小至 l_{min}。

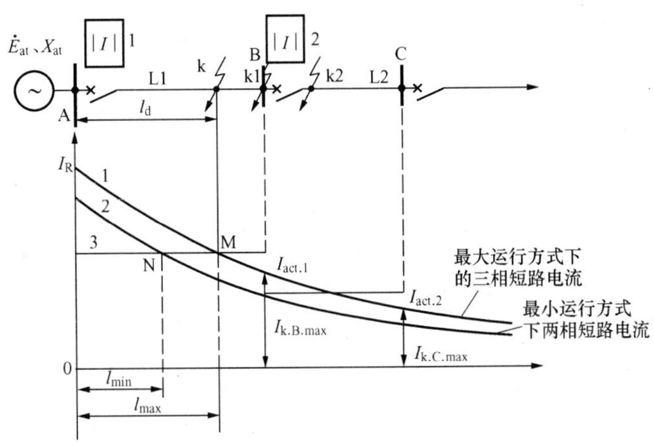

图 1-16　瞬时电流速断保护范围分析图

瞬时电流速断保护的优点是：因为不反应下一线路的故障，所以动作时限将不受下一线路保护时限的牵制，可以瞬时动作。

瞬时电流速断保护的灵敏度可用其保护范围占线路全长的百分数来表示。通常在最大运行方式下，保护区达线路全长的 50%，在最小运行方式下发生两相短路，能保护线路全长的 15%~20%，即可装设。所以，在线路始端一定范围内短路时，瞬时电流速断保护是可以做到快速地切除故障的。

瞬时电流速断保护的单相原理接线如图 1-17 所示。由于电流继电器触点的容量小，故必须装设中间继电器 KM，以便用 KM 的触点去接通跳闸回路。

输电线路上装有避雷器时，大气过电压引起两相或三相避雷器同时放电，会造成短时间相间短路，速断保护不应动作。考虑到管型避雷器的放电时间约为 1~2 周波，为使速断保护能躲过管型避雷器的放电，可采用带 0.06s 延时动作的 DZS 型中间继电器，以增加保护的固有动作时间。

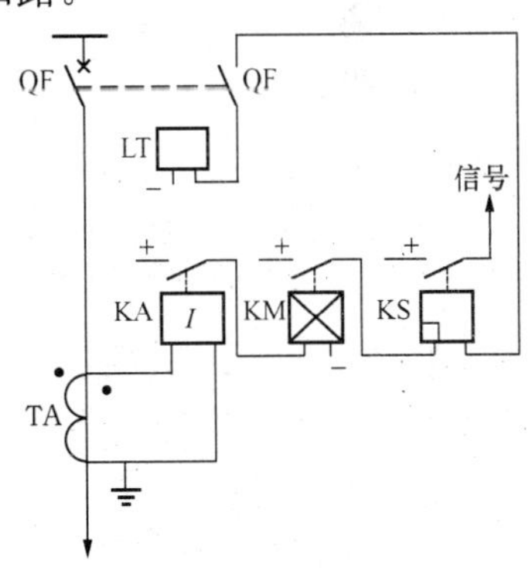

图 1-17　瞬时电流速断保护单相原理接线图

动作过程分析：当保护范围内发生短路故障时，电流互感器 TA 一次侧流过短路电流，其二次侧电流流过电流继电器 KA，当二次电流大于 KA 的动作值时使其动作，动合触点闭合，起动中间继电器 KM，KM 的动合触点闭合，起动信号继电器 KS（发出保护动作的信号）和断路器 QF 的跳闸线圈 LT，使断路器 QF 瞬时跳闸，切断短路电流，短路故障被瞬时切除。跳闸回路中串入断路器的常开辅助触点 QF 是为了保护 KM 的触点。因为当 QF 跳闸时触点 QF 也被断开，由 1QF 切断了跳闸电流，而 KM 的动合触点断开时就不再切断电流了。

四、限时电流速断保护

瞬时电流速断保护（也称第Ⅰ段保护）虽能实现快速动作，但却不能保护线路的全长。因此，必须装设第Ⅱ段保护即限时电流速断保护，用以反映瞬时速断保护区外的故障。对第Ⅱ段保护的要求是能保护线路的全长，还应有尽可能短的动作时限。

1. 限时电流速断保护的保护范围分析

限时电流速断保护要保护线路的全长，那么保护区必然会延伸至下一线路，因为本线路末端短路时流过保护装置的短路电流与下一线路始端短路时的短路电流相等，再加上还有运行方式对短路电流的影响，如若较小运行方式下保护范围达到线路末端，则较大运行方式下保护范围必然延伸到下一线路。为尽量缩短保护的动作时限，通常要求限时电流速断保护延伸至下一线路的保护范围不致超出下一线路瞬时电流速断保护的保护区，因此线路 L1 时限电流速断保护的动作电流 $I_{act.1}^{Ⅱ}$ 应大于下一线路瞬时电流速断保护的动作电流 $I_{act.2}^{Ⅰ}$，即

$$I_{act.1}^{Ⅱ} > I_{act.2}^{Ⅰ}$$

$$I_{act.1}^{Ⅱ} = K_{rel} I_{act.2}^{Ⅰ} \quad (1-5)$$

式中：K_{rel}为可靠系数，考虑到非周期分量的衰减取 1.1～1.2。保护范围分析见图 1-18。

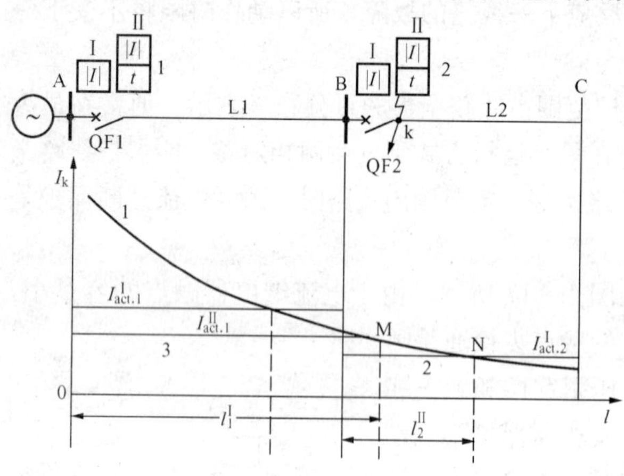

图 1-18　限时电流速断保护的保护范围分析

由图 1-18 可知，为获得动作的选择性，限时电流速断保护的动作时限需与下一线路的瞬时电流速断保护相配合，应比后者的时限大一个时限级差 Δt，即

$$t_1^{Ⅱ} = t_2^{Ⅰ} + \Delta t \quad (1-6)$$

时限级差 Δt，从快速性的角度要求，应愈短愈好，但太短保证不了选择性。其时限配合如图 1-19 所示。当在下一线路首端 k 点发生短路故障时，本线路 L1 的限时电流速断保护和下一线路 L2 的瞬时电流速断保护同时起动，但本线路 L1 的限时电流速断保护需经过 $t_1^{Ⅱ}$ 的延时才能跳闸，而下一线路 L2 的瞬时电流速断保护瞬时跳闸将故障切除，这就保证了选择性。要做到这一点，Δt 应在 0.3～0.6s 间，一般取 Δt=0.5s。

2. 灵敏度校验

为了使限时电流速断保护能够保护线路的全长，应以本线路的末端作为灵敏度的校验点，以最小运行方式下的两相短路作为计算条件，来校验保护的灵敏度。其灵敏度为

$$K_{sen} = \frac{I_{k.B.min}}{I_{act}^{Ⅱ}} \quad (1-7)$$

式中　$I_{k.B.min}$——在线路 L1 末端短路时流过保护装置的最小短路电流；

$I_{act}^{Ⅱ}$——线路 L1 限时电流速断保护的动作电流。

根据规程要求，此灵敏系数应不小于1.3。

如果保护的灵敏度不能满足要求，有时还采用降低动作电流的方法来提高其灵敏度。为此，应使线路L1上的限时电流速断保护范围与L2上的限时电流速断保护相配合，即

$$I_{act.1}^{\mathrm{II}} = K_{rel} I_{act.2}^{\mathrm{II}} \quad (1-8)$$

$$t_1^{\mathrm{II}} = t_2^{\mathrm{II}} + \Delta t \quad (1-9)$$

式中 $I_{act.2}^{\mathrm{II}}$——L2上的限时电流速断保护的动作电流；

t_2^{II}——L2上的限时电流速断保护的动作时间。

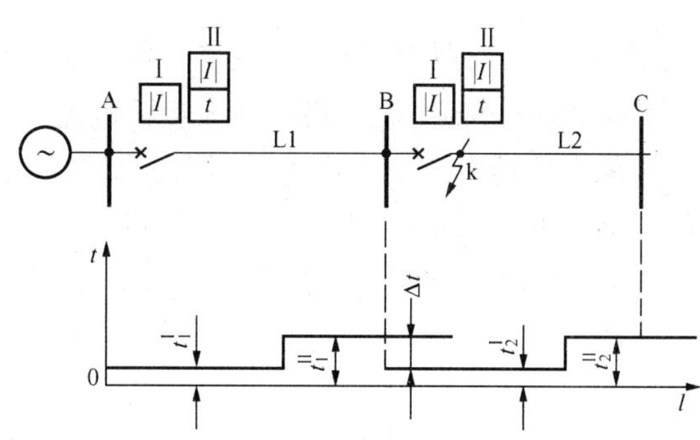

图1-19 限时电流速断保护与瞬时电流速断保护的时限配合

动作时限有所增加，但灵敏度却提高了，而且仍保证了动作的选择性。

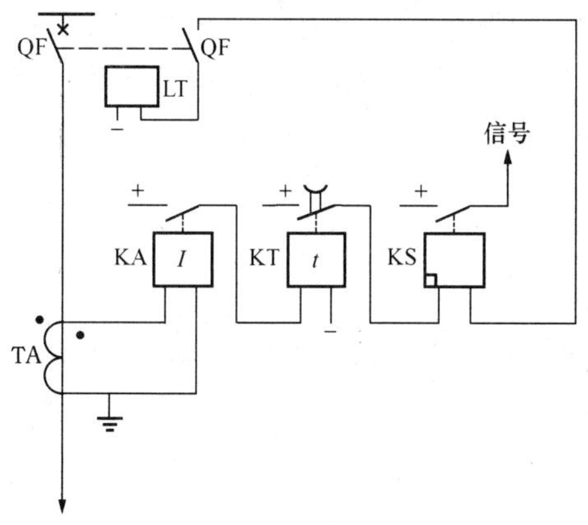

图1-20 限时电流速断保护单相原理接线图

3. 原理接线图

限时电流速断保护的原理接线如图1-20所示。电流继电器KA作为保护的起动元件，保护范围内短路故障时动作，其动合触点闭合，起动时间继电器KT（为保证动作的选择性建立必要的延时），经整定延时，延时闭合的动合触点闭合，起动信号继电器KS发信号，起动断路器的跳闸线圈LT，使断路器跳闸，将故障切除。

五、定时限过电流保护

瞬时电流速断保护和限时电流速断保护能保护线路全长，可作为线路主保护用。为防止本线路的主保护拒动（或断路器拒动）及下一线路的保护或断路器拒动，必须给线路装设后备保护，以作为本线路的近后备和下一线路的远后备。这种后备保护通常采用定时限过电流保护（又称为第Ⅲ段保护）。其动作电流按躲过最大负荷电流整定，动作时限按保证选择性的阶梯时限特性整定。接线图同于限时电流速断保护。但由于保护范围和保护的作用不同，其动作电流和动作时限则不同。

1. 定时限过电流保护的工作原理和动作电流

（1）过电流保护的工作原理。正常运行线路流过负荷电流时，保护不动。当线路发生短路故障时，保护起动，经过保证选择性的延时动作，将故障切除。

（2）过电流保护动作电流。过电流保护动作电流的整定，要考虑可靠性原则，即只有在线路存在短路故障的情况下，才容许保护装置动作。

应按躲过最大的负荷电流计算保护的动作电流，根据可靠性的要求，过电流保护的动作电流必须满足以下两个条件。

1）在被保护线路通过最大负荷电流 $I_{L.max}$ 的情况下，保护装置不应该动作，即

$$I_{act} > I_{L.max} \quad (1-10)$$

式中　I_{act}——保护的动作电流（指保护装置动作时所对应的电流互感器一次电流值）；

$I_{L.max}$——被保护线路的最大负荷电流。

最大负荷电流要考虑电动机自起动时的电流。由于短路时电压下降，变电所母线上所接负荷中的电动机被制动，在故障切除后电压恢复时，电动机有一个自起动过程，电动机自起动电流大于正常运行时的额定电流 I_{MN}，则线路的最大负荷电流 $I_{L.max}$ 也大于其正常值 I_R，即

$$I_{L.max} = K_{ast} I_R \tag{1-11}$$

式中　K_{ast}——自起动系数，一般取 1.5～3。

2）对于已经起动的保护装置，故障切除后，在被保护线路通过最大负荷电流的情况下应能可靠地返回。如图 1-21 所示，在线路 L1、L2 分别装有过电流保护 1 和保护 2，当在 k 点短路时，短路电流流过保护 1 也流过保护 2，它们都起动。按选择性的要求，应该由保护 2 动作将 QF2 跳开切除故障。但由于变电所 B 仍有其他负荷，并且因电动机自起动，线路 L1 可能出现最大负荷电流，为使保护 1 的电流继电器可靠返回，它的返回电流 I_r，应大于故障切除后线路 L1 的最大负荷电流，即

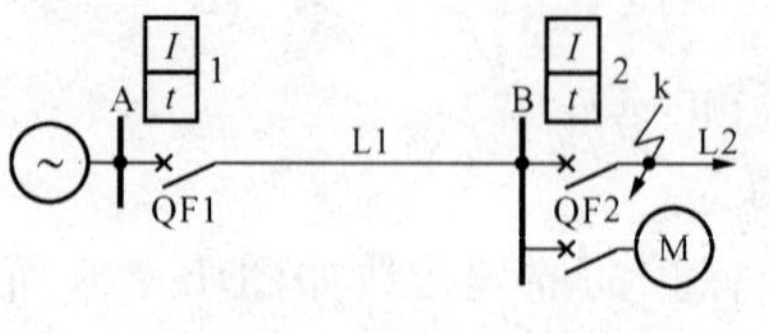

图 1-21　过电流保护动作电流说明

$$I_r > K_{ast} I_R \tag{1-12}$$

$$I_r = K_{rel} K_{ast} I_R \tag{1-13}$$

式中　I_r——保护 1 的返回电流（指保护装置返回时所对应的电流互感器一次电流值）。

由式（1-3）可知 $K_r = \dfrac{I_r}{I_{act}}$，即 $I_{act} = \dfrac{I_r}{K_r}$，则

$$I_{act} = \frac{K_{rel}}{K_r} K_{ast} I_R \tag{1-14}$$

式中　K_{rel}——可靠系数，取 1.2～1.25；

K_r——电流继电器的返回系数，取 0.85～0.95。

将按式（1-14）计算得到的动作电流，除以电流互感器的变比再乘以接线系数，即可得到电流继电器的动作电流。

2. 动作时限的整定

定时限过电流保护的动作时限，应根据选择性的要求加以确定。例如，在图1-22所示的辐射形电网中，线路 L1 上装设有过电流保护 1，线路 L2 和线路 L3 上也都分别装设有过电流保护 2 和 3。那么当线路 L3 上的 k2 点发生短路故障时，短路电流将从电源经线路 L1、线路 L2 和线路 L3 而流向短路点。这样，过电流保护 1、2 及 3 均起动。但是，根据选择性的要求，应该只由保护 3 动作使

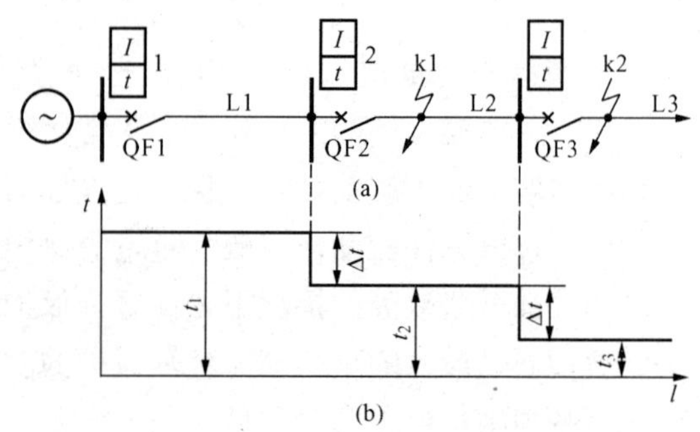

图 1-22　定时限过电流保护的动作时限
（a）单电源辐射网络；（b）时限特性

断路器 QF3 跳闸。为此，就应使保护 2 的动作时限 t_2 大于保护 3 的动作时限 t_3。又如在线路 L2 的 k1 点短路，保护 1 和保护 2 都起动，根据选择性的要求，只能由保护 2 动作将 QF2 跳开。要求保护 1 的延时 t_1 要大于保护 2 的延时 t_2。由此可见，装于辐射形电网中的各定时限过电流保护装置，其动作时限必须按选择性的要求互相配合。配合的原则是，离电源较近的上一级保护的动作时限，应比相邻的、离电源较远的下一级保护的动作时限要长（注意：是过电流保护之间的配合)。在图 1 - 22 中

$$t_n = t_{n-1} + \Delta t \tag{1-15}$$

将各级保护的整定时限特性画于图 1 - 22 (b) 中，好似一个阶梯，这就是通常所说的阶梯形时限特性。若线路 L3 有几条并行的出线，那么保护 2 的时限应与其中最大的时限配合。由此可见，每条输电线路过电流保护的动作时限，不能脱离整个电网保护配置的实际情况及时限的配合要求，不能孤立地加以整定。处于电网终端的保护，其动作时限可以是瞬时的或只带一个很短的时限，因为它没有下一级保护需要配合。在这种情况下，过电流保护常可作为主保护，而无需再装设瞬时动作的其他保护。

按照时限配合的要求，保护装设地点离电源愈近，其动作时限将愈长，而故障点离电源愈近，短路电流却愈大，对系统的影响也愈严重。所以，定时限过电流保护虽可满足选择性的要求，却不能满足快速性的要求。故障点离电源近，其动作时间反而长。这是它的缺点。正因为如此，定时限过电流保护在电网中一般用作其他快速保护的后备保护。

这种过电流保护的动作时限是由时间继电器建立的，整定后其定值与短路电流的大小无关，故称为定时限过电流保护。

3. 灵敏度校验

为了保证达到预期的保护效果，还应进行灵敏度的校验，即在保护区内发生短路时，验算保护的灵敏系数是否满足要求。显然，这种验算应针对最不利的条件，亦即在短路电流的计算值为最小的条件下进行。因为只有当这种情况下的灵敏系数满足要求时，才能保证在其他任何情况下的灵敏系数都能满足要求。

过电流保护的灵敏系数 K_{sen}，等于保护区末端金属性短路时，短路电流的最小计算值 $I_{k.min}$ 与保护动作电流 I_{act} 之比，即

$$K_{sen} = \frac{I_{k.min}}{I_{act}} \tag{1-16}$$

作为本线路近后备保护时，$I_{k.min}$ 为本线路末端短路时流过保护的最小短路电流，要求 $K_{sen} \geqslant 1.3 \sim 1.5$；作为下一线路远后备保护时，$I_{k.min}$ 为下一线路末端短路时流过保护的最小短路电流，要求 $K_{sen} \geqslant 1.2$。

六、线路相间短路的三段式电流保护装置

由瞬时电流速断保护、限时电流速断保护、定时限过电流保护组合构成三段式电流保护装置。这三部分保护分别叫作Ⅰ、Ⅱ、Ⅲ段，其中Ⅰ段瞬时电流速断保护、Ⅱ段限时电流速断保护是主保护，Ⅲ段定时限过电流保护是后备保护。

1. 三段式电流保护各段保护范围及时限的配合

如图 1 - 23 所示，当在 L1 线路首端短路时，保护 1 的Ⅰ、Ⅱ、Ⅲ段均起动，由Ⅰ段

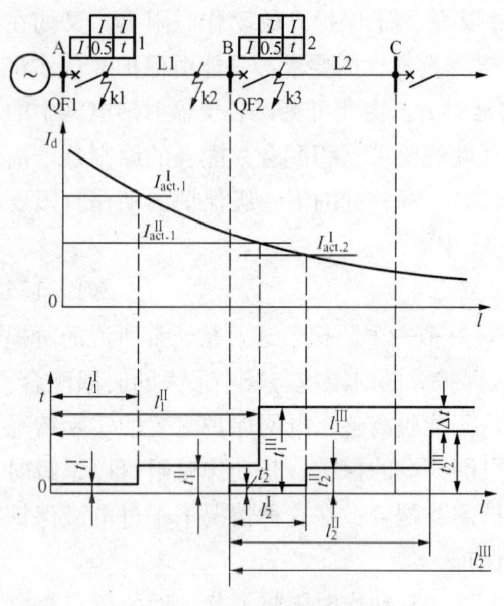

图 1-23　三段式电流保护各段保护范围及时限的配合

将故障瞬时切除，Ⅱ段和Ⅲ段返回；在线路末端短路时，保护Ⅱ段和Ⅲ段起动，Ⅱ段以 0.5s 时限切除故障，Ⅲ段返回。若Ⅰ、Ⅱ段拒动，则过电流保护以较长时限将 QF1 跳开，此为过电流保护的近后备作用。当在线路 L2 上发生故障时，应由保护 2 动作跳开 QF2，但若 QF2 拒动，则由保护 1 的过电流保护动作将 QF1 跳开，这是过电流保护的远后备作用。

2. 三段式电流保护的接线图

继电保护接线图分原理图、展开图和安装图三种。

（1）原理图。把整个继电器和有关的一、二次元件绘制在一起，能直观而完整地表示它们之间的电气连接及工作原理的接线图，称为原理图。三段式电流保护的原理图如图 1-24 (a)所示。图中各元件均以完整的图形符号表示，有交流及直流回路，图中所示的接线方式是广泛应用于小接地电流系统输电线路的两相不完全星形接线。接于 A 相的三段式电流保护，由继电器 KA1、KM、KS1 组成Ⅰ段；KA3、KT1、KS2 组成Ⅱ段；KA5、KT2、KS3 组成Ⅲ段。接于 C 相的三段式电流保护，由继电器 KA2、KM、KS1 组成Ⅰ段；KA4、KT1、KS2 组成Ⅱ段；KA6、KT2、KS3 组成Ⅲ段。为使保护接线简单，节省继电器，A 相与 C 相共用其中的中间继电器、信号继电器及时间继电器。

原理图的主要优点是便于阅读，能表示动作原理，有整体概念；但原理图不便于现场查线及调试，接线复杂的保护原理图绘制、阅读比较困难。同时，原理图只能画出继电器各元件的连线，元件内部接线、引出端子、回路标号等细节不能表示出来，所以还要有展开图和安装图。

（2）展开图。以电气回路为基础，将继电器和各元件的线圈、触点按保护动作顺序，自左而右、自上而下绘制的接线图，称为展开图。图 1-24（b）为三段式电流保护的展开图。展开图的特点是分别绘制保护的交流电流回路、交流电压回路、直流回路及信号回路。各继电器的线圈和触点也分开，分别画在其各自所属的回路中，但属于同一个继电器或元件的所有部件都注明同样的文字符号。所有继电器元件的图形符号按国家标准统一编制。绘制展开图时应遵守下列规则：

1）回路的排列次序，一般是先交流电流、交流电压回路，后是直流回路及信号回路；

2）每个回路内，各行的排列顺序，对交流回路是按 a、b、c 相序排列，直流回路按保护的动作顺序自上而下排列；

3）每一行中各元件（继电器的线圈、触点等）按实际顺序绘制。

以图 1-24 为例说明如何由图 1-24（a）原理图绘制成图 1-24（b）的展开图。首先

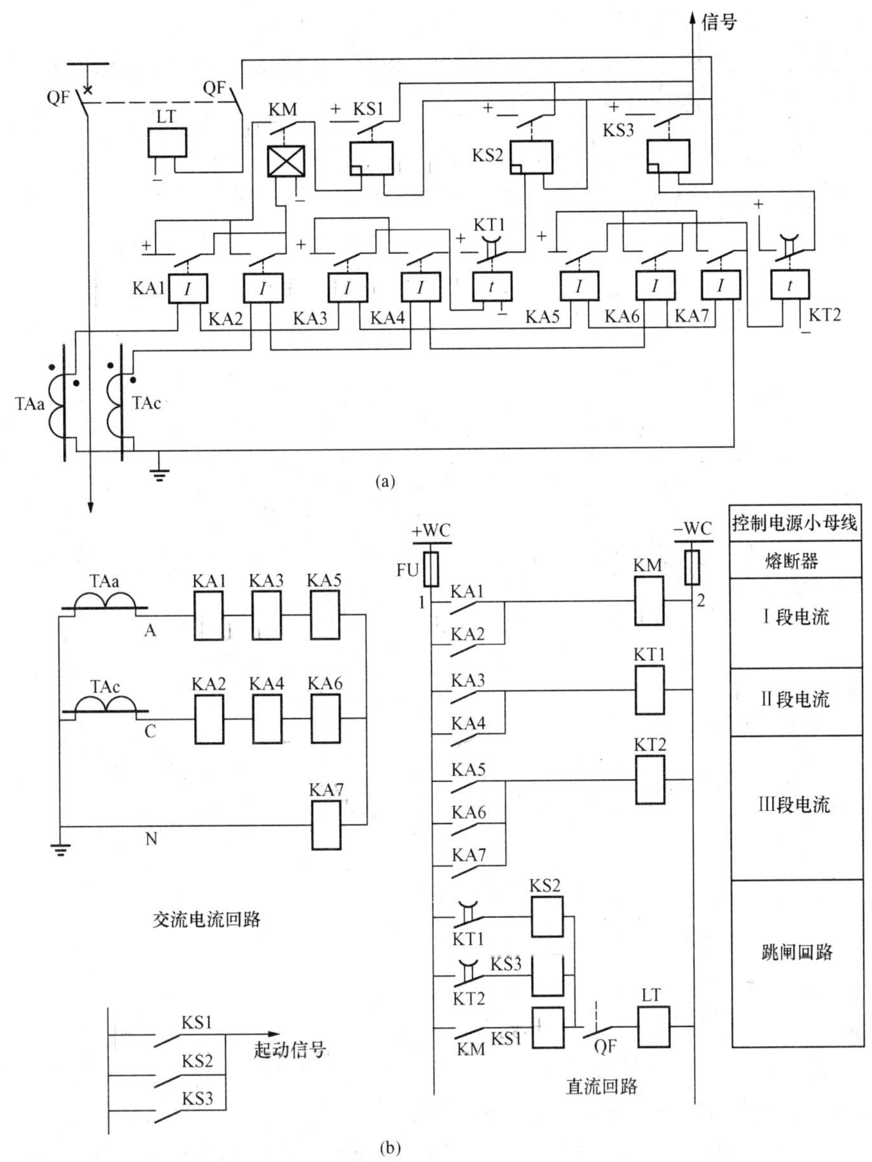

图 1-24　三段式电流保护接线图

（a）原理图；（b）展开图

画交流电流回路，交流电流从电流互感器 TAa 出来，经电流继电器 KA1、KA3、KA5 的线圈流到中线经 KA7 形成回路。同理从 TAc 流出的交流电流经 KA2、KA4、KA6 流到中线经 KA7 形成回路。其次，画直流回路，将属于同一回路的各元件的触点、线圈等按直流电流经过的顺序连接起来，如“+”→KA1→KM→“−”等，形成了展开图的各行。各行按动作先后顺序由上而下垂直排列，形成直流回路展开图。为便于阅读，在展开图各回路的右侧还有文字说明表，以说明各行的性质或作用，如“Ⅰ段电流”、“跳闸回路”等，最后绘制信号回路，过程同上。

阅读展开图时，先交流后直流再信号，从上而下，从左到右，层次分明。展开图对于现场安装、调试、查线都很方便，在生产中应用广泛。

（3）安装图。安装图主要用于安装、配线、调试及试验。安装图方面的知识在其他课程中有详细介绍，这里不再赘述。

3. 三段式电流保护整定计算举例

图 1-25 所示单侧电源辐射形网络，线路 L1 和 L2 均装设三段式电流保护。已知 $E_S=115/\sqrt{3}$kV，最大运行方式下系统的等值阻抗 $X_{S.min}=13\Omega$，最小运行方式下系统的等值阻抗 $X_{S.max}=14\Omega$，线路单位长度正序电抗 $X_1=0.4\Omega/km$，L1 正常运行时最大负荷电流为 120A，线路 L2 的过电流保护的动作时限为 2.0s。计算线路 L1 的三段式电流保护的动作电流、动作时限并校验保护的灵敏系数。

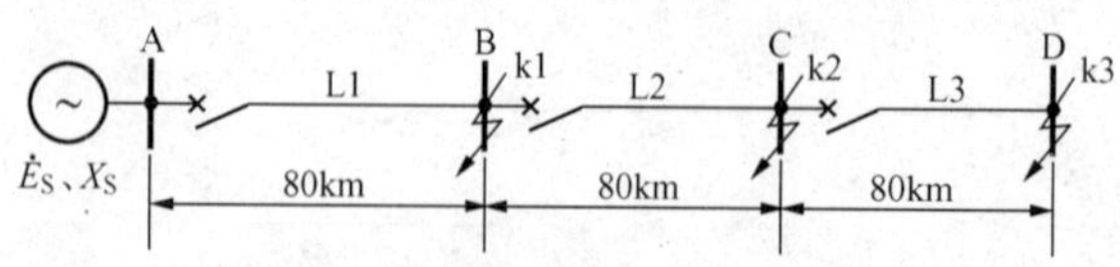

图 1-25　三段式电流保护整定计算举例

为计算动作电流，应计算最大运行方式下的三相短路电流。为校验灵敏度要计算最小运行方式下两相短路电流。

（1）短路电流计算。k1 点的最大短路电流为

$$I_{k.B.max}^{(3)}=\frac{E_S}{X_{S.min}+X_1L_{AB}}=\frac{115/\sqrt{3}}{13+0.4\times80}=1.475(kA)$$

k1 点的最小短路电流为

$$I_{k.B.min}^{(2)}=\frac{\sqrt{3}}{2}\times\frac{E_S}{X_{S.max}+X_1L_{AB}}=\frac{\sqrt{3}}{2}\times\frac{115/\sqrt{3}}{14+0.4\times80}=1.250(kA)$$

同理

k2 点的最大短路电流为 $I_{k.C.max}^{(3)}=0.862$（kA）

k2 点的最小短路电流为 $I_{k.C.min}^{(2)}=0.737$（kA）

k3 点的最大短路电流为 $I_{k.D.max}^{(3)}=0.609$（kA）

（2）整定计算。

1）瞬时电流速断保护（第Ⅰ段）。动作电流的整定值根据式（1-4）计算，即躲过本线路末端 B 母线短路（k1 点）的最大短路电流

$$I_{act.1}^{I}=K_{rel}I_{k.B.max}^{(3)}=1.2\times1.475=1.77(kA)$$

可靠系数 K_{rel}取 1.2。

灵敏度的校验可以用图解法求出电流速断保护的保护范围，即作出短路电流曲线从而确定出最小保护范围。另一方法是用解析法，通过计算求出电流速断的最小保护范围。本例从略。

2）限时电流速断保护（第Ⅱ段）。

计算动作电流的整定值。根据式（1-5），线路 L1 限时电流速断保护的动作电流，应和线路 L2 瞬时电流速断保护的动作电流相配合。首先计算线路 L2 的瞬时速断保护的动作电流 $I_{act.2}^{I}$，它应按躲过本线路末端 C 母线（k2 点）最大短路电流来整定，即

$$I_{act.2}^{I}=K_{rel}I_{k.C.max}^{(3)}=1.2\times0.862=1.034(kA)$$

线路 L1 限时电流速断的动作电流为

$$I_{act.1}^{\mathrm{II}}=K_{rel}I_{act.2}^{\mathrm{I}}=1.1\times1.034=1.138(\mathrm{kA})$$

可靠系数 K_{rel}取 1.1。

灵敏系数校验。限时电流速断保护灵敏系数按式（1－7）计算，本线路末端最小短路电流（k1 点）$I_{k.B.min}^{(2)}=1.250$（kA），则

$$K_{sen}=\frac{I_{k.B.min}^{(2)}}{I_{act.1}^{\mathrm{II}}}=\frac{1.250}{1.138}=1.10<1.3$$

可见，线路 L1 限时速断与下一线路第Ⅰ段配合不能满足灵敏系数要求，故应考虑与 L2 线路第Ⅱ段配合。因此要先算出 L2 线路的限时电流速断的动作电流，它应与 L3 线路第Ⅰ段配合，即

$$I_{act.2}^{\mathrm{II}}=K_{rel}I_{act.3}^{\mathrm{I}}=1.1\times1.2\times I_{k.D.max}^{(3)}=1.1\times1.2\times0.609=0.803(\mathrm{kA})$$

根据式（1－8），L1 线路的第Ⅱ段动作电流为

$$I_{act.1}^{\mathrm{II}}=K_{rel}I_{act.2}^{\mathrm{II}}=1.1\times0.803=0.883(\mathrm{kA})$$

$$K_{sen}=\frac{I_{k.B.min}^{(2)}}{I_{act.1}^{\mathrm{II}}}=\frac{1.250}{0.883}=1.416>1.3$$

灵敏系数满足要求。

动作时限的整定值。保护的动作时间 t_1^{II} 应与 L2 线路的 t_2^{II} 配合，根据式（1－9）计算，即

$$t_1^{\mathrm{II}}=t_2^{\mathrm{II}}+\Delta t$$

因为 $t_2^{\mathrm{II}}=t_3^{\mathrm{I}}+\Delta t=0.5$（s），所以

$$t_1^{\mathrm{II}}=0.5+0.5=1(\mathrm{s})$$

式中 t_1^{II}——线路 L1 保护第Ⅱ段动作时间；

t_2^{II}——线路 L2 保护第Ⅱ段动作时间；

t_3^{I}——线路 L3 保护第Ⅰ段动作时间。

3）定时限过电流保护（第Ⅲ段）。

动作电流。动作电流根据式（1－14）计算，即

$$I_{act.1}^{\mathrm{III}}=\frac{K_{rel}K_{ast}}{K_r}\qquad I_{R.max}=\frac{1.2\times2.2}{0.85}\times0.12=0.373(\mathrm{kA})$$

式中 K_{rel}——可靠系数，取 1.2；

K_{ast}——电动机自起动系数，取 2.2；

K_r——返回系数，取 0.85；

$I_{R.max}$——最大负荷电流，已知为 120A。

灵敏系数校验。保护作为近后备时，校验本线路末端 k1 点短路时，在最小短路电流下的灵敏系数，根据式（1－7）有

$$K_{sen}=\frac{I_{k.B.min}^{(2)}}{I_{act.1}^{\mathrm{III}}}=\frac{1.25}{0.373}=3.351>1.5$$

灵敏系数满足要求。

作下一条线路 L2 的远后备时，校验下一线路末端 k2 点短路时，在最小短路电流下的灵敏系数

$$K_{sen}=\frac{I_{k.C.min}^{(2)}}{I_{act.1}^{\mathrm{III}}}=\frac{0.737}{0.373}=1.976>1.2$$

灵敏系数满足要求。

动作时限的整定。过电流保护动作时限，按阶梯原则整定，即

$$t_1^{\mathrm{III}}=t_2^{\mathrm{III}}+\Delta t=2.0+0.5=2.5(\mathrm{s})$$

式中　t_1^{III}、t_2^{III}——分别为线路L1及L2的第Ⅲ段动作时限。

§1.2　电网相间短路的方向电流保护

一、方向电流保护的基本原理

随着电力系统的发展及用户对供电可靠性要求的提高，出现了两侧电源或单电源环网的输电线路。在这样的电网中，为切除线路上的故障，线路两侧都装有断路器和相应的保护，假定装设前面讲过的电流保护，将不能保证动作的选择性。以图1-26为例分析如下。

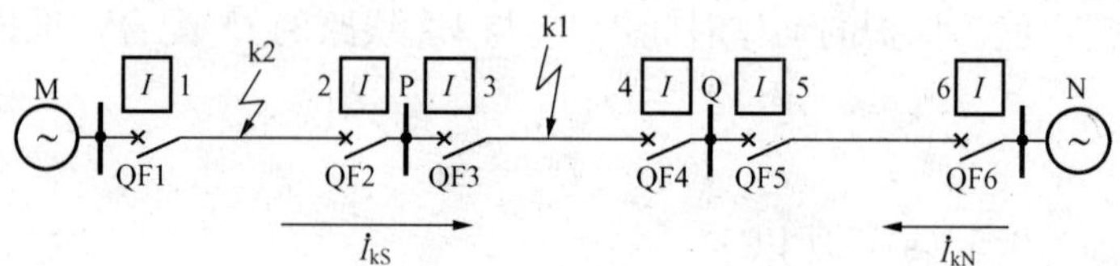

图1-26　两侧电源辐射形电网

在图1-26中，以断路器QF3的电流保护为分析对象。在k1点短路时流过QF3的电流从母线到线路；在k2点短路时流过QF3的电流从线路到母线，k1点短路和k2点短路流过QF3的短路电流数值都有可能达到保护的动作值。因为电流保护不能判别电流的方向，所以在k1点和k2点短路QF3的电流保护都有可能动作。但在k2点短路时，根据选择性的要求QF3的保护是不应该动作的，如若动作，这是无选择性的动作（图中其他断路器存在同样的问题）。

为解决选择性问题，在原来电流保护的基础上装设了方向元件（功率方向继电器）。

首先分析不同点短路时短路功率的方向。规定功率的方向由母线流向线路的为正，由线路流向母线的为负，并由功率方向继电器加以判断，当功率方向为正时动作，反之不动。在k1点短路时，流过QF3、QF4的功率方向是由母线流向线路的（为正），保护3、4动作，断开QF3、QF4。在k2点短路时，流过QF1、QF2的功率方向也是由母线流向线路的（为正），保护1、2动作，断开QF1、QF2。而k1点短路流过QF2的功率方向是由线路流向母线（为负），保护2不动。k2点短路流过QF3的功率也是由线路流向母线的（为负），保护3不动。这就保证了动作的选择性。借助功率方向继电器，就能很好地解决电流保护用于双侧电源或单电源环网输电线路时的选择性问题。

从图1-26中不难看出，在k1点短路通过QF1的功率方向也是由母线指向线路；k1点故障QF1的保护也满足动作条件。前面学习过，QF1是QF3的上级，QF1能反应k1

点故障的保护是带延时的保护，当 k1 点故障时，QF3 在 QF1 之前动作切除故障，故障切除后，QF1 的保护返回，可保证供电的连续性。

根据以上分析，判别短路功率的方向，是解决电流保护用于双侧电源或单电源环网输电线路选择性问题的有效方法。这种附加判别功率方向的电流保护，称之为方向电流保护。其逻辑框图和触点连接图如图 1 - 27 所示。

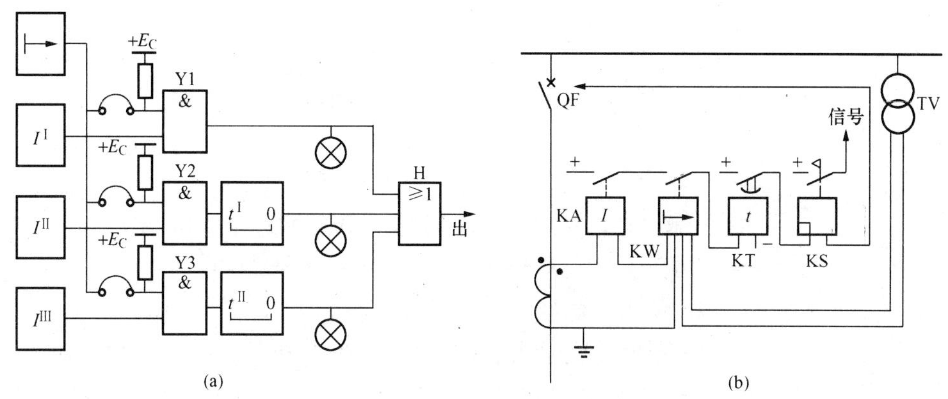

图 1 - 27　方向保护电流保护原理接线图

(a) 逻辑框图；(b) 原理接线图

图 1 - 27 (b) 中 KW 为功率方向继电器，KA 为电流继电器。由 KW 判别功率的方向，KA 判别电流的大小。只有在正向范围内故障，KW、KA 均动作，断路器才断开故障。

二、功率方向继电器

功率方向继电器的作用是判别功率的方向。正方向故障，功率从母线流向线路时就动作；反方向故障，功率从线路流向母线时不动作。

在交流电路中，方向问题实际上就是相位问题。仍以 QF3 上的保护为分析对象。如图 1 - 28 所示，在正方向 k1 点故障时流过 QF3 的电流 $\dot{I}_{k1}$ 与母线电压 $\dot{U}_k$ 间的夹角为 φ_{k1}；在反方向 k2 点故障时，$\dot{I}_{k2}$ 的方向与 $\dot{I}_{k1}$ 相反，$\dot{I}_{k2}$ 与母线电压的夹角为 φ_{k2}。由图 1 - 28 (b) 可知，正向故障 φ_{k1} 在 0°～90°范围内变化，φ_{k1} 为锐角，其短路功率 $P_{k1}=U_k I_{k1}\cos\varphi_{k1}>0$；反方向 k2 点故障时[如图 1 - 28(c)]，$\varphi_{k2}=180°+\varphi_{k1}$，其短路功率 $P_{k2}=U_k I_{k2}\cos(180°+\varphi_{k1})<0$。从短路功率分析可以得出：$P_k>0$ 为正方向故障；$P_k<0$ 为反方向故障。则方向元件的动作条件可用下式表示

$$-90°\leqslant \arg\frac{\dot{U}_k}{\dot{I}_k}\leqslant 90° \tag{1-17}$$

式中　arg——表示取复数 $\dot{U}_k/\dot{I}_k$ 的相角。

若相角在式 (1 - 17) 的范围内时，$P_k>0$，功率（电流）是从母线流向线路，继电器动作；否则不动作。

下面分析以式 (1 - 17) 为判据构成的整流型功率方向继电器，整流型功率方向继电器由极化继电器、电压形成回路、比较回路构成。

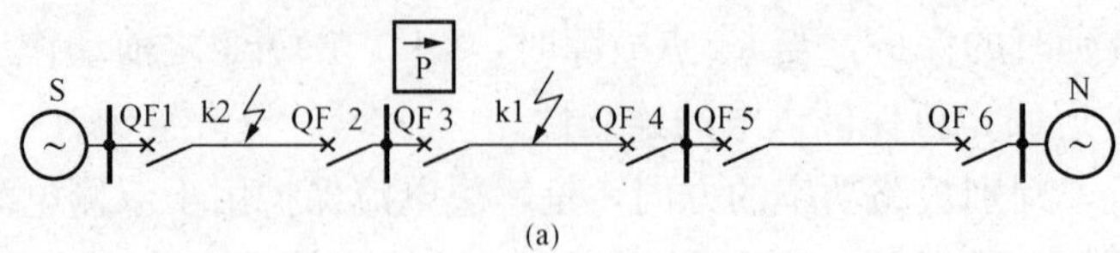

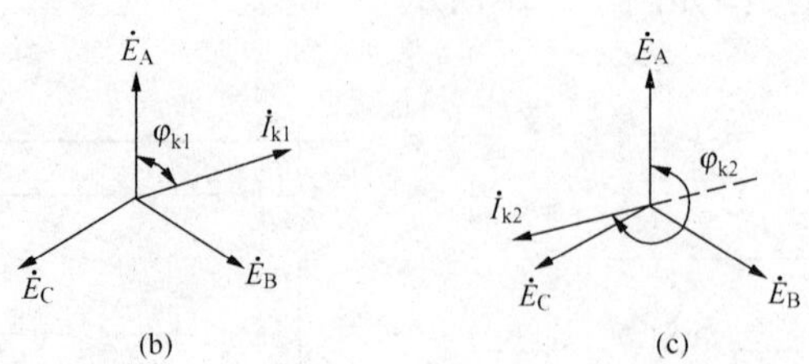

图 1-28　功率方向继电器工作原理说明

(a) 网络接线；(b) k1 点故障相量图；(c) k2 点故障相量图

1. 极化继电器

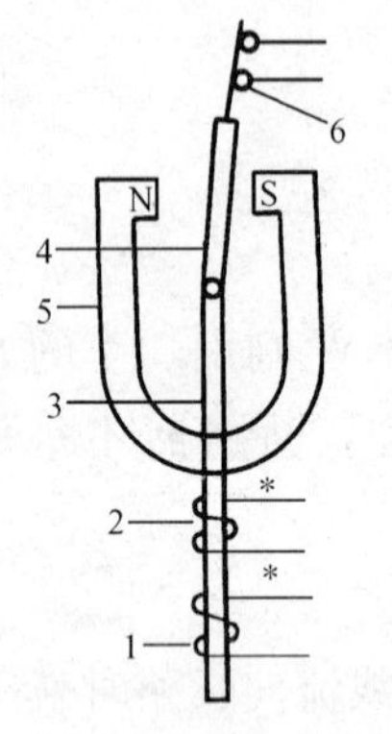

图 1-29　极化继电器原理结构图

1、2—线圈；3—电磁铁；4—可动衔铁；5—永久磁铁；6—触点

极化继电器的原理可用图 1-29 分析。在线圈上加直流，正极接在＊端，可动衔铁产生上为 N、下为 S 的磁场，由于磁铁同性相斥、异性相吸，使触点迅速闭合；当直流反向加到极化继电器线圈上时，可动衔铁产生上为 S、下为 N 的磁场，使触点打开，继电器不动作。根据极化继电器的结构，不难看出它有下述的优缺点：优点是动作速度快，且能判别直流的方向；缺点是不能加交流量，若在极化继电器线圈上加交流量，触点就会随电流的变化来回摆动，摆动的频率为所加交流量的频率，当频率较高时由于可动衔铁惯性的作用会来不及摆动而不动。

2. 电压形成回路

方向继电器比相的电流、电压取自于电流互感器 TA 和电压互感器 TV 的二次侧。由极化继电器的工作特性可知，要用它来判别交流的方向（相位），首先应该进行整流，即将交流转换为直流。为满足交直流转换器中二极管的工作条件，加到二极管上的电压必须由电压形成回路提供。

电压形成回路分别由电抗变压器 TX 和辅助电压互感器 TVA 构成，接线如图 1-30 所示。TX 的作用是将测量电流 $\dot{I}_m$ 变换成电压量 $\dot{K}_I\dot{I}_m$，$\dot{K}_I$ 为 TX 的转移阻抗。TVA 的作用是将测量电压 $\dot{U}_m$ 成比例地变换成电压 $\dot{K}_U\dot{U}_m$，$\dot{K}_U$ 为 TVA 的变比，且 $0 \leqslant K_U \leqslant 1$。

3. 比较回路

比较回路是方向继电器的核心。整流型功率方向继电器的比较回路有环形相位比较回路和绝对值比较回路。

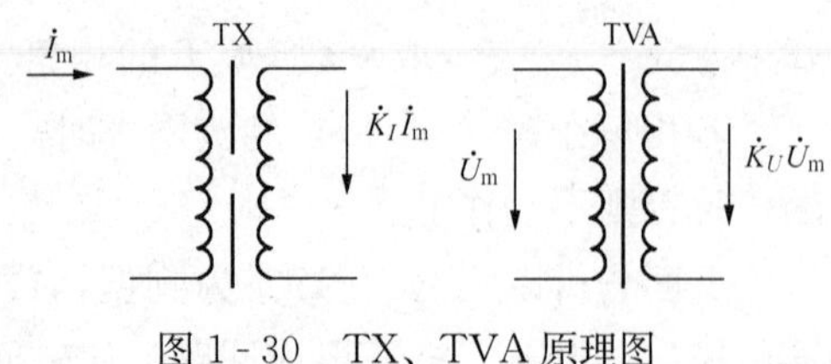

图 1-30　TX、TVA 原理图

（1）环形相位比较回路。设参与比相的量为

$$\dot{C} = \dot{K}_U \dot{U}_m$$
$$\dot{D} = \dot{K}_I \dot{I}_m$$

则式（1-17）可写成

$$-90^\circ \leqslant \arg \frac{\dot{C}}{\dot{D}} \leqslant 90^\circ$$

$$-90^\circ \leqslant \arg \frac{\dot{K}_U \dot{U}_m}{\dot{K}_I \dot{I}_m} \leqslant 90^\circ \tag{1-18}$$

环形比相回路如图1-31所示。为分析比相原理，可将图1-31画成图1-32所示的等效电路。

图1-31和图1-32中，KP1、KP2是极化继电器的两个线圈，任何一个极性端通入正的直流电流，极化继电器均动作。

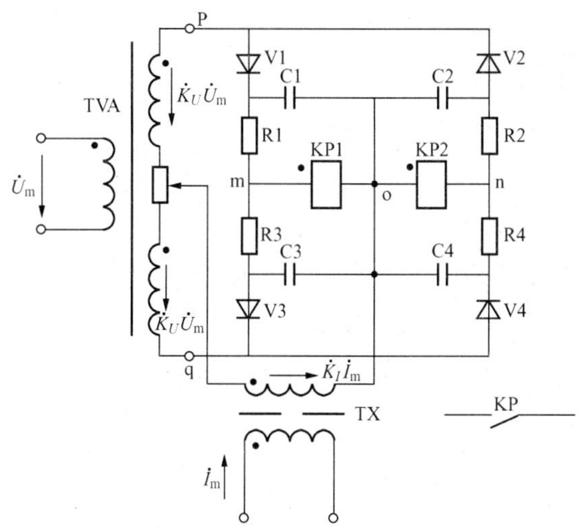

图1-31　环形整流比相回路原理接线图

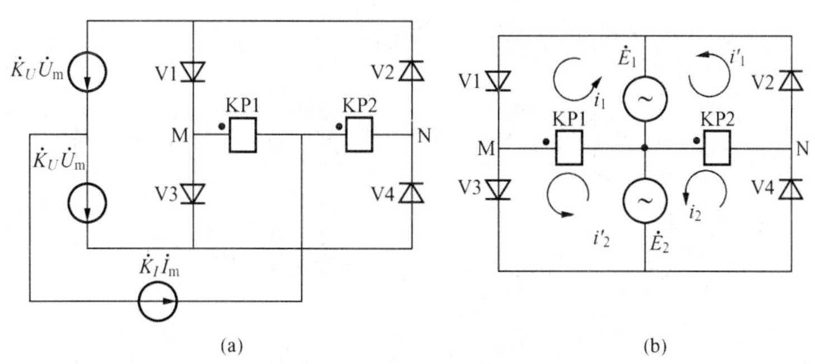

图1-32　环形整流比相回路等效电路

在图1-32中，$\dot{E}_1 - \dot{K}_I \dot{I}_m + \dot{K}_U \dot{U}_m$，当$\dot{E}_1$为正时产生$i_1$，当$\dot{E}_1$为负时产生$i_1'$。$i_1$和$i_1'$分别从KP极性端流入，故为动作量。

$\dot{E}_2 = \dot{K}_I \dot{I}_m - \dot{K}_U \dot{U}_m$，当$\dot{E}_2$为正时产生$i_2$，当$\dot{E}_2$为负时产生$i_2'$。$i_2$和$i_2'$分别从KP非极性端流入，故为制动量。

所以，动作条件为$|\dot{E}_1|>|\dot{E}_2|$，即

$$|\dot{K}_I\dot{I}_m+\dot{K}_U\dot{U}_m|>|\dot{K}_I\dot{I}_m-\dot{K}_U\dot{U}_m| \quad (1-19)$$

满足式（1-19）的条件是$\dot{K}_U\dot{U}_m$与$\dot{K}_I\dot{I}_m$的夹角必须小于90°，即

$$-90°\leqslant \arg\frac{\dot{K}_U\dot{U}_m}{\dot{K}_I\dot{I}_m}\leqslant 90°$$

因此，图1-31电路能判断$\dot{K}_U\dot{U}_m$与$\dot{K}_I\dot{I}_m$的相位关系。

（2）绝对值比较回路。根据平行四边形法则，可将$\dot{K}_U\dot{U}_m$与$\dot{K}_I\dot{I}_m$的比相转换成$\dot{A}$与$\dot{B}$的比绝对值大小。相位比较与绝对值比较的转换可用图1-33说明。

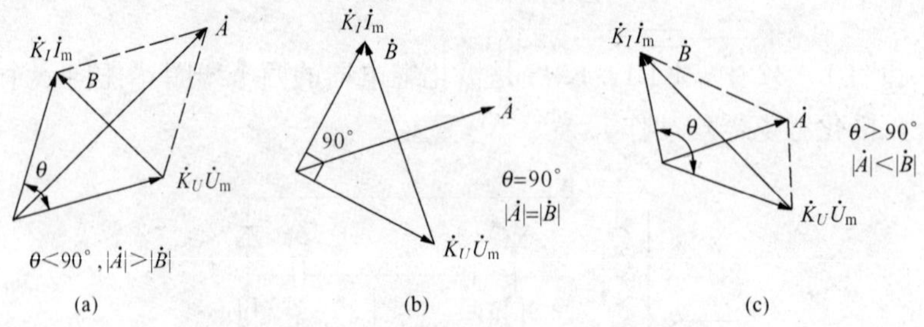

图1-33　相位比较与绝对值比较的互换

从图1-33中看出

$$\dot{A}=\dot{K}_I\dot{I}_m+\dot{K}_U\dot{U}_m$$
$$\dot{B}=\dot{K}_I\dot{I}_m-\dot{K}_U\dot{U}_m$$

当$\dot{K}_I\dot{I}_m$与$\dot{K}_U\dot{U}_m$的夹角小于90°时，$|\dot{A}|>|\dot{B}|$；$\dot{K}_I\dot{I}_m$与$\dot{K}_U\dot{U}_m$的夹角等于90°时，$|\dot{A}|=|\dot{B}|$；$\dot{K}_I\dot{I}_m$与$\dot{K}_U\dot{U}_m$的夹角大于90°时，$|\dot{A}|<|\dot{B}|$。

因此，比相的动作条件$-90°\leqslant\arg\frac{\dot{K}_U\dot{U}_m}{\dot{K}_I\dot{I}_m}\leqslant 90°$，对应于绝对值比较回路的动作条件为$|\dot{A}|\geqslant|\dot{B}|$，即

$$|\dot{K}_I\dot{I}_m+\dot{K}_U\dot{U}_m|\geqslant|\dot{K}_I\dot{I}_m-\dot{K}_U\dot{U}_m| \quad (1-20)$$

绝对值比较回路又分均压法和环流法，分别见图1-34（a）、（b）所示。

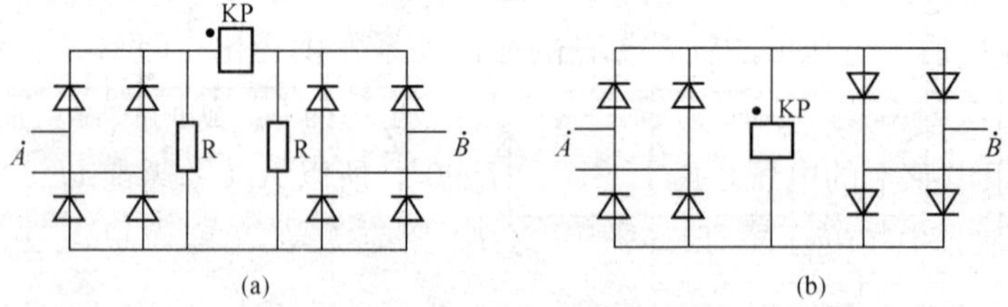

图1-34　绝对值比较回路

（a）均压法比较回路；（b）环流法比较回路

4. 整流型功率方向继电器

实际应用中的功率方向继电器，既有采用比相原理的也有采用比绝对值原理的。现以应用比较广泛的LG-11型比绝对值原理的继电器为例，分析整流型功率方向继电器的工作原理。

LG－11 型的电路原理图如图 1－35 所示。

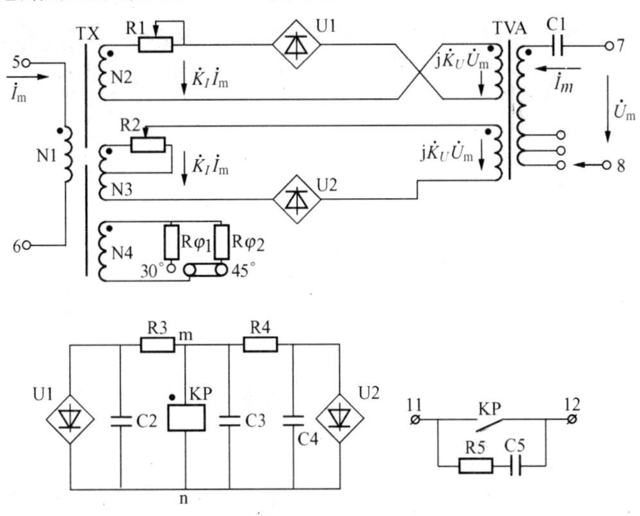

图 1－35 LG－11 型的原理接线图

在分析方向继电器工作原理时，首先要掌握以下几个基本概念。

动作区——以某一电气量为参考相量，另一些（或一个）电气量在某一区域变化时，继电器能动作，该区域就是继电器的动作区。

死区——在保护范围内发生故障时，保护应该动作但由于某种因素使保护拒绝动作的区域，称为继电器的死区。

最大灵敏角 $\varphi_{sen.max}$——继电器的动作量最大、制动量最小（或保护范围最长）时，接入继电器的电压 $\dot{U}_m$ 与电流 $\dot{I}_m$ 的夹角称为 $\varphi_{sen.max}$。

由式（1－20）可知，在保护出口故障时（$\dot{K}_U\dot{U}_m=0$），这时保护本应动作，但式（1－20）不满足动作条件，继电器将拒动，即出现死区（亦称电压死区）。为消除死区，在辅助电压互感器的一次侧串联电容器 C，让 C 的容抗等于 TVA 的等效电抗，即 $X_C=X_L$，构成串联谐振回路。这样当外接电压 $\dot{U}_m$ 由于近处故障突然降到零时，因其内部谐振，使 $\dot{K}_U\dot{U}_m\neq0$，则死区就可被消除。

接入电容器 C 后，电压 $\dot{U}_m$ 与 $\dot{K}_U\dot{U}_m$ 的相位关系发生变化，即 $\dot{K}_U\dot{U}_m$ 超前 $\dot{U}_m 90°$。从图 1－35 可看出，因 C 与 TVA 构成谐振回路，则 $\dot{I}_U$ 与 $\dot{U}_m$ 就同相位，而 $\dot{K}_U\dot{U}_m$ 取的是 TVA 一次侧绕组电感上的电压，$\dot{K}_U\dot{U}_m$ 超前 $\dot{I}_U 90°$，所以 $\dot{K}_U\dot{U}_m$ 超前 $\dot{U}_m 90°$。

电压 $\dot{K}_I\dot{I}_m$ 取自电抗变压器 TX，所以 $\dot{K}_I\dot{I}_m$ 超前 $\dot{I}_m$ 的角度为 φ_{TX}。φ_{TX} 是 TX 转移阻抗的阻抗角，α（$\alpha=90°-\varphi_{TX}$）称为功率方向继电器的内角（取值为 30°或 45°）。

在上述原理论述基础上，再来分析继电器的动作区。根据动作区的定义，分析以 $\dot{K}_U\dot{U}_m$ 为参考相量，$\dot{K}_I\dot{I}_m$ 变化能使继电器动作的动作区，如图 1－36（a）所示。进而分析以 $\dot{U}_m$ 为参考相量，$\dot{I}_m$ 变化能使继电器动作的动作区，如图 1－36（b）所示。

图 1－36（a）有利于帮助理解动作区的概念，要满足 $|\dot{A}|>|\dot{B}|$ 的动作条件，$\dot{K}_I\dot{I}_m$ 只能处在上半部（阴影部分）。有了图 1－36（a）后，要给出实际应用中的以 $\dot{U}_m$ 为参考相量，$\dot{I}_m$ 的动作区，只需要根据 $\dot{K}_I\dot{I}_m$ 与 $\dot{I}_m$ 的角度关系、$\dot{K}_U\dot{U}_m$ 与 $\dot{U}_m$ 的角度关系画出即

可，见图 1 - 36（b）。由图可知，要使继电器动作量最大、制动量最小及继电器动作最灵敏，接入继电器的电流 $\dot{I}_m$ 要超前电压 $\dot{U}_m$ 一个 α 角，即当 $\varphi_m = -\alpha$（$\dot{I}_m$ 超前 $\dot{U}_m$ 的角度为负）时继电器动作最灵敏。因此，将 $\varphi_m = -\alpha = \varphi_{sen.max}$ 称为最灵敏角，此时 $\dot{I}_m$ 超前 $\dot{U}_m$ 角度的线称为最灵敏线。

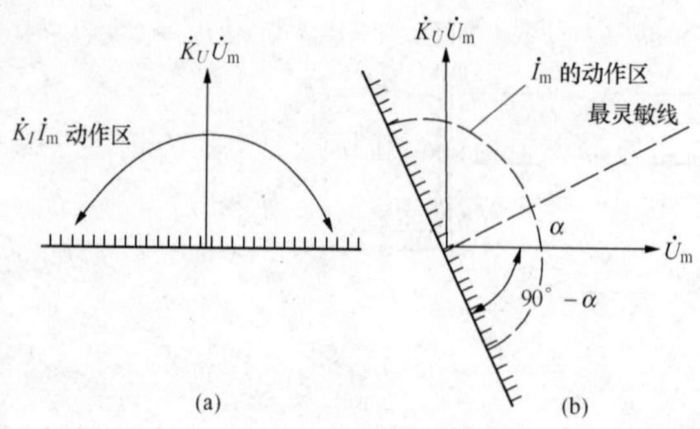

图 1 - 36　LG−11 型继电器的动作区

（a）$\dot{K}_U\dot{U}_m$ 为参考相量，$\dot{K}_I\dot{I}_m$ 的动作区；（b）$\dot{U}_m$ 为参考相量，$\dot{I}_m$ 的动作区

三、功率方向继电器的接线方式

所谓功率方向继电器的接线方式，是指在三相系统中继电器电压及电流的接入方式。

对接线方式的要求是：

（1）应能正确反应故障的方向。正方向短路时，继电器应动作，反方向短路时应不动。

（2）正方向故障时应使继电器灵敏地工作。φ_m 尽量地接近最大灵敏角 $\varphi_{sen.max}$，以提高继电器的灵敏度。

为了满足上述要求，在相间短路保护中，接线方式广泛采用 90°接线方式，如表 1 - 2 和图 1 - 37 所示。

表 1 - 2　90°接线方式功率方向继电器接入的电流及电压

功率方向继电器	$\dot{I}_m$	$\dot{U}_m$
KW1	$\dot{I}_A$	$\dot{U}_{BC}$
KW2	$\dot{I}_B$	$\dot{U}_{CA}$
KW3	$\dot{I}_C$	$\dot{U}_{AB}$

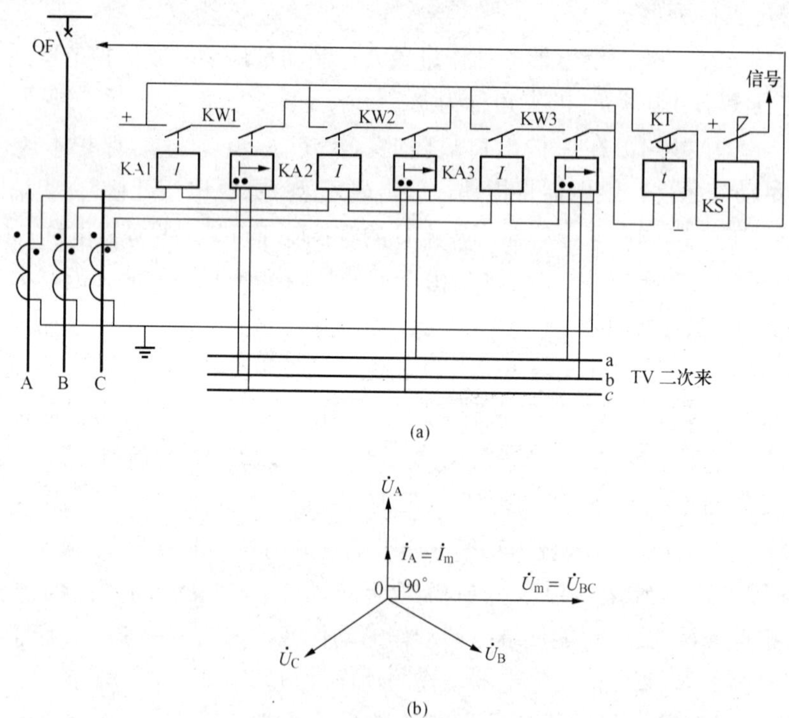

图 1 - 37　功率方向继电器的 90°接线方式

（a）接线图；（b）说明 90°接线的相量图

所谓90°接线方式是指系统三相对称，$\cos\varphi=1$ 时，加入继电器的电流 $\dot{I}_m$ 超前电压 $\dot{U}_m$ 90°。

接线方式确定后，继电器内角的大小是决定方向继电器能否正确判断电流方向的主要因素。LG－11型方向继电器的内角分别为30°和45°。选定为30°和45°的理由，可由分析各种故障（两相、三相、近处、远处）时的动作行为来说明。下面只分析三相短路的情况（其余可自证）。

设短路阻抗角为 φ_k，TX的转移阻抗角 $\varphi_{TX}=90°-\alpha$，作相量图如图1-38所示。从图中可知，当 $\varphi_{TX}=\varphi_k$ 时，继电器正好工作在最灵敏线上；通正向电流，方向继电器能正确动作；通反向电流，方向继电器不动作。所以，当 α 为 φ_k 的余角时继电器动作最灵敏。

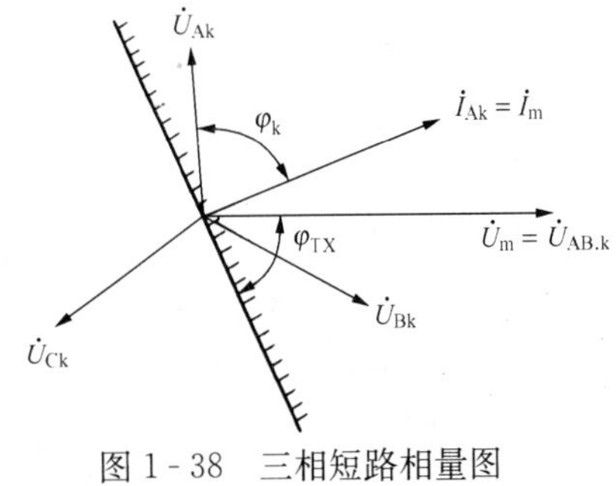

图1-38　三相短路相量图

两相短路当故障点到保护安装处的远近不同时，接入继电器的电流和电压间的夹角也会变化，要方向元件在各种情况下都工作在最灵敏线上，则要求 φ_{TX} 可自动调节，即 α 可自动调节。这在运行中是不可能的。因此，综合各种故障情况，实际应用中宜选定 $\alpha=30°$ 或45°，即 $\varphi_{TX}=60°$ 或45°为最佳。

四、阶段式方向电流保护

双端电源（或单电源环网）线路上发生短路故障，线路两侧都提供短路电流，所以线路两侧都应装有断路器和保护装置。下面讨论双端电源（或单电源环网）线路上电流保护的相关问题。

1. 方向电流保护的整定计算

当线路发生故障时，对任一断路器的保护装置，流过的短路电流都是单一方向的。所以，双端电源线路上电流保护的整定计算方法，与前面所讲的三段式电流保护的整定计算方法基本相同。所不同的是方向电流保护要注意正向电流，即方向电流保护的动作电流要按正向电流计算。在图1-39（a）中，计算断路器QF1、QF3、QF5速断保护的动作电流时，可将QF6断开计算各自线路末端的短路电流，再根据短路电流计算速断保护的动作电流；过流保护的动作电流则应根据正常运行时的正向负荷电流计算。同理，可将QF1断开计算另一方向的动作值。

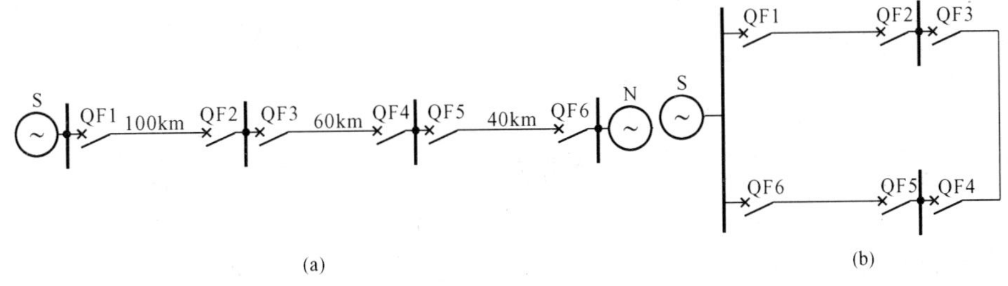

图1-39　方向电流保护整定计算网络图
（a）双端电源；（b）单电源环网

在单电源环网中，保护的整定计算可根据等电位原理，将单电源化为双端电源供电网络进行计算。

对于方向过电流保护的时间整定，同方向的保护应按阶梯时限整定。图 1 - 39（a）所示系统中，应满足

$$t_1 > t_3 > t_5 , t_6 > t_4 > t_2$$

即

$$t_1 = t_3 + \Delta t, t_3 = t_5 + \Delta t; t_6 = t_4 + \Delta t, t_4 = t_2 + \Delta t$$

对单电源环网中有一个有利于简化继电保护的问题。在正常运行时，QF2 和 QF5 不可能有正向电流通过这两个断路器，若有正向电流通过，则一定是被保护的线路发生短路。因此，在 QF2 和 QF5 上仅需装方向元件以判别电流的方向，就可明确被保护线路是否发生故障，判别电流大小的元件完全可以取消。这样就使保护得到简化，同时也不存在电流保护的灵敏度问题。随着用户对供电连续性要求的不断提高，双回线供电的线路越来越多，掌握这一特点，可使双回线路中靠近用户侧断路器装设的保护大大简化。

2. 方向元件的加装原则

双端电源（或单电源环网）线路上的电流保护，加装方向元件是为了保证动作的选择性。若不装方向元件，也不会造成无选择性误动的，则不必装方向元件。对各段保护在什么情况下加装方向元件，应进行具体分析。

（1）瞬时电流速断。当保护安装处反向短路故障，通过保护的电流大于瞬时电流速断保护的动作电流时，瞬时电流速断保护必须加装方向元件。否则会造成无选择性动作。如在图 1 - 39（a）中，设 S、N 两侧内阻相等，QF1 的电流速断保护就可不加装方向元件。因为 QF1 反向故障通过 QF1 的短路电流由电源 E_N 供给，其值小于 QF1 速断保护的动作电流。

（2）带时限电流速断。反向电流瞬时速断保护区末端短路故障，流过本保护的电流小于带时限电流速断保护的动作电流时，可不加装方向元件。否则需加装方向元件（具体分析略）。

（3）定时限过流保护。在同一母线上的保护，动作时间最长的过电流保护可不装设方向元件。在图 1 - 40 中，各断路器过电流保护的动作时间如图所示。因此，只需在 QF2 和 QF5 上加装方向元件就能满足过电流保护选择性的要求。

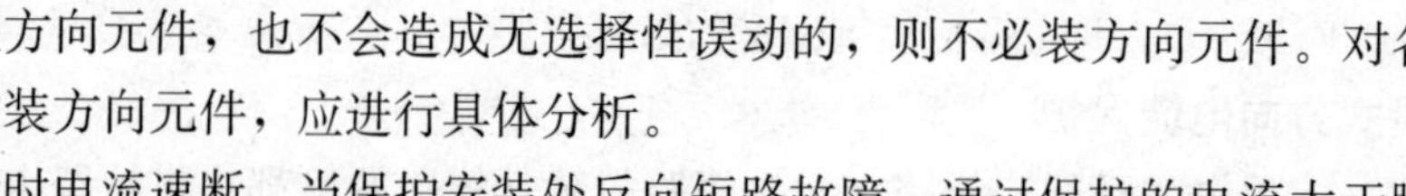

图 1 - 40　过电流保护加装方向元件的分析图

设在图 1 - 40 中各 QF 上均装有过电流保护，根据上述原则，在母线 1 上 QF1 的过电流保护动作时间最长；在母线 2 上 QF3 的过电流保护动作时间最长；在母线 3 上 QF4 的过电流保护动作时间最长；在母线 4 上 QF6 的过电流保护动作时间最长，因此 QF1、QF3、QF4、QF6 的过电流保护均不需加装方向元件。可分别假设 k1、k2、k3 点短路，分析保护动作都能满足选择性。

（4）按相起动。按相起动是指接哪一相电流的方向元件的触点就与哪一相的电流元件的触点相串联。图 1 - 41（a）为按相起动接线。若为不按相起动接线，如图 1 - 41（b）所示，当出现反相故障时，保护有误动的可能。可用图 1 - 41（c）分析，不按相起动时保护的误动作行为。

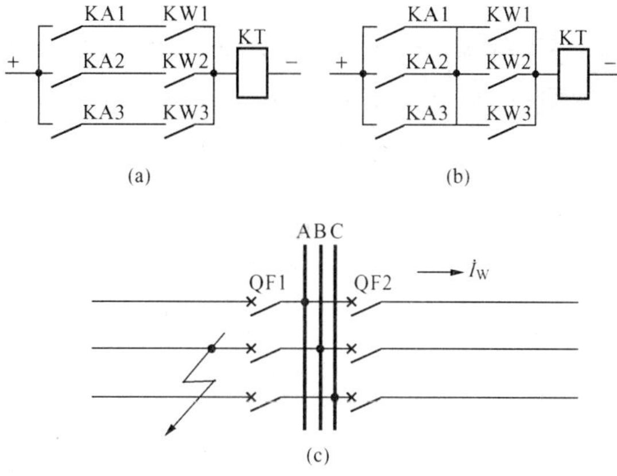

图 1 - 41　按相起动接线图

（a）按相起动；（b）不按相起动；（c）一次系统图

设图 1 - 41（c）的 QF2 上装有方向电流保护，采用不按相起动接线，正常运行时的工作电流 $\dot{I}_W$ 为图中从母线流向线路，功率方向为正，在反向发生两相（如 BC 两相）故障，则故障相短路电流 $\dot{I}_k$ 的方向与工作电流的方向相反，而非故障相电流 $\dot{I}_W$ 依然从母线流向线路。QF2 处的 KW1 在 $\dot{I}_W$ 作用下动作（因为 KW1 为正向电流），KA2 在 $\dot{I}_k$ 的作用下动作（$\dot{I}_k$ 是故障电流），KW1 与 KA2 接通，保护误动。若按相起动，保护就不会误动了。所以方向电流保护必须采用按相起动接线。

§1.3　电网的接地保护

一、中性点直接接地电网接地故障的特点

1. 接地故障分析

中性点直接接地电网中，当发生接地故障时，将出现很大的短路电流，故又称这种系统为大接地电流系统。我国 110kV 及以上电压等级的电网，均采用大接地电流系统。统计表明，在大接地电流系统中发生的故障，绝大多数是接地短路故障。因此，在这种系统中需装设有效的接地保护，并使之动作于跳闸，以切断接地的短路电流。从原理上讲，接地保护可以与三相星形接线的相间短路保护共用一套设备，但实际上这样构成的接地保护灵敏度低（因继电器的动作电流必须躲开最大短路电流或负荷电流），动作时间长（因保护的动作时限必须满足相间短路时的阶梯原则），所以普遍采用专门的接地保护装置。下面以图 1 - 42 为例，分析接地故障的特点。

不考虑负荷电流的影响，设 A 相发生单相接地故障。边界条件为

$$\dot{I}_A = \dot{I}_{Ak}, \dot{I}_B = \dot{I}_C = 0$$

$$\dot{U}_A = 0, \dot{U}_B = \dot{E}_B, \dot{U}_C = \dot{E}_C$$

则

$$3\dot{I}_0 = \dot{I}_A + \dot{I}_B + \dot{I}_C = \dot{I}_{Ak} \tag{1-21}$$

$$3\dot{U}_0 = \dot{U}_A + \dot{U}_B + \dot{U}_C = \dot{E}_B + \dot{E}_C = -\dot{E}_A \tag{1-22}$$

由此可见，接地故障产生零序分量是最显著的特点。正常运行和三相短路及两相短路

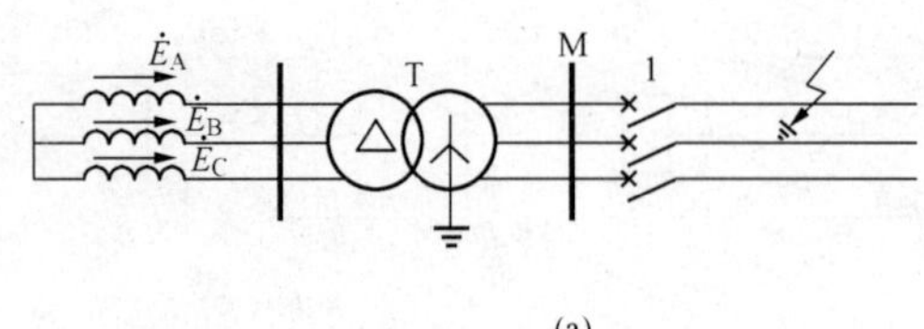

(a)

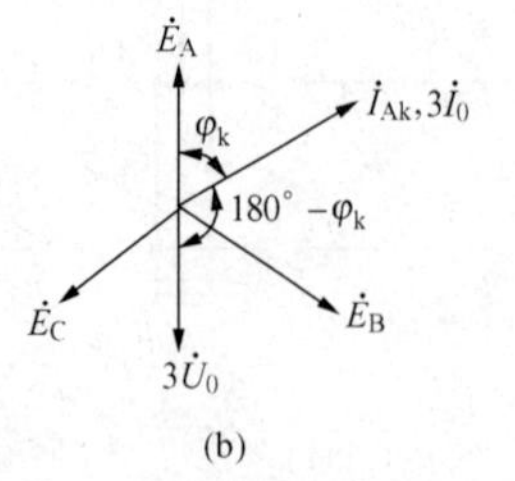

(b)

图 1-42　零序分量分析
(a) 网络接线图；(b) 相量图

都不产生零序分量（分析省略）。

取出零序分量用以构成专门的接地保护，称为零序保护。它的构成简单，易于实现，而且在装设这种专门的接地保护后，相间短路保护的接线还可采用简单的两相不完全星形接线。

从图 1-42（a）可知，零序电流的分布，取决于变压器中性点接地的分布。设线路的零序阻抗角为 φ_k，作出相量图如图 1-42（b）所示，从图可知 $3\dot{I}_0$ 超前 $3\dot{U}_0$ 为（$180°-\varphi_k$）。因故障点的 $\dot{U}_A=0$，由式（1-22）可知，故障点的零序电压最高，离故障点越远（$\dot{U}_A\neq0$）零序电压越低，变压器中性点处的零序电压为零。保护安装处的零序电压，为保护安装处至变压器中性点之间零序阻抗上的压降，由图 1-42（a）可知，应为

$$3\dot{U}_0=-Z_{0T}3\dot{I}_0 \qquad (1-23)$$

式中　Z_{0T}——变压器的零序阻抗。

零序功率为 $P=3I_0 3U_0\cos(180°-\varphi_k)$。

因（$180°-\varphi_k$）为钝角，零序功率的值为负值，表明零序功率是由接地故障点的零序电压产生，为由故障线路流向母线。

2. 零序电流滤过器

要构成专门的接地保护，需要取出零序电流（或零序电压），根据对称分量的表达式，将三相电流互感器二次侧同极性端并联，便构成零序电流滤过器，如图 1-43 所示。

从图中可知，流入继电器的电流为

$$\dot{I}_k=\dot{I}_a+\dot{I}_b+\dot{I}_c=3\dot{I}_0$$

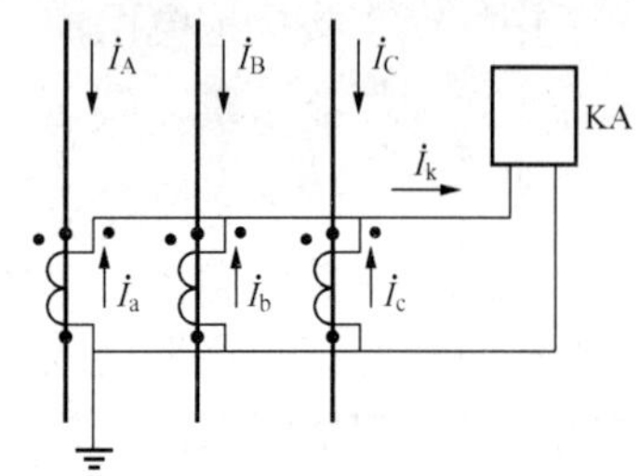

图 1-43　零序电流滤过器

因为只有接地故障时才产生零序电流，正常运行和相间短路时不产生零序电流，理想情况下 $\dot{I}_k=0$，继电器不会动作。但实际上三相电流互感器励磁特性不一致，继电器中会有不平衡电流流过。设三相电流互感器的励磁电流分别为 $\dot{I}_{A.E}$、$\dot{I}_{B.E}$、$\dot{I}_{C.E}$，则流入继电器的电流为

$$\begin{aligned}\dot{I}_k&=\frac{1}{n_{TA}}[(\dot{I}_A-\dot{I}_{A.E})+(\dot{I}_B-\dot{I}_{B.E})+(\dot{I}_C-\dot{I}_{C.E})]\\&=\frac{1}{n_{TA}}(\dot{I}_A+\dot{I}_B+\dot{I}_C)-\frac{1}{n_{TA}}(\dot{I}_{A.E}+\dot{I}_{B.E}+\dot{I}_{C.E})\\&=\frac{1}{n_{TA}}\times3\dot{I}_0+\dot{I}_{unb}\end{aligned} \qquad (1-24)$$

其中；n_{TA} 为电流互感器变比；$\dot{I}_{unb}=-\frac{1}{n_{TA}}(\dot{I}_{A.E}+\dot{I}_{B.E}+\dot{I}_{C.E})$ 称为不平衡电流。在正常运行时，不平衡电流很小，在相间故障时互感器一次电流很大，由于铁芯饱和使不平衡电流

增大。接地保护的动作电流应躲过此时的不平衡电流，以防止误动。

3. 零序电流互感器

对于采用电缆引出的线路，广泛采用零序电流互感器以取得零序电流，如图 1-44 所示。零序电流互感器套在电缆的外面，其一次绕组是从铁芯窗口穿过的电缆，即互感器一次电流是 $\dot{I}_A+\dot{I}_B+\dot{I}_C=3\dot{I}_0$。只有在一次侧通过零序电流时，在互感器二次侧才有相应的零序电流输出，故称它为零序电流互感器。它的优点是不平衡电流小，接线简单。

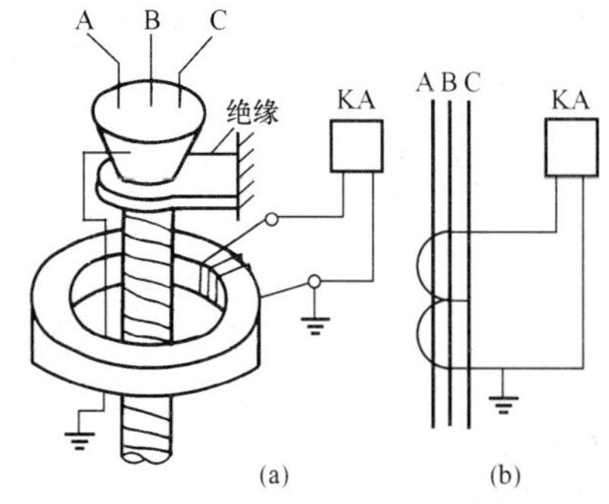

图 1-44　零序电流互感器

(a) 结构图；(b) 接线图

发生接地故障时，接地电流不仅可能在地中流动，还可能沿着故障线路电缆的导电外皮或非故障电缆的外皮流动；正常运行时，地中杂散电流也可能在电缆外皮上流过。这些电流可能导致保护的误动作、拒绝动作或使其灵敏度降低。为了解决这个问题，在安装零序电流互感器时，电缆头应与支架绝缘，并将电缆头外皮的接地线穿过零序电流互感器的铁芯窗口后再接地（见图 1-44）。这样，沿电缆外皮流动的电流来回两次穿过铁芯，互相抵消，因而在铁芯中不会产生相应磁通，也就不致于影响保护的正确工作了。

4. 零序电压滤过器

为了取得零序电压，需采用零序电压滤过器。构成零序电压滤过器时，必须考虑零序磁通的铁芯路径，所以采用的电压互感器铁芯型式只能是三个单相的或三相五柱式的。其二次绕组顺极性接成开口三角，如图 1-45 (a)、(b) 所示，以获得零序电压。

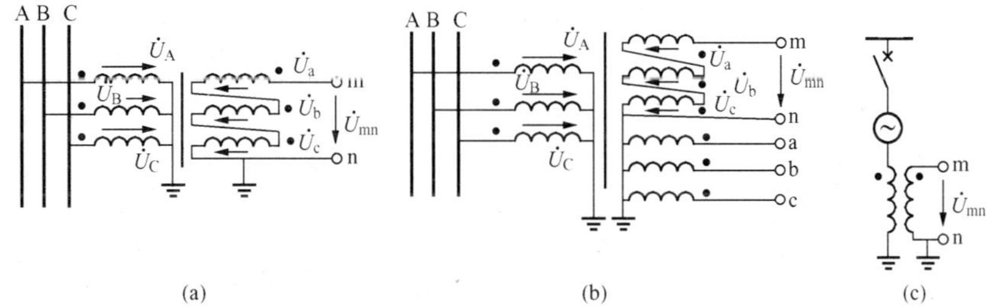

图 1-45　零序电压滤过器

(a) 由三个单相电压互感器组成；(b) 由三相五柱式电压互感器组成；

(c) 由发电机中性点电压互感器（零序电压互感器）取得零序电压

输出电压为

$$\dot{U}_{mn}=\dot{U}_a+\dot{U}_b+\dot{U}_c=3\dot{U}_0$$

即零序电压滤过器只输出零序电压。

当发电机（变压器）中性点经电压互感器或消弧线圈接地时，可直接取得零序电压。因发电机（变压器）中性点对地的电压，即为零序电压的值，故可将该电压互感器称为零序电压互感器，如图 1-45 (c) 所示。

实际上在正常运行和电网相间短路时，由于电压互感器的误差及三相系统对地电压不平衡，在开口三角形侧会有数值不大的电压输出，此电压称为不平衡电压，零序电压保护应躲过其影响。

二、中性点直接接地系统的接地保护

中性点直接接地系统发生接地故障时产生很大的零序电流，反映零序电流增大而构成的保护称为零序电流保护。与相间短路的电流保护相同，零序电流保护也采用阶段式，通常为三段式或四段式。三段式零序电流保护由瞬时零序电流速断（零序Ⅰ段）、限时零序电流速断（零序Ⅱ段）、零序过电流（零序Ⅲ段）组成。这三段保护在保护范围、动作值整定、动作时间方面的配合与三段式电流保护类似。图1-46所示为三段式零序电流保护的原理接线图。图中采用零序电流滤过器取得零序电流，零序Ⅰ段由电流继电器KA1、中间继电器KM和信号继电器KS1组成；零序Ⅱ段由电流继电器KA2、时间继电器KT1，信号继电器KS2组成；零序Ⅲ段由电流继电器KA3、时间继电器KT2和信号继电器KS3组成。零序Ⅰ段保护瞬时动作，保护范围为线路首端的一部分；零序Ⅱ段经一个时限级差动作，保护线路全长；零序Ⅲ段保护作为本线路及下一线路的后备保护，保护本线路及下一线路的全长。

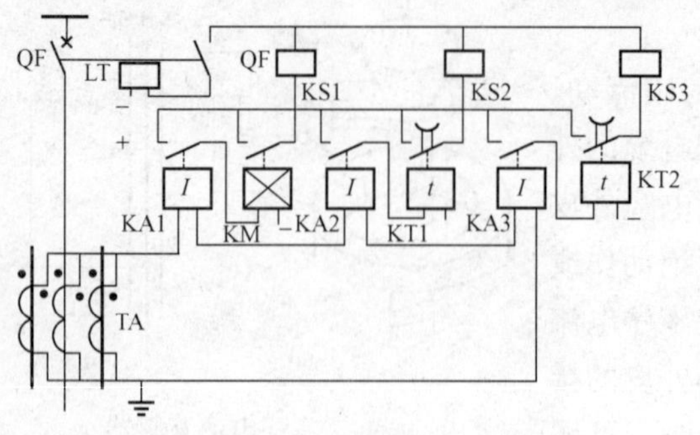

图1-46　三段式零序电流保护

1. 瞬时零序电流速断保护（零序Ⅰ段）

为保证选择性，瞬时零序电流速断保护的整定相似于电流速断保护，其整定原则如下。

（1）零序Ⅰ段的动作电流应躲过被保护线路末端发生单相或两相接地短路时可能出现的最大零序电流 $3I_{0.\max}$，即

$$I_{\mathrm{act}}^{\mathrm{I}} = K_{\mathrm{rel}} \times 3I_{0.\max} \tag{1-25}$$

式中　K_{rel}——可靠系数，取1.2～1.3。

在计算最大零序电流时，要考虑零序电流为最大的运行方式和接地故障类型。

（2）躲过由于断路器三相触头不同时合闸所出现的最大零序电流，即

$$I_{\mathrm{act}}^{\mathrm{I}} = K_{\mathrm{rel}} \times 3I_{0.\mathrm{unb}.\max} \tag{1-26}$$

保护的整定值取（1）、（2）中较大者。若按照整定原则（2）整定使动作电流较大，灵敏度不满足要求时，可在零序电流速断的接线中装一个小延时的中间继电器，使保护装置的动作时间大于断路器三相触头不同时合闸的时间，则整定原则（2）可不考虑。

（3）在220kV及以上电压等级的电网中，当采用单相或综合重合闸时，会出现非全相运行状态，若此时系统又发生振荡，将产生很大的零序电流，按原则（1）、（2）来整定的零序Ⅰ段可能误动作。如果使零序Ⅰ段的动作电流按躲开非全相运行系统振荡的零序电流来整定，则整定值高，正常情况下发生接地故障时保护范围缩小。

为解决这个问题，通常设置两个零序Ⅰ段保护。一个是按整定原则（1）、（2）整定，由于其定值较小，保护范围较大，称为灵敏Ⅰ段，用来保护在全相运行状态下出现的接地故障。在单相重合闸时，将其自动闭锁，并自动投入第二种零序Ⅰ段。第二种零序Ⅰ段，

按躲开非全相振荡的零序电流整定，其定值较大，灵敏系数较低，称为不灵敏Ⅰ段，用来保护在非全相运行状态下的接地故障。

灵敏的零序Ⅰ段，其灵敏系数按保护范围的长度来校验，要求最小保护范围不小于线路全长的15%。

2. 限时零序电流速断保护（零序Ⅱ段）

零序Ⅰ段能瞬时动作，但不能保护线路全长，为了以较短时限切除全线的接地故障，还应装设限时零序电流速断保护（零序Ⅱ段）。它的工作原理与相间短路限时电流速断一样，其动作电流与下一线路的零序Ⅰ段配合，按躲过下一线路零序Ⅰ段保护区末端接地故障时，通过本保护装置的最大零序电流整定，即

$$I_{act.1}^{\mathrm{II}} = K_{rel} I_{act.2}^{\mathrm{I}} \tag{1-27}$$

式中　K_{rel}——可靠系数，取1.1～1.2。

与相间短路限时电流速断相同，零序Ⅱ段的动作时限比下一线路零序Ⅰ段的动作时限大一个时限级差Δt，一般取0.5s。

零序Ⅱ段的灵敏系数，按本线路末端接地短路时流过本保护的最小零序电流来校验，要求$K_{sen} \geqslant 1.5$。当下一线路比较短或运行方式变化比较大，灵敏系数不满足要求时，可采用下列措施加以解决：

（1）使本线路的零序Ⅱ段与下一线路的零序Ⅱ段相配合，其动作电流、动作时限都与下一线路的零序Ⅱ段配合：动作电流为$I_{act.1}^{\mathrm{II}} = K_{rel} I_{act.2}^{\mathrm{II}}$，动作时限为1s。

（2）保留原来0.5s时限的零序Ⅱ段，增设一个与下一线路零序Ⅱ段配合的、动作时限为1s左右的零序Ⅱ段，它们与瞬时零序电流速断及零序过电流保护一起，构成四段式零序电流保护。

（3）从电网接线的全局考虑，改用接地距离保护。

3. 零序过电流保护（零序Ⅲ段）

零序过电流保护与相间短路过电流保护类似，用作本线路接地短路的近后备和下一线路接地短路的远后备。零序过电流保护在正常运行及下一线路相间短路时不应动作，而此时零序电流滤过器有不平衡电流输出并流过本保护，所以零序Ⅲ段的动作电流，应按躲过下一线路相间短路时流过本保护的最大不平衡电流来整定，即

$$I_{act}^{\mathrm{III}} = K_{rel} I_{unb.max} \tag{1-28}$$

式中　K_{rel}——可靠系数，取1.2～1.3；

$I_{unb.max}$——最大不平衡电流，即在下一线路始端发生三相短路流过本保护的最大不平衡电流。

零序电流保护Ⅲ段的灵敏系数，按保护范围末端接地短路时流过本保护的最小零序电流来校验。作近后备时，校验点取本线路末端，要求$K_{sen} \geqslant 1.5$；作下一线路的远后备时，校验点取下一线路末端，要求$K_{sen} \geqslant 1.25$。

由于零序过电流保护动作电流的数值很小，当发生接地故障时，相邻各线路的保护都有可能起动。为了保证选择性，它们的动作时限也应按阶梯原则进行配合。但是，考虑到零序电流只在接地故障点与变压器接地中性点之间的一部分电网中流通，所以只在这一部

分线路的零序保护上进行时限的配合即可。例如，在图 1 - 47 所示的电网中，由于变压器 T2 的△侧发生接地故障时，不可能在 Y 侧产生零序电流，所以零序过电流保护 3 的动作时限就不必考虑与变压器 T2 后面的保护 4 相配合，即可取 $t_{03}=0s$。但保护 1、2、3 的动作时限，则应符合阶梯原则，即 $t_{02}=t_{03}+\Delta t$，$t_{01}=t_{02}+\Delta t$。其时限特性，如图 1 - 47 所示。

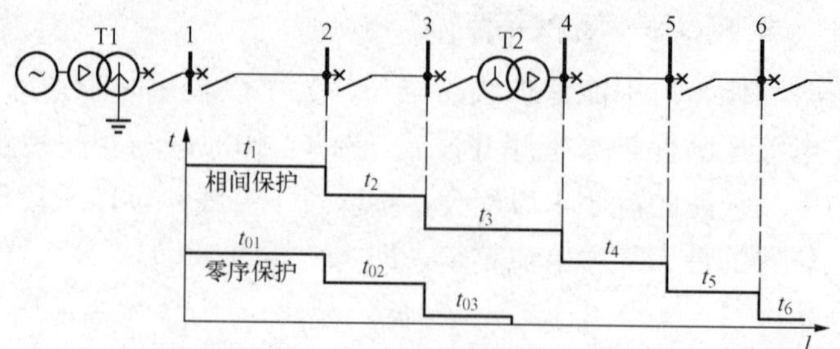

图 1 - 47　零序过电流保护与相间过电流保护的时限特性的比较

但是，相间短路的过电流保护则不同。由于相间故障不论发生在变压器的△侧还是在 Y 侧，故障电流均要从电源一直流至故障点，所以整个电网过电流保护的动作时限，应从离电源最远处的保护开始，逐级按阶梯原则进行配合。图 1 - 47 中也表示了相间保护的时限特性。保护 3 的时限 t_3，要与变压器 T2 后的保护 4 相配合；保护 4 的时限还要与再下一元件的保护时限相配合。比较接地保护的时限特性曲线和相间过电流保护的时限特性曲线可知：虽然它们在配合上均遵循阶梯原则，但零序过电流保护需要配合的范围小，其动作时限要比相间短路保护短，这是装设零序过电流保护的又一优点。

4. 零序方向电流保护

（1）方向性问题的提出。在两侧变压器的中性点均接地的电网中，当线路上发生接地短路时，故障点的零序电流将分为两个支路分别流向两侧的接地中性点。这种情况与双侧电源电网中实施相间短路的电流保护一样，不装设方向元件将不能保证保护动作的选择性。例如，在图 1 - 48 所示的电网中，当 k1 点发生接地短路时，有零序电流流过保护 2 和 3，为保证选择性，应使 $t_{02}<t_{03}$。但当接地短路发生在 k2 点时，这时为保证选择性又要求 $t_{02}>t_{03}$，显然这是矛盾的。因此，与方向电流保护相同，必须在零序电流保护上增加零序功率方向元件，以判别零序电流的方向，构成零序方向电流保护，以保证在各种接地

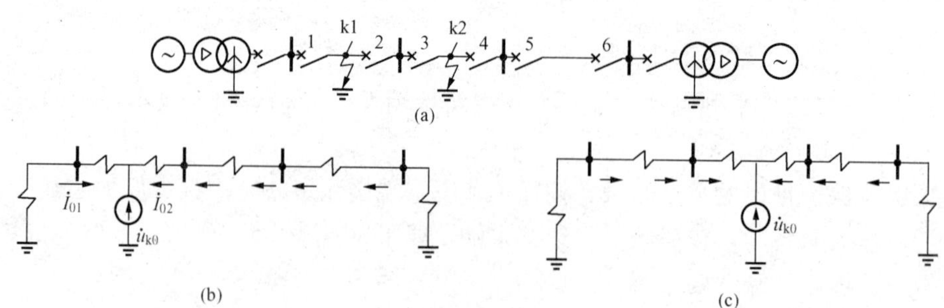

图 1 - 48　零序方向电流保护方向性分析

（a）网络接线；（b）k1 点接地短路时的零序网络；（c）k2 点接地短路时的零序网络

故障情况下保护动作的选择性。

(2) 整流型零序功率方向继电器。接地保护广泛采用 LG－12 型功率方向继电器，接入保护安装处的零序电压和零序电流。当线路发生接地故障，流过正方向的零序电流时，它应该动作并工作在最灵敏的动作区域。

考虑到在保护装设处附近发生接地短路时零序电压值最大，因此零序功率方向继电器不存在电压死区的问题，故在中间变压器上不采用记忆回路，如图 1－49 (a) 所示。显然，这时 TVA 的一次电压就是 $\dot{U}_{\mathrm{m}}$，而二次电压 $\dot{K}_U\dot{U}_{\mathrm{m}}$ 与 $\dot{U}_{\mathrm{m}}$ 同相，即 $\dot{K}_U$ 为一实数。

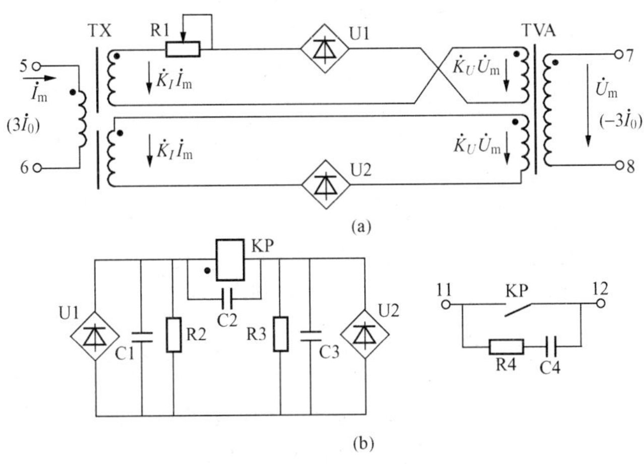

图 1－49 LG－12 型功率方向继电器

零序功率方向继电器采用均压法比较回路，如图 1－49 (b) 所示。整流器 U1 和 U2 直流侧的输出电压分别加在电阻器 R2 和 R3 上，当 U1 的输出电压 $|\dot{K}_I\dot{I}_{\mathrm{m}}+\dot{K}_U\dot{U}_{\mathrm{m}}|$ 大于 U2 的输出电压 $|\dot{K}_I\dot{I}_{\mathrm{m}}-\dot{K}_U\dot{U}_{\mathrm{m}}|$ 时，极化继电器内流过正向动作电流，继电器动作。反之，继电器不动作。因此，这种电路中极化继电器接于两个电压差上，直接比较两电压的大小，故称为均压法比较回路。

由原理接线图可知，LG－12 型继电器的动作量为 $|\dot{K}_I\dot{I}_{\mathrm{m}}+\dot{K}_U\dot{U}_{\mathrm{m}}|$，制动量为 $|\dot{K}_I\dot{I}_{\mathrm{m}}-\dot{K}_U\dot{U}_{\mathrm{m}}|$，继电器的动作条件为

$$|\dot{K}_I\dot{I}_{\mathrm{m}}+\dot{K}_U\dot{U}_{\mathrm{m}}|>|\dot{K}_I\dot{I}_{\mathrm{m}}-\dot{K}_U\dot{U}_{\mathrm{m}}| \tag{1-29}$$

根据动作条件可作出继电器的动作区，如图 1－50 所示，图中示出了继电器的动作区和灵敏角。以 $\dot{U}_{\mathrm{m}}$ 为基准相量画于横轴位置，$\dot{K}_U\dot{U}_{\mathrm{m}}$ 与 $\dot{U}_{\mathrm{m}}$ 同相位。$\dot{K}_I\dot{I}_{\mathrm{m}}$ 超前 $\dot{I}_{\mathrm{m}}$ 的角度为电抗变换器的转移阻抗角 φ_{TX}。当 $\dot{K}_U\dot{U}_{\mathrm{m}}$ 与 $\dot{K}_I\dot{I}_{\mathrm{m}}$ 同相位时，由式 (1－29) 可知，此时动作量最大，制动量最小，继电器最灵敏。所以，当 $\dot{U}_{\mathrm{m}}$ 超前 $\dot{I}_{\mathrm{m}}$ 的角度 $\varphi_{\mathrm{m}}=\varphi_{\mathrm{z}}=\varphi_{\mathrm{TX}}$ 角时，继电器最灵敏，继电器的最大灵敏角为 $\varphi_{\mathrm{m}}=\varphi_{\mathrm{z}}=\varphi_{\mathrm{TX}}=\varphi_{\mathrm{sen.max}}$ 得灵敏线，作灵敏线的垂线为该继电器动作区与非动作区的边界线，图中阴影区域为动作区。从图 1－42 (b) 相量图可知，为使 LG－12 型功率方向继电器在正方向故障时

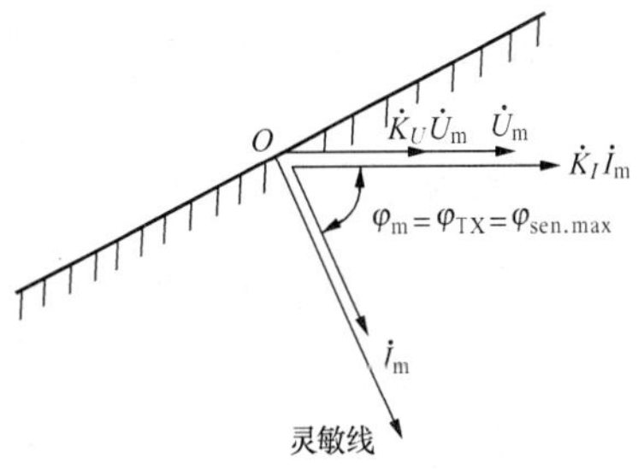

图 1－50 LG－12 型功率方向继电器动作区和灵敏角

最灵敏，所加工作电压 $\dot{U}_{\mathrm{m}}$ 应为 $-3\dot{U}_0$。

（3）三段式零序方向电流保护。三段式零序方向电流保护的原理接线图，如图 1-51 所示。与图 1-46 相比，增加了一个零序功率方向继电器 KW。它的触点控制了保护的操作电源，因而只有在零序功率方向元件动作后，零序电流保护才能动作于跳闸。所以，只要零序功率方向继电器的接线是正确的，则三段式零序电流保护就只能在正向接地故障时才动作。从图中看出三段公用一个零序功率方向继电器 KW。

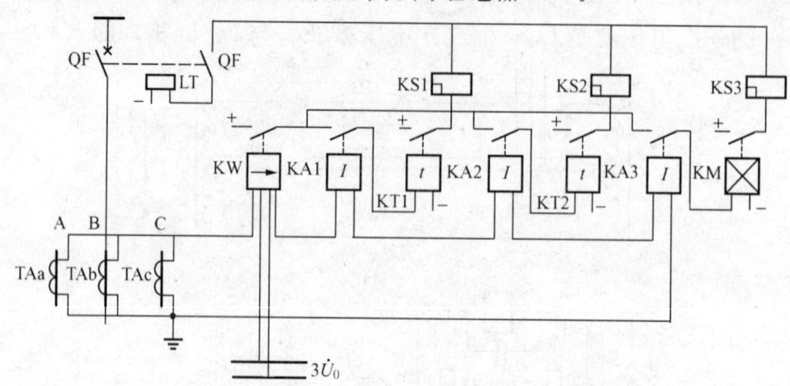

图 1-51　三段式零序方向电流保护的原理接线图

在零序电流保护中加装方向元件后，只需同一方向的保护在保护范围和动作时限上进行配合。例如在图 1-52 中，保护 1、3、5 为相同动作方向，保护 2、4、6 为相同动作方向，它们之间的配合以及各段的配合如图 1-52 所示。

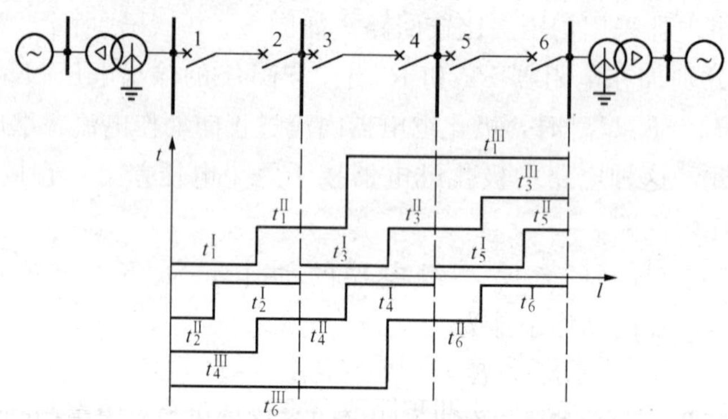

图 1-52　三段式零序方向电流保护时限特性

三、中性点非直接接地系统的接地保护

1. 中性点不接地系统单相接地时的电流和电压

中性点不接地系统正常运行时，系统的三相电压对称。为便于分析，用集中电容 $C_{\mathrm{O.F}}$ 表示三个相各自的对地电容，并设负荷电流为零。三相分别流过很小的电容电流，它们各超前于相应的相电压 90°。由于电源及负载均是对称的，故没有零序电压和零序电流。电源中性点和对称星形连接电容的中性点（大地）同电位，即电源中性点对地电压 $\dot{U}_{\mathrm{N}}=0$，各相对地电压等于各自相电压。

中性点不接地系统单相接地时，接地故障相对地电压为零，该相电容电流也为零。由于三相对地电压以及电容电流的对称性遭到破坏，因而将出现零序电压和零序电流。如图1－53所示，L3线路上发生A相接地时，从图中的分析可得出如下的结论：

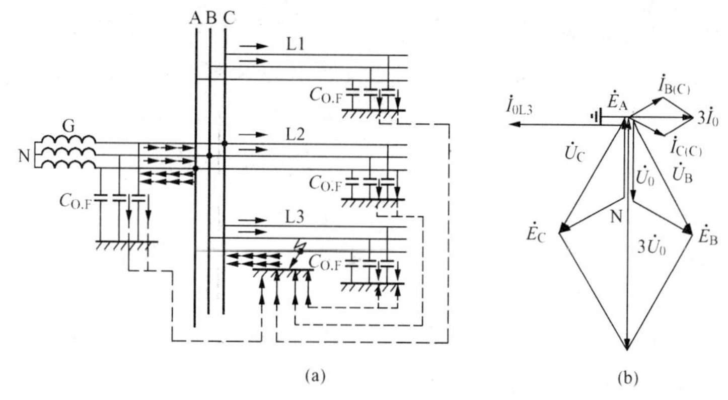

图1－53　中性点不接地系统单相接地

（a）电容电流的分布；（b）电流电压相量图

（1）接地相对地电压降为零，其他两相对地电压升高为线电压，中性点发生位移，中性点电压等于正常运行时的相电压。如图1－53（b）所示，整个系统出现了零序电压，其大小为

$$3\dot{U}_0 = \dot{U}_A + \dot{U}_B + \dot{U}_C = -3\dot{E}_A$$

（2）接地相电容电流为零，其他两相电容电流随该两相对地电压升高而增大到正常值的$\sqrt{3}$倍，因而线路上出现零序电流。非故障线路的零序电流为本线路两非故障相的电容电流的相量和，其相位超前零序电压90°，方向由母线流向线路；故障线路始端的零序电流等于系统全部非故障线路对地电容电流之和，其相位滞后零序电压90°，其方向为由线路流向母线。

根据以上特点，可构成不同原理的接地保护装置。

2．中性点经消弧线圈接地电网中单相接地故障的特点

根据上面的分析，中性点不接地系统中发生单相接地时，接地点的故障电流为整个系统电容电流之和。如果这个电流值较大，就会在接地点产生电弧，引起弧光过电压，甚至造成非故障相的绝缘损坏，发展成相间短路或多点接地短路，使事故扩大。为了解决这个问题，在接地故障电流大于一定值的电网中，中性点均应采用经消弧线圈接地的方式。消弧线圈是一个具有铁芯的电感线圈。中性点经消弧线圈接地系统发生单相接地时，电容电流的分布与图1－53（a）完全相同。但是在中性点对地电压的作用下，在消弧线圈中产生一个电感电流$\dot{I}_L$，此电流也经接地故障点而构成回路，如图1－54所示。这时接地故障点的电流包括两个成分，即原来的接地电容电流$\dot{I}_C$和消弧线圈的电感电流$\dot{I}_L$。因为电感电流$\dot{I}_L$的相位与电

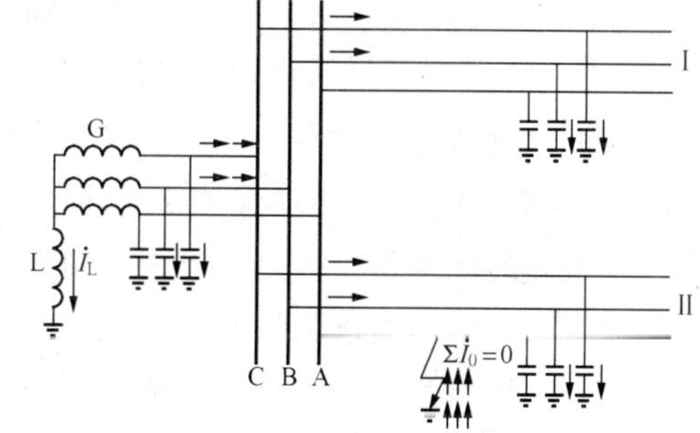

图1－54　中性点经消弧线圈接地电网单相接地故障

容电流 $\dot{I}_C$ 的相位相反，相互抵消，起到了补偿作用，结果使接地点故障电流减小，从而使接地故障点的电弧消除。

消弧线圈对电容电流的补偿有完全补偿、欠补偿和过补偿三种方式。

(1) 完全补偿就是 $I_L = I_C$，此时接地故障点的电流为零。从消除故障点的电弧及避免弧光过电压的角度，这种方式最好。但它存在严重缺点，因在这种情况下的感抗等于电网的容抗，会发生串联谐振，使系统产生过电压。实际中不采用这种方式。

(2) 欠补偿就是使 $I_L < I_C$，补偿后的接地点电流是容性的。当系统运行方式变化时，如某个元件被切除，电容电流减小，又会出现完全补偿引起过电压。因此，实际中也不采用欠补偿方式。

(3) 过补偿就是使 $I_L > I_C$，补偿后接地点电流是感性的。它不会发生串联谐振产生过电压的问题，在实际中得到广泛应用。

3. 中性点不接地电网单相接地的保护

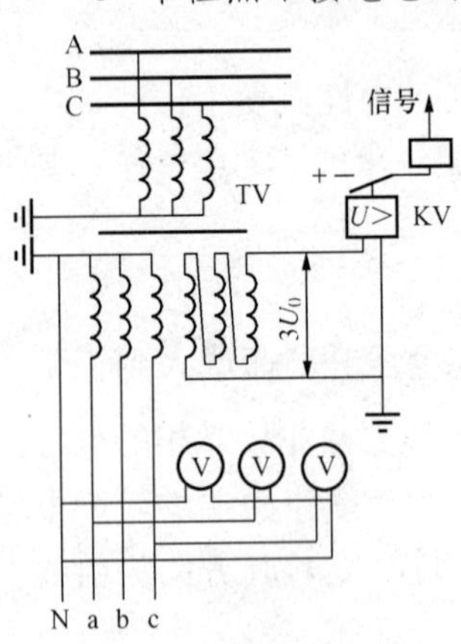

图 1-55 绝缘监视装置原理接线图

中性点不接地电网发生单相接地时，由于故障点电流很小，三相线电压仍然对称，对负荷供电影响小，因此一般情况下，要求保护装置只发信号，而不必跳闸（允许再继续运行 1～2h），只在对人身和设备的安全有危险时，才动作于跳闸。中性点不接地电网单相接地的保护方式有无选择性的绝缘监视装置、零序电流保护、零序功率方向保护。

(1) 绝缘监视装置。绝缘监视装置是利用单相接地时出现零序电压的特点构成的，其原理接线如图 1-55 所示。电压互感器的二次侧有两组绕组，其中一组接成星形，接三只电压表用以测量各相对地电压；另一组接成开口三角形，以取得零序电压。过电压继电器接在开口三角形的开口处，用来反应系统的零序电压，并接通信号回路。

正常运行时，系统三相电压对称，无零序电压，过电压继电器不动作，三块电压表读数相等，分别指示各自的相电压。当发生单相接地时，系统各处都会出现零序电压，因此开口三角有零序电压输出，使继电器动作并起动信号继电器发信号。为了知道哪一相发生了接地故障，可以通过电压表读数来判别，接地相对地电压为零，非故障相电压升高到线电压。

根据这种装置的动作，可以知道系统发生了接地故障和故障的相别，但不知道接地故障发生在哪条线路上。因此，绝缘监视装置是无选择性的。为查找故障线路，需要由值班人员依次短时断开每条线路，再用自动重合闸将断开线路投入。当断开某条线路时零序电压消失，三只电压表读数相同，即说明该线路发生了接地故障。

(2) 零序电流保护。当发生单相接地时，故障线路的零序电流是所有非故障元件的零序电流之和，当出线较多时，故障线路零序电流比非故障线路零序电流大，利用这个特点可以构成有选择性的零序电流保护。

保护的原理接线图如图 1-56 所示。保护装置通过零序电流互感器取得零序电流，电流继电器用来反映零序电流的大小并动作于信号。采用零序电流互感器，其不平衡电流较小，电流继电器的整定值按不平衡电流和自身的电容电流整定，从而提高了保护的灵敏系数。

发生单相接地时，故障线路的零序电流大，保护动作发信号，非故障线路的零序电流较小，保护不动作，因此零序电流保护是有选择性的。但当出线少时往往难以实现。

（3）零序功率方向保护。利用故障线路与非故障线路零序功率方向不同的特点，可以构成有选择性的零序功率方向保护，其原理接线图如图 1－57 所示。图中零序功率方向继电器输入 $3\dot{U}_0$ 和 $3\dot{I}_0$。

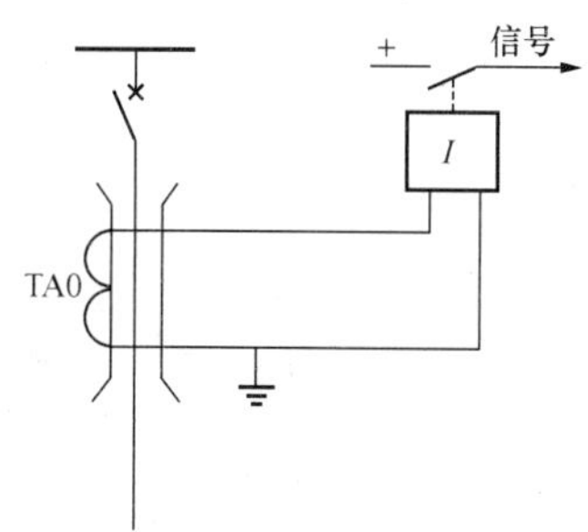

图 1－56　用零序电流互感器构成的接地保护

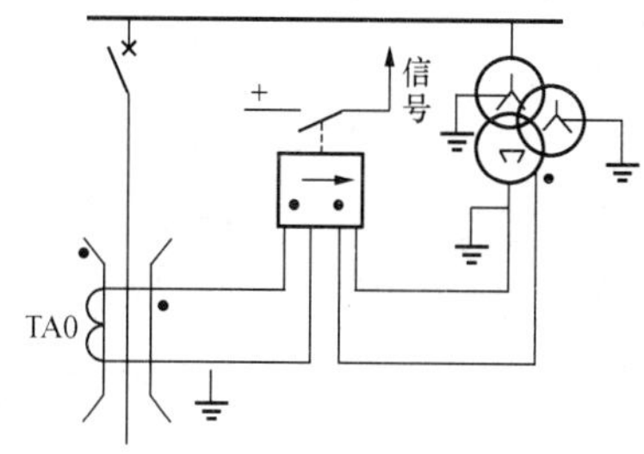

图 1－57　零序功率方向保护原理接线图

发生接地故障时，故障线路的零序电流滞后于零序电压 90°，若使零序功率方向继电器的最大灵敏角为 90°，则此时保护装置能灵敏动作；非故障线路的零序电流超前零序电压 90°，零序电流落入非动作区，保护不动作。

零序功率方向保护多用于零序电流保护不能满足灵敏系数的要求和接线复杂的网络中。在实际运行中零序功率方向保护有拒动和误动的可能。所以，小接地电流系统的单相接地保护还有待进一步研究和开发。

小　结

电网担负着由电源向负荷输送电能的任务，正常运行时流过的是负荷电流。当线路发生短路故障时，电源向故障点提供很大的短路电流，使系统正常运行状态遭到破坏，造成一系列的严重后果。为了消除短路故障给系统造成的危害，利用线路短路故障时电流增大等特点，构成电网故障的电流保护，将故障切除，以保证系统非故障部分的正常运行。

为解决电流保护用于两侧电源供电线路和单侧电源环网系统的选择性，要注意以下三方面的问题。

首先，以两侧供电辐射网络为例，提出了功率方向问题。电流保护若能在正向短路时动作，反向短路时不动作，则动作就有选择性。通过实例分析，掌握方向元件的动作原理。

为判别电流（功率）的方向，本单元分析了两种原理的方向元件及比相式方向元件、比幅式方向元件。方向元件的原理是重点，也是难点。为突破这一难点，讨论了极化继电器能判别直流方向的特性。但仍需要解决判别交流方向的问题，若用极化继电器作判别工具，交流量必须经过整流。整流电路介绍了三种，即环形整流（比相原理）、环流法整流和均压法整流电路。接入整流电路的 $\dot{I}_m$ 和 $\dot{U}_m$ 必须经 TX、TVA 变换。方向元件构成后，动作方向分析就成为关键问题。交流电路中的方向问题，实际上是选定参考相量后的相位问题。动作区是分析相角与动作方向的纽带。作动作区时，先明确参考相量，再找动作区。动作条件是作动作区的依据。方向元件的动作区，指的是以 $\dot{U}_m$ 为参考相量，使方向元件动作的 $\dot{I}_m$ 变化范围。先以 $\dot{K}_U\dot{U}_m$ 为参考相量，找出 $\dot{K}_I\dot{I}_m$ 的动作区。再分析 $\dot{U}_m$ 与 $\dot{K}_U\dot{U}_m$ 及 $\dot{I}_m$ 与 $\dot{K}_I\dot{I}_m$ 的角度关系，将 $\dot{U}_m$ 定为参考相量，找出 $\dot{I}_m$ 的动作区。在动作区中可找到一个角度，当 $\dot{I}_m$ 与 $\dot{U}_m$ 的夹角等于这个角度时，动作量最大，而制动量最小，称此角度为最大灵敏角。

正确的接线是正确动作的关键。本单元介绍了功率方向继电器的 90°接线方式。对于阶段式方向电流保护，结合电流保护的内容，整定计算时只需正向相互配合即可。

根据电力系统发生接地故障出现零序分量这一特点，分析了反映接地故障的保护。

零序电流、电压滤过器是获得零序分量的工具，掌握它们的工作原理与特性是学好接地保护的基础。

对照相间短路的阶段式电流保护，分析阶段式零序电流保护的工作原理和工作特性。阶段式零序电流保护接线简单，保护范围受运行方式的影响较小，灵敏度高，零序过流保护因不需与变压器△侧的保护配合，其动作时限比相间过流保护短。阶段式零序电流保护在中性点直接接地系统中被广泛应用。

中性点非直接接地系统发生单相接地故障时，接地相的电压为零，中性点电位上升为相电压，非接地相的电压上升为线电压，系统的线电压仍对称，没有短路电流，系统可带接地点继续运行，当发生单相接地故障时保护只需发信号。采用反应 $3U_0$ 作判据的绝缘监视装置的动作无选择性，动作后由人工查找故障线路。由于中性点非直接接地系统发生单相接地故障时电气量的特殊性，目前，有选择性的接地保护广泛采用微机选线装置。

复习思考题

1-1　说明电磁型电流继电器的结构和工作原理以及动作电流、返回电流及返回系数的概念。

1-2　什么叫继电特性？画出继电器的继电特性。

1-3　电流继电器的返回系数为什么小于1？

1-4　低电压继电器的动作电压、返回电压及返回系数是如何定义的？

1-5　说明中间继电器及信号继电器在保护装置中的作用。

1-6　在继电保护装置中为什么要采用电流互感器？为什么电流互感器的二次侧必须有可靠的接地点？

1-7　绘图说明在继电保护分析中习惯采用的互感器各电气量的规定正方向和相应的

简化相量图。

1－8　什么叫电流互感器的10％误差曲线？

1－9　瞬时电流速断保护的动作电流及灵敏系数是如何计算的？为什么在瞬时电流速断保护装置的接线中要加入中间继电器？

1－10　如何计算限时电流速断保护的动作时限、动作电流及灵敏系数？为什么？

1－11　过电流保护是如何保证选择性的？在整定计算中为什么要考虑返回系数及自起动系数？

1－12　三段式电流保护是怎样构成的？画出三段式电流保护各段的保护范围和时限配合图。

1－13　什么是保护原理图、展开图和安装图？它们的特点有何不同？各有何用途？绘制这些图纸时应遵守哪些规定？阅读这些图纸时应注意哪些规律？

1－14　在图1－58所示电网中，线路L1、L2均装有三段式电流保护，当在线路L2的首端k点短路时，有哪些保护起动？由哪个保护动作跳开哪个断路器？

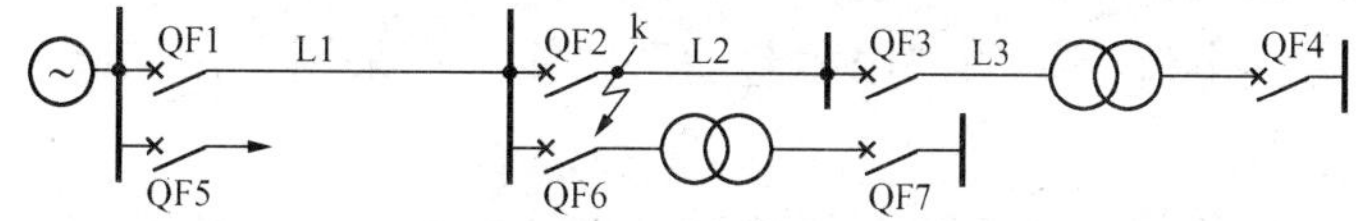

图1－58　复习思考题1－14的网络图

1－15　在图1－59所示的35kV单侧电源辐射形电网中，已知线路L1正常最大工作电流为112A，电流互感器的变比为300/5。最大运行方式下k1点三相短路电流为1200A，k2点三相短路电流为500A；最小运行方式下k1点三相短路电流为1050A，k2点三相短路电流为485A。线路L2过电流保护的动作时限为2s。试计算L1线路三段式电流保护各段的继电器动作电流及动作时限，校验Ⅱ、Ⅲ段保护的灵敏度。

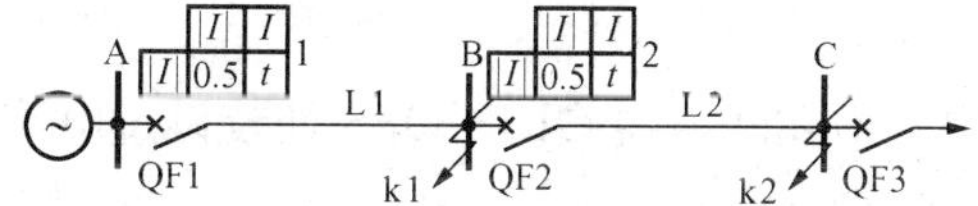

图1－59　复习思考题1－15的网络图

1－16　为什么在Y，d接线的变压器线路上电流保护一般要采用两相三继电器接线方式？

1－17　双侧电源或单电源环网的线路电流保护为什么要加装方向元件？何谓动作区、死区、最灵敏角？在LG－11型方向继电器中是如何消除死区的？

1-18　设LG－11型功率方向继电器采用90°接线，其电抗变压器TX的转移阻抗角$\varphi_{TX}=60°$，问：

（1）该继电器的内角为多大？灵敏角为多大？

（2）被保护线路的短路阻抗角应为多大在三相短路时继电器的动作最灵敏？

1－19　整定图1－60中各断路器QF上定时限过电流保护的动作时间，并指出哪些需加装方向元件？

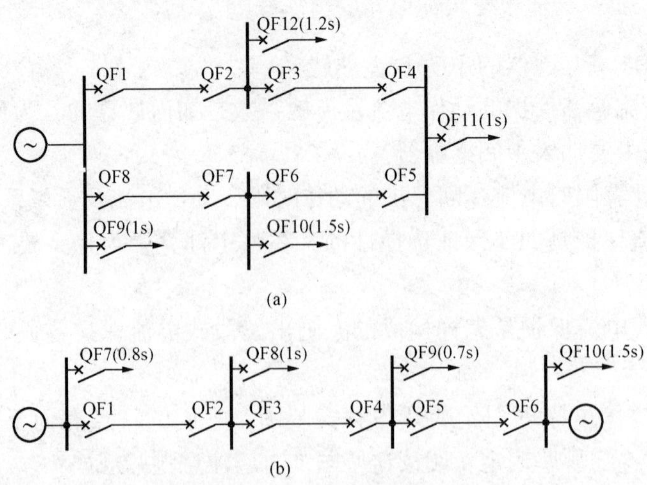

图 1-60 复习思考题 1-19 的网络图

1-20 方向电流保护在整定计算时要注意哪些特点？

1-21 何谓方向电流保护的“按相起动”接线？不采用“按相起动”接线会产生什么后果？

1-22 为什么要特别注意方向元件接线的极性？在实际应用中若将方向继电器中的电流或电压线圈的极性接反，会产生什么后果？

1-23 中性点直接接地系统中发生单相接地时，零序电流和零序电压的分布及特点是怎样的？为什么零序电流的大小和分布与变压器中性点接地点的数目和分布有很大的关系？

1-24 说明零序电压、电流滤过器的基本原理。

1-25 中性点直接接地系统阶段式零序电流保护是如何构成的？说明其整定计算原则和时限特性。

1-26 在图 1-61 中，拟在断路器 QF1～QF6 处装设过电流保护和零序过电流保护，已知 $\Delta t=\Delta t_0=0.5$s，试确定：

(1) 相间短路过电流保护和接地零序过电流保护的动作时间；

(2) 画出上述两种保护的时限特性并进行评价。

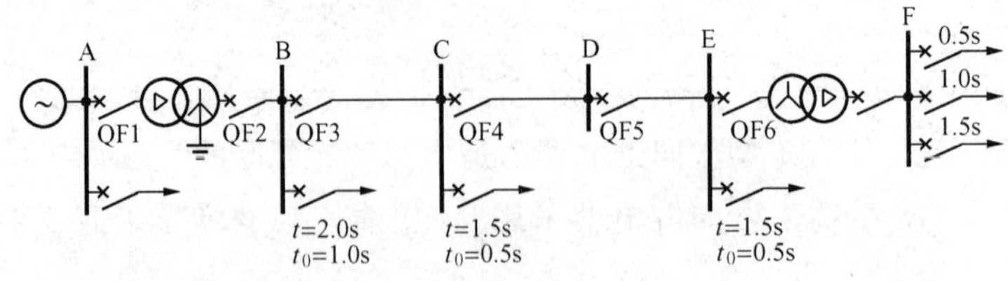

图 1-61 复习思考题 1-26 的网络图

1-27 大接地电流系统的零序电流保护是如何构成的？画出三段式零序电流保护的原理接线图、时限特性，说明其整定计算的原则。

1-28 在大接地电流系统中实施零序方向电流保护时，LG-12 型零序功率方向继电器应采用何种接线方式？为什么要将继电器的电压线圈反极性接入？在保护安装点附近发生接地故障时，有没有电压死区？

1-29 试述在中性点不接地系统中发生单相接地故障时零序电流、零序电压的特点，绘出相量图及电容电流的分布图加以说明。

1-30 说明零序电流互感器的构造和工作原理，并指出为什么在小接地电流系统中的零序电流保护多采用零序电流互感器而不是零序电流滤过器？为什么要求电缆头的接地线要穿过互感器的窗孔后再接地？

1-31 绘出小接地电流系统零序方向保护的原理接线图，说明其工作原理。

1-32 说明中性点经消弧线圈接地系统中发生单相接地时的特点。

1-33 何谓消弧线圈的欠补偿、过补偿和完全补偿？

1-34 说明绝缘监察装置的构成及工作原理。

第2单元

电网的距离保护

内容提要和要求

（一）内容提要

（1）本单元分析输电线路故障时，以测量故障点到保护安装处的距离来判别故障是否在保护范围内而决定保护是否动作的问题。

（2）学习本单元的目的是：掌握距离保护的原理和距离保护在实际应用中的问题及克服方法。阻抗继电器的工作特性直接反映距离保护的工作特性，掌握阻抗继电器的工作特性特别重要。

（二）教学要求

（1）会分析距离保护工作原理。

（2）会分析整流型（比相和比绝对值）阻抗继电器的工作原理。

（3）能讲清测量阻抗、整定阻抗、动作区、动作阻抗、最灵敏角、偏移度死区、极化电压、精确工作电流等物理概念。

（4）会分析影响阻抗继电器正确工作的因素及克服方法。

（5）会分析负序电流滤过器的工作原理。

（6）掌握阻抗继电器的0°接线方式。

（7）能看懂距离保护接线图。

（8）了解阶段式距离保护的定值计算。

§2.1 距离保护的基本原理

前面讨论的电流保护，其保护范围或灵敏度受系统运行方式变化的影响很大。严重时电流速断保护可能没有保护范围，过电流保护的灵敏度小于1。随着电力系统的不断扩大、电压等级的增高，系统运行方式的变化越来越大，电流保护无法满足灵敏度的要求。距离保护受系统运行方式的影响小，因此在高压、超高压电网中广泛采用距离保护。

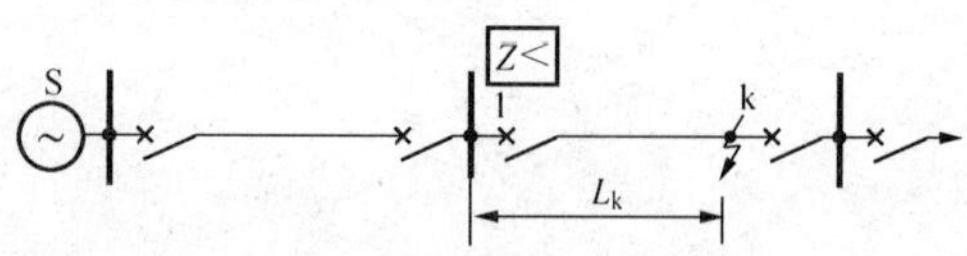

图2-1 分析距离保护工作原理系统接线图

以图2-1为例分析距离保护的基本原理。设在图2-1的1号断路器上装有距离保护，正常运行时保护安装处的测量阻抗 Z_m 为

$$Z_m = \frac{\dot{U}_m}{\dot{I}_m} = Z_1 L + Z_{Ld} \tag{2-1}$$

式中　$\dot{U}_m$——测量电压；

$\dot{I}_m$——测量电流；

Z_1——线路单位长度的阻抗值；

L——线路长度；

Z_{Ld}——负荷阻抗。

当被保护线路发生故障时

$$Z_m = \frac{\dot{U}_m}{\dot{I}_m} = Z_1 L_k \tag{2-2}$$

式中　L_k——故障点到保护安装处的距离。

比较式（2-1）与式（2-2）可知，故障时的测量阻抗明显变小，且故障时的 Z_m 大小与故障点到保护安装处间的距离 L_k 成正比。只要测出故障点到保护安装处阻抗的大小，也就等于测出了故障点到保护安装处的距离。所以，距离保护实质上是反应阻抗降低而动作的阻抗保护。

根据需要，距离保护也可构成阶段式。图 2-2 为三段式距离保护逻辑框图，各主要元件的作用如下。

（1）电压二次回路断线闭锁元件。由式（2-1）和式（2-2）可知，当电压二次回路断线时 $\dot{U}_m=0, Z_m=0$，保护会误动作。为防止电压二次回路断线时保护的误动作，当出现电压二次回路断线时可将距离保护闭锁。

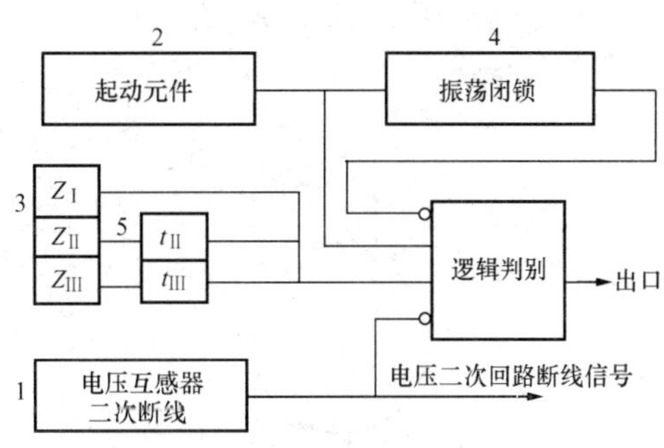

图 2-2　三段式距离保护原理框图

（2）起动元件。被保护线路发生短路时，立即起动保护装置，以判别被保护线路是否发生故障。

（3）Ⅰ、Ⅱ、Ⅲ段测量元件 Z_{I}、Z_{II}、Z_{III}，用来测量故障点到保护安装处阻抗的大小（距离的长短），以判别故障是否发生在保护范围内，决定保护是否动作。

（4）振荡闭锁元件。振荡闭锁元件是用来防止当电力系统发生振荡时距离保护的误动作。在正常运行或系统发生振荡时，振荡闭锁装置可将保护闭锁；而当系统发生短路故障时，解除闭锁开放保护。所以振荡闭锁元件又可理解为故障开放元件。

（5）时间元件。根据保护间配合的需要，为满足选择性而设的必要延时。

正常运行时，起动元件 Z_{I}、Z_{II}、Z_{III} 均不动作，距离保护可靠地不动作。

当被保护线路发生故障时，起动元件起动、振荡闭锁元件开放，Z_{I}、Z_{II}、Z_{III} 测量故障点到保护安装处的阻抗，在保护范围内故障，保护出口跳闸。

§2.2 阻抗继电器的构成原理

阻抗继电器是距离保护的核心元件。本节只介绍整流型圆特性阻抗继电器，数字型阻抗元件将在第8单元中介绍。

一、整流型圆特性阻抗继电器

阻抗的变化包括幅值的变化和复角的变化，阻抗表示在复平面上为矢量，不同方向的相量是不能比较它们的大小的，所以阻抗保护不能简单仿照电流保护的动作特性。阻抗继电器要测量阻抗幅值的变化和相位的变化，其动作特性为复平面上的“几何面积”（称为动作区），当测量阻抗落入动作区时，继电器动作，测量阻抗 Z_m 落在动作区外时，继电器不动作。

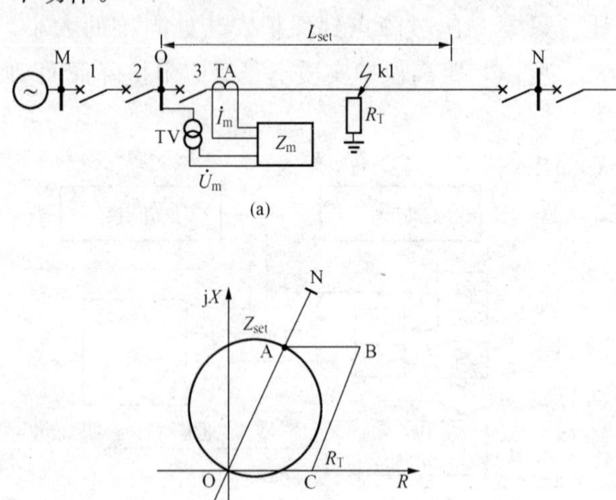

图2-3　阻抗继电器特性分析

(a) 网络图；(b) 动作特性图

设在图2-3（a）的QF3上装有阻抗保护，将图2-3（a）的等效阻抗及第Ⅰ段阻抗保护的动作特性表示于图2-3（b）。

图2-3（a）中，阻抗元件接入电压互感器TV的二次电压和电流互感器TA的二次电流，设阻抗保护的保护范围为 L_{set}，对应的阻抗为 Z_{set}（称为整定阻抗），在k1点经过渡电阻 R_T 短路，阻抗继电器要完全反映 L_{set} 内的故障，其动作特性应作成以 Z_{set} 和 R_T 为边的平行四边形，如图2-3（b）中的ABCF围成的面积。整流型阻抗继电器要作成OABC围成的四边形特性，接线将十分复杂；再者OABC围成的动作特性有超越动作（在第8单元中分析）问题。所以整流型阻抗继电器多作成圆特性。

1. 全阻抗继电器

全阻抗继电器的动作特性如图2-4所示。圆内为动作区，圆外为非动作区，圆心在坐标原点。根据图2-4可以分别写出比绝对值的动作方程和比相的动作方程。

比绝对值式阻抗继电器的动作方程为

$$|Z_{set}| \geqslant |Z_m| \tag{2-3}$$

比相式阻抗继电器的动作方程为

$$-90^\circ \leqslant \arg\frac{Z_{set}-Z_m}{Z_{set}+Z_m} \leqslant 90^\circ \tag{2-4}$$

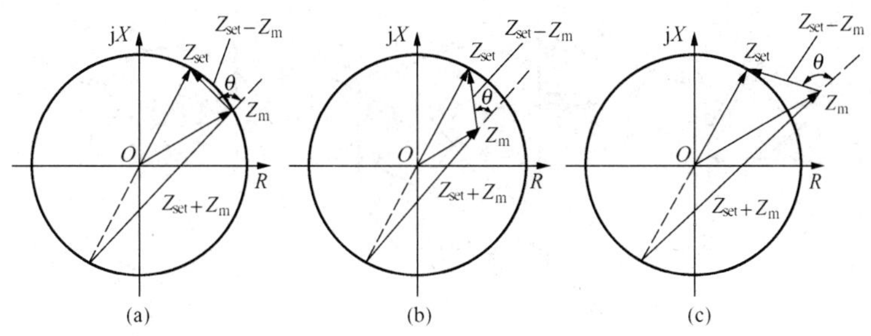

图 2-4　全阻抗继电器动作特性图

（a）临界动作状态；（b）动作状态（区内故障）；（c）非动作状态（区外故障）

式(2-3)与式(2-4)的联系，仍可采用平行四边形法则，式(2-3)中 $\dot{A}=Z_{set}$、$\dot{B}=Z_m$，式(2-4)中 $\dot{C}=\dot{A}+\dot{B}$、$\dot{D}=\dot{A}-\dot{B}$。设比绝对值的动作条件为 $|\dot{A}|>|\dot{B}|$，则比相式的动作条件为 $\dot{C}$ 与 $\dot{D}$ 的夹角为 θ，$|\dot{A}|>|\dot{B}|$ 时 $\theta<90°$，$|\dot{A}|=|\dot{B}|$ 时 $\theta=90°$，$|\dot{A}|<|\dot{B}|$ 时 $\theta>90°$。

令 $Z_{set}=\dot{K}_I/\dot{K}_U, Z_m=\dot{U}_m/\dot{I}_m$，式（2-3）、式（2-4）可分别写成

$$|\dot{K}_I\dot{I}_m|\geqslant|\dot{K}_U\dot{U}_m| \tag{2-5}$$

$$-90°\leqslant\arg\frac{\dot{K}_I\dot{I}_m-\dot{K}_U\dot{U}_m}{\dot{K}_I\dot{I}_m+\dot{K}_U\dot{U}_m}\leqslant 90° \tag{2-6}$$

根据式（2-5）、式（2-6）作出全阻抗继电器的原理接线如图 2-5 所示。

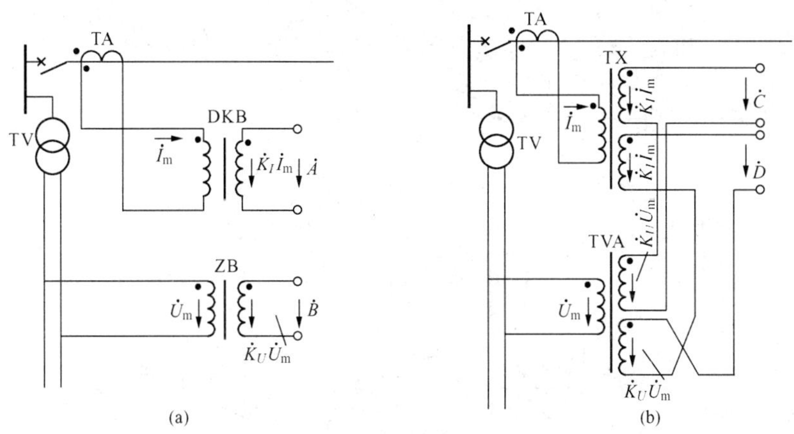

图 2-5　全阻抗继电器原理接线图

（a）绝对值比较；（b）相位比较

由图 2-4 全阻抗继电器动作特性可知，全阻抗继电器无死区，没有方向性，反向故障全阻抗继电器也会动作。

2. 方向阻抗继电器

方向阻抗继电器的动作特性如图 2-6 所示。

根据图 2-6 可写出方向阻抗继电器的动作方程。

绝对值比较式

$$\left|\frac{1}{2}Z_{set}\right|\geqslant\left|Z_m-\frac{1}{2}Z_{set}\right| \tag{2-7}$$

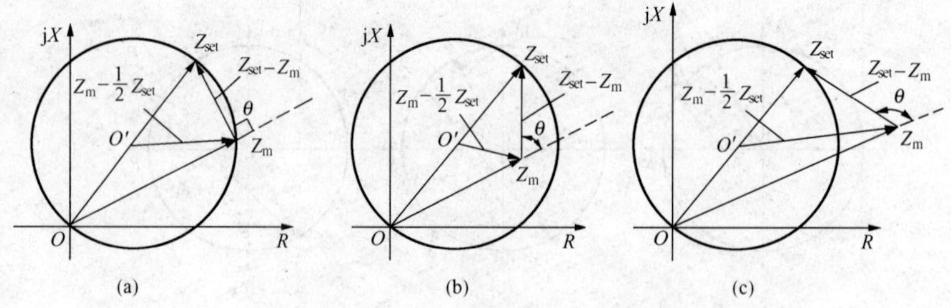

图 2-6　方向阻抗继电器动作特性图

(a) 临界动作状态；(b) 动作状态；(c) 非动作状态

相位比较式

$$-90^\circ \leqslant \arg \frac{Z_{\mathrm{m}}}{Z_{\mathrm{set}} - Z_{\mathrm{m}}} \leqslant 90^\circ \tag{2-8}$$

将式（2-7）和式（2-8）写成电压方程式。

绝对值比较式

$$\left| \frac{1}{2}\dot{K}_I \dot{I}_{\mathrm{m}} \right| \geqslant \left| \dot{K}_U \dot{U}_{\mathrm{m}} - \frac{1}{2}\dot{K}_I \dot{I}_{\mathrm{m}} \right| \tag{2-9}$$

相位比较式

$$-90^\circ \leqslant \arg \frac{\dot{K}_U \dot{U}_{\mathrm{m}}}{\dot{K}_I \dot{I}_{\mathrm{m}} - \dot{K}_U \dot{U}_{\mathrm{m}}} \leqslant 90^\circ \tag{2-10}$$

根据式（2-9）和式（2-10）作出方向阻抗继电器的原理接线如图 2-7 所示。

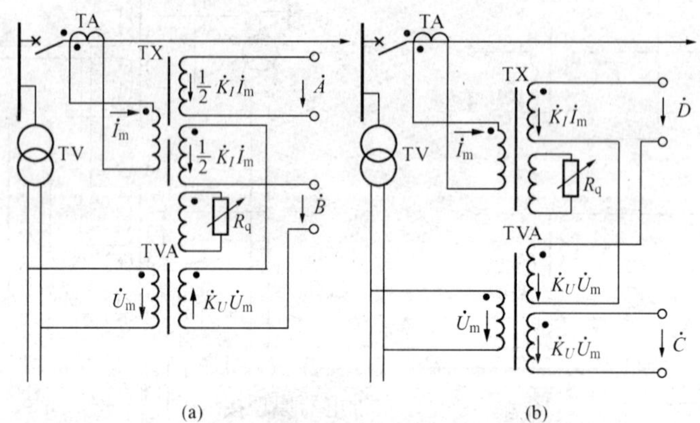

图 2-7　方向阻抗继电器原理接线图

(a) 绝对值比较；(b) 相位比较

方向阻抗继电器的圆周过坐标原点，具有明确的方向性。但当保护出口处故障时，测量电压 $\dot{U}_{\mathrm{m}} = 0$，式（2-9）左边等于右边，保护拒动，出现死区；式（2-10）$\dot{K}_U \dot{U}_{\mathrm{m}} = 0$，无法比较相位，保护拒动，也出现死区。

3. 偏移特性阻抗继电器

偏移特性阻抗继电器的动作特性如图 2-8 所示。

偏移特性阻抗继电器的正方向保护范围为 Z_{set}，反向保护范围为 $-\alpha Z_{\mathrm{set}}$。$-\alpha$ 为偏移

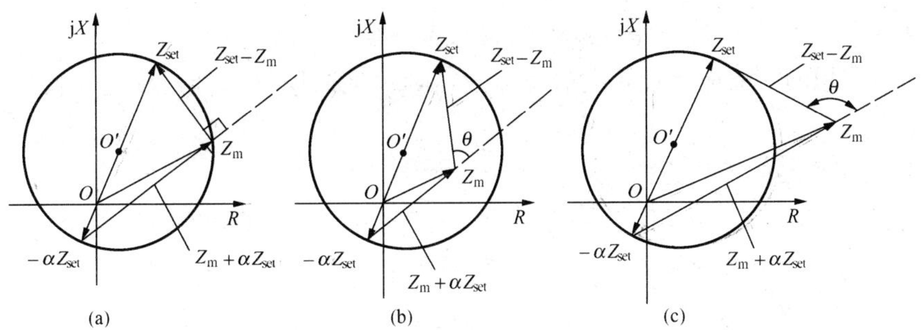

图 2-8　偏移特性阻抗继电器动作特性图

(a) 临界动作；(b) 动作状态；(c) 非动作状态

度，指偏移特性阻抗继电器反映反方向故障的程度，一般用百分数来表示，我国取 $\alpha=10\%\sim20\%$。因此，偏移特性阻抗继电器的动作方程为

绝对值比较式

$$\left|\frac{1}{2}(1+\alpha)Z_{set}\right| \geqslant \left|Z_m-\frac{1}{2}(1-\alpha)Z_{set}\right| \tag{2-11}$$

相位比较式

$$-90^\circ \leqslant \arg\frac{Z_m+\alpha Z_{set}}{Z_{set}-Z_m} \leqslant 90^\circ \tag{2-12}$$

写成电压方程式为

绝对值比较式

$$\left|\frac{1}{2}(1+\alpha)\dot{K}_I\dot{I}_m\right| \geqslant \left|\dot{K}_U\dot{U}_m-\frac{1}{2}(1-\alpha)\dot{K}_I\dot{I}_m\right| \tag{2-13}$$

相位比较式

$$-90^\circ \leqslant \arg\frac{\dot{K}_U\dot{U}_m+\alpha\dot{K}_I\dot{I}_m}{\dot{K}_I\dot{I}_m-\dot{K}_U\dot{U}_m} \leqslant 90^\circ \tag{2-14}$$

根据式（2-13）和式（2-14）作出偏移特性阻抗继电器的原理接线如图 2-9 所示。

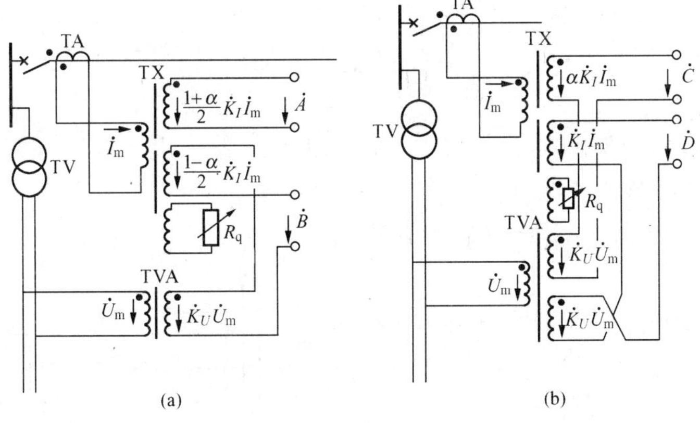

图 2-9　偏移特性阻抗继电器原理接线图

(a) 绝对值比较；(b) 相位比较

偏移特性阻抗继电器的动作区包括坐标原点，正向保护范围长，反向保护范围短，具

有一定的方向性；反向近处短路，保护可能无选择地动作。反向保护范围的长短，取决于α值的大小。理想的α值应为：正向故障无死区，反向故障尽可能不动作（反向保护范围要短）。

二、阻抗继电器的接线方式

接线方式要解决$\dot{U}_m=?,\dot{I}_m=?$的问题。对于布线逻辑（保护的原理由接线来完成）的保护，接线方式的分析比较繁琐；对于数字逻辑（保护的原理由程度来完成）的保护，只需将$\dot{U}_A$、$\dot{U}_B$、$\dot{U}_C$、$3\dot{U}_0$及$\dot{I}_A$、$\dot{I}_B$、$\dot{I}_C$、$3\dot{I}_0$根据需求顺序接入屏上指定的端子排即可。所以，本节主要分析布线逻辑阻抗保护的接线方式。

1. 对阻抗继电器接线方式的基本要求

（1）阻抗继电器的测量阻抗应与故障点到保护安装处的距离成正比，即$Z_m \propto L_K$。

（2）阻抗继电器的测量阻抗与故障的类别无关。

2. 反映相间故障的阻抗继电器的零度（0°）接线方式

表2-1　0°接线方式

继电器编号	$\dot{U}_m$	$\dot{I}_m$
KR1	$\dot{U}_{AB}$	$\dot{I}_A-\dot{I}_B$
KR2	$\dot{U}_{BC}$	$\dot{I}_B-\dot{I}_C$
KR3	$\dot{U}_{CA}$	$\dot{I}_C-\dot{I}_A$

所谓零度接线方式，是假设系统$\cos\varphi=1$时，接入继电器的电流、电压同相位（实际中$\cos\varphi\neq1$，若$\cos\varphi=1$，系统工作在谐振状态而无法运行）。

反映相间故障的阻抗继电器采用线电压与两相电流差（也可理解为线电流）的0°接线方式。由于接入的是“线量”，所以可不考虑零序分量的影响。0°接线方式继电器接入的电压、电流如表2-1所示。

（1）三相短路时。如图2-10所示。由于三相是对称的，三个阻抗继电器KR1~KR3的工作情况完全相同，仅以KR1为例进行分析。设短路点$k^{(3)}$至保护安装处的距离为L_k，线路每千米的正序阻抗为Z_1，则保护安装处的电压为

$$\dot{U}_{AB}=\dot{U}_A-\dot{U}_B=\dot{I}_AZ_1L_k-\dot{I}_BZ_1L_k=Z_1L_k(\dot{I}_A-\dot{I}_B) \tag{2-15}$$

此时阻抗继电器的测量阻抗为

$$Z_m^{(3)}=\frac{\dot{U}_{AB}}{\dot{I}_A-\dot{I}_B}=Z_1L_k \tag{2-16}$$

（2）两相短路时。如图2-11所示。设在$k^{(2)}$点发生BC两相短路，对KR2来说，$\dot{I}_m=\dot{I}_B-\dot{I}_C=2\dot{I}_B$，其所加电压为

$$\dot{U}_{BC}=\dot{U}_B-\dot{U}_C=\dot{I}_BZ_1L_k-\dot{I}_CZ_1L_k=2Z_1L_k\dot{I}_B \tag{2-17}$$

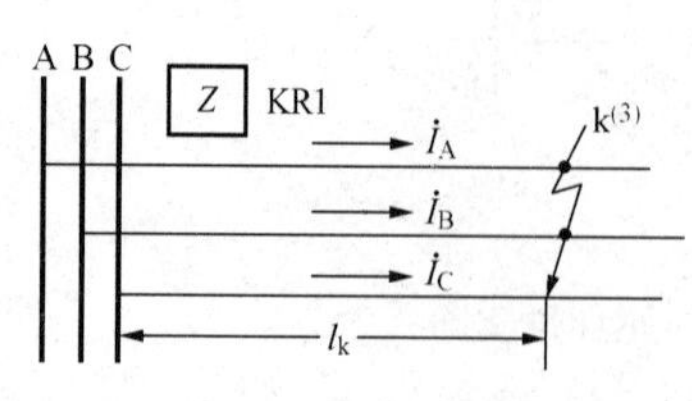

图2-10　三相短路时测量阻抗分析图

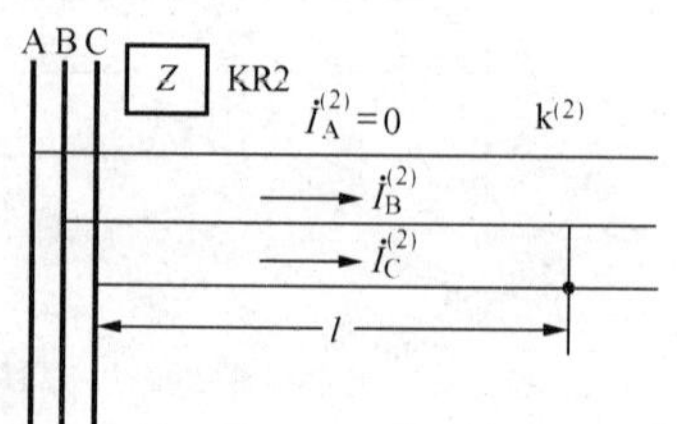

图2-11　两相短路时测量阻抗分析图

此时阻抗继电器的测量阻抗为

$$Z_m^{(2)} = \frac{\dot{U}_{BC}}{\dot{I}_B - \dot{I}_C} = \frac{2Z_1 L_k \dot{I}_B}{2\dot{I}_B} = Z_1 L_k \tag{2-18}$$

可采用同样的方法分析两相接地短路时 $Z_m^{(1,1)} = Z_1 L_k$，即：反映相间短路的阻抗继电器采用 0°接线能满足要求。

显然，接入阻抗继电器的电压、电流组合不同，$\dot{U}_m$ 与 $\dot{I}_m$ 间的夹角也会不同，如 $\dot{U}_m = \dot{U}_{AB}$、$\dot{I}_m = -\dot{I}_B$ 称为+30°接线。过去为提高阻抗保护的 K_{sen}，这些接线起过一些作用，但随着数字保护的广泛应用，这些接线方式现在应用很少。因篇幅所限，这里不再介绍。

3. 反映接地故障的阻抗继电器 0°接线方式

阻抗继电器要反映接地故障，就不能接线电压和线电流。设 A 相发生单相接地，A 相的电压为

$$\begin{aligned}\dot{U}_A &= \dot{U}_1 + \dot{U}_2 + \dot{U}_0 = Z_1 L_k \dot{I}_1 + Z_2 L_k \dot{I}_2 + Z_0 L_k \dot{I}_0 \\ &= Z_1 L_k \left(\dot{I}_1 + \dot{I}_2 + \frac{Z_0}{Z_1}\dot{I}_0\right) = Z_1 L_k \left(\dot{I}_1 + \dot{I}_2 + \dot{I}_0 - \dot{I}_0 + \frac{Z_0}{Z_1}\dot{I}_0\right) \\ &= Z_1 L_k \left(\dot{I}_A + \dot{I}_0 \frac{Z_0 - Z_1}{Z_1}\right) = Z_1 L_k (\dot{I}_A + 3K\dot{I}_0)\end{aligned} \tag{2-19}$$

式中 $\dot{U}_1$、$\dot{U}_2$、$\dot{U}_0$——正序、负序、零序电压；

$\dot{I}_1$、$\dot{I}_2$、$\dot{I}_0$——正序、负序、零序电流；

Z_1、Z_2、Z_0——正序、负序、零序单位长度的阻抗。输电线路的 $Z_1 = Z_2$，$K = \frac{Z_0 - Z_1}{3Z_1}$。

取

$$\dot{U}_m = \dot{U}_A = Z_1 L_k (\dot{I}_A + 3K\dot{I}_0)$$

$$\dot{I}_m = \dot{I}_A + 3K\dot{I}_0$$

则

$$Z_m = \frac{\dot{U}_m}{\dot{I}_m} = \frac{Z_1 L_k (\dot{I}_A + 3K\dot{I}_0)}{\dot{I}_A + 3K\dot{I}_0} = Z_1 L_k \tag{2-20}$$

由式（2-20）可知，用于反映接地故障的阻抗继电器的接线方式应为：接相电压和同名相的电流加 $3K\dot{I}_0$，具体接线见表 2-2 和图 2-12。

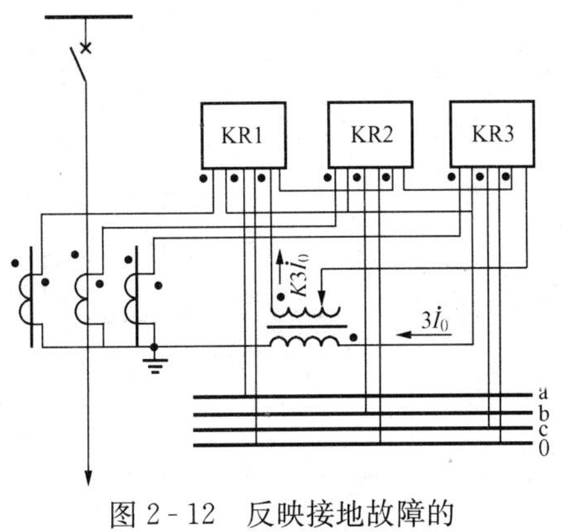

图 2-12 反映接地故障的阻抗继电器接线方式

表 2-2 反应接地故障阻抗继电器的接线方式

继电器编号	$\dot{U}_m$	$\dot{I}_m$
KR1	$\dot{U}_A$	$\dot{I}_A + 3K\dot{I}_0$
KR2	$\dot{U}_B$	$\dot{I}_B + 3K\dot{I}_0$
KR3	$\dot{U}_C$	$\dot{I}_C + 3K\dot{I}_0$

§2.3 影响阻抗继电器正确工作的因素及克服方法

影响阻抗继电器正确工作的因素较多，最主要的影响因素有：

（1）故障点的过渡电阻。

（2）故障点与保护安装处之间的分支电流。

（3）电压互感器二次回路断线。

（4）系统振荡等。

下面分别分析这些影响阻抗继电器正确工作的因素及克服方法。对于不同线路的距离保护可能还会碰到其他影响阻抗保护正确工作的因素，读者可根据实际问题具体分析，这里不作介绍。

一、故障点过渡电阻的影响

设在图 2-13（a）所示网络图中的 1 号断路器上装有距离保护。距离保护采用的测量元件可以是全阻抗、方向阻抗或偏移特性阻抗圆特性继电器，其动作特性分别如图 2-13（b）所示的特性圆 1、2、3。

以第Ⅰ段（保护线路全长的 85%）距离保护为例分析。设在 k 点发生短路，短路点的过渡电阻为 R_t。当 R_t 大到一定值时，会使测量阻抗 Z_m 落到动作区外，造成保护的拒动。

过渡电阻 R_t 主要是电弧电阻，其值可根据经验公式计算

$$R_t = 1050\frac{L_L}{I_k} \quad (\Omega)$$

式中 L_L——电弧长度，m；

I_k——短路电流（电弧电流）有效值，A。

R_t 的最大值出现在短路后 0.3～0.5s，所以 R_t 对第Ⅱ段保护的影响最大。从图 2-13（b）可以看出，R_t 对方向阻抗继电器影响最大。

克服 R_t 影响的方法有：

（1）选四边形特性测量元件（第 8 单元介绍）。

（2）对圆特性阻抗继电器，可采用瞬时测定装置克服 R_t 对第Ⅱ段距离保护的影响，接线如图 2-14 所示。

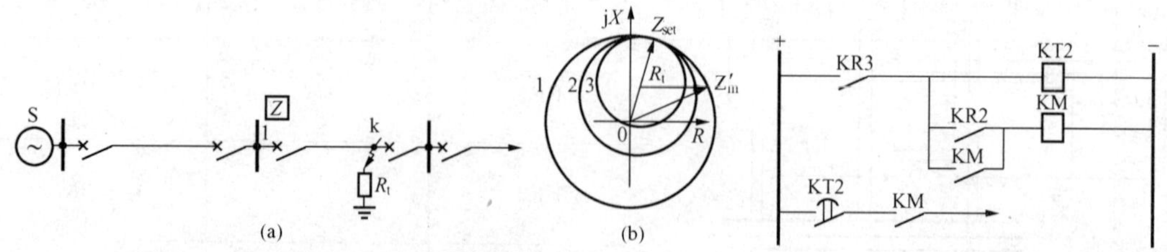

图 2-13 过渡电阻对阻抗继电器的影响

（a）网络图；（b）动作特性图

图 2-14 瞬时测定装置接线图

图 2-14 中，若故障发生在第Ⅱ段范围内时 KR2、KR3 在故障瞬间动作，经中间继电

器 KM 自保持，故障不切除起动元件 KR3 就不返回，等到 KT2 以第Ⅱ段的时限动作后开放跳闸回路。

瞬时测定装置不能用于类似于图 2-15 所示的 QF1 上。设故障发生点 k 在 QF5 第Ⅰ段范围、QF6 第Ⅱ段范围内，k 点又在 QF1 保护的第Ⅱ段保护范围内。故障瞬间，QF1 的第Ⅱ段保护由瞬时测定装置使保护处在动作状态，QF5 第Ⅰ段保护动作后，故障并未切除，因为短路电流通过 QF1、QF2、QF3、QF4、QF6 仍可送至短路点 k，瞬时测定装置中的 KR3 为起动元件，保护范围很长，QF6 的保护不动作，QF1 的起动元件是不会返回的，最终 QF1 与 QF6 的第Ⅱ段同时动作。可见，QF1 动作无选择性。

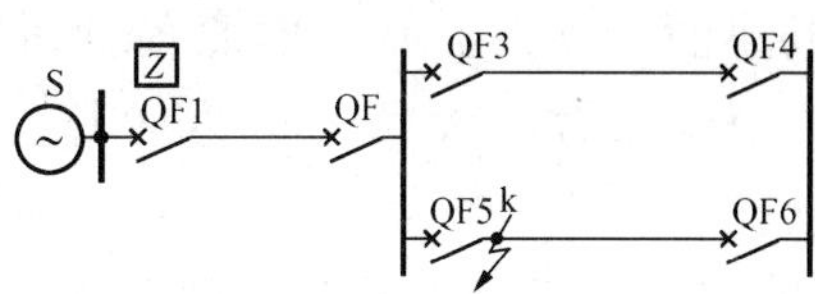

图 2-15　采用瞬时测定装置后发生无选择动作的情况

二、分支电流的影响

分支电流的影响分助增电流的影响和汲出电流的影响，下面分别介绍。

图 2-16 为具有助增电流的网络。在 k 点短路时，QF1 距离保护的测量阻抗为

$$Z_{m}=\frac{\dot{I}_{AB}Z_{1}L_{AB}+\dot{I}_{Bk}Z_{1}L_{k}}{\dot{I}_{AB}}=Z_{1}L_{AB}+\frac{\dot{I}_{Bk}}{\dot{I}_{AB}}Z_{1}L_{k}$$
$$=Z_{1}L_{AB}+K_{bra}Z_{1}L_{k} \tag{2-21}$$

式中　K_{bra}——分支系数，$K_{bra}=\dfrac{\dot{I}_{Bk}}{\dot{I}_{AB}}$，一般情况下可认为 $\dot{I}_{AB}$ 与 $\dot{I}_{Bk}$ 同相位，即 K_{bra} 为实数，考虑助增电流的影响，$K_{bra}>1$。

式（2-21）说明，由于助增电流的存在，使 QF1 第Ⅱ段距离保护的测量阻抗增大了，保护范围缩短了。在整定计算时引入大于 1 的分支系数，应适当增加第Ⅱ段的整定阻抗值，以抵消由于助增电流的存在对距离Ⅱ段保护范围缩短的影响。分支系数的大小与运行方式有关，引入分支系数时，应取各种可能的运行方式下的最小值。分支系数取大了，保护范围就增长了，会引起保护超范围动作。

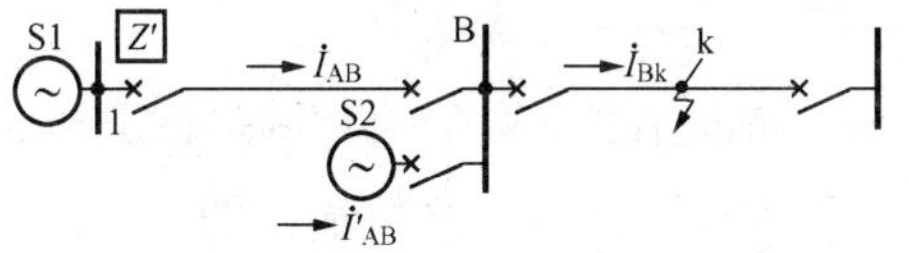

图 2-16　具有助增电流的网络图

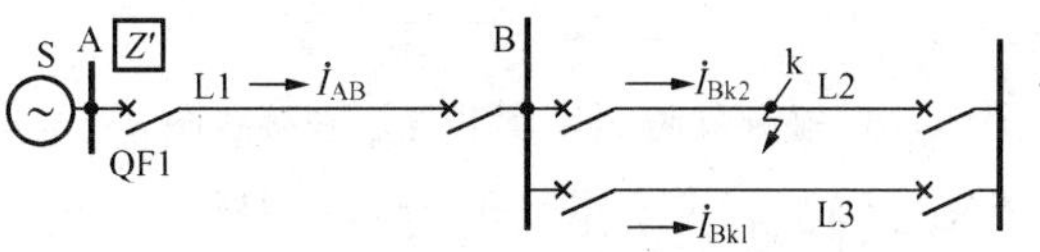

图 2-17　具有汲出电流的网络图

图 2-17 为具有汲出电流的网络。在 k 点短路时，QF1 距离保护的测量阻抗为

$$Z_{m}=\frac{\dot{I}_{AB}Z_{1}L_{AB}+\dot{I}_{Bk2}Z_{1}L_{k}}{\dot{I}_{AB}}=Z_{1}L_{AB}+\frac{\dot{I}_{Bk2}}{\dot{I}_{AB}}Z_{1}L_{k}$$
$$=Z_{1}L_{AB}+K_{bra}Z_{1}L_{k} \tag{2-22}$$

式中：$K_{bra}=\dfrac{\dot{I}_{Bk2}}{\dot{I}_{AB}}$，其模值小于 1。

式（2-22）表明，由于汲出电流 $\dot{I}_{Bk1}$ 的存在，使 QF1 第Ⅱ段距离保护的测量阻抗减小了，因而其保护范围扩大了，有可能导致保护超范围而无选择的动作。为防止

这种无选择性动作，在计算 QF1 第Ⅱ段整定阻抗时，引入一个小于 1 的分支支数，使保护范围适当减小，以抵消由于汲出电流存在使保护范围扩大的影响。在引入汲出电流的分支系数时，应取各种可能运行方式下的最小值。这样，当运行方式改变，使分支系数增大时，只会使其测量阻抗增大，保护范围缩小，不会造成无选择的动作。

三、电压互感器二次回路断线的影响及克服方法

运行中，测量阻抗 $Z_m=\dot{U}_m/\dot{I}_m$。当电压互感器二次回路断线时，$\dot{U}_m=0$，$Z_m=0$，保护将误动作。为防止这种误动作，应设一闭锁装置，当出现电压互感器二次回路断线时，将距离保护闭锁。

图 2-18 所示为磁平衡原理的电压互感器二次回路断线闭锁装置（以下简称：断线闭锁装置）。该断线闭锁装置的核心是磁平衡继电器 KL，KL 有两个线圈，分别为 W1、W2，W1 为动作线圈，W2 为制动线圈。工作原理如下：

（1）正常运行时，W1 及 W2 的两端均无零序电压，KL 不动作。

（2）当电网发生不对称故障或接地故障时，在 W1 及 W2 的两端均加有零序电压，适当调整 W1 和 W2 回路的参数，使 W1 与 W2 中产生的磁动势大小相等，方向相反，总磁动势等于零，KL 不动作。

（3）正常运行，电压回路断线（指 $\dot{U}_a$、$\dot{U}_b$、$\dot{U}_c$ 断线）W1 两端加 $3\dot{U}_0$，而 W2 两端所加电压为零，KL 动作将距离保护闭锁。

上述磁平衡断线闭锁装置的优点是，接线简单，动作可靠。但也存在严重的缺点，即电压二次回路先断线，系统再故障，可能造成距离保护的拒动作。为此，可采用图 2-19 所示的断线闭锁装置。

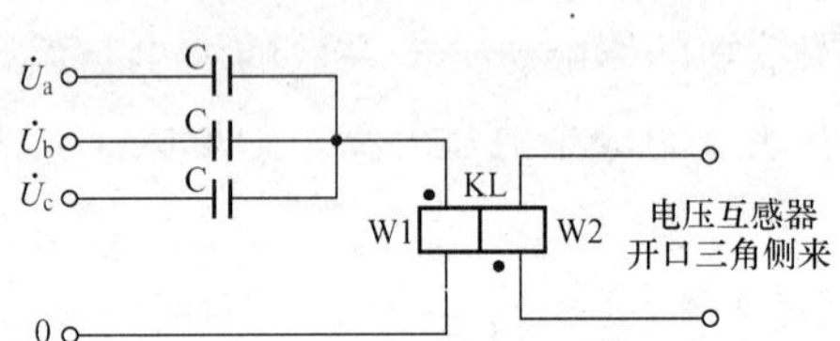

图 2-18　磁平衡断线闭锁装置原理接线图

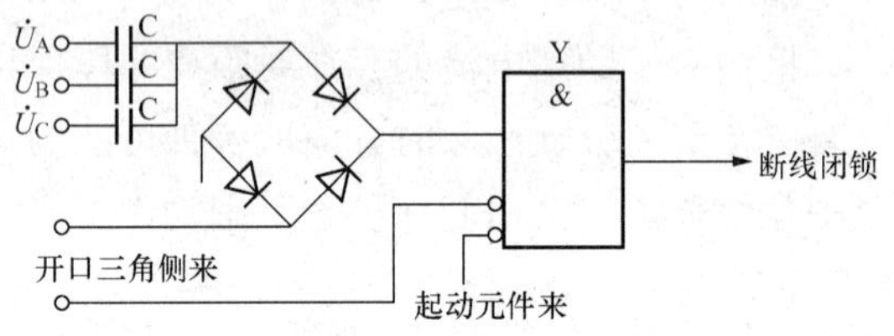

图 2-19　防距离保护拒动的断线闭锁装置逻辑框图

图 2-19 中，动作量仍为 $\dot{U}_A+\dot{U}_B+\dot{U}_C$，制动量仍为 TV 开口三角侧输出的 $3\dot{U}_0$，但增加了控制门 Y。当电压互感器二次回路断线，将距离保护闭锁。这时系统再发生故障，起动元件动作（一般采用负序分量元件或增量元件）将断线闭锁"否"掉。采用这一措施可防拒动，但可能出现在二次断线情况下再故障时保护动作无选择性。取何种断线闭锁装置，应根据具体情况而定。

四、振荡的影响及振荡闭锁回路

1. 系统振荡对阻抗继电器的影响

设双电源辐射形网络及等效电路如图 2-20 所示。正常运行时的相量图如图 2-20（c）所示，$\omega_F=\omega_N$，系统稳定运行。当系统因短路切除太慢或遭受较大冲击时，若并列运行的各电源之间失去同步，$\omega_F\neq\omega_N$，$\dot{E}_F$ 与 $\dot{E}_N$ 间有相对运动，则系统发生振荡。系统振荡时，各电源电势之间的相角随时间而变化，系统中出现幅值以一定周期变化的电流，该电流称为振荡电流。与此同时，系统各点电压的幅值也随时间变化。

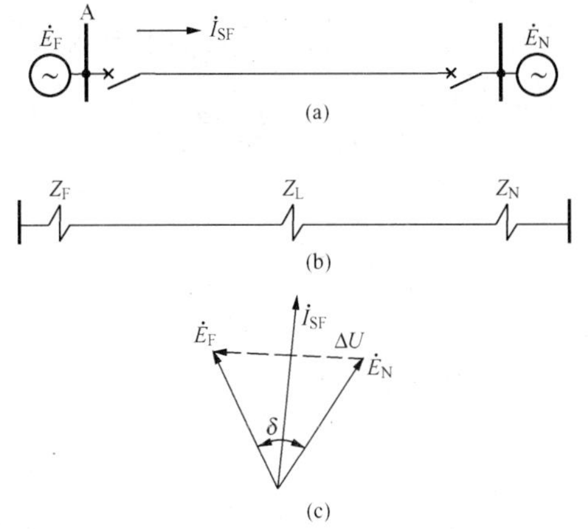

图 2-20　分析系统振荡时电气量变化的网络

(a) 网络图；(b) 等效电路图；(c) 相量图

取电源电势 $\dot{E}_F$ 为参考相量，假定 $E_F = E_N$，则 $\dot{E}_N = \dot{E}_F e^{-j\delta}$（$\delta$ 为 $\dot{E}_F$ 与 $\dot{E}_N$ 间的相角）。系统振荡时，δ 在 0°～360°之间作周期性变化，各元件的阻抗角基本相等，均为 φ_s，取振荡电流的正方向为从电源 $\dot{E}_F$ 流向 $\dot{E}_N$，则振荡电流为

$$\dot{I}_{SF} = \frac{\dot{E}_F - \dot{E}_N}{Z_\Sigma} = \frac{\dot{E}_F(1 - e^{-j\delta})}{Z_\Sigma} \tag{2-23}$$

式中 $Z_\Sigma = Z_F + Z_L + Z_N$。由于 $\dot{I}_{SF}$ 是 $\dot{E}_F - \dot{E}_N$ 产生的，所以 $\dot{I}_{SF}$ 落后 $\dot{E}_F - \dot{E}_N$ 的角度为系统阻抗角 φ_s。

以 A 侧距离保护为例分析如下。

系统振荡时，A 侧距离保护阻抗元件测量阻抗的变化轨迹方程为

$$Z_m = \frac{\dot{U}_A}{\dot{I}_{SF}} = \frac{\dot{E}_F - \dot{I}_{SF} Z_F}{\dot{E}_F(1 - e^{-j\delta})/Z_\Sigma} = \frac{Z_\Sigma}{1 - e^{-j\delta}} - Z_F \tag{2-24}$$

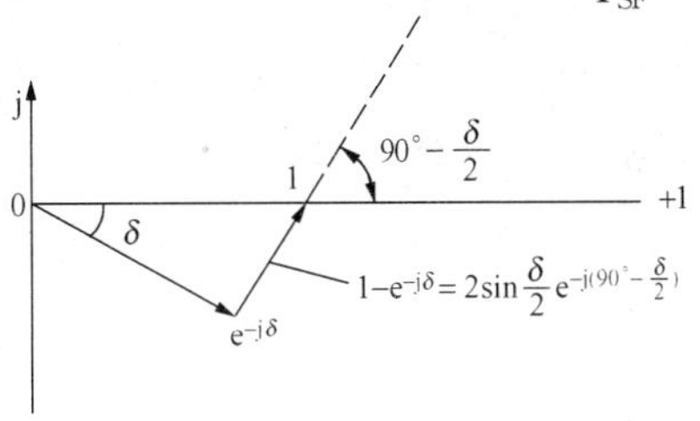

图 2-21　$1-e^{-j\delta}$ 的等值变换图

式中 $\frac{1}{1 - e^{-j\delta}} = \frac{1}{2} - \frac{1}{2}\mathrm{jctg}\frac{\delta}{2}$ 可用几何法证明如下。在图 2-21 中，在 R 轴上取单位长度“1”，滞后 δ 作模为“1”的矢量即为 $e^{-j\delta}$，作“1”与 $e^{-j\delta}$ 的连线即是 $1-e^{-j\delta}$，其幅值为 $2\sin\frac{\delta}{2}$，幅角为 $\left(90° - \frac{\delta}{2}\right)$，则

$$1 - e^{-j\delta} = 2\sin\frac{\delta}{2}e^{-\left(90° - \frac{\delta}{2}\right)} = \frac{2\sin\frac{\delta}{2}}{\cos\left(90° - \frac{\delta}{2}\right) - \mathrm{j}\sin\left(90° - \frac{\delta}{2}\right)}$$

$$= \frac{2\sin\frac{\delta}{2}}{\sin\left(\frac{\delta}{2}\right) - \mathrm{j}\cos\left(\frac{\delta}{2}\right)} = \frac{2}{1 - \mathrm{jctg}\frac{\delta}{2}}$$

将 $\frac{1}{1 - e^{-j\delta}} = \frac{1}{2} - \frac{1}{2}\mathrm{jctg}\frac{\delta}{2}$ 代入式（2-31），得

$$Z_m = \frac{1}{2}Z_\Sigma - Z_F - \mathrm{j}\,\frac{1}{2}Z_\Sigma \mathrm{ctg}\frac{\delta}{2} \tag{2-25}$$

由式（2 25）绘出测量阻抗的变化轨迹，如图 2 22 所示。

绘制轨迹的方法：先沿 FN 方向作出相量 $\left(\frac{1}{2}Z_\Sigma \quad Z_F\right)$，然后再从其端点作出相量 $-\mathrm{j}\,\frac{1}{2}Z_\Sigma \mathrm{ctg}\frac{\delta}{2}$，在不同的 δ 角度时，此相量超前或滞后于相量 Z_Σ90°，计算结果如表 2-3

所示。将$-\mathrm{j}\,\frac{1}{2}Z_{\Sigma}\mathrm{ctg}\,\frac{\delta}{2}$的端点与0点（保护安装处）相连接即得$Z_{\mathrm{m}}$。

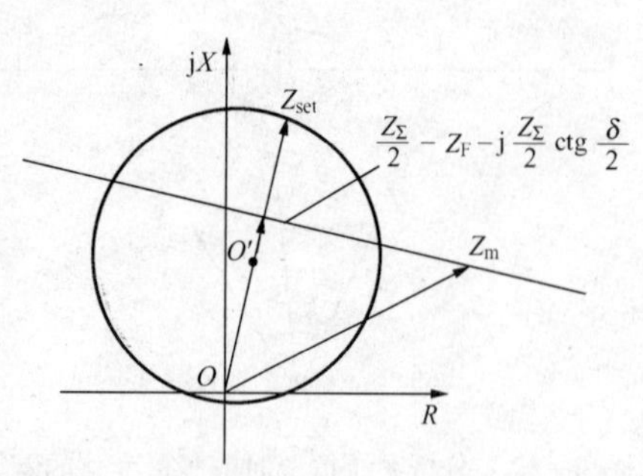

图2-22 系统振荡时测量阻抗的变化轨迹

表2-3 $\mathrm{j}\,\frac{Z_{\Sigma}}{2}\mathrm{ctg}\,\frac{\delta}{2}$计算结果

δ	$\mathrm{ctg}\,\frac{\delta}{2}$	$\mathrm{j}\,\frac{1}{2}Z_{\Sigma}\mathrm{ctg}\,\frac{\delta}{2}$
0°	∞	∞
90°	1	$\mathrm{j}\,\frac{1}{2}Z_{\Sigma}$
180°	0	0
270°	−1	$-\mathrm{j}\,\frac{1}{2}Z_{\Sigma}$
360°	−∞	−j∞

系统振荡时，Z_{m}从∞变到$\left(\frac{1}{2}Z_{\Sigma}-Z_{\mathrm{F}}\right)$再变到−∞，变化速率等于两电源频率之差。系统振荡视为不正常运行状态，要求保护不动作，可根据系统需要预先指定解列点，需要解列时在指定点解列，将两系统一分为二独立运行。系统振荡时距离保护是否会误动作，可从两方面进行考查：一是看系统振荡时Z_{m}是否穿过动作区；二是看Z_{m}在动作区的停留时间。例如：某线路的第Ⅱ段距离保护，当系统发生振荡时，测量阻抗穿过动作区，穿过动作区的时间（在动作区内的时间）大于0.5s，若不采取措施，该保护在系统发生振荡时保护会误动作。根据上面的分析可知，第Ⅰ段距离保护受振荡的影响最大，只要系统振荡时，Z_{m}穿过动作区，保护就会误动作。第Ⅲ段保护受系统振荡的影响小，因为第Ⅲ段的动作时间长，所以在整个距离保护装置中一般不考虑系统振荡对第Ⅲ段的影响。

2. 电力系统发生振荡和短路的主要区别

(1) 振荡时，电流和各点电压的幅值均作周期性变化，当$\delta=180°$时最严重，因为这时Z_{m}幅值最小；振荡时各电气量的变化速率$\left(\frac{\mathrm{d}i}{\mathrm{d}t},\frac{\mathrm{d}u\cos\varphi}{\mathrm{d}t}\right)$相对较小，可称作渐变的。而短路时，电流突然增大，电压突然降低，变化速率大，可称作突变的。

(2) 振荡时，任一点的电流与电压之间的相位关系都随δ的变化而改变；而短路时电流和电压之间的相位基本不变。

(3) 振荡时，三相对称，系统不会出现负序、零序分量；而短路时，总要长期（不对称短路）或瞬间（在三相短路开始时）出现负序或零序分量。

根据上述三个区别，研究振荡闭锁装置要做到：当系统出现振荡时，将距离保护中会误动的阻抗继电器闭锁，防止保护误动作。当发生短路时开放保护，保护动作于切除故障。

3. 负序电流滤过器

有无负序电流是区分故障还是振荡的重要判据。负序电流滤过器是振荡闭锁装置的重要组成部分，这是介绍两种不同型式的负序滤过器。

（1）以 A 相电流为主、BC 两相电流差为辅的负序电流滤过器，原理接线如图 2 - 23 所示。

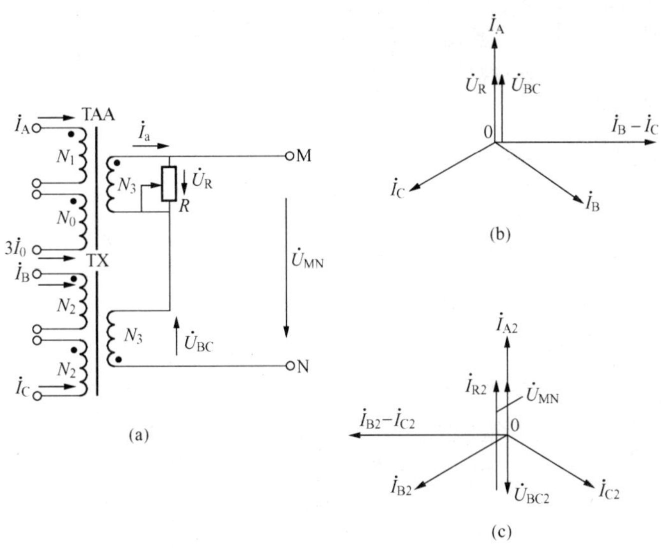

图 2 - 23　负序电流滤过器原理接线之一

（a）原理接线图；（b）输入正序电流；（c）输入负序电流

图 2 - 23 中，$R=\sqrt{3}X_{TX}$（X_{TX} 为 TX 的等效电抗），$N_1=N_2$，输出电压为

$$\dot{U}_{MN}=\dot{U}_R-\dot{U}_{BC}=\dot{I}_A R-jX_{TX}(\dot{I}_B-\dot{I}_C)$$

当输入正序电流时，$\dot{U}_{MN}=0$[见图 2 - 23(b)]。

输入零序电流时 $\dot{U}_{BC}=0$，在 N_0 中通过的是 $3\dot{I}_0$，而 N_1 中通过是 $\dot{I}_0$，且因 $N_0=\dfrac{1}{3}N_1$，所以对零序而言 TAA 电流变换器的等效磁动势为零，则 $\dot{U}_R=0$，$\dot{U}_{MN}=0$。

输入负序电流时，$\dot{U}_{MN}=R\dot{I}_{A2}-jX_{TX}(\dot{I}_{B2}-\dot{I}_{C2})=2R\dot{I}_{A2}$ [见图 2 - 23（c）]。

（2）三相式负序滤过器。图 2 - 23 所示的负序电流滤过器，用于区分振荡与短路时存在一个问题，即无法区分三相全对称故障与振荡。因为它们无负序输入。为此，发展了图 2 - 24 所示三相式负序滤过器。

图 2 - 24（a）中 R_1、R_2、R_5、R_6、R_9、R_{10} 均相等，R_4、R_8、R_{12} 相等，C_1、C_2、C_3 相等且 arctg $\dfrac{X_{c1}}{R_4}=60°$。则输出电压为

$$\begin{cases}\dot{U}_a=\dfrac{1}{2}\dot{U}_B+\dfrac{1}{2}\dot{U}_A\angle 60°\\ \dot{U}_b=\dfrac{1}{2}\dot{U}_C+\dfrac{1}{2}\dot{U}_B\angle 60°\\ \dot{U}_c=\dfrac{1}{2}\dot{U}_A+\dfrac{1}{2}\dot{U}_C\angle 60°\end{cases}\tag{2 - 26}$$

下面以 A 相为例分析输入与输出的关系。输入电流为正序时，输出量

$$\dot{U}_{a.1}=\frac{1}{2}\dot{U}_{B.1}+\frac{1}{2}\dot{U}_{A.1}\angle 60°=0$$

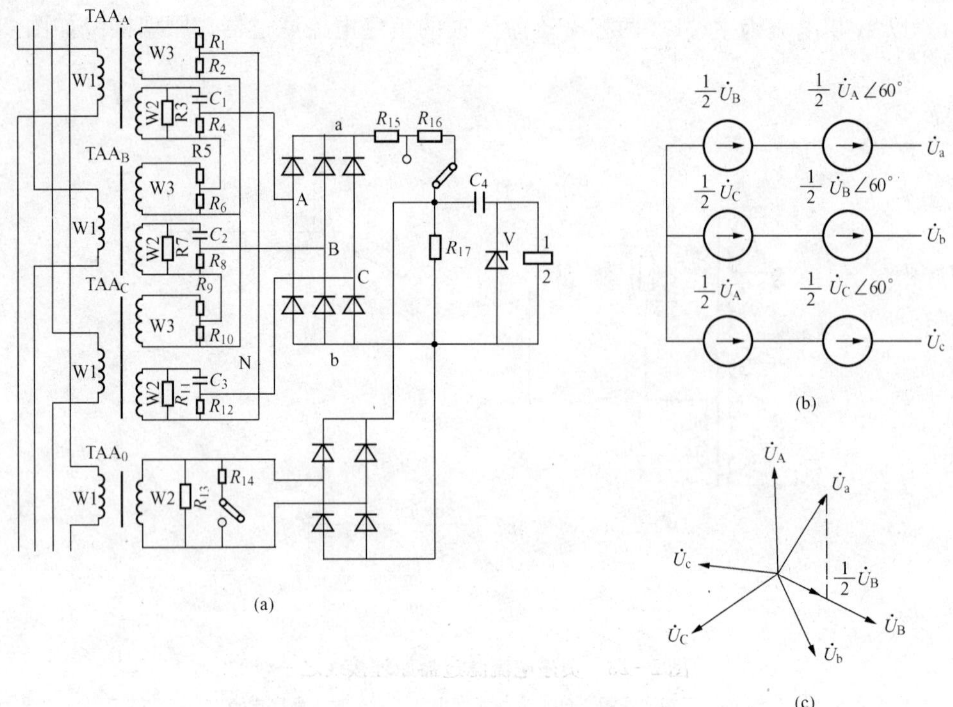

图 2-24　负序电流滤过器原理接线之二

(a) 原理接线；(b) 等效电路；(c) 相量图

输入电流为负序时，输出量

$$\dot{U}_{a.2}=\frac{1}{2}\dot{U}_{B.2}+\frac{1}{2}\dot{U}_{A.2}\angle 60^\circ=\frac{\sqrt{3}}{2}\dot{U}_{A.2}\angle 90^\circ$$

三相全对称短路瞬间的相量如图 2-24 (c) 所示。由于电容两端的电压不能突变，在图 2-24 (a) 中三相对称短路瞬间，式 (2-26) 中

$$\dot{U}'_a=\frac{1}{2}\dot{U}_B+\dot{U}'_A=\frac{\sqrt{2}}{2}\dot{U}_A\angle -30^\circ$$

$\dot{U}'_a$ 随时间衰减到零。

分析可知，当系统出现全对称故障时，三相式负序滤过器在故障瞬间仍有输出。

4. 振荡闭锁装置

振荡闭锁装置的作用是：区分系统是发生了振荡还是出现了短路。若发生振荡，振荡闭锁装置将距离保护闭锁，防止保护误动作；若发生了短路，振荡闭锁装置起动，开放保护。所以，振荡闭锁装置完全可理解为故障时开放保护的装置。

振荡闭锁装置的接线如图 2-25 所示，图 2-25 (a) 为交流回路，图 2-25 (b) 为直流回路。

图 2-25 中，起动继电器 KST 有两个线圈，分别接入交流、直流回路；接入交流回路的称为起动线圈，接入直流回路的称为自保持线圈。

正常运行时，交流回路中负序电流滤过器 ZAN 无输出，KST 不起动，KST 的直流回路被自己的动断触点 KST1 短接，即 KST 的两个线圈全失压，KST 不动作。KST 的重动继电器KMP在正常运行时线圈失压，其触点将距离保护各段的出口跳闸回路断开，保护不动作。

当系统出现短路时，负序电流滤过器有输出（三相对称故障，在故障瞬间ZAN有输出）KST交流线圈励磁即起动。KST的动断触点打开，动合触点闭合。动断触点打开后，直流线圈励磁，交流回路失磁，直流线圈仍保持动作状态（动合触点闭合，动断触点打开）。KST动作后使KMP励磁，KMP的动合触点闭合，开放各段保护。

当系统发生振荡时，无负序，KST不动作，但电流继电器KA（或阻抗继电器）受振荡的影响而动作，动作后起动继电器KOL（KOL为振荡闭锁继电器），KOL动合触点闭合并自保持，KOL的动断触点打开，切断Ⅰ、Ⅱ段距离保护的跳闸电源，防止了保护的误动作。

故障切除或振荡停止后，电流继电器KA，阻抗继电器KR3动断触点闭合，起动KT1，KT1触点延时闭合，短接KOL和KST的线圈，使KOL、KST失压而返回，保护恢复到原来的状态，准备下次再动作。

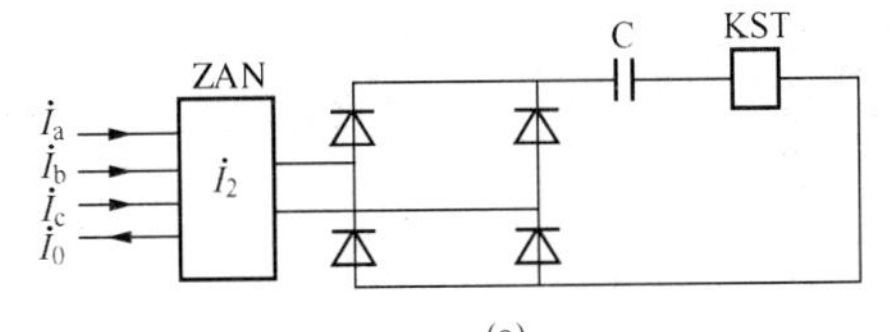

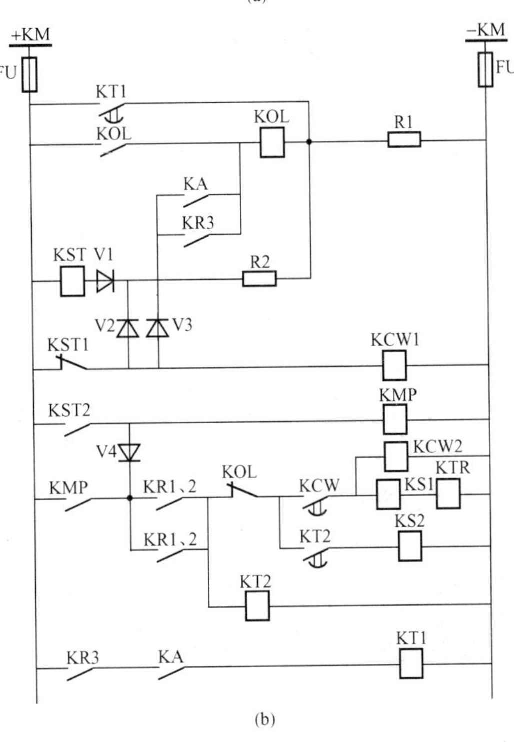

图2-25　振荡闭锁装置接线图

（a）交流回路；（b）直流回路

§2.4　阶段式距离保护整定计算

理想的距离保护时限特性，应该是动作时间与故障点到保护安装处的距离成正比，即故障点离保护安装处越近，动作时间越短；故障点离保护安装处越远，动作时间越长。实际上要做成上述时限特性太困难。所以，到目前为止，距离保护仍为阶段式特性。第Ⅰ段，动作时限为零（不含阻抗元件的固有动作时间），只能保护被保护线路首端起全长的80%～85%，否则满足不了选择性的要求。第Ⅱ段保护线路末端（即第Ⅰ段保护不到的部分）和下级线路首端的一部分，上级第Ⅱ段的保护范围不能超过下级第Ⅰ段保护范围，否则也会无选择动作。第Ⅲ段仍为后备保护，按负荷阻抗的大小整定，正常运行不误动即可。第Ⅱ段的动作时限取0.5s，第Ⅲ段按阶梯时限原则整定。

以图2-26所示网络为例，讲解阶段式距离保护的整定及灵敏度校验。

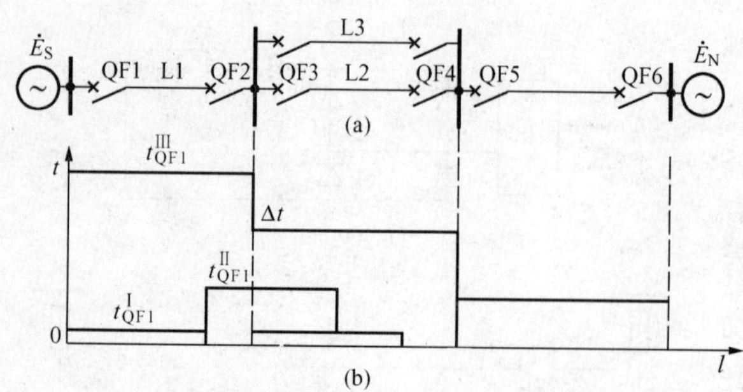

图 2-26　三段式距离保护的整定计算

（a）网络图；（b）时限特性图

距离保护的整定计算，先计算整定阻抗的模（一次值），再根据线路短路阻抗角的大小确定整定阻抗角。

1. 距离Ⅰ段保护（设保护装在QF1上，下同）

$$Z_{set}^{I}=K_{rel}^{I}Z_1L_1 \tag{2-27}$$

式中　K_{rel}——可靠系数，考虑继电器动作阻抗及互感器误差等，一般取0.8～0.85。

2. 距离Ⅱ段保护

图QF1的第Ⅱ段保护应考虑下级线路L2、L3的配备，要引入分支系数，即

$$Z_{set}^{II}=K_{rel}^{II}[Z_1L_1+K_{bra.min}Z_{set(下)}^{I}] \tag{2-28}$$

式中　$K_{bra.min}$——分支系数。

$$K_{bra}=\frac{短路点的电流}{通过上级保护的电流}$$

精确计算K_{bra}时，短路点应取到第Ⅱ段保护范围的末端，一般将短路点取在下级线路的末端，在图2-17中，设$L_2=L_3$，则$K_{bra.min}=\frac{1}{2}$；$Z_{set(下)}^{I}$为下级第Ⅰ段的整定阻抗；K_{rel}^{II}取0.8～0.85。

第Ⅱ段保护的灵敏度校验应满足以下要求

$$K_{sen}^{II}=\frac{Z_{set}^{II}}{Z_1L_1}\geqslant 1.3 \tag{2-29}$$

第Ⅱ段保护的动作时间，与下级第Ⅰ段配合，一般取$t_{set}^{II}=0.5s$。

3. 距离Ⅲ段保护

距离Ⅲ段保护为后备保护，应保证在正常运行时不动作。其整定阻抗应小于最小负荷阻抗，即

$$Z_{set}^{III}=\frac{Z_{L.min}}{K_{rel}^{III}K_{re}K_{ast}} \tag{2-30}$$

式中　K_{rel}^{III}——可靠系数，取1.2～1.3；

K_{re}——返回系数，取1.15～1.25；

K_{ast}——自起动系数，其值大于1；

$Z_{L.min}$——最小负荷阻抗。

而

$$Z_{L\cdot min}=\frac{0.9U_{ph}}{I_{L.max}} \tag{2-31}$$

式中　U_{ph}——相电压；

$I_{L.max}$——不考虑电动机自起动的最大负荷电流。

第Ⅲ段距离保护的灵敏度校验应满足如下要求。

作本线路的后备保护时

$$K_{sen(本)}^{Ⅲ}=\frac{Z_{set}^{Ⅲ}}{Z_1L_1}\geqslant 1.5 \tag{2-32}$$

$$K_{sen(下)}^{Ⅲ}=\frac{Z_{set}^{Ⅲ}}{Z_1(L_1+K_{bra.max}L_2)}\geqslant 1.2 \tag{2-33}$$

在图 2-26 中，$K_{bra.max}=1$。

4. 当第Ⅲ段距离保护采用方向圆特性阻抗继电器时，提高灵敏度的计算方法

考虑到负荷阻抗角 φ_L 小于短路阻抗角 φ_k 这一特点，又考虑到第Ⅲ段距离保护的选择性由阶梯时限特性来满足，在正常运行情况下，测量元件不动作即可。设被保护线路正常运行时，其测量阻抗 Z_m 在圆外，如图 2-27 所示，阻抗继电器不会动作；发生短路时 φ_L 变为 φ_k，Z_m 落入圆内而动作。

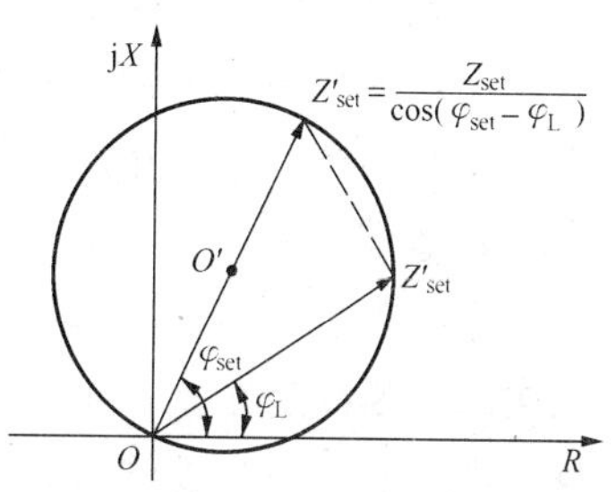

图 2-27　方向阻抗作第Ⅲ段测量元件提高 K_{sen} 的整定方法

由图 2-27 得

$$Z_{set}^{Ⅲ'}=\frac{Z_{set}^{Ⅲ}}{\cos(\varphi_k-\varphi_L)} \tag{2-34}$$

灵敏度 K_{sen} 提高了 $\frac{1}{\cos(\varphi_k-\varphi_L)}$ 倍。

5. 阻抗继电器的整定阻抗 $Z_{set.k}$ 计算

上面算出的 Z_{set} 为一次阻抗，阻抗继电器的整定阻抗 $Z_{set.k}$ 要考虑电压、电流互感器的变比。由

$$Z_{m.k}=\frac{\dot{U}_{m.k}}{\dot{I}_{m.k}}=\frac{\dot{U}_m/n_{TV}}{\dot{I}_m/n_{TA}}=\frac{n_{TA}}{n_{TV}}\cdot\frac{\dot{U}_m}{\dot{I}_m}=\frac{n_{TA}}{n_{TV}}\cdot Z_m$$

得

$$Z_{set\cdot k}=\frac{n_{TA}}{n_{TV}}\cdot Z_{set} \tag{2-35}$$

式中　$Z_{m.k}$——继电器测量阻抗；

$\dot{U}_{m.k}$——继电器测量电压；

$\dot{I}_{m.k}$——继电器测量电流；

$Z_{set.k}$——继电器整定阻抗；

n_{TA}——电流互感器变比；

n_{TV}——电压互感器变比。

取整定阻抗角 $\varphi_{set}=\varphi_k$（短路阻抗角）。

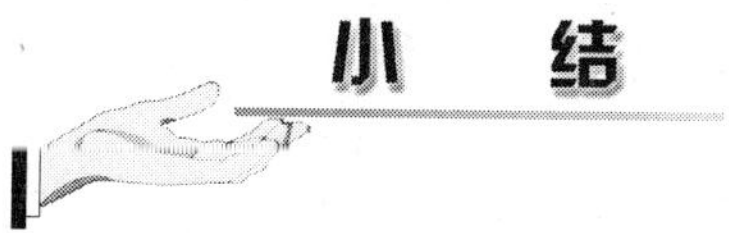

距离保护是测量故障点到保护安装处阻抗的一种保护；距离的长短是通过故障点到保护安装处阻抗的大小（距离的长短与阻抗的大小成正比）间接反应的，所以距离保护的实

质为阻抗保护。

本单元是本课程的重点内容之一。在搞清距离保护原理的基础上，要掌握测量阻抗、整定阻抗、动作区、动作阻抗、最大灵敏角、动作特性、死区、极化电压、精确工作电流等的物理概念。

以整流型圆特性阻抗继电器为例，全面分析阻抗继电器的工作特性。方向阻抗继电器的应用最为普遍，如何消除方向阻抗继电器的死区是方向阻抗继电器的核心内容。

正确的接线是使用阻抗保护的起码条件，相间阻抗保护、接地阻抗保护的 0°接线方式应很好地掌握。

影响阻抗继电器工作的因素很多，要重点掌握过渡电阻、分支电流、系统振荡、电压二次回路断线对距离保护的影响及克服方法。系统振荡对阻抗保护的影响及克服方法是难点。学习时，首先要分析系统振荡时电气量的变化情况，找出测量阻抗的变化轨迹，当该轨迹穿越阻抗继电器动作区且在区内停留的时间大于保护的动作时间时，保护就会误动作。根据振荡时电气量变化和短路时电气量变化特点的不同，设置振荡闭锁装置，当系统出现振荡时将会误动的保护闭锁，防止距离保护误动作。

距离保护各段之间也存在保护范围、动作值和动作时间方面的配合问题，结合阶段式电流保护学习容易掌握。

由于本单元内容多，知识面宽，结构复杂，概念多，复习时建议按下列思路进行。

问题的提出

↓

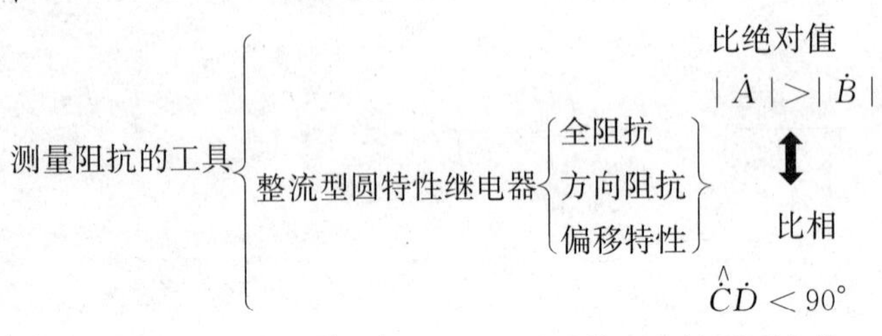

↓ 几个重要的物理量

- 测量阻抗　$Z_m = \dot{U}_m/\dot{I}_m$（变量，随系统运行情况而变化）
- 整定阻抗　Z_{set}（人为规定的值，在全阻抗中为半径，方向阻抗中为直径，偏移特性阻抗继电器中为正向 Z_{set}）
- 动作阻抗　Z_{act}（动作与不动作的分界线，在圆特性阻抗继电器中其轨迹为圆）
- 动作区　（整个圆平面）
- 最灵敏角（使继电器动作量最大，制动量最小）$\overset{\wedge}{\dot{U}_m\dot{I}_m} = \varphi_{sen}$　选整定阻抗角等于线路短路阻抗角，继电器工作最灵敏，即 $\varphi_{set} = \varphi_k = \varphi_{sen}$

↓

接线方式
- 原则
- 相间距离保护 0°接线
- 接地距离保护 0°接线

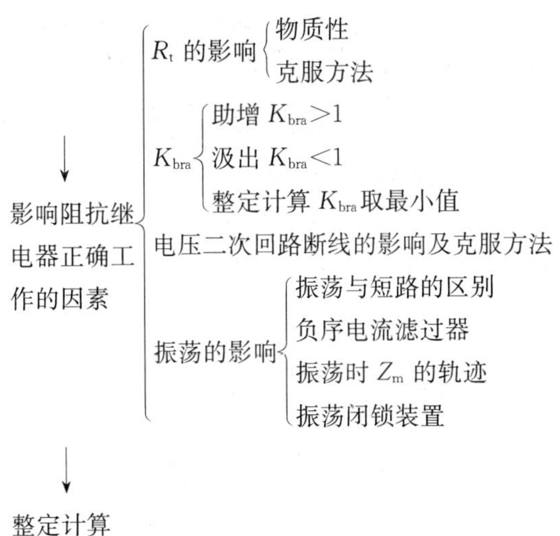

复习思考题

2-1　简述距离保护的基本工作原理。

2-2　有人说：只要 $|Z_m|<|Z_{set}|$，阻抗继电器就动作。这种说法对吗？为什么？

2-3　理想的阻抗继电器动作特性表示在复平面上应为什么图形？实际应用中为什么广泛采用圆特性？

2-4　图 2-28 所示为圆特性阻抗继电器的原理接线，分别写出当 $N_2=N_3$、$N_2=0$、$N_2>N_3$ 时的特性方程式，并作出各自的动作特性。

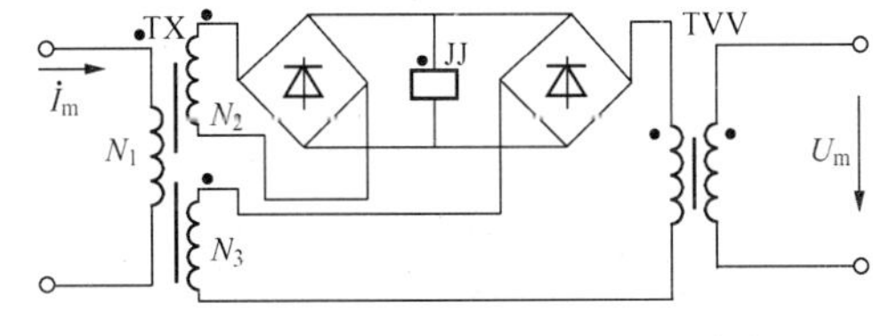

图 2-28　圆特性阻抗继电器原理接线

2-5　比较圆特性全阻抗、方向阻抗、偏移特性阻抗继电器性能，说明各自的优、缺点。

2-6　过渡电阻的物理意义是什么？过渡电阻对各段保护的影响是否相同？过渡电阻对各种特性的阻抗继电器影响是否相同？为什么？

2-7　什么是分支系数？助增系统和汲出系统分支系数的大小是否相同？计算整定阻抗时应如何考虑？

2-8　为什么在距离保护中要设电压互感器二次回路断线闭锁装置？磁平衡继电器构成的断线闭锁装置存在什么缺点？如何克服？

2-9　系统振荡与短路时电气量的变化有何区别？振荡时测量阻抗的变化轨迹有何特点？

2-10　系统振荡对距离保护有何影响？如何克服这种影响？

2-11　在实际接线中，误将图 2-24 的 $\dot{I}_A$ 与 $\dot{I}_B$ 对调，用相量图分析：分别输入正序、负序分量时的输出量，说明将会造成什么后果。

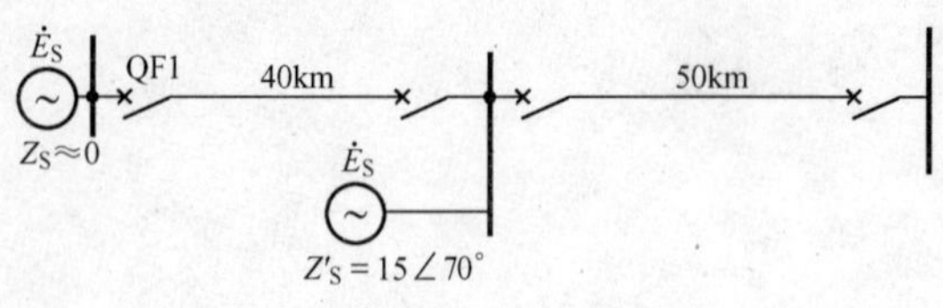

图 2-29　2-14 题图

2-12　简述图 2-25 中起动继电器 KST 的工作原理。

2-13　何谓方向阻抗继电器的极化电压？对极化电压有什么要求？

2-14　设网络如图 2-29 所示，计算 QF1 上三段距离保护的整定阻抗，并校验第Ⅱ、Ⅲ段的灵敏度。取 $K_{rel}^{\mathrm{I}}=K_{rel}^{\mathrm{II}}=0.85$；$K_{rel}^{\mathrm{III}}=1.15, K_{re}=1.15, K_{ast}=1.3$。

2-15　设网络如图 2-30 所示，计算 QF1 上三段距离保护的整定阻抗，并校验第Ⅱ、Ⅲ段的灵敏度。

2-16　作出图 2-30 QF1 上阻抗继电器在该系统发生振荡时测量阻抗的变化轨迹。距离第Ⅰ段保护是否会在系统振荡时误动作？为什么？

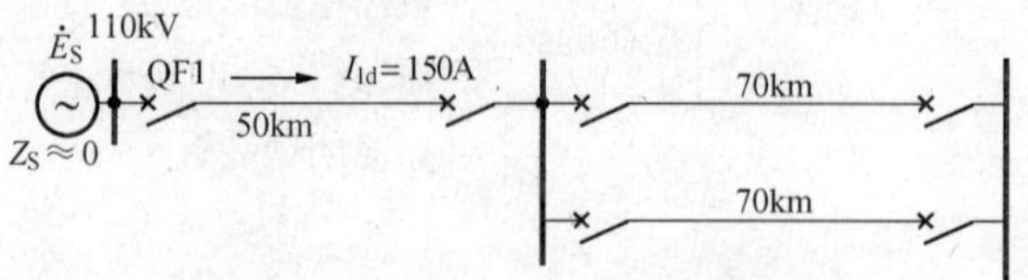

图 2-30　2-15、2-16 题图

输电线路的全线速动保护

内容提要和要求

（一） 内容提要

(1) 本单元介绍几种能瞬时切除输电线路每一点故障的保护。

(2) 学习本单元的目的是：了解通过测量输电线路两侧电气量判别线路是否发生故障的继电保护的基本原理，了解传递两侧电气量的导引线及通道的构成原理。

（二） 教学要求

(1) 掌握线路纵差、横差、电流平衡、方向高频、相差高频保护的基本原理。

(2) 了解高频通道的结构及加工设备的作用。

§3.1 线路的差动保护

前述阶段式保护，是将被保护线路一端的电气量引入保护装置，为了保证选择性，第Ⅰ段保护只能保护首端的一部分，不能瞬时切除被保护线路每一点的故障。随着电力系统容量的扩大、电压等级的提高，为保证系统的稳定性，要求能瞬时切除被保护线路每一点的故障。差动保护能满足这一要求。

一、输电线路纵联差动保护

1. 基本工作原理

纵联差动保护是用辅助导线（或称导引线）将被保护线路两侧的电量连接起来，通过比较被保护的线路始端与末端电流的大小及相位构成的保护，如图 3-1 所示。在线路两侧装设有性能和变比完全相同的电流互感器，两侧电流互感器一次回路的正极性均置于靠近母线的一侧，二次回路用电缆将同极性端相连，差动继电器则并联接在电流互感器二次侧的环路上。在正常运行情况下，导引线中形成环流，称为环流法纵差动保护。

电流互感器 TA 对其二次侧负载而言，可等效为电流源。所以，在分析纵差动保护工作原理时，可将电流互感器的二次等效阻抗看成无穷大，即 $Z_{TA}=\infty$；差动继电器线圈的等效阻抗看作零，即 $Z_{KD}=0$。

线路外部 k1 点短路时电流分布如图 3-1 (a)（正常运行时电流分布与它相同）所示。按照图中所给出的电流方向，则正常运行或外部故障时，流入继电器线圈的电流为

$$\dot{I}=\dot{I}_{\mathrm{I}2}-\dot{I}_{\mathrm{II}2}=\frac{1}{n_{\mathrm{TA}}}(\dot{I}_{\mathrm{I}}-\dot{I}'_{\mathrm{I}}) \tag{3-1}$$

式中　$\dot{I}_{\mathrm{I}2}$、$\dot{I}_{\mathrm{II}2}$——线路首末端电流互感器二次绕组电流；

$\dot{I}_{\mathrm{I}}$、$\dot{I}'_{\mathrm{I}}$——线路首末端电流互感器一次绕组电流，即线路两侧的电流。

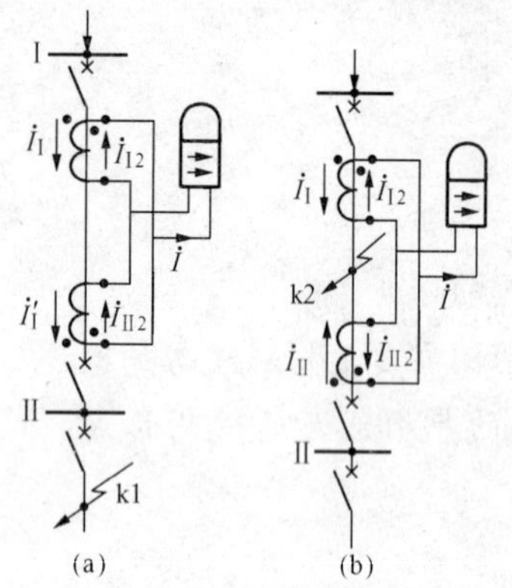

图 3-1　线路纵差动保护原理图
（a）区外故障电流分布；
（b）区内故障电流分布

正常运行及外部故障时，流经线路两侧的电流相等，即 $\dot{I}_{\mathrm{I}}=\dot{I}'_{\mathrm{I}}$，若不计电流互感器的误差，则 $\dot{I}_{\mathrm{I}2}=\dot{I}_{\mathrm{II}2}$，流入继电器的电流 $\dot{I}=0$，继电器不动作。

在保护范围内部故障，即两电流互感器之间的线路上发生故障（如 k2 点短路）时，电流分布如图 3-1（b）所示。两侧电源分别向短路点供给短路电流 $\dot{I}_{\mathrm{I}}$ 和 $\dot{I}'_{\mathrm{I}}$，由图中可看出流入继电器的电流为

$$\dot{I}=\dot{I}_{\mathrm{I}2}+\dot{I}_{\mathrm{II}2}=\frac{1}{n_{\mathrm{TA}}}(\dot{I}_{\mathrm{I}}+\dot{I}_{\mathrm{II}})=\frac{1}{n_{\mathrm{TA}}}\dot{I}_{\mathrm{k}} \tag{3-2}$$

式中　$\dot{I}_{\mathrm{k}}$——故障点短路电流。

流入继电器电流为短路点总电流归算到二次侧的数值。当 $\dot{I}$ 大于继电器动作电流时，继电器动作，瞬时跳开线路两侧的断路器。

纵差动保护测量线路两侧的电流并进行比较，它的保护范围是两侧电流互感器之间线路的全长。在内部故障时，保护瞬时动作，快速切除故障。外部故障时，保护不动作。在整定值上它不需要与相邻线路的保护配合，这是比单端测量的电流保护及距离保护优越之点。

2. 纵差动保护的不平衡电流

在上述分析保护原理时，正常运行及区外故障不计电流互感器的误差，流入差动继电器中的电流 $\dot{I}=0$，这是理想的情况。实际上电流互感器存在励磁电流，并且两侧电流互感器的励磁特性不完全一致，则在正常运行或外部故障时流入差动继电器的电流为

$$\begin{aligned}\dot{I}&=\dot{I}_{\mathrm{I}2}-\dot{I}_{\mathrm{II}2}=\frac{1}{n_{\mathrm{TA}}}[(\dot{I}_{\mathrm{I}}-\dot{I}_{\mathrm{I.E}})-(\dot{I}'_{\mathrm{I}}-\dot{I}'_{\mathrm{I.E}})]\\&=\frac{1}{n_{\mathrm{TA}}}(\dot{I}'_{\mathrm{I.E}}-\dot{I}_{\mathrm{I.E}})=\dot{I}_{\mathrm{unb}}\end{aligned} \tag{3-3}$$

式中 $\dot{I}'_{\mathrm{I.E}}$ 与 $\dot{I}_{\mathrm{I.E}}$ 分别为两电流互感器的励磁电流。此时流入继电器的电流 $\dot{I}$ 称为不平衡电流，用 $\dot{I}_{\mathrm{unb}}$ 表示，它等于两侧电流互感器的励磁电流相量差。外部故障时，短路电流使铁芯严重饱和，励磁电流急剧增大，从而使 $\dot{I}_{\mathrm{unb}}$ 比正常运行时的不平衡电流大很多。

由于差动保护是瞬时动作的，因此，还需进一步考虑在外部短路的暂态过程中，差动回路出现的不平衡电流。图 3-2 表示了外部短路电流 i_{k} 随时间 t 变化的曲线及暂态过程中的不平衡电流。在外部短路开始时，一次侧短路电流中含有非周期分量，它很难变换到二次侧，大部分成为电流互感器的励磁电流而使铁芯饱和，同时电流互感器励磁回路及二次回路电感对应的磁通不能突变，将在二次回路引起非周期分量电流。因此，在暂态过程中，励磁电流大大地超过稳态值，并含有大量缓慢衰减的非周期分量，使 $\dot{I}_{\mathrm{unb}}$ 大为增加。

图 3-2（b）为不平衡电流波形，暂态不平衡电流可能超过稳态不平衡电流的几倍，而且由于两个电流互感器的励磁电流含有很大的非周期分量，从而使不平衡电流偏向时间轴某一侧。由于励磁回路具有很大的电感，励磁电流上升缓慢，图中不平衡电流最大值出现在短路开始稍后的时段。

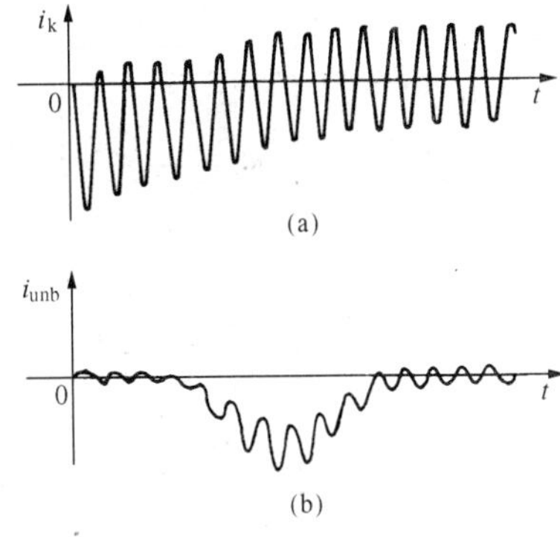

图 3-2　外部短路暂态过程

(a) 外部短路电流；(b) 不平衡电流

为了避免在不平衡电流作用下差动保护误动作，需要提高差动保护的整定值，躲开最大不平衡电流。但这样就降低了保护的灵敏度；因此，必须采取措施减小不平衡电流及其影响。在线路纵差动保护中可采用速饱和变流器或带制动特性的差动继电器。

3. 对纵联差动保护的评价

纵联差动保护是测量两端电气量的保护，能快速切除被保护线路全线范围内故障，不受过负荷及系统振荡的影响，灵敏度较高。它的主要缺点是需要装设同被保护线路一样长的辅助导线，增加了投资。同时为了增强保护装置的可靠性，要装设专门的监视辅助导线是否完好的装置，以防当辅助导线发生断线或短路时使纵差动保护误动或拒动。

由于存在上述问题，所以在输电线路上只有当其他保护不能满足要求，且在长度小于10km 的线路上才考虑采用纵联差动保护。纵差动保护在元件（如发电机、变压器等）保护中得到广泛应用。

二、平行线路横联方向差动保护

电力系统中常采用双回线供电方式。平行线路是指参数相同且平行供电的双回线路，采用这种供电方式可以提高供电可靠性，当一条线路发生故障时，另一条非故障线路仍可正常供电。为此，要求保护能判别出平行线路是否发生故障及哪条线路故障。横联方向差动保护判别平行线路是否发生故障，采用测量差回路电流大小的方法；判别是哪条线路故障，则采用测量差回路电流方向的方法。

1. 横联方向差动保护工作原理

平行线路横联方向差动保护单相原理接线图如图 3-3 所示。保护分别装在线路的两侧。两条线路电流互感器变比相同、型式相同。M 端 TA1 与 TA2（N 端 TA3 与 TA4）二次绕组异极性端相连。该保护主要由一个电流继电器和两个功率方向继电器构成，电流继电器接于两回线路电流互感器二次侧的差动回路，功率方向继电器电流线圈接在被保护线路的差电流上，电压线圈接到所在母线电压互感器的二次电压上。

现以单侧（M 端）电源线路为例来说明保护的工作原理。

(1) 正常运行或外部短路时（如 k2 点）。此时线路 L1 中流过的电流 $\dot{I}_1$ 与线路 L2 中流过的电流 $\dot{I}_2$ 相等，M 侧保护的电流继电器 KA1 中流过电流为

$$\dot{I} = \frac{1}{n_{TA}}(\dot{I}_1 - \dot{I}_2) = 0 \tag{3-4}$$

实际上，由于两回线路阻抗不完全相等，电流互感器特性也可能不完全一致，KA1

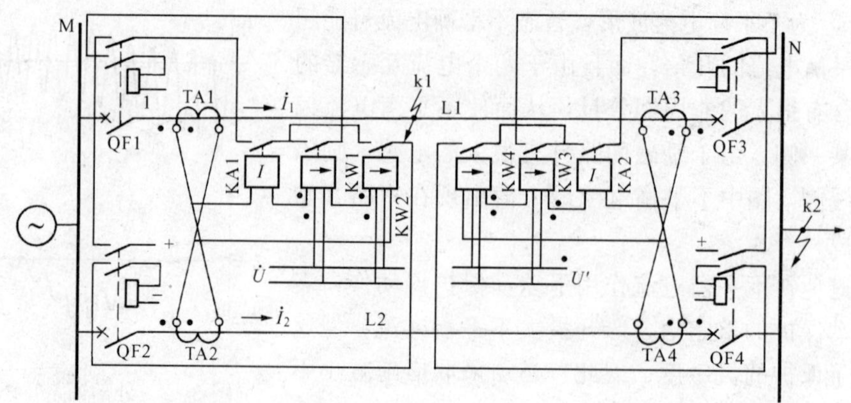

图 3-3 平行线路横联方向差动保护单相原理接线图

中会流过不平衡电流。若能使 KA1 的动作电流大于不平衡电流，则 M 侧的电流继电器不会动作，M 侧的整套保护不会起动跳闸。同理 N 侧的保护也不会动作。

（2）任一线路内部故障时（如 k1 点）。若在线路 L1 上发生短路，不考虑负荷电流，则通过线路 L1 和 L2 的短路电流 $\dot{I}_1$ 和 $\dot{I}_2$ 的大小与它们由母线 M 到故障点经过的阻抗值成反比。显然 $I_1 > I_2$，在 M 侧保护 KA1 中流过电流为

$$\dot{I} = \frac{1}{n_{\mathrm{TA}}}(\dot{I}_1 - \dot{I}_2) \tag{3-5}$$

此电流大于电流继电器的整定值时，电流继电器 KA1 动作，功率方向继电器是否动作决定于流过功率方向继电器的电流和所加电压间的相位。根据图中标示的极性，当在线路 L1 上故障时，功率方向继电器 KW1 流过的差电流 $\dot{I}$ 从同极性端子流入，所加的母线残压也是从同极性端子加入，故 KW1 判别为正方向故障，KW1 动作。KW2 与 KW1 流过相同的电流，但所加母线电压的方向是从非极性端子加入的，故 KW2 不动作。因此 M 侧的保护 KA1 与 KW1 动作将 QF1 跳开。同时 N 侧的保护，在 k1 点故障时，N 端 TA3 流过电流为 $\dot{I}_2$，TA4 流过电流为 $-\dot{I}_2$，则 KA2 中的差电流为

$$\dot{I} = \frac{1}{n_{\mathrm{TA}}}[\dot{I}_2 - (-\dot{I}_2)] = \frac{2}{n_{\mathrm{TA}}}\dot{I}_2 \tag{3-6}$$

此电流将使 KA2 动作，且根据图中极性标示，功率方向继电器 KW3 满足动作条件而动作，故跳开 QF3。因此，L1 线路故障，M 侧与 N 侧保护均动作，将 QF1 与 QF3 跳开。

L2 线路故障时，$I_2 > I_1$，与上相同的分析方法，KA1 与 KW2 动作将 QF2 跳闸，KA2 与 KW4 动作将 QF4 跳闸。

以上分析说明，差电流继电器 KA1、KA2 在平行线路外部故障时不动作而在 L1 线路或 L2 线路上故障时，KA1、KA2 都动作，因此电流继电器能判别平行线路内、外部故障，但不能选择出哪一条线路故障。L1 与 L2 线路内部故障时，KA1、KA2 中电流方向不同，故可用功率方向继电器来选择故障线路。由此可见，横联方向差动保护是反应平行线路短路电流差的大小和方向，有选择性地切除故障线路的一种保护。

当保护动作跳开一回线路以后，平行线路只剩下一回路运行时，横联方向差动保护要误动作，应立即退出工作。所以，不论什么原因一回线断开后，应通过被断开的断路器动

合辅助触点切除直流电源，使该侧横差动保护退出运行。

2. 横联方向差动保护的相继动作区

在保护区内故障时，横差保护在电源侧测量的是两线路电流差的大小；在非电源侧测量的是两线路电流的和。因此，非电源侧保护的灵敏度比电源侧高。但靠进母线故障时，两侧保护存在相继动作的问题。

相继动作区：对侧保护动作后，由于短路电流重新分布使本侧保护再动作，叫相继动作。可能发生相继动作的区域叫相继动作区。

当在平行线路内部任一端母线附近发生短路时，例如在图 3-4 所示线路中，N 端母线附近 k 点故障时，流过 L1 的短路电流 $\dot{I}_1$ 与流过线路 L2 的短路电流 $\dot{I}_2$ 近似相等，此时，对 M 侧保护来说，流过起动元件 KA1 中的电流 $\dot{I}=\dfrac{1}{n_{\mathrm{TA}}}(\dot{I}_1-\dot{I}_2)$ 很小，当其值小于 KA1 的动作电流时，M 侧保护不动作。

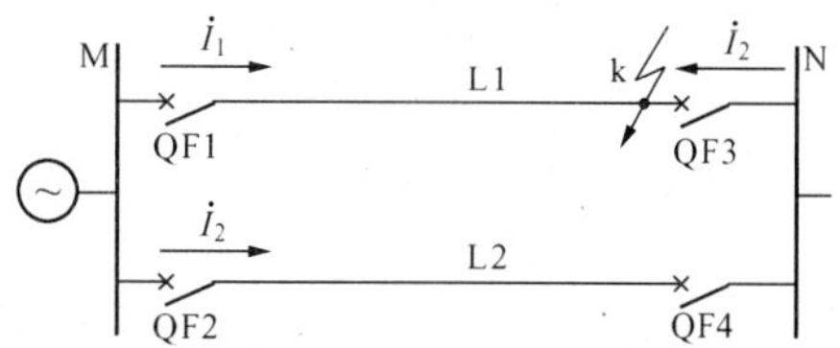

图 3-4　横联方向差动保护相继动作分析

但对 N 侧保护来说，$\dot{I}_2$ 经 QF2、QF4、QF3 流向短路点，流过起动元件 KA2 中电流 $\dot{I}=\dfrac{1}{n_{\mathrm{TA}}}[\dot{I}_2-(-\dot{I}_2)]=\dfrac{2}{n_{\mathrm{TA}}}\dot{I}_2$，其值将大于动作电流，N 侧保护会动作而断开 QF3。这时，故障并未切除，QF3 断开后，短路电流重新分布，$\dot{I}_2=0$，短路电流全部经 QF1 流至故障点。M 侧保护流过的电流 $\dot{I}=\dfrac{1}{n_{\mathrm{TA}}}\dot{I}_1$，此电流大于动作电流将使保护动作跳开 QF1。k 点故障分别由 N 侧、M 侧保护先后动作于 QF3、QF1 而切除故障线路，这种两侧保护装置先后动作的现象，称为相继动作。另一种相继动作的情况是在 M 侧母线附近区域内发生故障，此时 $I_1>I_2$，且 $\dot{I}_2$ 很小，因此 N 侧保护不动作，而 M 侧保护将先动作断开 QF1。QF1 断开后，$I_1=0$、I_2 增大，于是 N 侧保护又动作断开 QF3，故障由 M、N 侧保护相继动作切除。

相继动作，可有选择性地切除故障，但切除故障的时间延长一倍。应尽量减小相继动作区。通常要求，在正常运行方式下，两侧母线附近的相继动作区总长不能超过线路全长的 50%。

3. 评价

横差保护在双回线运行故障时能保证有选择性动作，且动作迅速，接线简单。缺点是有一回线停止运行时，保护要退出工作，且有相继动作区。为了对双回线上的横联方向差动保护及相邻线路保护起后备，以及作为单回线运行时的主保护，通常在双回线上还需要装设一套接于双回线电流之和的三段式电流保护或距离保护。

三、平行线路的电流平衡保护

横差保护用在电源侧时灵敏度往往不能满足要求，因为电流测量元件反应的是两线路电流的差值（及不平衡电流）。根据这一特点可采用电流平衡保护。

电流平衡保护是平行线路横联方向差动保护的另一种形式，它的工作原理是比较平行线路两回线中电流幅值大小。

1. 电流平衡保护的基本工作原理

电流平衡保护的基本工作原理可用图 3-5 说明。图 3-5 中 KAB 是一个双动作的电平衡继电器，当平行线路正常运行或外部故障时，通过 KAB 两线圈 $N1$ 和 $N2$ 的电流幅值相等，“天平”处在平衡状态，保护不动作。当线路 L1 故障时（如 k1 点故障），则 $I_1 > I_1'$，KAB 的右侧触点闭合，跳开 QF1 切除 L1 的故障；当线路 L2 故障时，KAB 的左侧触点闭合，跳开 QF2 切除 L2 的故障。

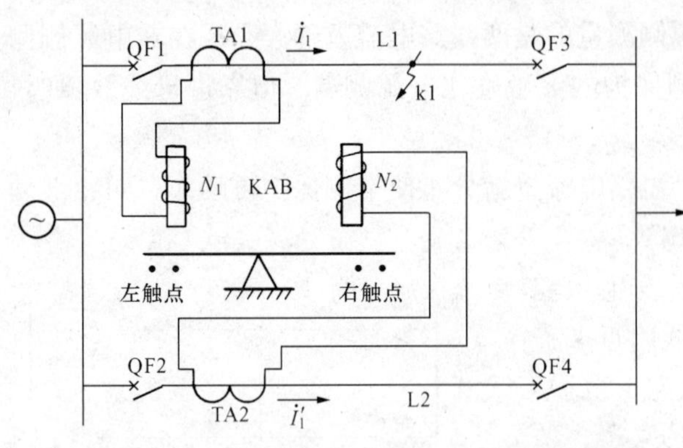

图 3-5 电流平衡保护的基本工作原理说明图

实际应用中，平衡继电器考虑的问题较多。下面以整流型电流平衡继电器为例，进一步分析电流平衡保护的工作原理。

2. 整流型电流平衡继电器

（1）整流型电流平衡继电器的原理接线如图 3-6 所示。继电器有三个输入量：①TX1 的一次绕组接至平行线路 L1 的电流互感器，获得动作电流，此电流由 TX1 的二次绕组 $L_{1.2}$ 输出，经半导体整流桥 UB1 整流，在电阻 R1 上产生动作电压；②TX2 的一次绕组接于平行线路 L2 的电流互感器，获得制动电流，由 $L_{2.2}$ 输出。$L_{2.2}$ 及 $L_{1.3}$ 的输出，经 UB2 整流，在 R2 产生制动电压；③由母线电压互感器供电的电压（即制动电压）加到电压变换器 TVA 的一次绕组上，经 TVA 变换和 UB3 整流后，其输出端与 UB2 并接组成最大值输出器，即 UB2 与 UB3 直流侧并接输出的制动电压值决定于其中最大者。

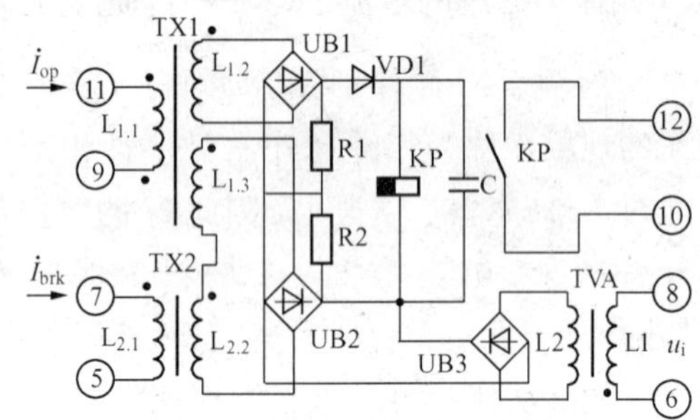

图 3-6 整流型电流平衡继电器的原理接线

电路构成表明继电器的工作回路由 TX1 的二次绕组 $L_{1.2}$、整流桥 UB1 及电阻 R1 构成。制动回路由两部分构成：其一是电流制动部分，由 TX2 的二次绕组 $L_{2.2}$ 与 TX1 的第二个二次绕组 $L_{1.3}$、整流桥 UB2、电阻 R2 组成；其二是电压制动部分，由 TVA 和 UB3 组成。动作量与制动量进行均压比较。执行元件是极化继电器 KP。

（2）整流型电流平衡继电器的工作原理。当线路 L1 的电流即工作电流 $\dot{I}_{op}$ 流过 TX1 的一次绕组时，UB1 的输出端就有一个正比于 I_{op} 的直流电压输出，它在 R1 上产生一正向压降，欲使继电器 KP 动作。同时，线路 L2 的电流为制动电流 $\dot{I}_{brk}$，它流过 TX2 的一次绕组，在 UB2 输出端有一个正比于 $|\dot{I}_{brk}+K\dot{I}_{op}|$ 的直流输出电压，它在 R2 上产生一个反向压降，欲使继电器制动。在电流制动回路中引入工作电流是为了改善制动性能。在正常运行及外部故障时，$\dot{I}_{op}$ 与 $\dot{I}_{brk}$ 同相，$|\dot{I}_{brk}+K\dot{I}_{op}|$ 将最大，故制动量增大，可提高继电器工作的可靠性。

电压变换器 TVA 二次绕组的输出电压，经整流桥 UB3 后，输出一个正比于输入电压 U_i 的直流电压，这个电压也加到电阻 R2 上。电压制动的作用是防止在制动电流等于零时可能发生的误动作。如果没有发生故障，母线电压很高，电压制动作用很大，这样可以有效地防止继电器的误动作。发生故障时，母线电压降低，使其制动作用相应地减小，从而保证保护有足够的灵敏度而可靠动作。若只设电压制动也不行，因为当出现电压二次回路断线时，保护也会误动作。

图 3-6 中二极管 VD1 是用来保证只有当 R1 上的压降（工作电压）大于 R2 上的压降（制动电压）时，极化继电器的线圈中才有电流通过。在正常运行及外部故障时，由于 UB1 输出工作电压小于 UB2 输出的制动电压，故极化继电器中是没有电流的。电容器 C 为滤波电容，用以减小极化继电器触点的抖动。

3. 对电流平衡保护的评价

电流平衡保护主要有以下优缺点：

（1）本身有判别故障线路能力，不需引入功率方向继电器。

（2）接线简单，动作迅速、灵敏度较高。

（3）有相继动作区，但较横差方向保护的相继动作区小。

（4）根据其工作原理，不能在单电源平行线受电端使用。因为单侧电源平行线路的任一回线故障时，对受电端保护来说，两回线中的电流只有方向的差别，而幅值大小总是相等的，故保护不能动作。

§ 3.2 高频保护的基本原理

一、高频保护的基本原理及分类

线路纵联差动保护能瞬时切除被保护线路全长任一点的短路故障，但是由于它必须敷设与线路相同长度的辅助导线，一般只能用在短线上。为快速切除高压输电线路上任一点的短路故障，将线路两端的电气量转化为高频信号，然后利用高频通道将此信号送至对端进行比较，决定保护是否动作，这种保护称为高频保护。因为它不反映被保护输电线路范围以外的故障，在定值选择上也无需与下一条线路相配合，故可不带延时。

目前广泛采用的高频保护有：高频闭锁方向保护、高频闭锁距离保护、高频闭锁零序电流保护及电流相位差动高频保护。高频闭锁方向保护是比较被保护线路两端的短路功率方向。高频闭锁距离及高频闭锁零序电流保护分别是由距离保护、零序电流保护与高频收发信机组合而构成的保护，也是属于比较方向的高频保护。电流相位差动高频保护是比较被保护线路两端工频电流的相位，简称为相差高频保护。

二、高频通道的构成

继电保护的高频通道有电力输电线路的载波通道、微波通道和光纤通道三种。不论使用什么通道，都应尽量作到：

（1）高频信号在通道中衰耗尽可能小。

(2) 接收端收到信号的波形尽量不失真。

(3) 信号受外来的干扰影响小。

（一）输电线路高频通道

输电线路高频通道是利用输电线路载波通信方式构成的，以输电线路作为高频保护的通道传输高频信号。为了使输电线路既传输工频电流同时又传输高频电流，必须对输电线路进行必要的改造，即在线路两端装设高频耦合设备和分离设备。

输电线路高频通道广泛采用“相—地”制，即利用“导线—大地”作为高频通道。它只需要在一相线路上装设构成通道的设备，比较经济。它的缺点是高频信号的衰耗和受到的干扰都比较大。输电线路高频通道的频率在40～500kHz间，频率太低干扰大，频率太高衰耗大。

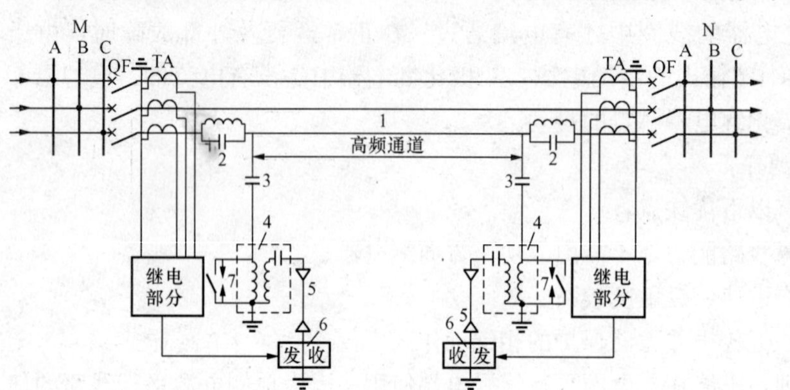

图 3-7 “相—地”回路高频通道构成接线图

1—输电线一相导线；2—高频阻波器；3—耦合电容器；4—连接滤波器；5—高频电缆；6—高频收发信机；7—放电间隙、接地刀闸

输电线路高频通道的构成如图 3-7 所示。高频通道应能区分高频与工频电流，使高压一次设备与二次回路隔离；使高频信号电流只限于在本线路流通，不能传递到外线路；高频信号电流在传输中的衰耗应最小。因此，高频通道中应装设下列设备，现将它们的作用分述如下。

1. 阻波器

阻波器串联在线路两端，其作用是阻止本线路的高频信号传递到外线路。它是由电感线圈与可变电容器并联组成，对高频信号工作在并联谐振状态。并联谐振，其阻抗值最大。因谐振频率为所用的高频信号频率，则它对高频电流呈现很大的阻抗，从而将高频信号限制在输电线路两个阻波器之间的范围内。而对于工频电流，阻波器呈现的阻抗很小（约为 0.4Ω），不影响工频电流的传输。

2. 耦合电容器

耦合电容器又称结合电容器，它与连接滤波器共同配合，将高频信号传递到输电线路上，同时使高频收发信机与工频高压线路隔离。耦合电容器对工频电流呈现极大的阻抗，故工频泄漏电流极小。

3. 连接滤波器

连接滤波器由一个可调节的空心变压器及连接至高频电缆一端的电容器组成。连接滤波器与耦合电容器共同组成高频串联谐振回路，高频电缆侧线圈的电感与电容也组成高频串联谐振回路，让高频电流顺利通过。

耦合电容器与连接滤波器共同组成一个“带通滤波器”。从线路一侧看，带通滤波器的输入阻抗与输电线路的波阻抗（约 400Ω）相匹配，而从电缆一侧看，则与高频电缆的波阻抗（约为 100Ω）相匹配。从而避免高频信号的电磁波在传送过程中发生反射而引起高频能量的附加衰耗，以使收信机得到的高频信号的能量最大。

4. 放电间隙、接地隔离开关

并联在连接滤过器两端的接地隔离开关，是当检查连接滤波器时，作为耦合电容器接地之用。放电间隙是作为过电压保护用的，当线路上受雷击产生过电压时，通过放电间隙被击穿而接地，保护高频收发信机不致被击毁。

5. 高频电缆

高频电缆用来连接室内继电保护屏高频收发信机到室外变电所的连接滤过器。因为传送高频电流的频率很高，采用普通电缆会引起很大衰耗，所以一般采用同轴电缆，它的高频损耗小、抗干扰能力强。

6. 高频收发信机

高频收发信机是发送和接收高频信号的装置。高频发信机将保护信号进行调制后，通过高频通道送到对端的收信机中，也可为自己的收信机所接收，高频收信机收到本端和对端发送的高频信号后进行解调，变为保护所需要的信号，作用于继电保护，使之跳闸或闭锁。

高频收发信机的型号很多，现以按“四统一”原则设计的高频收发信机为例、介绍其工作原理。原理框图如图 3-8 所示。正常运行时，没有保护命令输入，装置不向通道发送高频信号。当线路发生故障时，继电保护动作“起信”，接点闭合，经“接口回路”、“逻辑回路”，控制“晶振合成”发出 f_0 高频信号。该信号经“前置放大”、“功率放大”放大后，通过“线路滤波”送往通道。当继电保护送来“停信”信号时，发信回路由“接口回路”控制立即停止发 f_0 高频信号。

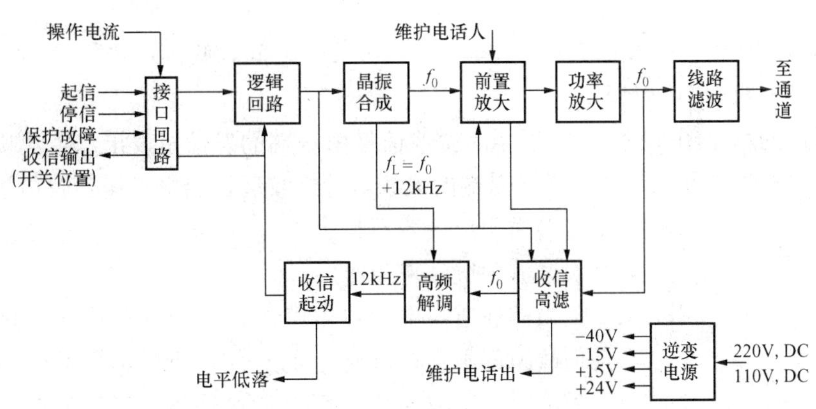

图 3-8　高频收发信机原理方框图

收信回路由收信滤波器、高频解调、收信起动、接口回路组成。发信回路发信时由逻辑回路送出一直流电位，控制收信滤波器中的开关门，使其关闭，拒绝接收功率放大器来的高频大功率信号及对侧送来的高频信号。而本侧的高频信号直接从“前置放大”引入小功率信号至收信滤波器。本侧停信时，开关门打开，以接收对侧传来的高频信号。被接收的信号经过高频解调，被解调成 12kHz 的中频信号，再经中频滤波和放大后输出两路信号，一路经“接口回路”作为收信输出信号送至继电保护，另一路作为通道衰减增加超过 3dB 的告警指示信号。

“保护故障”是保护设备发生故障时送出的报警，该触点闭合后经“接口回路”去起动发信回路发高频信号，以闭锁两侧的保护设备，防止误跳闸。

该收发信机具有通道检查和远方起动功能。当按动本侧“逻辑回路”面板上的试验按钮，发信回路瞬时起动将高频信号送至对侧，对侧收信回路收到信号，通过逻辑回路使对侧发信机发信，这就是远方起动功能。通道检查过程是本侧先发信 200ms，然后本侧停信 5s，再发 10s。本侧起动发信后，远方起动对侧发信机发信 10s，本侧输出端信号波形如图 3-9 所示。本侧信号与对侧信号电平不同，以便于区别。

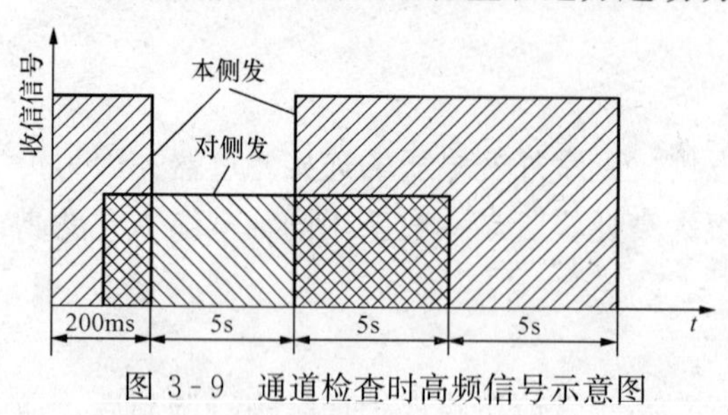

图 3-9 通道检查时高频信号示意图

高频收发信机装置中的逆变电源是向整个装置提供直流的稳压电源。它的基本原理框图如图 3-10 所示。逆变电源首先将直流变为交流（逆变），再经降压、整流、稳压到所需电压值。对高频收发信机有－40V、＋24V、＋15V、－15V 四组电压输出。无论哪一组电压失压，都能输出一个电源故障信号。

（二）微波通道

由于电力系统载波通信和系统运行的发展，现有电力输电线路载波频率已经不够分配。为解决这个问题，在电力系统中还可采用微波通道。微波的频段在 300～30000MHz 之间，我国继电保护用的微波通道所用微波频率一般为 2000MHz。

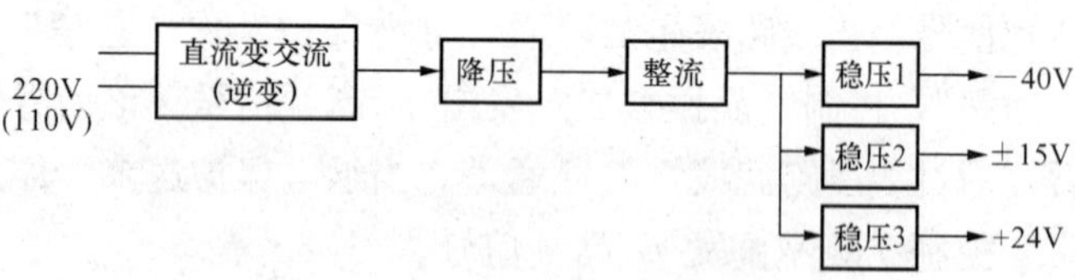

图 3-10 逆变电源原理框图

微波通道的示意图如图 3-11 所示。微波信号由一端的发信机发出，经连接电缆送到天线发射，再经过空间的传播，送到对端的天线，被接收后，由电缆送到收信机中。微波信号传送距离一般不超过 40～60km，若超过这个距离，就要增设微波中继站来转送。

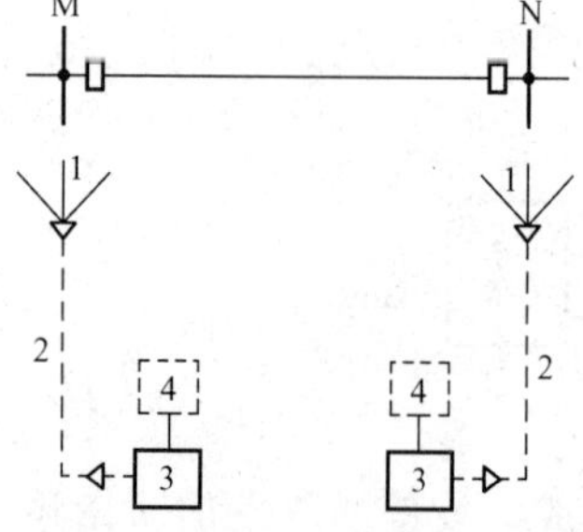

图 3-11 微波通道示意图
1—定向天线；2—连接电缆；
3—收发信机；4—继电部分

微波通道与电力输电线路没有直接的联系，这样线路上任何故障都不会破坏通道的工作，所以不论是内部或外部短路故障时，微波通道都可以传送信号，而且不存在工频高压对人身和二次设备的不安全问题，输电线路的检修和运行方式的改变也不影响通道的工作。

利用微波通道构成的继电保护称为微波保护。

（三）光纤通道

光纤通道已在继电保护中应用。光纤通道传送的信号频

率在 10^{14} Hz 左右。由光纤通道构成的继电保护称为光纤继电保护。图 3-12 为光纤通道的示意图。光发送器的作用是将电信号转换为光信号输出。光接收器是将接收的光信号转换为电信号输出。光纤用来传递光信号，它是一种很细的空心石英丝或玻璃丝，直径仅为 100～200μm。

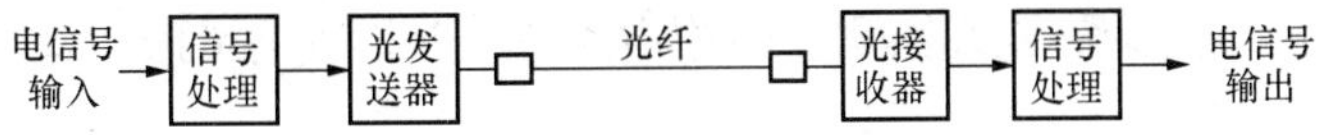

光纤通道的通信容量大，可以节约大量有色金属材料，敷设方便，抗腐蚀，不易受潮，不受外界电磁干扰。但用于长距离线路时，需采用中继器及附加设备。

电信号输入 → 信号处理 → 光发送器 □—光纤—□ 光接收器 → 信号处理 → 电信号输出

图 3-12　光纤通道的示意图

（四）高频电流的传输衰耗

1. 衰耗的一般概念

高频电流在通道上传输会有损耗，在高频电路中将这种损耗称作衰耗。高频电路中衰耗的大小用电平表示。

电平是一种表示功率相对大小的参数。电平值是指两点间功率 P_1 和 P_2 比值的对数，单位是分贝（dB）或奈培（Np）。这与人耳对声音能量的感觉符合于对数关系是一致的。电平的分贝值为 $10\lg\dfrac{P_2}{P_1}$，电平的奈培值为 $\ln\dfrac{P_2}{P_1}$。$10\lg\dfrac{P_2}{P_1}=10\lg\dfrac{U_2^2/Z_2}{U_1^2/Z_1}=20\lg\dfrac{U_2}{U_1}$（因 $Z_1=Z_2$）称为电压电平。

2. 分贝的物理概念

分贝的物理概念是：传输效率取对数。

设首端输入功率为 $P_1=U_1I_1\cos\theta$；终端获得的功率为 $P_2=U_2I_2\cos\theta$，且有

$$P_1=P_2\mathrm{e}^{-2\alpha L}=U_2I_2\cos\theta\mathrm{e}^{-2\alpha L}$$

式中　α——衰减系数；

L——线路长度。

则传输效率为

$$\eta=P_2/P_1=\mathrm{e}^{2\alpha L}$$

αL 为衰减系数乘线路长度，就是全部衰耗。αL 以 Np 为单位表示 $\mathrm{Np}=\dfrac{1}{2}\ln\dfrac{P_2}{P_1}$，$\alpha L$ 以 dB 为单位表示 $\mathrm{dB}=10\lg\dfrac{P_2}{P_1}$，1Np=8.686dB。

分贝，对学“强电”的学员一般比较陌生，下面举几个日常生活的例子帮助理解。0dB 相当于 2×10^{-5}N 的声压；耳语的声强为 10dB；一般办公室的声强为 50dB；听音乐感觉声音偏大，声强约为 70dB；响雷的功率比蚊鸣的功率大一万亿倍（10^{12}），用分贝表示时数值为：$10\lg10^{12}=120$dB。音频：男声 = 145Hz 左右；女声 = 230Hz 左右。音速：340m/s。

3. 高频电路的分析方法

电磁波的传输速度：$v=3\times10^8$ m/s。

波长：$\lambda=v/f$。

工频 $f=50$Hz，则 $\lambda=6000$km。线路长为 $L=1500$m，相当于 $1/4\lambda$。设高频的频率为

$f=500\text{kHz}$，则 $\lambda=600\text{m}$；设高频的频率为 $f=1000\text{MHz}$，则 $\lambda=0.3\text{m}$。

频率越高，线路长度与波长的比例越大。因此，高频电路的分析中，不能采用集总参数，只能采用分布参数分析。

4. 高频参数的测试

测试高频参数只能采用电平表，通过电平的大小可计算出高频功率、高频电流、高频电压来。

电平表取功率基值：$P_0=1\text{mW}$；电阻基值：$R_0=600\Omega$，则

$$U_0=\sqrt{P_0\times 600}=\sqrt{1\times 10^{-3}\times 600}=0.775(\text{V})$$

$$I_0=\sqrt{P_0/600}=\sqrt{1\times 10^{-3}/600}=1.29(\text{mA})$$

例：SF－21X 发信输出功率为 20W，输出电阻为 100Ω，则功率电平为 $P=10\lg 20/10^{-3}=43$（dB）；电压相对电平为 $P_{V0}=10\lg 600/100=7.78$（dB）；电压电平为 $P_V=43-7.78=35.22$（dB）。

根据电压电平计算出电压为 $U=U_0\times 10^{P_V/20}=0.775\times 10^{35.22/20}=44.7(\text{V})$，欧姆定理计算出电压值为 $U=\sqrt{20\times 100}=44.7(\text{V})$，证明采用电平计算的结果是正确的。

三、高频通道的工作方式

1. 正常时无高频电流方式

正常运行时，高频通道中无高频电流通过，当电力系统故障时，发信机由起动元件起动发信，通道中才有高频电流出现。这种方式又称为故障时发信方式。其优点是可以减少对通道中其他信号的干扰，可延长收发信机的寿命。其缺点是要有起动元件，延长了保护的动作时间，需要定期起动发信机来检查通道是否良好。目前广泛采用这一方式。

2. 正常时有高频电流方式

正常运行时，发信机发信，通道中有高频电流通过。故这种方式又称长期发信方式。其优点是使高频通道经常处于监视状态下，可靠性较高。保护装置中无需设置收发信机的起动元件，使保护简化，并可提高保护的灵敏度。其缺点是收发信机的使用年限减少，通道间的干扰增加。

3. 移频方式

正常运行时，发信机发出 f_1 频率的高频电流，用以监视通道及闭锁高频保护。当线路发生短路故障时，高频保护控制发信机移频，发出 f_2 频率的高频电流。移频方式能经常监视通道情况，提高通道工作的可靠性，加强了保护的抗干扰能力。

四、高频信号

高频信号与高频电流是不同的概念。信号是在系统故障时，用来传送线路两端信息的。对于故障时发信方式，有高频电流，就是有信号。对于长期发信方式，无高频电流，就是有信号。对于移频方式，故障时发出的某一频率的高频电流为有信号。

按高频信号的作用，高频信号可分为闭锁信号、允许信号和跳闸信号三种。

1. 闭锁信号

闭锁信号是制止保护动作将保护闭锁的信号。当线路内部故障时，两端保护不发出闭

锁信号，通道中无闭锁信号，保护作用于跳闸。因此，无闭锁信号是保护动作于跳闸的必要条件，其逻辑图如图 3-13（c）所示。当线路外部短路故障时，通道中有高频闭锁信号，两端保护不动作。由于这一方式只要求外部故障时通道才传送高频信号，而内部故障时则不传递高频信号。因此，线路故障对传送闭锁信号无影响，通道可靠性高。所以，在输电线路作高频通道时，广泛采用故障起动发信方式。

2. 允许信号

允许信号是允许保护动作于跳闸的高频信号。收到高频允许信号是保护动作于跳闸的必要条件，图 3-13（b）是允许信号的逻辑图。从图中可见，只有继电保护动作，同时又有允许信号时，保护才能动作于跳闸。

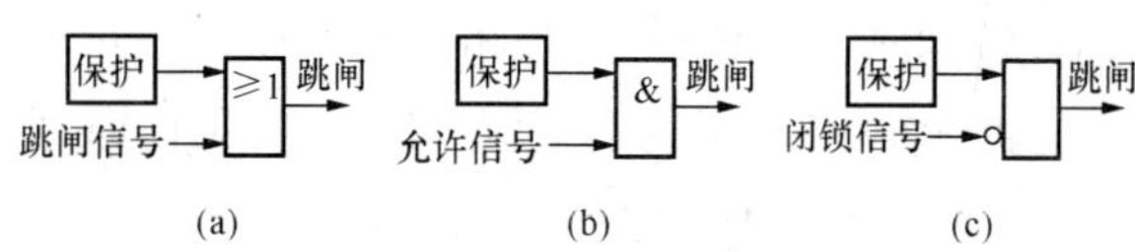

图 3-13　高频保护信号作用的逻辑关系图

（a）跳闸信号；（b）允许信号；（c）闭锁信号

这一方式在外部故障时不出现因允许信号使保护误动作的问题，不须进行时间配合，因此保护的动作速度可加快。

3. 跳闸信号

跳闸信号是线路对端发来的直接使保护动作于跳闸的信号。只要收到对端发来的跳闸信号，保护就作用于跳闸，而不管本端保护是否起动。跳闸信号的逻辑图如图 3-13（a）所示，它与本端继电保护部分间具有“或”逻辑关系。

§3.3　高频闭锁方向保护

一、高频闭锁方向保护的基本原理

高频闭锁方向保护的基本原理是比较线路两端的短路功率方向，保护采用故障时发信方式。在继电保护中规定，从母线流向线路的短路功率为正方向，从线路流向母线的短路功率为负方向。当保护区外故障时，接受反向功率的那一侧发高频信号，收信机受到高频信号（收信机采用单频制，及本侧受信机既可接受本侧发信机发出的信号也可接收对侧发信机发出的信号）保护不动作，故称为高频闭锁方向保护。

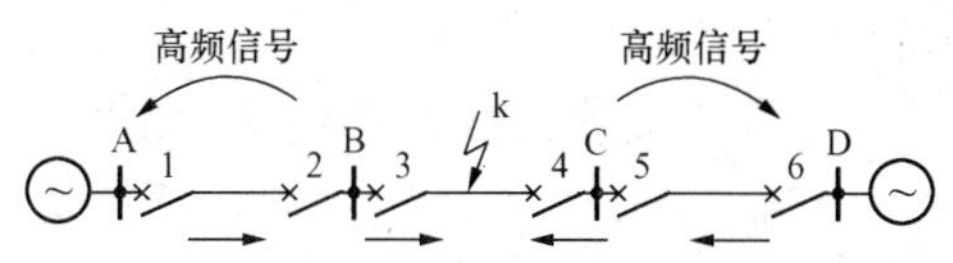

图 3-14　高频闭锁方向保护的作用原理

现以图 3-14 为例来说明保护装置的工作原理。设在线路 BC 上发生故障，则短路功率的方向如图所示。安装在线路 BC 两端的高频闭锁方向保护 3 和 4 的功率方向为正，故保护 3、4 都不发出高频闭锁信号，保护动作。瞬时跳开两端的断路器。但对非故障线路 AB 和 CD，其靠近故障线路一端的功率方向为由线路流向母线，即功率方向为负，则该端的保护 2 和 5 发出高频信号。此信号一方面被自己的收信机接收，同时经过高频通道把信号分别送到对端的保护 1 和 6，使得保护装置 1、2 和 5、6 都被高频信号闭锁，保护不动作。利用非故障线路功率为负的一端发高频信号，闭锁非故障线路的保护，防其误动，这样就可以保证在内部故障并伴随有通道的破坏时，故障线路的保护装置仍然能够正确地动作。这是它的主要优点，也是高频闭锁信号工作方式得到广泛应用的主要原因之一。

二、高频闭锁方向保护的构成及工作原理

高频闭锁方向保护的继电部分由两种主要元件组成，一是起动元件，主要用于故障时起动发信机，发出高频闭锁信号；二是方向元件，主要测量故障方向，在保护的正方向故障时准备好跳闸回路。高频闭锁方向保护按起动元件的不同可以分为三种。下面分别介绍这三种起动方式的高频闭锁方向保护的工作原理。

1. 非方向性起动元件的高频闭锁方向保护

电流元件起动的高频闭锁方向保护构成框图如图 3 - 15 所示。被保护线路两侧装有相同的半套保护。图中 I1、I2 为电流起动元件，故障时起动发信机和跳闸回路。I1 的灵敏度高（整定值小），用于起动发信；I2 的灵敏度较低（整定值较高），用于起动跳闸。S 为方向元件，只有测得正方向故障时才动作。

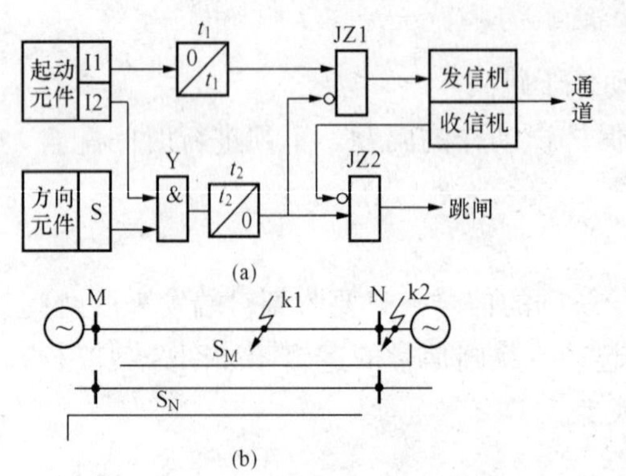

图 3 - 15　电流元件起动的高频闭锁方向保护原理框图

图 3 - 15 所示保护的工作原理如下：

（1）正常运行时，起动元件不动作，发信机不发信，保护不动作。

（2）区外故障，起动元件动作，起动发信机发信，但靠近故障点的那套保护接受的是反方向电流，方向元件 S 不动作，两侧收信机均能收到这侧发信机发出的高频信号，保护被闭锁，有选择地动作。

（3）内部故障时，两侧保护的起动元件起动。I1 起动发信，I2 起动跳闸回路，两侧方向元件均测得正方向故障，保护动作，经 t_2 延时后，将控制门 JZ1 闭锁，使两侧发信机均停信，此时两侧收信机收不到信号，两侧控制门 JZ2 均开放，故两侧保护都动作于跳闸。

采用两个灵敏度不同的电流起动元件，是考虑到被保护线路两侧电流互感器的误差不同和两侧电流起动元件动作值的误差。如果只用一个电流起动元件，在被保护线路外部短路而短路电流接近起动元件动作值时，近短路点侧的电流起动元件可能拒动，导致该侧发信机不发信；而远离短路侧的电流起动元件可能动作，导致该侧收信机收不到高频信号，从而引起该侧断路器误跳闸。采用两个动作电流不等的电流起动元件，就可以防止这种无选择性动作。用动作电流较小的电流起动元件 I1 去起动发信机，用动作电流较大的起动元件 I2 起动跳闸回路，这样被保护线路任一侧的起动元件 I2 动作之前，两侧的起动元件 I1 都已先动作，从而保证了在外部短路时发信机能可靠发信，避免了上述误动作。

时间元件 t_1 是瞬时动作、延时返回的时间电路，它的作用是在起动元件返回后，使接受反向功率那一侧的发信机继续发闭锁信号。这是为了在外部短路切除后，防止非故障线路接受正向功率那一侧的方向元件在闭锁信号消失后来不及返回而发生误动。

时间元件 t_2 是延时动作、瞬时返回的时间电路，它的作用是为了推迟停信和接通跳闸回路的时间，以等待对侧闭锁信号的到来。在区外故障时，让远故障点侧的保护收到对侧送来的高频闭锁信号，从而防止保护误动。

2. *远方起动*

图 3-16 为远方起动方式的高频闭锁方向保护框图。这种起动方式只有一个起动元件 I，发信机既可由起动元件起动，也可由收信机收到对侧高频信号后，经延时元件 t_3、或门 H、禁止门 JZ1 起动发信，这种起动方式称为远方起动。在外部短路时，任何一侧起动元件起动后，不仅起动本侧发信机，而且通过高频通道用本侧发信机发出的高频信号起动对侧发信机。在两侧相互远方起信后，为了使发信机固定起动一段时间，设置了时间元件 t_3，该元件瞬时起动，经 t_3 固定时间返回，时间 t_3 就是发信机固定起动时间。在收信机收到对侧发来的高频信号时，时间元件 t_3 立即发出一个持续时间为 t_3 的脉冲，经或门 H，禁止门 JZ1 使发信机发信。经过时间 t_3 后，远方起动回路就自动切断。t_3 时间应大于外部短路可能持续的时间，一般取 5～8s。

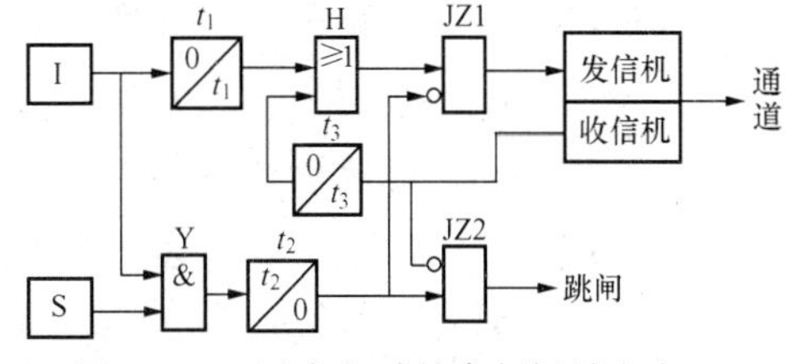

图 3-16　远方起动的高频闭锁方向保护原理框图

在外部短路时，如果近故障侧起动元件不动作，远离故障侧的起动元件起动，则近故障点侧的保护可由远方起动，将对端保护闭锁，防止远短路点侧的保护误动作。为此在 t_2 延时内，一定要收到对侧发回的高频信号，以保证 JZ2 一直闭锁。因此，t_3 的延时应大于高频信号在高频通道上往返一次所需的时间。

远方起动方式的主要缺点是在单侧电源下内部短路时，受电侧被远方起动后不能停信，这样就会造成电源侧保护拒动。因此，单侧电源输电线路的高频保护不采用远方起动方式。

3. *方向元件起动的高频闭锁方向保护*

方向元件起动的高频闭锁方向保护原理框图如图 3-17 所示。它的工作原理与图 3-15 的工作原理基本相同，所不同的是将起动元件换成了 S_-。线路两侧装设完全相同的两个半套保护，采用故障时发信并使用闭锁信号的方式。图中 S_- 为反方向短路动作的方向元件，即反方向短路时，S_- 有输出，用以起动发信。S_+ 为正方向短路动作的方向元件，即正方向故障时，S_+ 有输出，起动跳闸回路。为区分正常运行和故障，方向元件一般采用负序功率方向元件。保护装置动作过程如下。

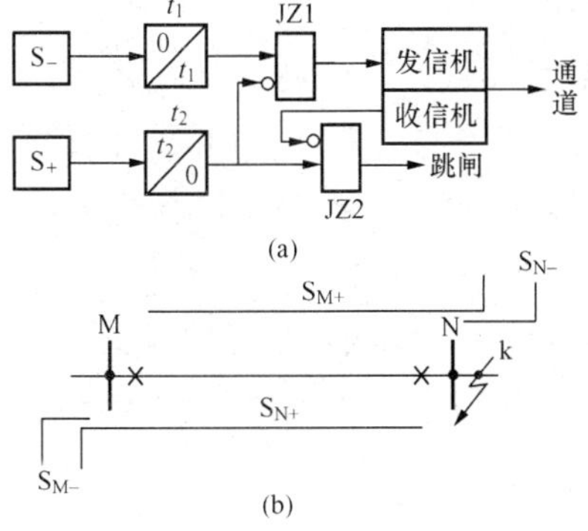

图 3-17　方向元件起动的高频闭锁方向保护

正常运行时，两侧保护的方向元件均不动作，既不起动发信，也不开放跳闸回路。

区外故障时（k 点），远故障点 M 侧的正方向元件 S_{M+} 有输出，准备跳闸；近故障点 N 侧的反方向元件 S_{N-} 有输出，起动发信机发出高频闭锁信号。两侧收信机均收到闭锁信号后，将控制门 JZ2 关闭，两侧保护均被闭锁。

双侧电源线路区内故障时，两侧反方向短路方向

元件 S_{M-}、S_{N-} 都无输出，两侧的发信机都不发信，收信机收不到信号，控制门 JZ2 开放，同时两侧正方向短路方向元件均有输出，经 t_2 延时后，两侧断路器同时跳闸。单侧电源线路区内故障时，受电侧肯定不发信，不会造成保护拒动。

设置 t_2 延时电路的目的，与图 3-15 中 t_2 相同。t_2 延时动作后将控制门 JZ1 关闭，这可防止区外故障的暂态过程中保护误动作。

设置 t_1 延时返回电路的目的是，在区外故障切除后的一段时间继续发信，避免远故障点侧的保护因高频闭锁信号过早消失及本侧的方向元件迟返回而造成误动。

由于起动元件换成了方向元件，仅判别方向，没有定值，所以灵敏度高。

三、高频闭锁距离保护

高频闭锁方向保护可以快速地切除保护范围内部的各种故障，但不能作为下一条线路的后备保护。对距离保护，当内部故障时，利用高频闭锁保护的特点，能瞬时切除线路任一点的故障；而当外部故障时，利用距离保护的特点，起到后备保护的作用。高频闭锁距离保护兼有高频方向和距离两种保护的优点，并能简化保护的接线。

高频闭锁距离保护原理框图如图 3-18 所示。它由距离保护和高频闭锁两部分组成。距离保护为三段式，Ⅰ、Ⅱ、Ⅲ段都采用独立的方向阻抗继电器作为测量元件。高频闭锁部分与距离保护部分共用同一个负序电流起动元件 I_2，方向判别元件与距离保护的第Ⅱ段（也可用第Ⅲ段）共用方向阻抗继电器 $Z_{Ⅱ}$。

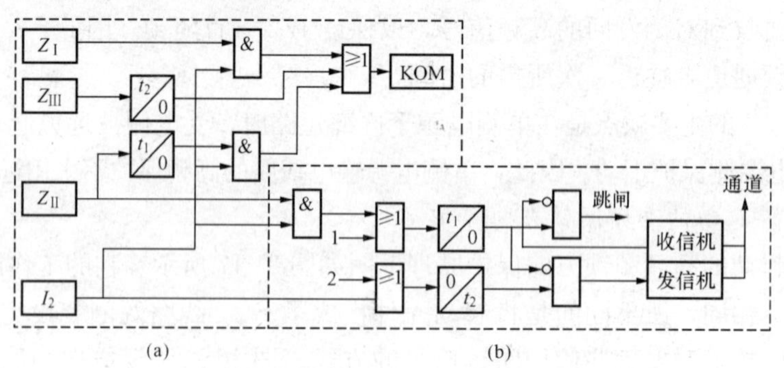

图 3-18　高频闭锁距离保护原理方框图

(a) 距离保护部分；(b) 高频闭锁部分

当被保护线路发生区内故障时，两侧保护的负序电流起动元件 I_2 和测量元件 $Z_{Ⅱ}$ 都起动，经 t_1 延时，分别跳开两侧断路器。其高频闭锁部分工作情况与前述基本相同。此时线路一侧或两侧［故障发生在线路中间（60%～70%）长度以内时］的距离Ⅰ段保护（I_2、Z_1、出口跳闸继电器 KOM）也可动作于跳闸，但要受振荡闭锁回路的控制。

若发生区外故障时，近故障点侧保护的测量元件 $Z_{Ⅱ}$ 不起动，跳闸回路不会起动。近故障点侧的负序电流起动元件 I_2 起动发信，两侧收信机收到信号，闭锁两侧跳闸回路。此时，远故障点侧距离保护的Ⅱ或Ⅲ段可以经出口继电器 KOM 跳闸，作相邻线路保护的后备。

高频闭锁距离保护能正确反映并快速切除各种对称和不对称短路故障，且保护有足够的灵敏度。高频闭锁距离保护中的距离保护，可兼作相邻线路和元件的远后备保护。当高频部分故障时，距离保护仍可继续工作，对线路进行保护。

图 3 - 18 中的 1 和 2 端子如果与零序电流方向保护的有关部分相连，则可构成高频闭锁零序电流方向保护。

§3.4 相差高频保护

一、相差高频保护的基本原理

利用高频信号将电流的相位传到对侧进行比较决定是否动作的保护称为相差高频保护。如图 3 - 19 所示的 MN 线路，假定电流的正方向由母线指向线路，当线路内部 k1 点故障时，两端电流 $\dot{I}_M$、$\dot{I}_N$ 相位相同，它们之间的相角差 $\varphi = 0°$，当线路外部 k2 点故障时，靠近故障点一侧的电流由线路指向母线，远故障点侧的电流由母线指向线路，$\dot{I}_M$ 与 $\dot{I}_N$ 相角差 $\varphi = 180°$，因此相差高频保护可以根据线路两侧电流之间的相位角 φ 的不同，来判别线路故障是发生在内部还是外部。

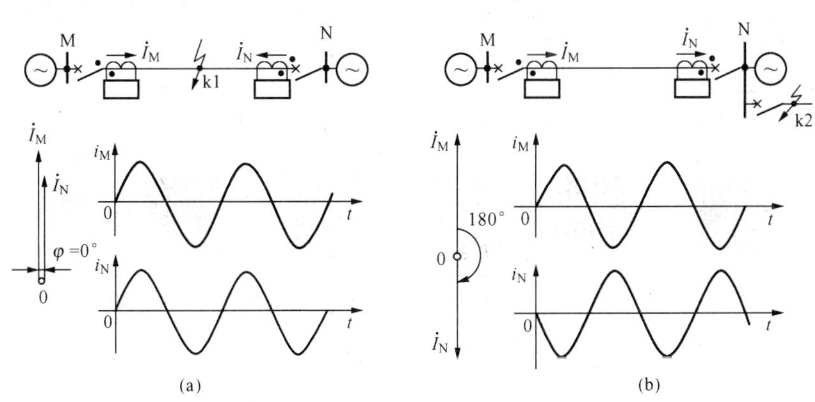

图 3 - 19 相差高频保护的基本原理

(a) 内部故障；(b) 外部故障

二、相差高频保护的组成元件及工作原理

我国广泛采用故障起动发信的相差高频保护，其构成框图如图 3 - 20 所示。保护主要由继电部分、收发信机和高频通道三部分组成。继电部分由起动元件、操作元件和比相元件所组成。下面介绍继电部分的工作原理。

1. 起动元件

起动元件的作用是判断系统是否发生故障，只有发生故障，起动元件才起动发信并开放比相。

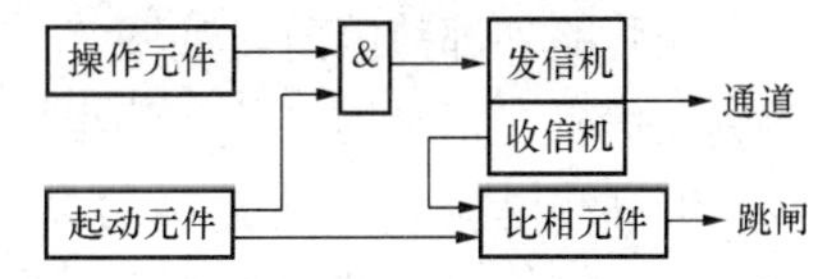

图 3 - 20 相差高频保护的基本构成框图

2. 操作元件

操作元件的作用是将被保护线路的工频三相电流变换成单相的操作电压，控制发信机在工频正半周发信、负半周停信。故发信机发出的高频信号的宽度约为工频电角度 180°，而这种高频信号的宽度变化就代

表着工频电流的相位变化。操作元件对发信机的这种控制作用，在继电保护技术中称为“操作”，相当于通信技术中的“调制”。

每侧收信机既能接收对侧发信机发来的高频信号，同时也能接收到本侧发信机发出的高频信号，收信机收到的是两侧高频信号的综合。

3. 比相元件

(1) 比相元件是用来测量收信机输出高频信号宽度的。被保护线路内部故障，比相元件动作，作用于跳闸；外部故障时，比相元件不动作，保护不跳闸。

相差高频保护的工作原理用图 3-21 说明。当内部故障时，线路两侧电流都从母线流向线路，两侧电流 $\dot{I}_M$、$\dot{I}_N$ 同相，相位差 $\varphi=0°$。在起动元件与操作元件作用下，两侧发信机于工频电流正半周同时发信，于工频电流负半周停信。$i_{h.M}$ 与 $i_{h.N}$ 分别为 M 侧与 N 侧发送的高频电流信号。收信机收到的两侧综合高频信号 $i_{h.MN}$ 是间断的高频电流，间断角度为 180°（对应于工频，下同）。比相元件动作，从而使保护跳闸。

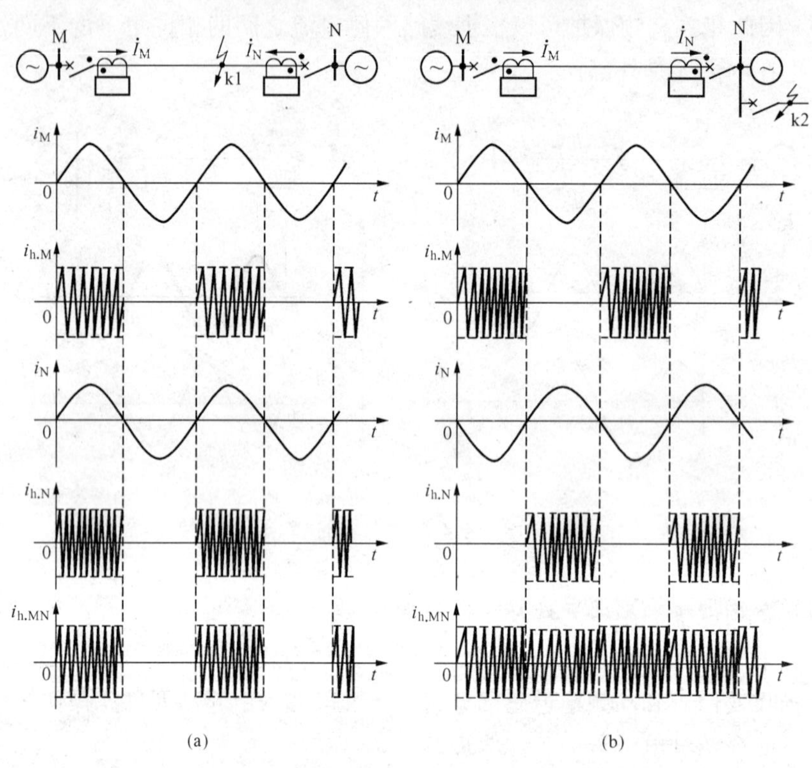

图 3-21 相差高频保护工作原理说明

(a) 内部故障时；(b) 外部故障时

当线路外部故障时，如图 3-21（b），被保护线路两侧工频电流 $\dot{I}_M$、$\dot{I}_N$ 相位差为 180°。两侧发信机在正半周发信，负半周不发信，故 $i_{h.M}$和 $i_{h.N}$的相位仍相差 180°，两侧收信机接收的高频电流 $i_{h.MN}$为连续的高频信号，间断的角度为 0°。比相元件无输出，两侧保护不动作。收信机收到的对侧信号在传输时有衰减，故 $i_{h.MN}$信号中，本侧信号幅值大于所收到的对侧信号。显然，当内部故障时，每侧保护不需要通道传送对侧的高频电流，保护就能正确动作。而当外部故障时，每侧保护必须接收对侧发出的高频电流，收信机收到连续的高频电流，保护才被闭锁，因此，高频通道传送的是闭锁信号。

（2）比相元件的闭锁角。比相元件是相差高频保护的重要元件，当外部故障时它不应动作，而内部故障时，则应可靠动作。为此，必须保证在外部故障时比相元件不误动，线路内部故障时能可靠动作。

如前所述，在理想情况下，外部故障时，线路两侧操作电流的相位差是180°。但实际上由于各种因素的影响，两侧操作电流的相位差并不是180°。影响因素有：

1）两侧电流互感器的角度误差，一般为7°。

2）保护装置本身的相位误差，包括操作滤过器和操作回路的角误差，一般为15°。

3）高频电流从线路的对侧以光速传送到本侧所需要的时间 t 产生的延迟角 α，为

$$\alpha = \frac{l}{100}6^\circ$$

式中 l——线路长度，km。

4）为保证动作选择性，考虑一个裕度角，一般取15°。则

$$\beta = 7^\circ + 15^\circ + \frac{l}{100}6^\circ + 15^\circ = 37^\circ + \frac{l}{100}6^\circ \tag{3-7}$$

β 称为闭锁角。如图3-22所示，以线路M侧电流 $\dot{I}_M$ 为基准，两侧电流 $\dot{I}_M$ 与 $\dot{I}_N$ 的相位差为 φ，则电流相量 $\dot{I}_N$ 落在由闭锁角规定的区域内（带阴影线区域）时，比相元件不动作，故比相元件的动作条件为

$$|\varphi| \leqslant 180^\circ - \beta \tag{3-8}$$

在110～220kV线路上，通常选择 $\beta=60^\circ$。对于工频电流，电角度60°对应的时间为3.3ms。

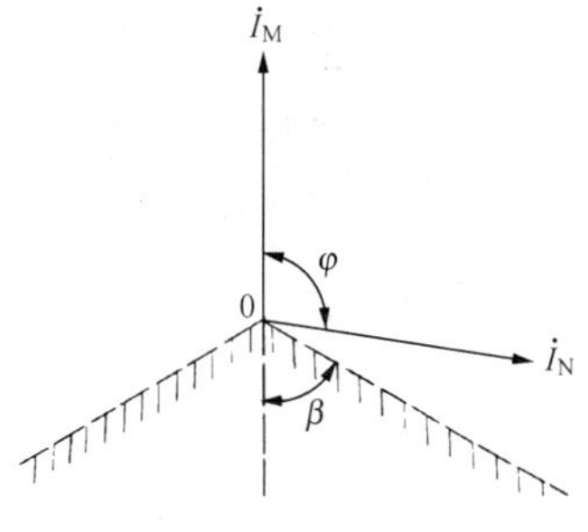

图3-22　相位比较元件的闭锁角 β

三、相差高频保护应引起关注的几个问题

（1）为提高可靠性采用两次比相的问题。采用两次比相后使保护的动作时间至少延长了10ms，且保护装置的接线更进一步复杂。

（2）相差高频保护只能用在长度不超过300km的输电线路上。高频信号从线路的一侧传送到另一侧是需要时间的，线路越长传送高频信号需要的时间也越长，外部故障时收信机接收高频信号的间断角越大。为了使相差高频保护在外部故障时不动作，闭锁角 β 必须大于外部故障时收信机接收高频信号的间断角。这样，内部故障时保护可能拒动，后果是严重的。

（3）数值逻辑的继电保护实现比相原理较困难，这也限制了相差高频保护的发展。

小　　结

本单元介绍能保护线路全长且快速动作的保护。这些保护有线路的纵差保护、平行线路的横差保护、电流平衡保护及高频保护。分析了这些保护的工作原理，分析了不平衡电流对差动保护的影响，相继动作区对横联差动保护的影响。介绍了高频保护中高频通道的

构成及高频加工设备的作用。分析了高频闭锁方向保护、高频闭锁距离保护及相差高频保护的工作原理。介绍了各种保护的优缺点。

前几单元所介绍的电流保护和距离保护，是将线路一端的电气量引入保护装置，为了保证选择性，保护的Ⅰ段只能保护线路的一部分，本线路其余部分发生故障，只能由第Ⅱ段延时切除。而在高压大容量的电力系统中，为保证系统的稳定性，要求在全线路范围内任意一点发生故障保护都能瞬时切除。因此在这种情况下必须装设输电线路的全线速动保护。全线速动保护一般都测量被保护线路两端的电气量，这就有个两端电气量的信息交换（通信）问题，本单元介绍了这方面的一些内容，希望掌握这方面内容的基本概念。

复习思考题

3-1　说明纵差保护的工作原理及不平衡电流产生的因素。

3-2　纵差保护有哪些优缺点？适用于什么样的线路？

3-3　说明横联方向差动保护的构成和工作原理？

3-4　什么是横联方向差动保护的相继动作和相继动作区？对保护的性能有何影响？

3-5　横联方向差动保护有哪些优缺点？

3-6　试述电流平衡保护的工作原理。为什么在单侧电源平行线路的受电端不能采用电流平衡保护？

3-7　试述高频保护的基本工作原理。

3-8　“相—地”制高频通道的原理接线图中有哪些元件组成？各元件作用如何？

3-9　说明高频收发信机的构成。

3-10　什么是闭锁信号、允许信号和跳闸信号？采用闭锁信号有何优点和缺点？

3-11　说明高频闭锁方向保护的基本工作原理。

3-12　说明图3-15、图3-17中高频闭锁方向保护构成和动作原理。时间元件有何作用？

3-13　什么叫远方起动？它有什么作用？

3-14　在图3-15所示线路MN上装有高频闭锁方向保护，如果变电所M侧或N侧有一侧保护：

（1）发信机出了故障不能发信时，试分析在何种情况下发生短路会导致保护误动或拒动；

（2）收信机出了故障不能收信时，试分析在何种情况下发生短路会导致保护误动或拒动？

3-15　说明相差高频保护的工作原理与组成元件。

3-16　什么叫相差高频保护的闭锁角？

3-17　如何评价高频闭锁方向保护、高频闭锁距离保护、相差高频保护？

输电线路的自动重合闸 ARC

内容提要和要求

（一）内容提要

（1）输电线路采用自动重合闸是提高其供电可靠性的有力措施。为了满足电力系统运行及操作的需要，对自动重合闸装置提出了一系列基本要求，自动重合闸装置的构成是以满足这些基本要求为原则的。

（2）通过本单元的学习，要能建立关于自动重合闸的基本概念，学会分析各种自动重合闸装置在不同运行方式下的工作过程。

（二）教学要求

（1）了解自动重合闸装置的作用。深刻领会对自动重合闸装置的基本要求。

（2）掌握三相一次自动重合闸的概念及构成。学会分析三相一次自动重合闸装置的工作原理，了解其参数整定原则。

（3）理解双电源线路三相一次自动重合闸要考虑的特殊问题。掌握双电源线路自动重合闸方式的定义及适用条件。学会分析检定无压和检定同期的三相自动重合闸的工作原理，了解同期检定继电器的工作原理。

（4）掌握综合自动重合闸的工作方式。理解综合重合闸的特殊问题及构成。了解对综合重合闸接线回路的基本要求。

（5）掌握重合器的工作原理。

§4.1　输电线路自动重合闸的作用及分类

一、自动重合闸装置（简称 ARC）在电力系统中的作用

在电力系统中，输电线路、特别是架空线路最容易发生故障，因此必须设法提高输电线路供电的可靠性。而装设自动重合闸装置正是提高输电线路供电可靠性的有力措施。

输电线路的故障按其性质可分为瞬时性故障和永久性故障两种。瞬时性故障主要是由雷电引起的绝缘子表面闪络、线路对树枝放电、大风引起的短时碰线、通过鸟类身体的放电等原因引起的短路。这类故障由继电保护动作断开电源后，故障点的电弧自行熄灭，绝缘强度重新恢复，故障自行消除。此时，若重新合上线路断路器，就能恢复正常供电。而永久性故障，如倒杆、断线、绝缘子击穿或损坏等，在故障线路电源被断开之后，故障点的绝缘强度不能恢复，故障仍然存在，即使重新合上断路器，又要被继电保护装置再次断开。

运行经验表明，输电线路的故障大多是瞬时性故障，约占总故障次数的80%～90%以上。因此，若线路因故障被断开之后再进行一次合闸，其成功恢复供电的可能性是相当大的。而ARC就是将被切除的线路断路器重新自动投入的一种自动装置。

采用ARC后，如果线路发生瞬时性故障时，保护动作切除故障后，重合闸动作，能够恢复线路的供电；如果线路发生永久性故障时，重合闸动作后，继电保护再次动作，使断路器跳闸，重合不成功。根据多年来运行资料的统计，输电线路ARC的动作成功率（重合闸成功的次数/总的重合次数）一般可达60%～90%。可见采用自动重合闸装置来提高供电可靠性的效果是很明显的。

输电线路上采用自动重合闸装置的作用可归纳如下：

（1）提高输电线路供电可靠性，减少因瞬时性故障停电造成的损失。

（2）对于双端供电的高压输电线路，可提高系统并列运行的稳定性，从而提高线路的输送容量。

（3）可以纠正由于断路器本身机构不良或继电保护误动作而引起的误跳闸。

由于ARC带来的效益可观，而且本身结构简单，工作可靠，因此，在电力系统中得到了广泛的应用。规程规定："1kV及以上的架空线路和电缆与架空混合线路，在具有断路器的条件下，应装设ARC。但是，采用ARC后，对系统也会带来不利影响，当重合于永久性故障时，系统再次受到短路电流的冲击，可能引起系统振荡。同时，断路器在短时间内连续两次切断短路电流，使断路器的工作条件恶化。因此，自动重合闸的使用有时受系统和设备条件的制约。

二、对ARC的基本要求

（1）ARC动作应迅速。为了尽量减少对用户停电造成的损失，要求ARC动作时间愈短愈好。但ARC动作时间必须考虑保护装置的复归、故障点去游离后绝缘强度的恢复、断路器操动机构的复归及其准备好再次合闸的时间。

（2）手动跳闸时不应重合。当运行人员手动操作控制开关或通过遥控装置使断路器跳闸时，属于正常运行操作，自动重合闸不应动作。

（3）手动合闸于故障线路时，继电保护动作使断路器跳闸后，不应重合。因为在手动合闸前，线路上还没有电压，如果合闸到已存在故障的线路，则多为永久性故障，即使重合也不会成功。

（4）ARC宜采用控制开关位置与断路器位置不对应的原理起动。即当控制开关在合闸位置而断路器实际上处在断开位置的情况下起动重合闸。这样，可以保证无论什么原因使断路器跳闸以后，都可以进行自动重合闸。当由保护起动时，分相跳闸继电器相应的动合触点闭合，起动重合闸起动继电器，通过重合闸起动继电器的动合触点起动ARC。

（5）只允许ARC动作一次。在任何情况下（包括装置本身的元件损坏以及继电器触点粘住或拒动），均不应使断路器重合多次。因为，当ARC多次重合于永久性故障后，系统遭受多次冲击，断路器可能损坏，并扩大事故。

（6）ARC动作后，应自动复归，准备好再次动作。这对于雷击机会较多的线路是非常必要的。

（7）ARC应能在重合闸动作后或重合闸动作前，加速继电保护的动作。ARC与继电保护相互配合，可加速切除故障。ARC还应具有手动合于故障线路时加速继电保护动作的功能。

（8）ARC 可自动闭锁。当断路器处于不正常状态（如气压或液压降低）不能实现自动重合闸时，或某些保护动作不允许自动合闸时，应将 ARC 闭锁。

三、ARC 的分类

ARC 的类型很多，根据不同特征，通常可分为如下几类：

（1）按作用于断路器的方式，可以分为三相 ARC、单相 ARC 和综合 ARC 三种。

（2）按运用的线路结构可分为单侧电源线路 ARC、双侧电源线路 ARC。双侧电源线路 ARC 又可分为快速 ARC、非同期 ARC、检定无压和检定同期的 ARC 等。

本单元重点介绍单侧电源线路的三相一次 ARC。并在此基础上引入双侧电源线路的三相一次自动重合闸方式。对单相 ARC 和综合 ARC 做一般介绍。

§4.2 单侧电源线路的三相一次 ARC

单侧电源线路只有一侧电源供电，不存在非同步重合的问题，ARC 装于线路的送电侧。

在我国的电力系统中，单侧电源线路广泛采用三相一次重合闸方式。所谓三相一次重合闸方式，是指不论在输电线路上发生相间短路还是单相接地短路，继电保护装置动作将线路三相断路器一齐断开，然后重合闸装置动作，将三相断路器重新合上的重合闸方式。当故障为瞬时性时，重合成功；当故障为永久性时，则继电保护再次将三相断路器一齐断开，不再重合。其工作流程可用图 4-1 的流程图表示。

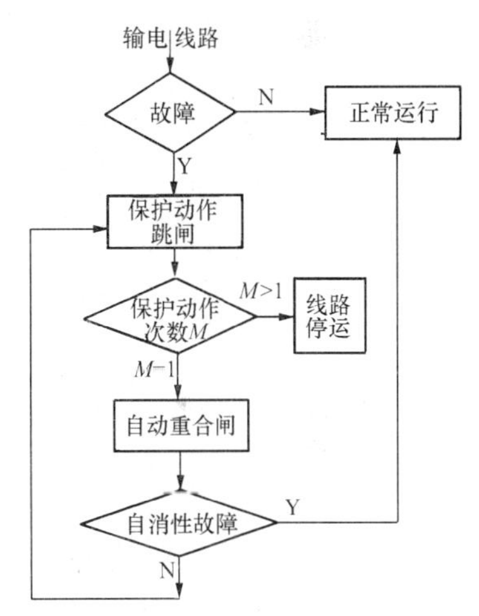

图 4-1 单侧电源线路的三相一次 ARC 工作流程图

一、三相一次 ARC 的构成

三相一次 ARC 由重合闸起动回路、重合闸时间元件、一次合闸脉冲元件及执行元件四部分组成。重合闸起动回路是用以起动重合闸时间元件的回路，一般按控制开关与断路器位置不对应原理起动；重合闸时间元件是用来保证断路器断开之后，故障点有足够的去游离时间和断路器操动机构复归所需的时间，以使重合闸成功；一次合闸脉冲元件用以保证重合闸装置只重合一次，通常利用电容放电来获得重合闸脉冲；执行元件用来将重合闸动作信号送至合闸回路和信号回路，使断路器重合及发出重合闸动作信号。

二、三相一次自动重合闸装置

（一）装置接线

图 4-2（a）示出了三相一次自动重合闸装置接线图。它是按不对应原理起动的、具有后加速保护动作性能的三相一次自动重合闸装置。图中虚框内为 DH-2A 型重合闸继电器内部接线，其内部由时间继电器 KT、中间继电器 KM、电容 C、充电电阻 R4、放电电阻 R6 及信号灯 HL 组成。

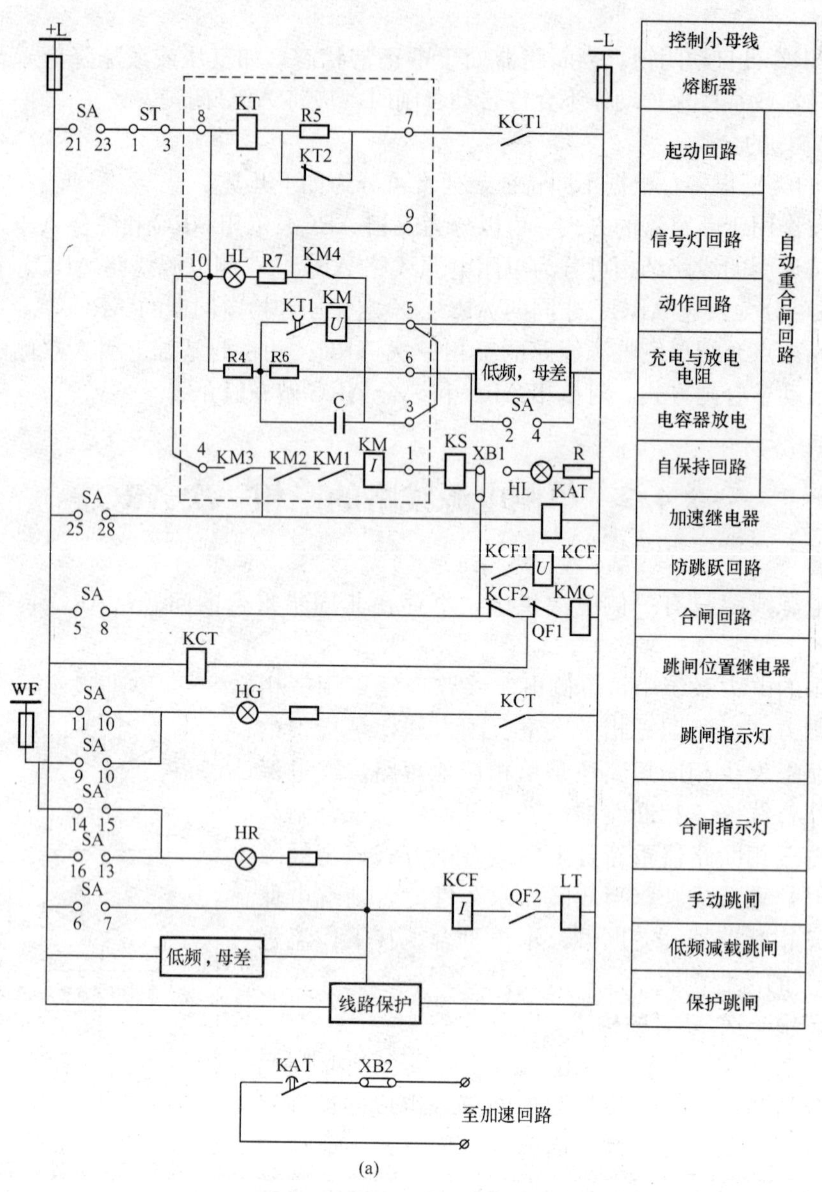

(a)

操作状态		手动合闸	合闸后	手动跳闸	跳闸后
SA触点号	2–4	–	–	–	×
	5–8	×	–	–	–
	6–7	–	–	×	–
	21–23	×	×	–	–
	25–28	×	–	–	–

(b)

图 4-2 电气式三相一次自动重合闸装置接线展开图

(a) ARC 接线展开图；(b) SA 控制开关触点通、断情况，×号表示接通

KCT 是断路器跳闸位置继电器，当断路器处于断开位置时，KCT 的线圈通过断路器辅助动断触点 QF1 及合闸接触器 KMC 的线圈而励磁，KCT 的动合触点闭合。由于 KCT 线圈电阻的限流作用，流过 KMC 中电流很小，此时 KMC 不会动作去合断路器。

KCF 是防跳继电器，用于防止因 KM 的触点粘住时引起断路器多次重合于永久性故障线路。

KAT 是加速保护动作的中间继电器，它具有瞬时动作，延时返回的特点。

KS 是表示重合闸动作的信号继电器。

SA 是手动操作的控制开关，触点的通断情况见图 4-2（b）。

ST 用来投入或退出重合闸装置。

（二）工作原理

1. 线路正常运行时

控制开关 SA 和断路器都处在对应的合闸位置，断路器辅助动断触点 QF1 打开，动合触点 QF2 闭合，KCT 线圈失电，KCT1 触点打开。SA 触点㉑、㉓接通，ST 置“投入”位置，其触点①、③接通。电容 C 经电阻 R4 充满电，电容器两端电压等于直流电源电压，ARC 处于准备动作状态。用来监视继电器 KM 触点及电压线圈是否完好的信号灯 HL 亮。

2. 当线路发生瞬时故障或由于其他原因使断路器跳闸时

控制开关 SA 和断路器位置处于不对应状态。因断路器跳闸，所以其辅助触点 QF1 闭合，QF2 打开，跳闸位置继电器 KCT 动作，KCT1 触点闭合，起动重合闸时间继电器 KT，其瞬动触点 KT2 断开，串进电阻 R5，保证 KT 线圈的热稳定。时间继电器 KT 的延时触点 KT1 经整定时间闭合，接通电容器 C 对中间继电器 KM 电压线圈的放电回路，从而使 KM 动作，其动合触点闭合，接通了断路器的合闸接触器回路（+→SA㉑、㉓→ST ①、③→KM3→KM2→KM1→KM 电流线圈→KS 线圈→XB1→KCF2→QF1→KMC→－），KMC 励磁，使断路器重新合上。同时 KS 励磁、动作，发出重合闸动作信号。

KM 电流线圈在这里起自保持作用，只要 KM 被电压线圈短时起动一下，便可通过电流自保持线圈使 KM 在合闸过程中一直处于动作状态，从而使断路器可靠合闸；连接片 XB1 用以投切 ARC 或试验。

断路器重合成功后，其辅助触点 QF1 断开，继电器 KCT、KT、KM 均返回，整个装置自动复归。电容器 C 重新充电，经 15～25s 后电容器 C 充满电，准备好下次动作。

3. 线路上发生永久性故障时

ARC 的动作过程与上述相同。但在断路器重合后，因故障并未消除，继电保护将再次动作使断路器第二次跳闸，重合闸装置再次起动，KT 励磁，KT1 经延时闭合接通电容 C 对 KM 的放电回路，但因电容器 C 充电时间（保护第二次动作时间+断路器跳闸时间+KT 延时时间）短，小于 15～25s，电容器 C 来不及充电到 KM 的动作电压，故不能使 KM 动作，因此断路器不能再次重合。这时电容器 C 也不能继续充电，因为 C 与 KM 电压线圈并联。KM 电压线圈两端的电压由电阻 R4（约几兆欧）和 KM 电压线圈（电阻值为几千欧）串联电路的分压比决定，其值远小于 KM 的动作电压。保证了 ARC 只动作一次的要求。

4. 用控制开关 SA 手动跳闸时

控制开关 SA 和断路器均处于断开对应位置，ARC 不会动作。当控制开关 SA 在手动跳闸位置时，其触点㉑、㉓断开，切断了 ARC 的正电源。跳闸后 SA②、④接通了电容器 C 对 R6 的放电回路，因 R6 电阻值只有几百欧，故放电很快，使电容器 C 两端电压接近于零，所以 ARC 不会使断路器合闸。

5. 用控制开关 SA 手动合闸于故障线路时

线路断路器合闸之时，因 ARC 是退出的，故电容器 C 没有充电。在操作 SA 手动合闸时，SA㉑、㉓接通，SA②、④断开，电容器 C 才开始充电，但同时 SA㉕、㉘接通，使加速继电器 KAT 动作。如线路在合闸前已存在故障，则当手动合上断路器后，保护装置立即动作，经加速继电器 KAT 的动合触点使断路器加速跳闸。这时由于电容器 C 充电时间很短，来不及充电到 KM 的动作电压，所以断路器不会重合。

6. 重合闸闭锁回路

在某些情况下，断路器跳闸后不允许自动重合。例如，按频率自动减负荷装置动作或母线保护动作时，重合闸装置不应动作。在这种情况下，应将自动重合闸装置闭锁。为此，可将母线保护动作触点、自动按频率减负荷装置的出口辅助触点与 SA②、④触点并联。当母线保护或自动按频率减负荷装置动作时，相应的辅助触点闭合，接通电容器 C 对 R6 的放电回路，从而保证了重合闸装置在这些情况不会动作，达到闭锁重合闸的目的。

7. 防止断路器多次重合于永久性故障的措施

如果线路发生永久性故障，并且第一次重合时出现了 KM3、KM2、KM1 触点粘住而不能返回现象时，当继电保护第二次动作使断路器跳闸后，由于断路器辅助触点 QF1 又闭合，若无防跳继电器，则被粘住的 KM 触点会立即起动合闸接触器 KMC，使断路器第二次重合。因为是永久性故障，保护将再次动作跳闸。这样，断路器跳闸—合闸不断反复，形成“跳跃”现象，这是不允许的。为此装设了防跳继电器 KCF。KCF 在其电流线圈通电流时动作，电压线圈有电压时保持。当断路器第一次跳闸时，虽然串在跳闸线圈回路中的 KCF 电流线圈使 KCF 动作，但因 KCF 电压线圈没有自保持电压，当断路器跳闸后，KCF 自动返回。当断路器第二次跳闸时，KCF 又动作，如果这时 KM 触点粘住而不能返回，则 KCF 电压线圈得到自保持电压，因而处于自保持状态，其动断触点 KCF2 一直断开，切断了 KMC 的合闸回路，防止了断路器第二次合闸。同时 KM 动合触点粘住后，KM 的动断触点 KM4 断开、信号灯 HL 熄灭，给出重合闸故障信号，以便运行人员及时处理。

当手动合闸于故障线路时，防跳继电器 KCF 同样能防止因合闸脉冲过长而引起的断路器多次重合。

（三）接线特点

（1）采用控制开关 SA 与断路器位置不对应的起动方式，其优点是断路器因任何意外原因跳闸时，都能进行自动重合，即使误碰引起的跳闸也能自动重合，所以这种起动方式很可靠。

（2）利用电容器 C 放电来获得重合闸脉冲。电容器 C 的充放电回路具有充电慢，放电快的特点。因而，这种方式既能保证 ARC 动作后自动复归，也能有效地保证 ARC 在规定时间内只发一次重合闸脉冲，而且接通电容器 C 的放电回路就可闭锁 ARC，故利用电容充放电原理构成的重合闸具有工作可靠、控制容易、接线简单的优点，因而应用很普遍。

（3）断路器合闸可靠。因在断路器合闸回路中设 KM 电流自保持线圈，所以只有当断路器可靠合上，辅助动断触点 QF1 断开后，KM 才返回，合闸脉冲才消失，故断路器能可靠合闸。

（4）装置中设有加速继电器 KAT，保证了手动合闸于故障线路或重合于故障线路时，快速切除故障。

（四）参数整定

为保证自动重合闸装置功能的实现，应正确整定其参数。

1. 重合闸动作时限值的整定

对图 4-2 所示 ARC 装置，重合闸动作时限是指时间继电器 KT 的整定时限。在整定该时限时必须考虑如下两个方面的要求：

（1）必须考虑故障点有足够的断电时间，以使故障点绝缘强度恢复。否则即使在瞬时性故障下，重合也不能成功。在考虑绝缘强度恢复时，还必须计及负荷电动机向故障点反馈电流使得绝缘强度恢复变慢的影响。再者，对于单电源环状网络和平行线路来说，由于线路两侧继电保护可能以不同时限切除故障，因而断电时间应从后跳闸的一侧断路器断开时算起。所以在整定本侧重合闸时限时，应考虑本侧保护以最小动作时限跳闸，对侧以最大动作时限跳闸后有足够的断电时间来整定。

（2）必须考虑当重合闸动作时，继电保护装置一定要返回、断路器的操动机构等已恢复到正常状态，才允许合闸的时间。

运行经验表明，单电源线路的三相重合闸动作时限取 0.8～1s 较为合适。

2. 重合闸复归时间的整定

重合闸复归时间就是电容器 C 上两端电压从零值充电到能使中间继电器 KM 动作的时间。整定复归时间时，一方面必须保证断路器重合到永久性故障时，由最长时限的保护切除故障，ARC 不会再动作去重合断路器；另一方面，必须保证断路器切断能力的恢复，当重合闸动作成功后，复归时间不小于断路器恢复到再次动作所需时间。综合两方面的要求，重合闸复归时间一般取 15～25s。

§4.3 双侧电源线路三相自动重合闸

双端均有电源的输电线路，采用自动重合闸装置时，除了满足前述基本要求外，还应考虑下述两个特殊问题。

（1）时间的配合问题。当双侧电源线路发生故障时，两侧的继电保护装置可能以不同的时限动作于两断路器，即两侧的断路器可能不同时跳闸，因此，只有在后跳闸的断路器断开后，故障点才能断电而去游离。为使重合闸成功，应保证在线路两侧断路器均已跳闸、故障点电弧熄灭且绝缘强度已恢复的条件下进行自动重合闸，即应保证故障点有足够的断电时间。

（2）同期问题。当线路发生故障、两侧断路器跳开之后，线路两侧电源电动势之间夹角摆开，有可能失去同步。后合闸一侧的断路器在进行重合闸时，应考虑是否同期，以及是否允许非同期合闸的问题。

因此，在双侧电源线路上，应根据电网的接线方式和具体的运行情况，采取不同的重合闸方式。

双电源线路的重合闸方式很多，但可归纳为如下两类：一类是检定同期重合闸，如检定无压和检定同期的三相一次重合闸及检查平行线路有电流的重合闸等；另一类是不检定同期的重合闸，如非同期重合闸、快速重合闸、解列重合闸及自同期重合闸等。下面介绍其中三种重合闸方式。

一、三相快速自动重合闸

三相快速自动重合闸就是当输电线路上发生故障时，继电保护很快使线路两侧断路器跳开，并随即进行重合。因此，采用三相快速自动重合闸必须具备以下条件：

(1) 线路两侧都装有能瞬时切除全线故障的继电保护装置，如高频保护等。

(2) 线路两侧必须具有快速动作的断路器，如空气断路器等。

若具备上述两条件，就可以保证从线路短路开始到重新合闸的整个时间间隔在0.5～0.6s以内，在这样短的时间内，两侧电源电动势之间夹角摆开不大，系统不会失去同步，即使两侧电源电动势间角度摆开较大，因重合周期短，断路器重合后也会很快被拉入同步。显然，三相快速重合闸方式具有快速的特点，所以220kV以上的线路应用比较多。它是提高系统并列运行稳定性和供电可靠性的有效措施。

由于三相快速重合闸方式不检定同期，所以在应用这种重合闸方式时须校验线路两侧断路器重新合闸瞬间所产生的冲击电流，要求通过电气设备的冲击电流周期分量不超过规定的允许值。

二、三相非同期自动重合闸

三相非同期自动重合闸就是指当输电线路发生故障时，两侧断路器跳闸后，不管两侧电源是否同步就进行自动重合。非同期重合时，合闸瞬间电气设备可能要承受较大的冲击电流，系统可能发生振荡。所以，只有当线路上不具备采用快速重合闸的条件，且符合下列条件并认为有必要时，可采用非同期重合闸：

(1) 非同期重合闸时，流过发电机、同步调相机或电力变压器的冲击电流未超过规定的允许值。冲击电流的允许值与三相快速自动重合闸的规定值相同，不过在计算冲击电流时，两侧电动势间夹角取180°。当冲击电流超过允许值时，不应使用三相非同期重合闸。

(2) 在非同期重合闸所产生的振荡过程中，对重要负荷的影响应较小。因为在振荡过程中，系统各点电压发生波动，从而可能产生甩负荷的现象。所以必须采取相应的措施，减小其影响。

(3) 重合后，电力系统可以迅速恢复同步运行。

此外，非同期重合闸可以引起继电保护误动，如系统振荡可能引起电流、电压保护和距离保护误动作；在非同期重合闸过程中，由于断路器三相触头不同的闭合，可能短时出现零序分量从而引起零序Ⅰ段保护误动。为此，在采用非同期重合闸方式时，应根据具体情况采取措施，防止继电保护误动作。

线路三相非同期自动重合闸装置通常有按顺序投入线路两侧断路器和不按顺序投入线路两侧断路器两种方式。

不按顺序投入线路两侧断路器的方式是在线路两侧均采用单侧电源三相自动重合闸接

线。优点是接线简单，不需要装设线路电压互感器或电压抽取装置，系统恢复并列运行快，从而提高了供电可靠性；其缺点是在永久性故障时，线路两侧断路器均要重合一次，对系统产生的冲击次数较多。

按顺序投入线路两侧断路器方式的非同期自动重合装置，预先规定线路两侧断路器的合闸顺序，先重合闸侧采用单侧电源线路重合闸接线；后重合侧采用检定线路有电压的自动重合闸接线，即在单电源线路重合闸的起动回路中串进检定线路有电压的电压继电器的动合触点。当线路故障时，继电保护动作跳开两侧断路器后，先重合侧重合该侧断路器，若是瞬时性故障，则重合成功，于是线路上有电压，后重合侧检查到线路有电压而重合，线路恢复正常运行。如果是永久性故障，先重合侧重合后，因是永久性故障，该侧保护加速动作切除故障后，不再重合，而后重合侧由于线路无电压不能进行重合。可见，这种重合闸方式的优点是后重合侧在永久性故障情况下不会重合，避免了再一次给系统带来冲击的影响；缺点是后重合侧必须在检定线路有电压后才能重合，因而整个重合闸的时间较长，线路恢复供电的时间也较长。而且，在线路侧必须装设电压互感器或电压抽取装置，增加了设备投资。

在我国 110kV 以上线路，非同期重合闸通常采用不按顺序投入线路两侧断路器的方式。

三、检定无压和检定同期的三相自动重合闸

在没有条件或不允许采用三相快速自动重合闸、非同期重合闸的双电源单回线上或弱联系的线路上，可考虑采用检定无压和检定同期三相一次自动重合闸。这种重合闸方式的特点是当线路两侧断路器跳开后，其中一侧先检定线路无电压而重合，称为无压侧；另一侧在无压侧重合后，检定线路两侧电源满足同期条件时，才允许进行重合，称为同步侧。显然，这种重合闸方式不会产生危及设备安全的冲击电流，也不会引起系统振荡，合闸后能很快拉入同步。

1. 工作原理

其工作流程如图 4-3 所示。

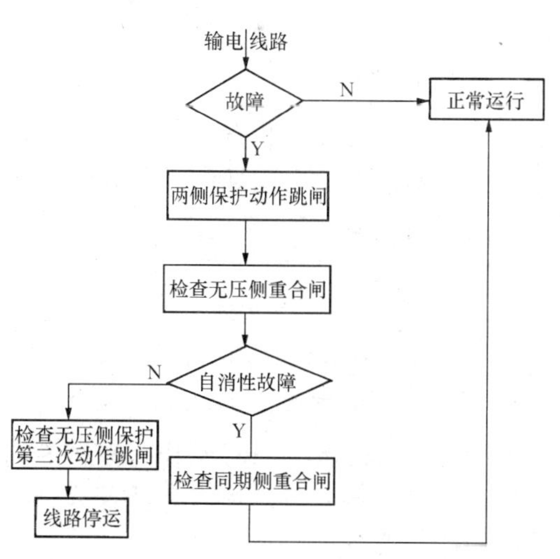

图 4-3　检定无压和检定同期三相一次自动重合闸工作流程图

图 4-4 为检定无压和检定同期的三相自动重合闸的原理接线图。这种重合闸方式是在单侧电源线路的三相一次自动重合闸的基础上增加附加条件来实现的，即除在线路两侧均装设单侧电源 ARC 外，两侧还装设检定线路无压的低电压继电器 KV 和检定同步的继电器 KY，并把 KV 和 KY 触点串入起动重合闸时间元件的回路中。正常运行时，两侧同步检定继电器 KY 通过连接片均投入，而检定无压继电器 KV 仅一侧投入（如 M 侧），另一侧（如 N 侧）KV 通过无压连接片断开。其工作原理如下：

（1）当线路上发生故障时，两侧断路器被继电保护装置跳开后，线路失去电压，两侧

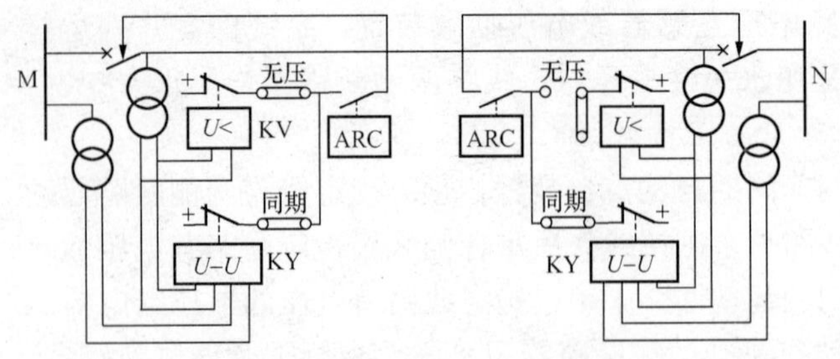

图 4-4　检定无压和检定同期的三相自动重合闸原理接线图

的 KY 继电器不动作，其动断触点打开。这时检查线路无压的 M 侧低电压继电器 KV 动作，其动断触点闭合，经无压连接片起动 ARC，经预定时间，M 侧断路器重新合闸。如果线路发生的是永久性故障，则 M 侧后加速保护装置动作再次跳开该侧断路器，而不再重合。由于 N 侧断路器已跳开，这样 N 侧线路无电压，只有母线上有电压，故 N 侧同步继电器 KY 因只有一侧有电压而不能工作，也不能起动重合闸装置，所以 N 侧 ARC 不动作。

如果线路上发生的是瞬时性故障，则 M 侧检定无压重合成功后，N 侧线路有电压。这时，N 侧同步继电器既加入母线电压也加入线路电压，于是 N 侧 KY 开始检查两电压的电压差、频率差和相角差是否在允许范围内，当满足同期条件时，KY 触点闭合时间足够长，经同步连接片使 N 侧 ARC 动作，重新合上 N 侧断路器，线路便恢复正常供电。

由以上分析可知，无压侧的断路器在重合至永久性故障时，将接连两次切断短路电流，其工作条件显然比同步侧恶劣。为使两侧断路器工作条件相同，可利用连接片定期切换两侧的工作方式。

（2）在正常运行情况下，由于某种原因（保护误动作、误碰跳闸等）而使断路器误跳闸时，如果是同步侧断路器误跳，可通过该侧同步继电器检定同期条件使断路器重合；如果是无压侧断路器误跳时，由于线路上有电压，无压侧不能检定无压而重合。为此，无压侧也应投入同步继电器，以便在这种情况下也能自动重合闸，恢复同步运行。

这样，无压侧不仅要投入检定无压继电器 KV，还应投入同步继电器 KY，无压连接片和同步连接片均接通，两者并联工作。而同步侧只投入检定同步继电器，检定无压继电器不能投入，否则会造成非同期合闸。因而两侧同步连接片均投入，但无压连接片一侧投入、另一侧断开。

2. 起动回路的工作情况

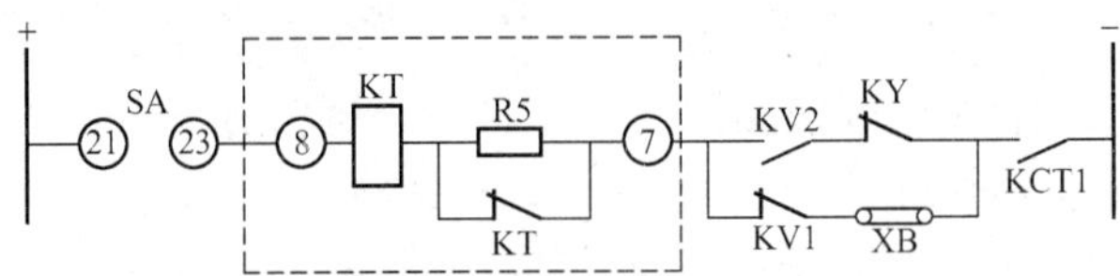

图 4-5　检定无压和检定同期的重合闸起动回路

检定无压和检定同期的三相自动重合闸装置的起动回路如图 4-5 所示。在无压侧（如图 4-4 中的 M 侧），无压连接片 XB 接通。线路故障时两侧断路器跳开后，因线路无电压，低电压继电器 KV1 触点闭合，KV2 触点打开，跳闸位置继电器 KCT 动作，其触点 KCT1 闭合，这样由 KV1、XB、KCT1 触点构成的检查无压起动回路接通，ARC 动作，M 侧断路器重合。如果 M 侧断路器误跳闸，则线路侧有电压，KV1 触点打开，KV2 触点闭合，KCT 动作，KCT1 闭合，同步继电器 KY 检定同期条件后，重合断路器。

在同步侧（图 4-4 中的 N 侧），无压连接片 XB 断开，切断了检定线路无电压重合的起动回路 。只有在断路器跳闸，线路侧有电压，即 KCT1 触点闭合，KV2 触点闭合的情况下，且满足同期条件时，该侧 ARC 才动作将断路器重新合上，恢复同步运行。

3. 同步继电器的工作原理

同期检查由同步继电器来完成。同步继电器的种类很多，有电磁型、晶体管型等，其动作原理大同小异。下面以电磁型同步继电器为例说明检查同期的工作原理。

电磁型同步继电器 KY 实际上是一种有两个电压线圈的电磁型电压继电器，其内部结构如图 4-6（a）所示。它的两个电压线圈分别经电压互感器接入同步点两侧电压，例如图 4-4 中 M 侧断路器两侧的母线电压 $\dot{U}_M$ 与线路电压 $\dot{U}_L$，两个线圈在铁芯中产生的磁通 $\dot{\phi}_M$、$\dot{\phi}_L$ 方向相反，因此铁芯中的总磁通 $\dot{\phi}_\Sigma$ 为两电压所产生的磁通之差，也就是反映两侧电源的电压差 $\Delta\dot{U}$。显然，总磁通 $\dot{\phi}_\Sigma$ 的大小正比于两电压相量差的绝对值 ΔU。当 ΔU 小于一定数值时，ϕ_Σ 较小，产生的电磁力矩小于弹簧反作用力矩，于是 KY 动断触点就闭合。而电压 $\Delta\dot{U}$ 的大小与两侧电源电压的电压差、频率差、相位差有关。

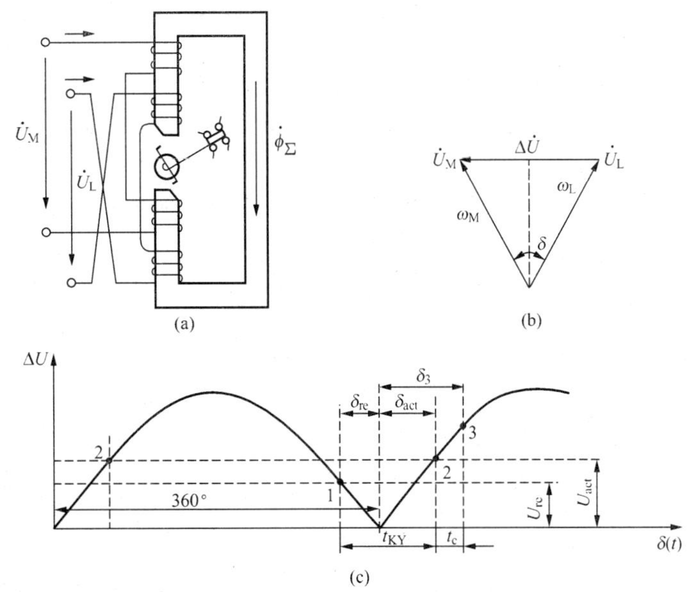

图 4-6　同步继电器及其工作原理

（a）结构；（b）电压相量图；（c）ΔU 与 δ 角的关系曲线

当两侧电源电压的幅值不相等，即压差较大时，即使两电压同相，ΔU 仍较大，ϕ_Σ 也较大，产生的电磁力矩会大于弹簧反作用力矩，于是 KY 动断触点不可能闭合。因此，只有在电压差小于一定数值时，ΔU 足够小，KY 动断触点才能闭合。从而检定了同期条件之一——电压差的大小。

当两个电压的角频率不相等，存在着角频率差 $\omega_s(\omega_s=\omega_M-\omega_L)$ 时，两个电压间相角差 δ 将随时间 t 在 0°～360°之间变化。设 $U_M=U_L=U$，即有效值相等时，从图 6-4（b）分析可得 ΔU 与 δ 的关系为

$$\Delta U=|\dot{U}_M-\dot{U}_L|=2U\left|\sin\frac{\delta}{2}\right| \tag{4-1}$$

$$\delta=\omega_s t \tag{4-2}$$

根据上式可作出 ΔU 随 δ 角而变化的关系曲线，如图 4-6（c）所示。δ 角变化 360°时，ΔU 变化一周。

当 ΔU 达到 KY 继电器动作 U_{act} 时，KY 开始动作，动断触点打开，动合触点闭合，此时对应的 δ 角为动作角 δ_{act}；当 δ 角增大至向 360°趋近时，ΔU 减小，达到 KY 的返回电压 U_r 时，继电器开始返回，动断触点闭合，动合触点打开。从继电器开始返回到 $\Delta U=0$ 状态所对应的 δ 角为返回角 δ_r，如图 4-6（c）所示。继电器 KY 在曲线的 1 点位置开始返回，在 2 点位置开始动作。显然，从 1 点到 2 点这段时间内，继电器 KY 动断触点是闭合

的，现将这段时间记为 t_{KY}。从图 4-6（c）看出

$$t_{KY}\omega_s = \delta_{act} + \delta_r \tag{4-3}$$

计及继电器的返回系数 $K_r = \delta_r/\delta_{act}$，上式可改写成

$$t_{KY} = \frac{(1+K_r)\delta_{act}}{\omega_s}$$

当动作角 δ_{act} 一旦整定好后（一般在 20°～40°范围内），就不再变化。于是 $\dot{U}_M$ 与 $\dot{U}_L$ 之间的角频率差 ω_s 越小时，继电器 KY 动断触点闭合的时间 t_{KY} 越长；反之，ω_s 越大，t_{KY} 就越短。如果重合闸时间继电器 KT 的整定时间为 t_{KT}，则当 $t_{KY} > t_{KT}$ 时，继电器 KT 的延时触点来得及到达终点而闭合，使重合闸动作；当 $t_{KY} < t_{KT}$ 时，则在 KT 的延时触点尚未闭合之前，重合闸起动回路便因 KY 触点打开而断开，于是 KT 线圈失磁，其延时触点中途返回，重合闸不能动作。可见，通过对 t_{KT} 与 t_{KY} 的比较，就达到了对角频率差控制的目的。要想 t_{KY} 足够大，角频率差 ω_s 就得足够小。

当 $t_{KY}=t_{KT}$ 时，是重合闸的临界动作条件，相应的角频率差即为整定角频率差，设为 $\omega_{s.set}$。若其在合闸过程中不变，则

$$\omega_{s.set} = \frac{(1+K_r)\delta_{act}}{t_{KT}} \tag{4-4}$$

当实际角频率差 $\omega_s < \omega_{s.set}$ 时，有 $t_{KY} > t_{KT}$，重合闸动作，从而检定了同期的第二条件——频差的大小。

临界情况下，在图 4-6（c）的 2 点发出重合闸脉冲，由于断路器合闸时间 t_c 的存在，断路器主触点闭合时，$\dot{U}_M$ 与 $\dot{U}_L$ 的实际相角差为 δ_3［如图 4-6（c）3 点］。若 ω_s 保持不变，则 δ_3 角为

$$\delta_3 = \delta_{act} + \omega_s t_c \tag{4-5}$$

如果相角差 δ_3 的大小为系统所允许，则也就检定了同期的第三个条件——相位差的大小。

在检定无压侧 ARC 动作不成功时，检定同期侧的同期继电器仅在一个线圈上加有本侧母线上的电压，同期继电器的动断触点打开，ARC 不会重合。

§4.4 自动重合闸与继电保护的配合

在电力系统中，自动重合闸与继电保护的关系密切。如何使自动重合闸与继电保护更好地配合工作，加速切除故障，提高供电的可靠性，是本课题要讨论的问题。

自动重合闸与继电保护配合的方式，有自动重合闸前加速保护和自动重合闸后加速保护两种。

一、自动重合闸前加速保护

自动重合闸前加速保护，又简称为“前加速”。一般用于具有几段串联的辐射形线路中，自动重合闸装置仅装在靠近电源的一段线路上。当线路上发生故障时，靠近电源侧的保护首先无选择性地瞬时动作跳闸，而后借助自动重合闸来纠正这种非选择性动作。

如图 4-7（a）所示的单电源供电的辐射形网络中，线路 L1、L2、L3 上各装有一套定时限过电流保护，其动作时限按阶梯形原则整定。这样，线路 L1 上定时限过电流保护

动作时限最长。为了加速故障的切除，在线路L1靠近电源侧的断路器处另装有一套能保护到线路L3的无选择性电流速断保护和三相自动重合闸装置。

当线路L1、L2、L3上任意一点发生故障时，电流速断保护因不带延时，故总是首先动作瞬时跳开电源侧断路器，然后起动重合闸装置，将该断路器重新合上，并同时将无选择性的电流速断保护闭锁。若故障是瞬时性的，则重合成功，恢复正常供电；若故障是永久性的，则依靠各段线路定时限过电流保护有选择性地切除故障。可见，ARC前加速既能加速切除瞬时故障，又能在ARC动作后，有选择性地切除永久性故障。

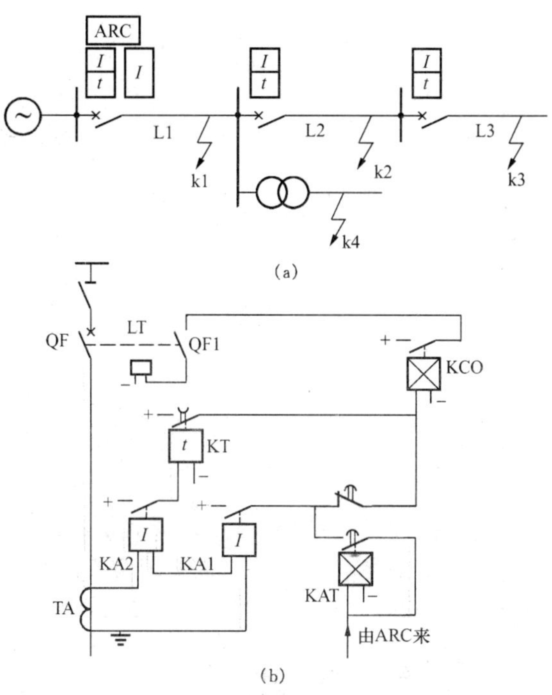

图4-7　自动重合闸前加速保护

(a) 原理说明图；(b) 原理接线图

实现自动重合闸前加速保护动作的方法，是将重合闸装置中加速继电器KAT的动断触点串联接于电流速断保护出口回路，如图4-7（b）所示。图中，KA1是电流速断保护继电器，KA2是过电流保护继电器。当线路发生故障时，因加速继电器KAT未动作，电流速断保护的KA1动作后，经加速继电器KAT的动断触点起动保护出口中间继电器KCO，使电源侧断路器瞬时跳闸。随即ARC起动，发合闸脉冲，同时起动加速继电器KAT，使KAT的动断触点打开，动合触点闭合。如果重合于永久性故障，则KA1触点再闭合，使KAT自保持，电流速断保护不能经KAT的触点去瞬时跳闸。只有等过电流保护时间继电器KT的延时触点闭合后，才能去跳闸。这样，重合闸动作后，保护有选择性地切除永久性故障。

采用ARC前加速的优点是能快速切除瞬时故障，而且设备少，只需一套ARC装置，接线简单，易于实现。其缺点是切除永久性故障时间长；装有重合闸装置的断路器动作次数较多，且一旦此断路器或ARC装置拒动，则使停电范围扩大。因此，ARC前加速主要适用于35kV以下的发电厂变电所引出的直配线上，以便能快速切除故障。

二、自动重合闸后加速保护

自动重合闸后加速保护一般又简称"后加速"。采用ARC后加速时，必须在各线路上都装设有选择性的保护和自动重合闸装置，如图4-8（a）所示。当任一线路上发生故障时，首先由故障线路的保护有选择性动作，将故障切除，然后由故障线路的自动重合闸装置进行重合。如果是瞬时故障，则重合成功，线路恢复正常供电；如果是永久性故障，则加速切除故障的线路保护装置，使其不带延时地将故障再次切除。这样，就在重合闸动作后加速了保护动作，使永久性故障尽快地切除。

实现ARC后加速的方法是，将加速继电器KAT的动合触点与过电流保护的电流继电器KA的动合触点串联，如图4-8（b）所示。

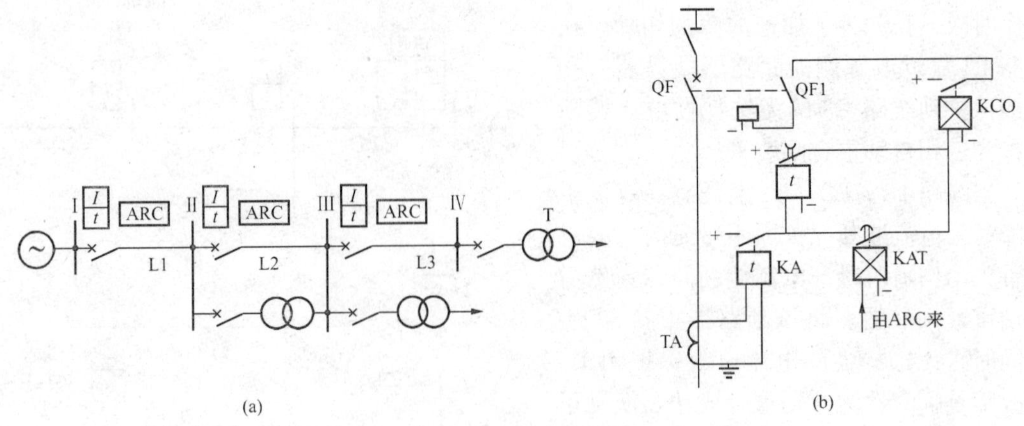

图 4-8 自动重合闸后加速保护

(a) 原理说明图；(b) 原理接线图

当线路发生故障时，KA 动作，加速继电器 KAT 未动，其动合触点打开。只有当按选择性原则动作的延时触点 KT 闭合后，才起动出口中间继电器 KCO，跳开断路器。随后自动重合闸动作，重新合上断路器，同时也起动加速继电器 KAT，KAT 动作后，其动合触点闭合。这时若重合于永久性故障上，则 KA 再次动作，KAT 动合触点瞬时起动 KCO，使断路器再次跳闸。这样实现了重合闸后加速保护动作的目的。

采用 ARC 后加速的优点是第一次保护装置动作跳闸是有选择性的，不会扩大停电范围。特别是在重要的高压电网中，一般不允许保护无选择地动作，故应用这种重合闸后加速方式较合适；其次，这种方式使再次断开永久性故障的时间加快，有利于系统并联运行的稳定性。其缺点是第一次切除故障带延时，因而影响了重合闸的动作效果。

自动重合闸后加速保护广泛用于 35kV 以上的电网中，应用范围不受电网结构的限制。

§4.5 综合重合闸简介

一、综合重合闸的重合闸方式

前面所讨论的自动重合闸都是三相的，即不论输电线路发生单相接地还是相间短路，继电保护动作都使断路器三相一齐断开，ARC 再将三相断路器一齐投入。

在 220kV 及以上电压等级的大接地电流系统中，由于架空线路的线间距离大，发生相间故障的机会较少，而单相接地故障的机会较多。运行经验表明，在高压输电线路的故障中，绝大部分故障都是瞬时性单相接地故障。因此，如果能在线路上装设可以分相操作的三个单相断路器，当发生单相接地故障时只把发生故障的一相断开，然后进行重合，而未发生故障的两相继续运行。这样，不仅可以大大提高供电的可靠性和系统并列运行的稳定性，而且还可以减少相间故障的发生。这种方式的重合闸就是单相自动重合闸。当在线路上发生相间故障时，跳开三相断路器，而后进行三相自动重合闸，称为三相自动重合闸。单相自动重合闸和三相重合闸合称综合重合闸。综合重合闸的工作流程如图 4-9

所示。

综合重合闸利用切换开关的切换，一般可以实现以下几种重合闸方式：

(1) 综合重合闸方式。线路上发生单相接地故障时，故障相跳开，实行单相自动重合闸。当重合到永久性单相故障时，若不允许长期非全相运行，则应断开三相，并不再进行自动重合。当线路上发生相间短路故障时，三相断路器跳开，实行三相自动重合闸，当重合到永久性相间故障时，断开三相并不再进行自动重合。

(2) 三相重合闸方式。线路上发生任何形式故障时，均实行三相自动重合闸。当重合到永久性故障时，断开三相并不再进行重合。

(3) 单相重合闸方式。线路上发生单相故障时，实行单相自动合闸，当重合到永久性单相故障时，保护动作跳开三相并不再进行重合。当线路发生相间故障时，保护动作跳开三相后不进行自动重合。

(4) 停用方式。线路上发生任何形式的故障时，保护动作均跳开三相而不进行重合。此方式亦叫直跳方式。

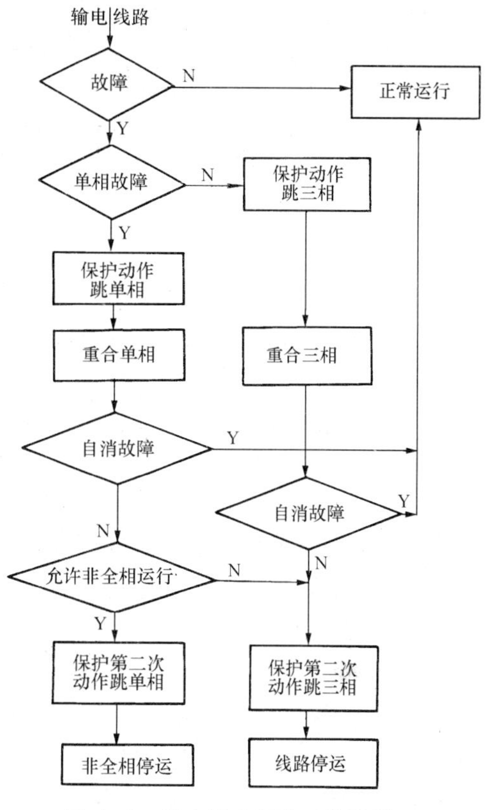

图 4-9 综合重合闸的工作流程

二、综合重合闸的特殊问题

综合重合闸比一般的三相重合闸只是多了一个单相重合闸的功能。因此，综合重合闸需要考虑的特殊问题是由单相重合闸引起的问题，其主要问题有下列四个方面：

(1) 需要设置故障判别元件和故障选相元件。

(2) 应考虑潜供电流对综合重合闸装置的影响。

(3) 应考虑非全相运行对继电保护的影响。

(4) 若单相重合不成功，根据系统运行的需要，需考虑线路转入长期非全相运行时的问题。

现分别进行讨论。

1. 故障判别元件和故障选相元件

普通的三相自动重合闸只管重合，不管跳闸。线路发生故障时，由继电保护直接作用于断路器跳闸机构使三相断路器跳闸。对于综合重合闸方式，要求在单相接地故障时只跳故障相。因此，首先要求继电保护装置能判断故障是发生在保护区内还是区外；其次，如果是区内故障，还需要判断出故障的性质以及故障的相别，从而确定跳三相还是跳单相，以及跳单相应该跳开哪一相。这就要求在综合重合闸装置中，设置区分故障相的故障相选择元件，简称为选相元件。

在传统的综合重合闸装置中，故障判别元件就是继电保护装置，选相元件由综合重合闸装置自带。选相元件可以是零序电流元件也可是接地距离元件。综合重合闸装置的复杂就是选相元件带来的（数字逻辑的综合重合闸在第 8 单元讲解）。

线路发生相间短路时，没有零序分量，继电保护直接动作于三相断路器。当线路发生接地短路时，出现零序分量，选相元件选出故障相，并判断是单相接地还是两相接地。单相接地时，继电保护经选相元件跳故障相断路器；两相接地，继电保护起动三跳继电器，可靠地跳开三相断路器。

选相元件是实现单相自动重合闸的重要元件，其任务是当线路发生接地短路时选出故障相。对选相元件的基本要求是：

（1）应保证选择性，即单相接地短路时选相元件与继电保护配合只跳开发生故障的那一相，而两相接地时，选相元件也应可靠地动作，选出两故障相，起动三跳继电器跳开三相断路器。

（2）在故障相线路末端发生单相接地短路时，接于该相上的选相元件应保证足够的灵敏性。

2. 潜供电流对综合重合闸的影响

当线路发生单相接地短路时，故障相自两侧断开后，由于非故障相与断开相之间存在着电（通过电容）和磁（通过互感）的联系，这时短路电流虽然已被切除，但在故障点的弧光通道中，仍然流有如下电流（设 C 相故障）：

（1）非故障相 A 通过 A—C 相间的电容 C_{AC} 供给的电流。

（2）非故障相 B 通过 B—C 相间的电容 C_{BC} 供给的电流。

（3）继续运行的两相中，由于流过负荷电流因而通过互感在 C 相中产生互感电动势 $\dot{E}_M$，此电动势通过故障点和该相对地电容 C_0 而产生的电流。

这些电流的总和称为潜供电流。由于潜供电流的影响，将使短路时弧光通道中的去游离受到严重阻碍，电弧不能很快自灭。而自动重合闸只有在故障点的电弧熄灭，绝缘强度恢复以后，才有可能成功。因此，单相重合闸的时间必须考虑潜供电流的影响。通常 220kV 以上的线路，单相重合闸时间要选择 0.6s 以上。

3. 非全相运行状态对继电保护的影响

采用综合重合闸后，要求在单相接地短路时只跳开故障相的断路器。这样在重合闸周期内出现了只有两相运行的非全相运行状态，使线路处于不对称运行状态，从而在线路中出现负序分量和零序分量的电流和电压。这就可能引起本线路保护以及系统中的其他保护误动作。对于可能误动的保护，应在单相重合闸动作时予以闭锁，或在保护的动作值上躲开非全相运行，或动作时限大于单相重合闸周期。现分别讨论如下：

（1）零序电流保护。在单相重合闸过程中，当两侧电动势摆开角度不大时，所产生的零序电流较小，一般只会引起零序过电流保护的误动作。但在非全相运行状态下系统发生振荡时，将产生很大的零序电流，会引起零序速断和零序带限时速断的误动作。

对零序过电流保护，可采用延长动作时限来躲过单相重合闸引起的零序电流；对零序电流速断和零序电流带限时速断保护，当动作电流值不能躲过非全相运行时的振荡电流时，应由单相重合闸对其实行闭锁，使其在单相重合闸过程中退出工作，并增加不灵敏Ⅰ段保护。

（2）距离保护。在非全相运行时，接于未断开两相上的阻抗继电器能够正确动作，但在非全相运行又发生系统振荡时可能会误动作。

（3）相差动高频保护。在非全相运行时不会误动作，外部故障也不动作，而内部发生故障时却有拒动的可能。

(4) 反映负序功率方向和零序功率方向的高频保护。当零序电压或负序电压取自线路侧电压互感器时，在非全相运行时不会误动作。

4. 若单相ARC重合不成功，根据系统运行的需要，线路需转入长期非全相运行时应考虑的问题

(1) 长期出现负序电流对发电机的影响。

(2) 长期出现负序和零序电流对电网继电保护的影响。

(3) 长期出现零序电流对通信线路的干扰。

三、对综合重合闸接线回路的基本要求

综合重合闸除应满足三相重合闸的基本要求外，还应满足如下要求：

(1) 综合重合闸的起动方式。综合重合闸除了采用断路器与控制开关位置不对应起动方式外，考虑到在单相重合闸过程中需要进行对一些保护的闭锁，逻辑回路中需要对故障相实现选相固定等，还应采用一个由保护起动的重合闸起动回路。因此，在综合重合闸的起动回路中，有两种起动方式。其中以不对应起动的方式为主，以保护起动方式作为补充。

(2) 综合重合闸的工作方式。重合闸装置通过切换应能实现四种工作方式，即综合重合闸、三相重合闸、单相重合闸和停用。

(3) 综合重合闸与继电保护的配合。在设置综合重合闸的线路上，保护动作后一般要经过综合重合闸才能使断路器跳闸，考虑到非全相运行时，某些保护可能误动，须采取措施进行闭锁。因此，为满足综合重合闸与各种保护之间的配合，一般设有五个保护接入端子，即M、N、P、Q、R端子。

1) M端子接本线路非全相运行时会误动而相邻线路非全相运行时不会误动的保护，如零序Ⅱ段等。

2) N端子接本线路和相邻线路非全相运行时不会误动的保护，如相差高频保护。

3) P端子接相邻线路非全相运行时会误动的保护。

4) Q端子接任何故障都必须切除三相并允许进行三相重合的保护，如进行重合闸的母线保护。

5) R端子接入的保护是只要求直跳三相断路器，而不再进行重合闸的保护，如延长时的后备保护。

(4) 单相接地故障时只跳故障相断路器，然后进行单相重合，如重合不成功则跳开三相，不再重合。

(5) 当选相元件拒动时，应能跳开三相断路器，并进行三相重合。如重合不成功，应再次跳三相。

(6) 相间故障时跳开三相断路器，并进行三相重合。如重合不成功，仍跳三相，并不再重合。

(7) 任两相的分相跳闸继电器动作后，应联跳第三相，使三相断路器均跳闸。

(8) 当发生单相接地故障，故障相跳开后重合闸拒绝动作时，则系统处于长时间非全相运行状态，若系统不允许长期非全相运行，应能自动跳开其余两相。

(9) 无论单相或三相重合闸，在重合不成功后，应能实现加速跳开三相断路器，即实现重合闸后加速。

(10) 在非全相运行过程中，如又发生另一相或两相的故障，保护应能有选择地切除故障。上述故障如果发生在单相重合闸的合闸脉冲发出之前，则在故障切除后应能进行三相重合；如发生在重合闸脉冲发出之后，则切除故障后不再进行重合。

(11) 对空气断路器或液压传动的油断路器，当气压或液压降低至不允许实行重合闸时，应将重合闸回路自动闭锁。

§4.6 重　合　器

配电线路的保护，长期依赖高压熔断器。采用高压熔断器作保护，一是切除故障的时间长，二是级间配合困难，三是无法进行重合闸，使配电网络供电的可靠性大打折扣。选择继电保护（含自动重合闸）作配电线路的保护可提高配电网络的可靠性，但除变电所的直配线路外，解决不了控制电源的问题，所以大多数配电线路无法采用继电保护。随着经济的快速发展，人们对配电网络供电的可靠性要求越来越高。为提高配电网络的可靠性，我国在进行城网、农网改造时，引进了集断路器、电流互感器、控制回路和继电保护于一体的综合电器——重合器。

一、重合器的构成

重合器是按功能进行多次重合（最多3次；如果是持续故障，在开断4次短路电流的同时还要合上3次短路电流）设计的，所以对断路器的性能要求很高。以额定开断电流为16kA的油重合器和油断路器为例，要求重合器在试验中开断短路电流的次数比普通断路器多很多；需开断20%额定开断电流28次，50%额定开断电流20次，100%额定开断电流10次，共开断58次，其间不得检修。重合器中的控制、保护回路工作环境十分恶劣（一是户外，二是受强电干扰和采用强电操作）。所以，对它们的可靠性、抗干扰能力有很高的要求。下面介绍重合器的工作原理和工作特性。

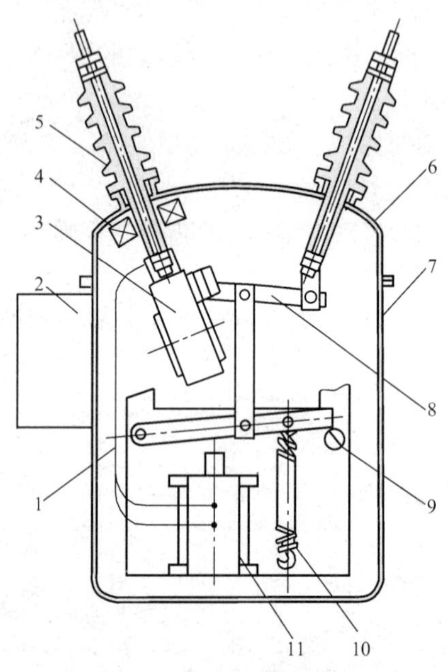

图4-10　重合器的结构示意图

1—接线端子；2—电子控制器；3—灭弧室；4—电流互感器；5—出线套管；6—上端盖；7—箱体；8—动触头；9—分闸脱扣半轴；10—分闸弹簧；11—高压合闸线圈

重合器按相数分有单相、三相，以柱上型为多。按断路器灭弧介质分有油、SF_6气体、真空断路器；按控制方式可分为电子控制和液压控制。

图4-10为重合器（真空断路器）的结构示意图。

重合器由灭弧室、传动机构、高压合闸线圈、计数器和电子控制器等几部分组成，其中箱体内的变压器油作为真空灭弧室的外绝缘又作为计数器的液压油，同时也作为高压合闸线圈的灭弧介质。

重合器的跳闸电源由主回路电流对电容器充电进行自身储存，充电电流最小为5A；电容器的充电能量可保证电子控制回路正常工作，又可作为跳闸线圈的跳闸电源。在合闸瞬间，合闸线圈的一次电流一般在 15～20A 左右。

为保证装置动作的可靠性，跳闸回路采用低能脱扣机构，由电子控制回路来实现，由永久磁铁、衔铁和操纵跳闸连杆的线圈组成。

在重合器合闸过程中，向电容器充电，使重合器在合闸后有足够的能量准备好去驱动跳闸。重合器合闸后，分闸机构的衔铁铁芯被永久磁铁所吸住，此时衔铁的弹簧被压缩储能，当永久磁铁瞬时失去磁力后拉回衔铁。

分闸时，控制电子器使跳闸电容器中储存的能量向跳闸线圈放电，在衔铁上产生与永久磁铁相反的磁场力，使压缩的弹簧机构能量释放，分闸弹簧的能量使重合器快速分离，完成分闸操作。当再次重合时按重复过程出现。

二、重合器的工作原理

（1）重合器的工作原理可用图 4-11 来说明。

线路故障，电流增加使分闸铁芯 3 向下运动，断路器主触头分开即跳闸；跳闸后，接通合闸线圈回路，进行重合。重合次数由控制电路控制。实际中分闸线圈大多接入电流互感器的二次电流。

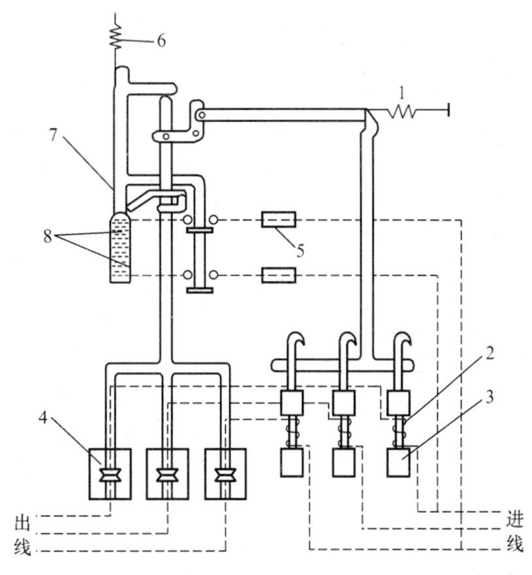

图 4 11　重合器的工作原理说明图

1—分闸弹簧；2—分闸线圈；3—分闸铁芯；4—断路器主触头；5—合闸熔断器；6—合闸线圈；7—合闸机构；8—合闸弹簧

（2）重合器按反时限继电特性切除故障。反时限继电特性可通过调整电子控制器的有关参数来实现。为了便于级间的配合，重合器提供了多条反时限继电特性供用户选择，如图 4-12 所示。继电保护的动作时限与短路电流的大小成反比，即 $t \propto \frac{1}{I}$。

设在图 4-13 所示的配电网络中分别采用重合器 1、2、3，其切除故障的特性分别对应于图 4-12 中的反时限特性 1、2、3，在 k1 点故障时，重合器 3 以 t_3 的时限切除故障并按规定的次数进行重合，自消性故障则重合器 3 恢复供电，持续性故障重合器 3 停止运行，不影响其他配电线路的供电。

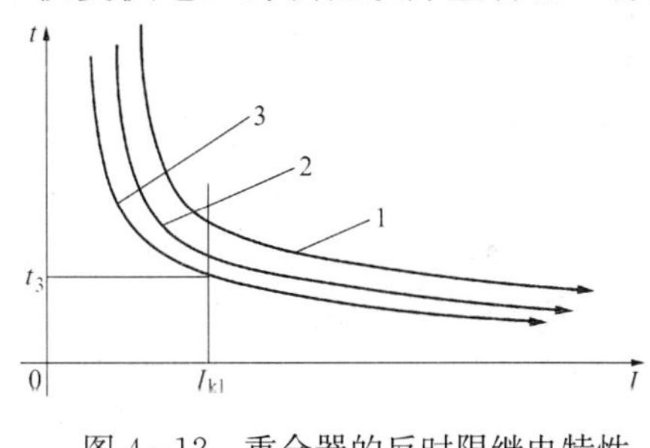

图 4-12　重合器的反时限继电特性（安-秒特性）

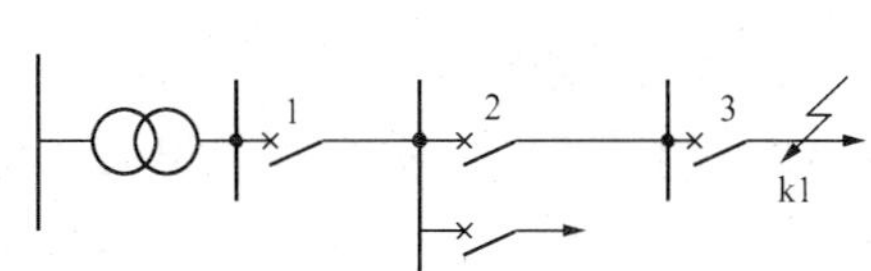

图 4-13　配电网络系统图

（3）控制器的原理框图如图 4-14 所示，重合器的检测电流由电流互感器引出，电流互感器的变比一般选择 400∶1 或 200∶1，有的采用双变比，如 400/5∶1。

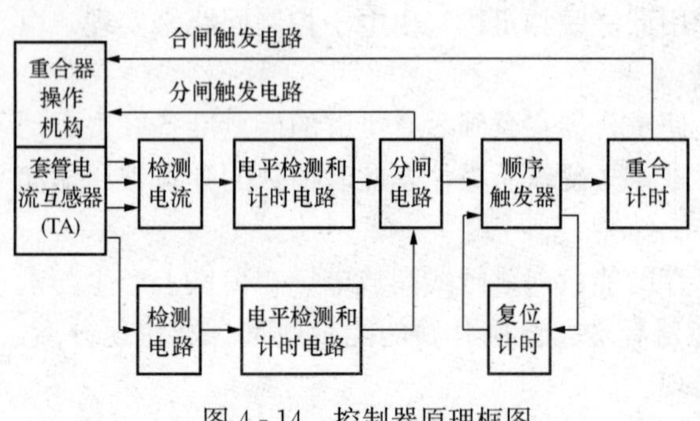

图 4-14　控制器原理框图

改变重合器的分闸电流，需更换控制器的分闸电阻。选择安-秒特性，要更换不同的安-秒特性板。当线路电流超过整定值时，按选定的安-秒特性（如图 4-12 所示）进行计时，发出跳闸脉冲信号，重合器跳闸，之后自动完成合闸。若故障仍存在，进行第二次分闸和重合。若故障始终存在，重合器最多连续进行 4 次分闸操作后进入闭锁状态。进入闭锁状态后，需手动操作重合器的外部杠杆给以解除。

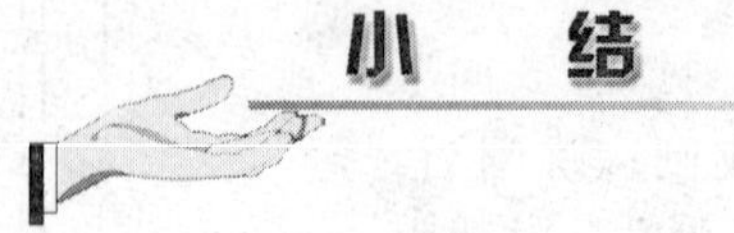

小　结

输电线路的故障可分为瞬时性的和永久性的两种，而大多数是瞬时性故障。对瞬时性故障，保护动作切除故障后，如果重合闸动作成功，就能恢复线路供电，提高供电可靠性。

考虑到各输电线路在电力系统中的位置和作用的差异及断路器的工作特征不同，自动重合闸有不同的类型。

三相一次自动重合闸装置是重点。它是以对自动重合闸装置的基本要求为依据的，包括起动回路、时间元件、合闸脉冲元件和执行元件四个部分。接线图的构成与电磁型继电保护装置的接线图相同，读图的方法一致。分析装置的工作原理时，必须紧密结合电力系统的运行特点和继电保护装置的动作过程，要抓住自动重合闸装置的主要元件——起动回路中电容器的充电、放电回路的变化特征进行分析。

对双侧电源线路的自动重合闸，要考虑由于双侧电源供电所带来的特殊问题，以及在不同型式的双侧电源线路自动重合闸方式中应对这些特殊问题的对策。考虑这些特殊问题时，要特别注意对双侧电源线路自动重合闸装置起动回路的处理。

要认真理解自动重合闸前加速保护和自动重合闸后加速保护的概念，注意区分加速保护动作的时刻是在重合闸之前，还是在重合闸之后。然后要弄清自动重合闸前加速保护和自动重合闸后加速保护方式下，继电保护的配置和自动重合闸的配置。在此前提下再去分析各自的动作过程及优、缺点。

对综合自动重合闸要熟悉各种工作方式及其定义。分析综合重合闸的特殊问题及对其接线回路的基本要求时，必须结合电力系统的运行状况及继电保护的工作过程。

复习思考题

4-1　对自动重合闸装置有哪些基本要求？

4-2　试说明图 4-2 所示重合闸装置当线路发生持续性故障时，是如何保证只重合一次的？

4-3　图 4-2 所示的重合闸装置是如何防止断路器“跳跃”的？说明其防跳过程。

4-4　对双侧电源线路自动重合闸装置要考虑哪些特殊问题？

4-5　什么叫非同期 ARC，快速 ARC？采用时应分别具备哪些条件？

4-6　试画出检定无压和检定同期的重合闸示意图，并说明两侧为什么都要装设检定同期和检定无压的继电器？

4-7　试画出检定无压和检定同期重合闸的起动回路？说明如何使用？

4-8　简要说明同步继电器的工作原理。

4-9　什么叫重合闸前加速？它有何优缺点？

4-10　什么叫重合闸后加速？它有何优缺点？

4-11　重合器有哪些优点？一般应用在什么场所？

第 5 单元

电力变压器的继电保护

内容提要和要求

（一）内容提要

(1) 本单元在分析电力变压器可能发生的各种故障和可能出现的不正常工作状态的前提下，较全面地分析了切除这些故障和发现这些不正常工作状态的保护装置。

(2) 学习本单元的目的是：掌握变压器各保护的工作原理，熟悉它们的性能，了解这些保护存在的问题及解决这些问题的方法。

（二）教学要求

(1) 明确电力变压器可能发生的故障和可能出现的不正常工作状态。

(2) 掌握瓦斯保护的工作原理和工作特性。

(3) 会分析变压器差动保护由各种因素引起的不平衡电流并掌握克服这些不平衡电流影响的方法。

(4) 掌握变压器零序保护的工作原理。

(5) 会分析负序电压滤过器的工作原理。

(6) 掌握提高变压器后备保护灵敏度的方法。

(7) 会阅读变压器保护接线图。

§5.1 变压器的故障、不正常工作状态及保护配置

变压器的故障可分为油箱内和油箱外两种。油箱内的故障主要有：绕组的相间短路，绕组的匝间短路和绕组的接地短路。这些故障产生的电弧不仅会烧坏变压器绕组和铁芯，而且由于绝缘油汽化，可能引起变压器油箱爆炸，后果十分严重。变压器油箱外的故障最常见的是绝缘套管和引出线上发生的相间短路与接地短路。

变压器的不正常工作状态主要包括：由于外部短路引起的过电流；由于电动机自起动或并联工作的变压器被断开及尖峰负荷等原因引起的过负荷；油箱漏油造成的油面降低；变压器中性点电压升高；由于外加电压过高或频率降低引起的过励磁等。

针对上述故障和不正常工作状态，变压器一般应配置下列继电保护装置。

1. 纵差动保护或电流速断保护

对变压器绕组、引出线及套管的故障，可装设纵差动保护或电流速断保护。

对于容量为6300kVA及以上并列运行的变压器，容量为6300kVA及以上的发电厂厂用变压器及工业企业中的重要变压器；容量为10000kVA及以上单独运行的变压器；容量为2000kVA及以上的变压器，当采用电流速断保护灵敏度不满足要求时，均可采用纵差动保护。

2. 瓦斯保护

瓦斯保护是防御油箱内部故障的主保护，重瓦斯保护动作于跳闸，轻瓦斯保护动作于发信号。

对于容量在8000kVA及以上的油浸式变压器和400kVA及以上的户内油浸式变压器，均应装设瓦斯保护。

带负荷调压的油浸式变压器的调压装置，亦应装设瓦斯保护。

3. 相间故障的后备保护

防止外部相间短路引起的过电流及作为变压器内部故障的后备保护，应采用下列保护。

(1) 对于降压变压器，宜采用过电流保护。

(2) 对于升压变压器和系统联络变压器及过电流保护不满足灵敏性要求的降压变压器，可采用复合电压起动的过电流保护。

(3) 对于63000kVA及以上的升压变压器，可采用负序电流保护及单相式低电压起动的过电流保护。

(4) 对于升压变压器和系统联络变压器，当采用上述(2)、(3)保护不能满足灵敏性和选择性要求时，可采用阻抗保护。

4. 接地短路的后备保护

110kV及以上中性点直接接地电网中，应装设零序保护作变压器主保护的后备及相邻元件接地保护的后备保护。

5. 过负荷保护

对于4000kVA及以上的变压器，当数台并列运行或单独运行并作为其他负荷的备用电源时，应装设过负荷保护，反映对称过负荷。

6. 过励磁保护

大容量变压器，由于额定磁密接近于饱和磁密，过电压或低频率时容易引起过励磁，可采用过励磁保护，动作于信号或断开变压器。

§5.2 变压器的瓦斯保护

在油浸式变压器油箱内发生故障时，短路点电弧使变压器油及其他绝缘材料分解，产生气体（含有瓦斯成分），从油箱向油枕流动，反应这种气流与油流而动作的保护称为瓦斯保护。瓦斯保护的测量继电器为气体继电器。

气体继电器安装于变压器油箱和油枕的通道上，如图5-1所示。为了便于气体的排

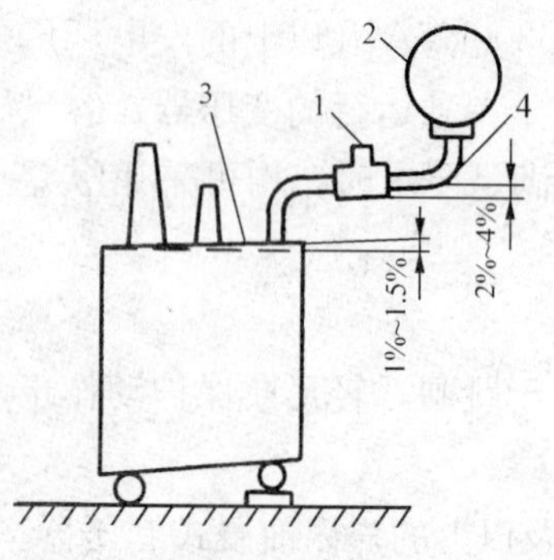

图 5-1　气体继电器安装示意图
1—气体继电器；2—油枕；3—变压器顶盖；4—连接管道

放，安装时需要有一定的倾斜度：变压器顶盖与水平面间应有 1%~1.5%的坡度；连接管道应有 2%~4%的坡度。

气体继电器有三种形式，即浮筒式、挡板式及开口杯与挡板构成的复合式。运行经验表明，浮筒式气体继电器存在着一些严重的缺点，如防震性差，且当浮筒的密封不良时会使浮筒失去浮力，使水银触点闭合而造成误动作等。而用挡板代替下浮筒的挡板式气体继电器，仍保留上浮筒且克服了浮筒渗油的缺点，运行比较稳定，可靠性相对提高；但当变压器油面严重下降时，动作速度不快。因此目前推荐采用开口杯和挡板构成的复合式气体继电器，该继电器用磁力干簧触点代替水银触点。

开口杯与挡板复合式气体继电器的结构如图 5-2 所示。向上开口的金属杯 5 与重锤 6 固定在它们之间的一个转轴上，正常情况时，继电器与开口杯内均充满了油，轴的一侧作用有开口杯在油中的重力，另一侧作用有重锤在油中的重力。两侧力平衡的结果使开口杯处于上翘位置，固定于开口杯上的永久磁铁 4 远离干簧触点 15，干簧触点可靠地断开。由于该继电器的重瓦斯保护部分采用了双干簧触点，因此具有良好的抗震性能。

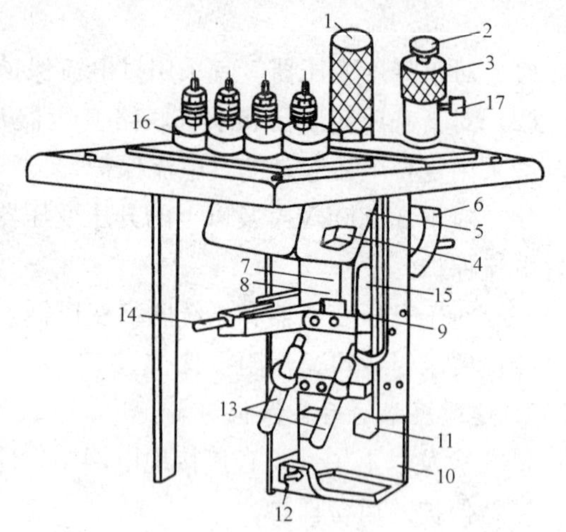

图 5-2　开口杯挡板式气体继电器结构图
1—罩；2—顶针；3—气塞；4—永久磁铁；5—开口杯；6—重锤；7—探针；8—开口销；9—弹簧；10—挡板；11—永久磁铁；12—螺丝杆；13—干簧触点(重瓦斯用)；14—调节杆；15—干簧触点(轻瓦斯用)；16—套管；17—排气口

当油箱内发生轻微故障时，产生少量气体聚集在继电器上部，迫使气体继电器内油面下降，开口杯 5 露出油面，开口杯本身及杯内油的重力破坏了原来的平衡，使开口杯绕轴落下，永久磁铁 4 随之落下而接通干簧触点 15，发出轻瓦斯保护动作信号。同理，当变压器漏油到一定程度时，也会发信号。

当油箱内发生严重故障时，形成强烈的油流，直接冲击着挡板 10，挡板带动永久磁铁 11 靠近干簧触点 13，使其接通，重瓦斯保护动作，断开变压器各侧断路器。

瓦斯保护的接线如图 5-3 所示。气体继电器 KG 的上触点为轻瓦斯保护，动作后延时发出信号。继电器的下触点为重瓦斯保护，动作后经信号继电器 KS 起动出口中间继电器 KOM，跳开变压器两侧断路器。由于重瓦斯反应油流流速的大小而动作，而油流的流速在故障过程中往往很不稳定，所以重瓦斯动作后必须有自保持回路，以保证断路器能可靠跳闸。为了防止变压器在换油或进行气体继电器试验时误动作，可通过连接片 XB 将重瓦斯暂接到信号回路运行。

瓦斯保护动作后，观察、分析从继电器上部排气口收集的气体，可判断故障的性质。

瓦斯保护能反映油箱内各种故障，且动作迅速，灵敏度高，特别对于变压器绕组的匝间短路（当短路匝数很少时），灵敏度好于其他保护。所以瓦斯保护目前仍然是大、中、小型变压器必不可少的油箱内部故障最有效的主保护。但瓦斯保护不能反映油箱外的引出线和套管上的任何故障。因此不能单独作为变压器的主保护，尚须与纵差动保护或电流速断保护配合使用。

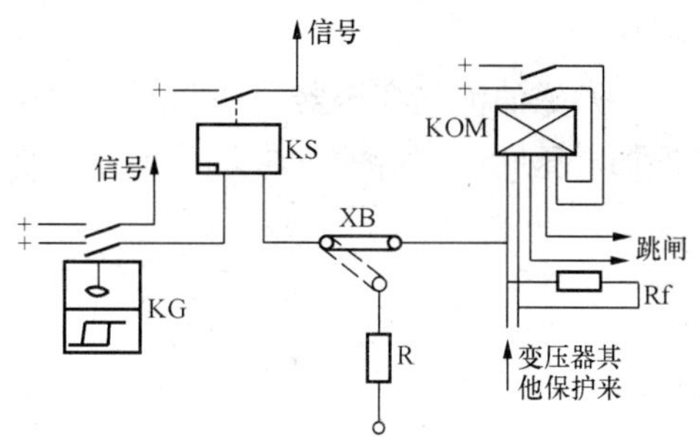

图 5-3　瓦斯保护原理接线图

§5.3　变压器的差动保护

纵差动保护选择性好，灵敏度高。纵差保护用作线路保护时，需要装设同被保护线路一样长的辅助导线，所以只能用在短线路上。而用作变压器保护时，不存在辅助导线长的问题，因此对于容量较大的变压器，纵差保护是必不可少的主保护。它用来反映变压器绕组、套管及引出线的各种故障，且与瓦斯保护相配合作为变压器的主保护，使保护的性能更加全面和完善。

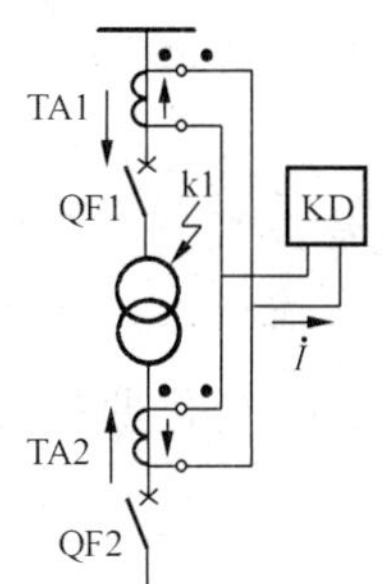

图 5-4　变压器纵差动保护单相原理接线图

一、变压器差动保护的特点

变压器差动保护原理与线路的纵差保护相同，是通过比较变压器各侧电流的大小和相位而构成的保护。图 5-4 为其单相原理接线图，两侧电流互感器 TA1 和 TA2 之间的区域为差动保护的保护范围，保护动作于断开两侧断路器 QF1、QF2。

变压器差动保护其差动回路中的不平衡电流大，形成不平衡电流的因素多，所以必须采取措施躲开不平衡电流或设法减小不平衡电流的影响。以下分别进行讨论。

（一）变压器励磁涌流的特点及减小其对纵差保护影响的措施

1. 励磁涌流的产生及特点

变压器的励磁电流只通过变压器的一次绕组，它通过电流互感器进入差动回路形成不平衡电流，如图 5-5 所示。在正常运行情况下，其值很小，一般不超过变压器额定电流 3%～5%。当发生外部短路时，由于电压降压，励磁电流更小，因此这些情况下对差动保护的影响一般可以不考虑。

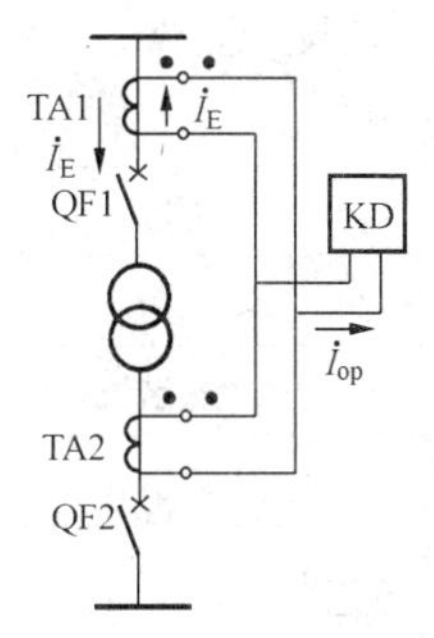

图 5-5　变压器励磁电流形成的不平衡电流

当变压器空载合闸或外部故障切除后电压恢复过程中，由于变压器铁芯中的磁通量的突变，使铁芯瞬间饱和，这时将出现数值很大的励磁电流，可达 5～10 倍的额定电流，称为励磁涌流。此电流通过差动回路，如不采取措施，纵差动保护将会误动作。

励磁涌流是变压器的铁芯严重饱和产生的。变压器稳态工作时，铁芯中的磁通滞后于外加电压 90°，如图 5-6（a）所示。假设铁芯无剩磁情况下，于电压瞬时值 $u=0$ 时投入

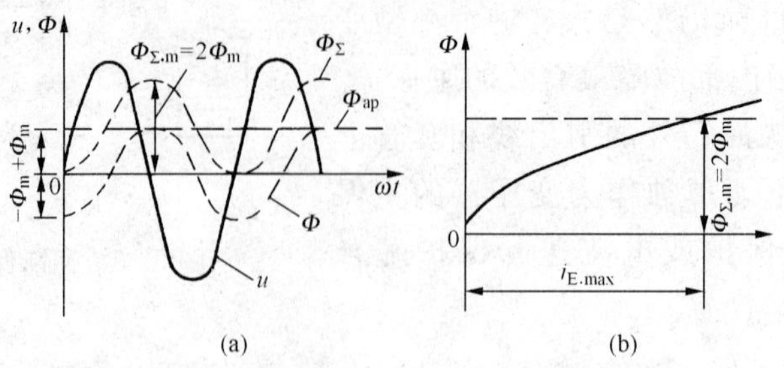

图 5-6　电压瞬时值为零投入变压器时的磁通与励磁涌流

（a）磁通的变化；（b）励磁涌流与磁通的关系曲线

变压器，在 $t=0$ 瞬时铁芯中的磁通应为 $-\Phi_m$。由于铁芯中的磁通不能突变，因此必须产生一个幅值等于 $+\Phi_m$ 的非周期分量的磁通抵消 $-\Phi_m$。若忽略非周期分量的衰减，则半周后，总磁通的幅值将达到 $2\Phi_m$。这时铁芯将严重饱和，励磁涌流达到最大值 $i_{E.max}$，见图 5-6（b）所示。显然在电压瞬时值最大时合闸就不会出现励磁涌流，只有正常的励磁电流。但对于三相变压器，无论何时合闸，至少有两相出现不同程度的励磁电流。励磁涌流 i_E 的变化曲线见图 5-7。励磁涌流具有如下特点：

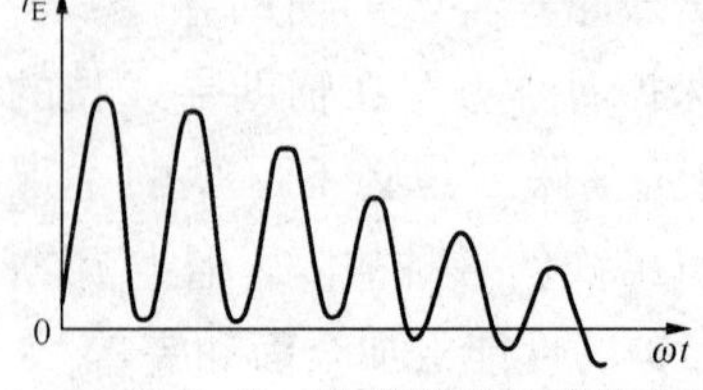

图 5-7　励磁涌流的变化曲线

（1）其值在初始很大，可达额定电流的 5～10 倍。

（2）含有大量非周期分量和高次谐波分量，且随时间衰减。在起始瞬间，励磁涌流衰减的速度很快，对于一般的中小型变压器，经 0.5～1s 后，其值不超过额定电流的 0.25～0.5 倍，大型变压器励磁涌流的衰减速度较慢，衰减到上述值要 2～3s，即变压器的容量越大，衰减越慢，完全衰减需要十几秒时间。表 5-1 列出几次试验结果分析所得的励磁涌流中各次谐波分量的比例。

表 5-1　　变压器内部短路电流和励磁涌流中各次谐波分量的比例

谐波分量与基波分量的（%）	励磁涌流			短路电流	
	例 1	例 2	例 3	不饱和	饱和
基波	100	100	100	100	100
2 次谐波	36	50	23	9	4
3 次谐波	7	9.4	1.0	4	32
4 次谐波	9	5.4	—	7	9
5 次谐波	5	—	—	4	2
直　流	66	62	73	38	—

注　表中数值是以基波分量为基准。

（3）其波形有间断角，如图 5-8 所示。

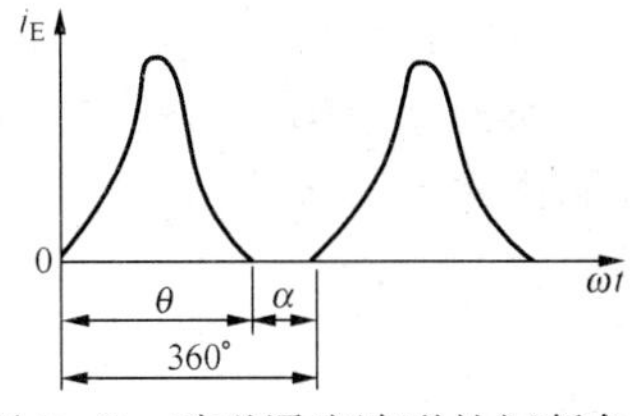

图 5-8　励磁涌流波形的间断角

2. 减小励磁涌流影响的措施

在变压器差动保护中，如不采取有效措施消除励磁涌流的影响，必将导致保护的误动作。根据励磁涌流的特点，可采取下列措施。

（1）利用延时动作或提高保护动作值来躲过励磁涌流。但前者失去速动的优点，后者降低了保护动作的灵敏度。

（2）利用励磁涌流中的非周期分量，采用具有速饱和变流器的差动继电器构成差动保护。

（3）利用励磁涌流中波形间断的特点，采用能有鉴别间断角的差动继电器构成差动保护。

（4）采用二次谐波制动的差动继电器。

（二）变压器两侧接线组别不同引起的不平衡电流及消除措施

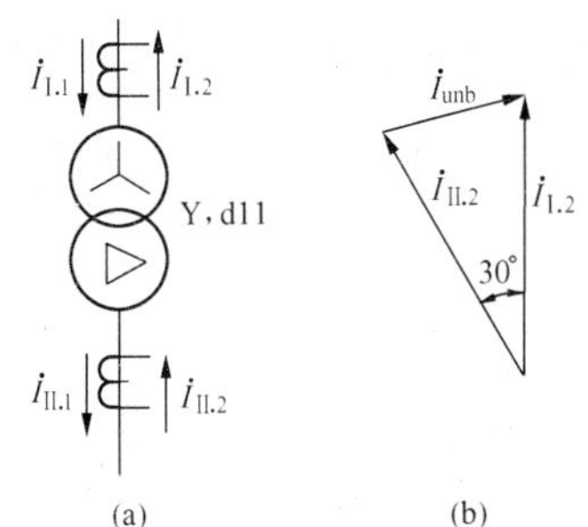

图 5-9　Y，d11 接线变压器两侧电流互感器的二次电流
（a）变压器接线示意图；（b）电流相量图

电力系统中常用的 Y，d11 接线的变压器，由于三角形侧的线电流比星形侧的同一相线电流相位超前 30°，因此如果两侧电流互感器都按通常接线方式接成星形，则即使变压器两侧电流互感器二次电流的数值相等，在差动保护回路中也会出现不平衡电流 I_{unb}，如图 5-9 所示。

为了消除此不平衡电流，可采用相位补偿法。即将变压器星形侧的电流互感器的二次侧接成三角形，而将变压器三角形侧的电流互感器二次侧接成星形，从而将电流互感器二次侧的电流相位校正过来，如图 5-10（a）所示。图 5-10（b）为有关电流的相量图。

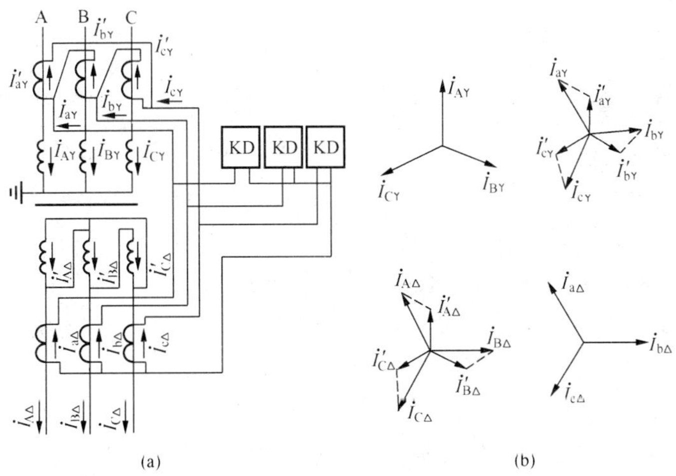

图 5-10　Y，d11 接线变压器差动保护的接线图和相量图
（a）相位补偿的接线图；（b）相位补偿的相量图

相位补偿后，在通过穿越性电流时，两侧流入差动臂中的二次电流同相位，但还需使每相两差动臂中的电流大小相等，所以在选择电流互感器的变比 n_{TA} 时，应引入电流互感器的接线系数 K_{con}，即差动臂中的电流为 $K_{con}I_1/n_{TA}$。其中 I_1 为一次电流。当电流互感器按三角形接线时 $K_{con}=\sqrt{3}$，按星形接线时 $K_{con}=1$。电流互感器的二次电流为 5A，两侧电流互感器的计算变比如下：

变压器星形侧的电流互感器变比为 $n_{TA(Y)}=\sqrt{3}I_{n(Y)}/5$；

变压器三角形侧的电流互感器变比为 $n_{TA(\triangle)}=I_{n(\triangle)}/5$。

式中 $I_{n(Y)}$——变压器星形侧额定电流；

$I_{n(\triangle)}$——变压器三角形侧额定电流。

实际选择电流互感器变比时，应按照上式算出的计算变比，选择一个接近且略大于计算值的标准变比为实际变比。

（三）电流互感器的实际变比与计算变比不等引起的不平衡电流及减小影响的措施

由于电流互感器都是标准化的定型产品，所以选择的电流互感器的变比与计算变比往往不相等，因此在差动回路中又会引起不平衡电流。这种不平衡电流的影响，可采用电流补偿法来消除，接线如图 5-11 所示。将电流互感器二次电流大的那一侧，经电流变换器 TAA 进行变换，使 TAA 的输出与另一侧电流互感器二次电流的大小相等。这样，电流互感器的实际变比与计算变比不等引起的不平衡电流就不存在。

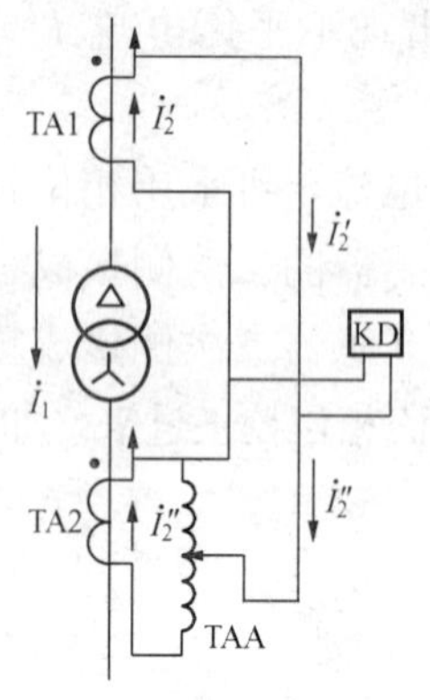

图 5-11 差动保护电流补偿法接线图

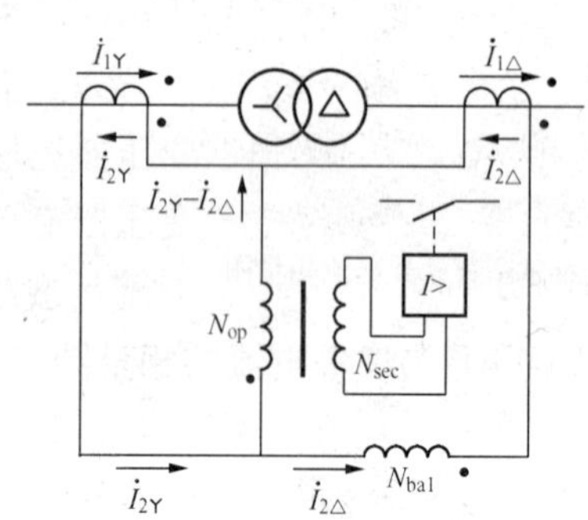

图 5-12 利用差动继电器中平衡线圈消除 I_{unb} 影响原理图

当采用带速饱和变流器的差动继电器构成变压器差动保护时，可采用平衡线圈克服电流互感器的实际变比与计算变比不等引起的不平衡电流的影响。如图 5-12 所示，N_{op}、N_{bal}、N_{sec} 分别为差动继电器中的差动线圈、平衡线圈和二次线圈（见 BCH-2 差动继电器）。二次线圈 N_{sec} 接继电器的执行元件，平衡线圈 N_{bal} 通常接二次电流较小的一侧，调整 N_{bal} 线圈的匝数，使正常情况下具有如下关系，即

$$(I_{2Y}-I_{2\triangle})N_{op}=I_{2\triangle}N_{bal} \tag{5-1}$$

按图中极性，差动线圈和平衡线圈中产生的磁动势大小相等，方向相反，相互抵消，铁芯中没有磁通，从而二次线圈 N_{sec} 中无感应电动势，继电器 KA 中无感应电流。若上式计算的平衡线圈 N_{bal} 匝数与可选择的匝数相符，即可消除变压器两侧电流互感器实际变比

与计算变比不等产生的不平衡电流。

实际上，计算的匝数 N_{bal} 往往不是整数，而 N_{bal} 只能按整数选择，因此采取补偿措施后，仍有一残余的不平衡电流存在，此电流在整定计算时应考虑。

（四）两侧互感器型号不同产生的不平衡电流及采取的措施

此不平衡电流是由两侧电流互感器的相对误差引起的，型号相同的相对误差较小，型号不同则相对误差就会较大。变压器各侧的电压等级和额定电流不同，因而采用的电流互感器的型号不同，它们的特性差别较大，故会引起较大的不平衡电流。此不平衡电流应在保护的整定计算中予以考虑，即适当增大保护的动作电流。计算时需引入电流互感器同型系数 K_{SS}，若同型 K_{SS} 取 0.5；若不同型 K_{SS} 取 1（见后）。

（五）变压器调压分接头改变产生的不平衡电流及解决的方法

带负荷调压的变压器在运行中常常需要改变分接头来调电压，这样就改变了变压器的变比，原已调整平衡的差动保护，又会出现新的不平衡电流。此不平衡电流采用提高动作电流来解决。

根据以上分析，变压器的差动保护的最大不平衡电流为

$$I_{unb.max} = (10\% K_{aper} K_{SS} + \Delta U + \Delta f_{za}) I_{k.max}/n_{TA} \quad (5-2)$$

式中 K_{aper}——非周期分量影响系数，一般取 1.3～1.5；

10%——电流互感器的允许最大误差；

K_{SS}——同型系数，两侧电流互感器同型时 $K_{SS}=0.5$，不同型时 $K_{SS}=1.0$；

ΔU——变压器分接头改变引起的相对误差，取调压范围的一半；

Δf_{za}——平衡线圈整定匝数与计算匝数不等产生的相对误差，初算时取 0.05；

$I_{k.max}/n_{TA}$——外部最大短路电流归算到二次侧的数值。

变压器差动保护的主要问题是不平衡电流的影响，其中励磁涌流的影响为最大。下面介绍两种克服励磁涌流影响效果较好的变压器差动保护。

二、采用 BCH－2 型继电器构成的差动保护

外部故障引起的不平衡电流和变压器励磁涌流中都含有大量的非周期分量，采用带速饱和变流器的差动继电器，能有效地克服非周期分量的影响。BCH－2 型为带加强型速饱和变流器的差动继电器。BCH－2 型差动继电器克服励磁涌流影响的效果更好。

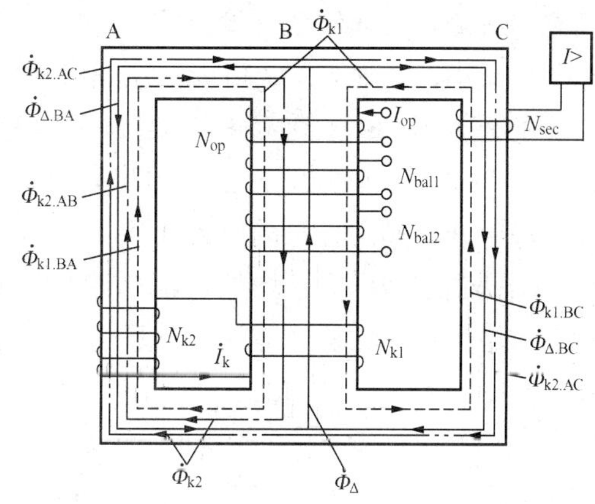

图 5-13 BCH－2 型差动继电器

（一）BCH－2 型继电器结构及原理

BCH－2 型差动继电器由速饱和变流器和电流继电器构成。速饱和变流器结构如图 5-13 所示，为三柱铁芯型式，中间柱 B 的截面积比两边柱 A、C 的截面积大一倍。差动线圈 N_{op} 和两个平衡线圈 N_{bal1}、N_{bal2} 以相同绕向绕在中间柱上。短路线圈分 N_{k1} 和 N_{k2} 两部分，分别绕在 B 柱和 A 柱上，两个线圈极性的连

接，是使它们产生的磁通在A柱和B柱中为同方向相加。二次线圈 N_{sec} 绕C柱上，并接入执行元件（电流继电器KA）。

当在差动线圈中加入电流 $\dot{I}_{op}$ 时，磁动势 $N_{op}\dot{I}_{op}$ 将在B柱中产生磁通 $\dot{\Phi}_{\Delta}$，此磁通由B柱中流出后，分为 $\dot{\Phi}_{\Delta.BA}$ 和 $\dot{\Phi}_{\Delta.BC}$ 分别通过A柱和C柱，$\dot{\Phi}_{\Delta}$ 和 $\dot{\Phi}_{\Delta.BA}$ 在 N_{k1} 和 N_{k2} 中感应电动势，形成电流 $\dot{I}_{k}$。磁动势 $N_{k1}\dot{I}_{k}$ 产生磁通 $\dot{\Phi}_{k1}$，它分成 $\dot{\Phi}_{k1.BA}$ 和 $\dot{\Phi}_{k1.BC}$，分别通过A柱和C柱形成回路。磁动势 $N_{k2}\dot{I}_{k}$ 产生磁通 $\dot{\Phi}_{k2}$，分成 $\dot{\Phi}_{k2.AC}$ 和 $\dot{\Phi}_{k2.AB}$，分别通过B柱和C柱形成回路。

综合上述分析结果，在C柱中的总磁通为

$$\dot{\Phi}_{C}=\dot{\Phi}_{\Delta.BC}-\dot{\Phi}_{k1.BC}+\dot{\Phi}_{k2.AC} \tag{5-3}$$

通过C柱的磁通 Φ_{C} 在二次线圈中感应电动势，并产生电流，当此电流达到电流继电器的动作电流时，执行元件立即动作（也即差动继电器动作）。由此可见，继电器的动作条件决定于 $\dot{\Phi}_{\Delta.BC}$、$\dot{\Phi}_{k1.BC}$ 和 $\dot{\Phi}_{k2.AC}$ 三个磁通的合成结果，也即要受短路线圈的影响（其中 $\dot{\Phi}_{k1.BC}$ 起去磁作用，$\dot{\Phi}_{k2.AC}$ 起助磁作用），具体分析如下。

（1）短路线圈开路，无短路线圈产生的磁通，即为普通带速饱和变流器的差动继电器。

（2）接入短路线圈后。若 N_{op} 中仅通入周期分量电流，且保持 $2N_{k1}=N_{k2}$，则 $\dot{\Phi}_{k2.AC}=\dot{\Phi}_{k1.BC}$，此时助磁与去磁作用互相抵消，相当于短路线圈不起作用，继电器的动作磁动势与无短路线圈时的动作值相同。短路线圈内部的原理接线如图5-14所示。只要采取标号相同字母（如A1—A2，B1—B2等）的抽头，则 $N_{k2}=2N_{k1}$。

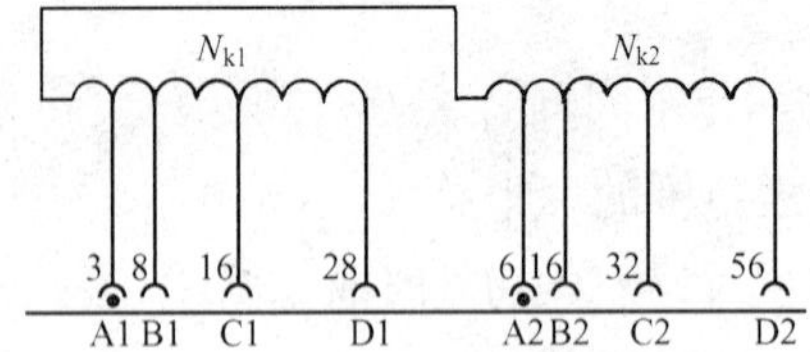

图5-14　短路线圈的内部接线

如果单独增大 N_{k2} 的匝数，即增长率 N_{k2}/N_{k1} 的比值大时，由于助磁作用加强，将使 $\dot{\Phi}_{C}$ 增大，而执行元件的动作电流 I_{sec} 是不变的，此时继电器的动作，所需的 I_{op} 将减小（即 $I_{op}N_{op}<60$ 安匝）。反之，如单独增大 N_{k1} 的匝数，动作磁动势将大于60安匝。

如 N_{op} 中通入含有非周期分量的电流（例如励磁涌流）时，因非周期分量电流不能变换到二次侧，故非周期分量会使铁芯迅速饱和，使变流器的传变性能变坏，N_{sec} 中的感应电动势减小；磁通 $\dot{\Phi}_{k2.AC}$ 和 $\dot{\Phi}_{k1.BC}$ 也将减小。但由于B柱比A柱截面积大一倍，且B柱到C柱的磁路比A柱到C柱的磁路短，漏磁较少。因此，$\dot{\Phi}_{k2.AC}$ 减少的比 $\dot{\Phi}_{k1.BC}$ 多，则 $\dot{\Phi}_{k1.BC}>\dot{\Phi}_{k2.AC}$，即去磁作用大于助磁作用，使 $\dot{\Phi}_{C}$ 进一步减小，继电器更不容易动作，从而加强了躲开非周期分量的能力。

当铁芯饱和以后，增加 N_{k1}、N_{k2} 的匝数，尽管还保持 $N_{k2}=2N_{k1}$，但将使短路线圈的磁动势增大，因此躲过非周期分量的能力也就更强。此特性可用直流助磁特性 $\varepsilon=f(K)$ 表示，其中

$$\left.\begin{aligned}\varepsilon&=I_{k.act}/I_{k.act.o}\\K&=I_{d}/I_{k.act}\end{aligned}\right\} \tag{5-4}$$

式中　ε——相对动作电流；

K——偏移系数；

I_d——直流助磁电流；

$I_{k.act}$——不加直流助磁时的交流动作电流；

$I_{k.act.o}$——具有直流助磁时的交流动作电流。

图 5-15 为短路绕组在不同匝数下的直流助磁特性曲线。需要指出的是 N_{k1}、N_{k2} 匝数增加越多，曲线上翘得越厉害，躲过非周期分量的能力越强，但在内部故障时，由于短路电流中非周期分量的作用，使继电器的动作延时。所以，N_{k1}、N_{k2} 匝数的选择应根据实际情况考虑。一般按如下条件选择：

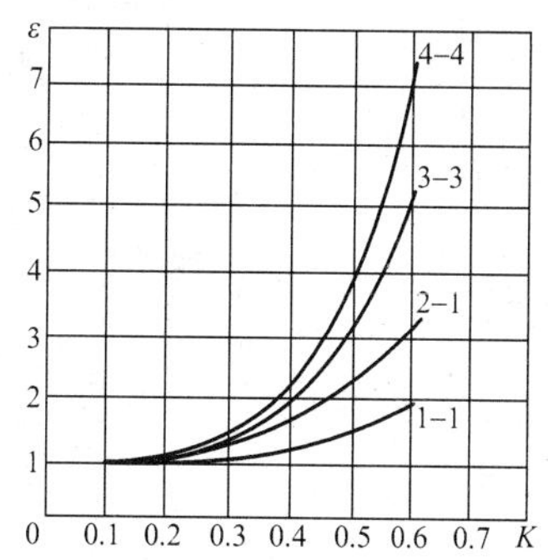

图 5-15　BCH-2 型继电器的直流助磁特性曲线

（1）对小型变压器，由于励磁涌流倍数大，而内部故障时非周期分量衰减较快，同时对保护动作时间要求较低，故一般选用较大匝数，如 C1—C2 或 D1—D2 抽头。

（2）对中型变压器，由于励磁涌流倍数较小，非周期分量衰减慢，并要求尽快地切除故障，故一般选用较小匝数的抽头，如 A1—A2 或 B1—B2。选用的抽头是否合适，最后应经过变压器空载投入试验后再确定。

（二）用 BCH-2 型差动继电器构成的变压器差动保护的接线

采用 BCH-2 型差动继电器的双绕组变压器差动保护单相内部接线如图 5-16 所示。除二次线圈 N_{sec} 外，其他各线圈均有一定数量的抽头，供整定之用。两组平衡线圈 N_{bal1}、N_{bal2} 分别接于两差动臂。适当选择各线圈的匝数，使它们在正常情况下满足 $I_{2Y}(N_{bal1}+N_{op})=I_{2\Delta}(N_{op}+N_{bal2})$，实现电流补偿。在内部故障时，平衡线圈产生的磁动势与差动线圈的磁动势方向相同，继电器能灵敏动作。每个平衡线圈具有两组抽头，可组成 0～19 整数匝数，但螺杆插入时不要造成平衡线圈短路或开路，否则会引起保护误动作或造成二次回路开路。Y，d11 接线双绕组变压器采用 BCH-2 型继电器构成的差动保护三相原理接线见图 5-17 所示。图中 KD1、KD2、KD3 为差动继电器，每只差动继电器的内部接线与图 5-16 所示接线相同。当差动保护动作后，断开变压器两侧的断路器 QF1 和 QF2。

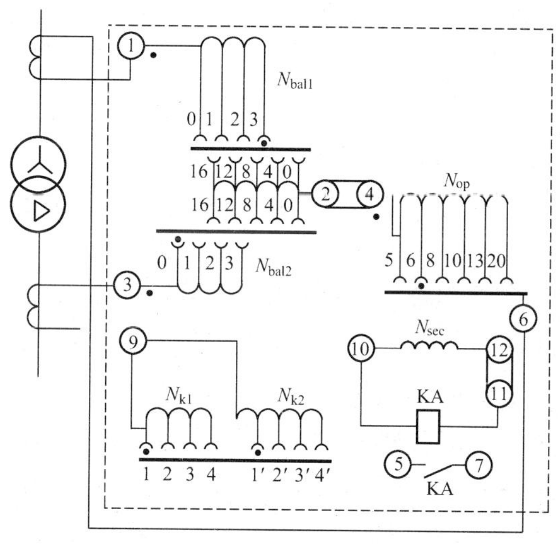

图 5-16　采用 BCH-2 型差动继电器构成的差动保护内部接线图

（三）采用 BCH-2 型继电器的变压器差动保护整定计算

以双绕组变压器纵差保护为例，整定计算原则如下：

（1）按平均电压及最大容量计算变压器各侧额定电流 I_N。

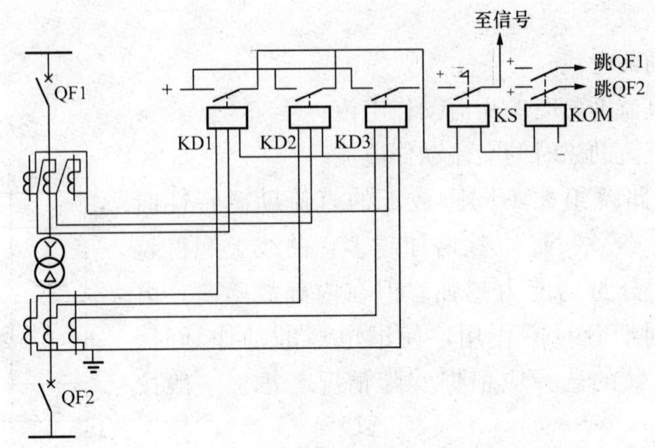

图 5-17　采用 BCH-2 型差动继电器构成的差动保护三相原理接线

$$I_N = S_N/\sqrt{3}U_N \quad (5-5)$$

式中　S_N——变压器的额定容量；

U_N——该侧额定电压。

(2) 计算各差动臂的电流 I_{N2}。

$$I_{N2} = K_{con}I_N/n_{TA} \quad (5-6)$$

式中　K_{con}——接线系数。

取差动臂电流 I_{N2} 值大的一侧为基本侧。

(3) 计算变压器两侧外部短路时的最大短路电流，并归算至基本侧。

(4) 按以下三个条件确定保护装置的一次动作电流。

1) 躲过励磁涌流　$I_{act}=K_{rel}I_N$　（K_{rel}取 1.3）　(5-7)

2) 躲开电流互感器二次回路断线时差动回路的电流。

$$I_{act} = K_{rel}I_{L.max}(K_{rel} \text{ 取 } 1.3) \quad (5-8)$$

式中　$I_{L.max}$——变压器的最大负荷电流。

3) 躲过外部故障时的最大不平衡电流。

$$I_{act} = K_{rel}I_{unb.max}(K_{rel} \text{ 取 } 1.3) \quad (5-9)$$

上述计算中最大者为基本侧保护的计算动作电流，用 $I_{act.c}$表示。

(5) 计算继电器动作电流，确定基本侧工作线圈的匝数。

继电器动作电流的计算值为　$I_{kact.c}=K_{con}I_{act.c}/n_{TA}$　(5-10)

基本侧工作线圈的计算匝数为　$N_{w.c}=AN_0/I_{kact.c}$　(5-11)

式中　AN_0——继电器动作安匝，$AN_0=60$ 安匝。

确定基本侧继电器工作线圈的实际匝数为　$N_{w.r}=N_{op.r}+N_{bal.1r}$　(5-12)

式中　$N_{op.r}$——差动线圈的实际整定匝数；

$N_{bal.1r}$——第一组平衡线圈的实际匝数。

取 $N_{w.r}\leqslant N_{w.c}$，此时继电器的实际动作电流为

$$I_{op.r} = AN_0/N_{w.r} \quad (5-13)$$

(6) 确定非基本侧继电器平衡线圈匝数。

计算匝数为 $$N_{bal.2.c}=N_{w.r}\ (I_{\text{I}N.2}/I_{\text{II}N.2})\ -N_{op.r} \tag{5-14}$$

式中 $I_{\text{I}N.2}$——基本侧二次额定电流；

$I_{\text{II}N.2}$——非基本侧二次额定电流。

取与 $N_{bal.2.c}$相近的匝数为实际匝数 $N_{bal.2.r}$。

(7) 计算相对误差 $\Delta f_{er.r}$。

$$\Delta f_{er.r}=(N_{bal.2.c}-N_{bal.2.r})/(N_{bal.2.c}+N_{bal.2.r}) \tag{5-15}$$

若 $\Delta f_{er.r}\leqslant 0.05$，符合 $I_{unb.max}$计算的假定值，计算有效，若 $\Delta f_{er.r}>0.05$，则需将实际的 $\Delta f_{er.r}$代入式 (5-9) 中重新计算。

(8) 短路线圈抽头的确定。

1) 小型变压器，选用较大匝数的抽头，C1—C2 或 D1—D2。

2) 中型变压器，选用较少匝数的抽头，A1—A2 或 B1—B2。

(9) 灵敏度校验。

$$K_{sen}=K_{con}I_{K.min}/I_{k.act}\geqslant 2$$

式中 $I_{K.min}$——变压器内部故障时，归算到基本侧的最小短路电流。

在中、小型变压器上，还有采用 BCH－1 型差动继电器构成的差动保护，它克服外部故障引起的不平衡电流的能力强于 BCH－2 型差动继电器构成的变压器差动保护。BCH－1 结构与 BCH－2 相比，少了短路线圈而多了制动线圈。所以对 BCH－1 型差动继电器构成的变压器差动保护的分析，重点是制动特性。随着新型制动特性变压器差动保护的广泛应用，采用 BCH－1 型差动继电器构成的变压器差动保护越来越少，加上篇幅所限，本教材对 BCH－1 型差动继电器构成的变压器差动保护不作详细分析。

三、二次谐波制动式变压器差动保护

由于变压器的励磁涌流中含有相当大的二次谐波分量，故利用二次谐波制动，能很好地躲开励磁涌流的影响。

(一) 二次谐波制动差动保护的原理结构

二次谐波制动的纵差动保护单相原理接线如图 5-18 所示。

1. 比率制动回路

比率制动回路由电抗变压器 TX3、整流桥 UB3、滤波电容 C3 和可调电阻 R3 组成，TX3 的一次线圈接在差动回路的两个臂中，由其中点引出的是差动回路。在正常运行及外部故障时，TX3 一次线圈中两部分电流 $\dot{I}_2'$ 和 $\dot{I}_2''$ 方向相同，在 TX3 的二次线圈中产生电压，其大小正比于一次侧流过的电流，经整流、滤波后，加到 R3 上，得到制动电压 $U_{brk.1}$。$U_{brk.1}$的大小可通过 R3 加以调节。由于这种制动作用与穿越电流的大小成正比，因而继电器的动作电

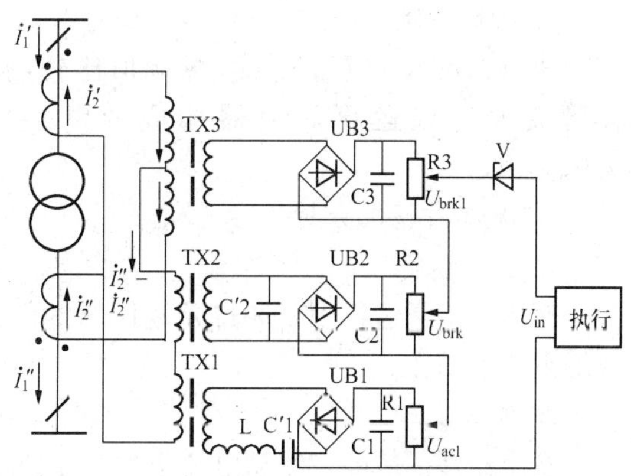

图 5-18 二次谐波制动的纵差动保护单相原理图

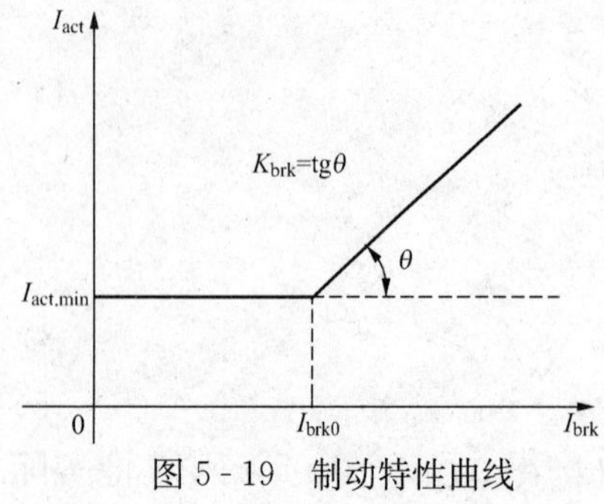

图 5 - 19　制动特性曲线

流 I_{act} 随着制动电流 I_{brk} 的增大而增大。动作电流与制动电流的比称为制动系数 K_{brk}，即：$K_{brk}=I_{act}/I_{brk}$。调节 R3 就可改变 K_{brk} 的大小。

外部故障时，短路电流越大，制动作用就越明显。动作电流 I_{act} 随制动电流 I_{brk} 变化的关系曲线 $I_{act}=f(I_{brk})$，称为继电器的制动特性曲线，可用图 5 - 19 表示制动特性曲线。

曲线的数学表达式为

$$\begin{cases} I_{act} > I_{act.0} \\ I_{act} > K_{brk}(I_{brk} - I_{brk.0}) + I_{act.0} \end{cases} \begin{cases} I_{brk} \leqslant I_{brk.0} \\ I_{brk} > I_{brk.0} \end{cases} \tag{5-16}$$

曲线中 $I_{act.0}$ 为最小动作电流，按躲过正常运行时的不平衡电流整定（约为 $0.5I_N$）；$I_{brk.0}$ 为最小制动电流，一般取 $I_{brk.0}=I_N$，外部故障电流大于 $I_{brk.0}$ 时开始制动，这样可大大提高差动保护反应内部故障时的灵敏度。

当内部故障时，图 5 - 18 中有一侧的电流要改变方向，因此 $\dot{I}'_2$ 和 $\dot{I}''_2$ 方向相反，TX3 二次侧感应电动势减小，制动作用也就随之减弱。当这两部分电流相等时，制动作用消失，继电器动作最灵敏。

2. 二次谐波制动回路

二次谐波制动回路由电抗变压器 TX2，电容 C2 和 C′2，整流桥 UB2 及可调电阻 R2 组成。TX2 的一次线圈接在差动回路中，TX2 二次线圈与电容 C′2 组成二次谐波并联谐振回路，它输出的电压主要反映二次谐波分量。当差动回路通过二次谐波电流时，C′2输出高电压，UB2 的输出电压 $U_{brk.2}$ 即为二次谐波制动电压。$U_{brk.2}$ 的大小可通过 R 来调节。

3. 差动回路

差动回路由电抗变压器 TX1、电感 L、电容 C′1 和 C1、整流桥 UB1 及可调电阻 R1 组成。L、C′1 组成对基波的串联谐振回路，对基波分量的电压具有最大的输出，对不平衡电流中的非周期分量和高次谐波分量起一个滤波的作用，所以此回路主要反映差动回路中的周期分量电流，其输出电压为继电器的动作电压 U_{act}。U_{act} 可由 R1 来调节。

4. 执行回路

执行回路反映 U_{act} 和 U_{brk} 的幅值比较结果而动作。执行元件可由极化继电器、晶体管放大器或运算放大器构成的电平检测器等来实现。执行回路的动作条件为 $U_{act}>U_{brk}$。

（二）工作情况分析

1. 正常运行

变压器正常运行中，通过差动回路的电流为正常运行时的不平衡电流，小于 $I_{act.min}$，故继电器不动作。

2. 外部故障

变压器外部故障，制动电流很大，保护不动作。

3. 出现励磁涌流

励磁涌流仅在变压器的一次侧通过，因此TX3一次侧的半个线圈及TX1和TX2的一次侧流过相同的电流。由于励磁涌流中含有很大的二次谐波分量，故$U_{brk.2}$很大；TX3也输出一定的制动电压$U_{brk.1}$。而由于L、C′1的作用，工作回路中的二次谐波分量大为削弱，因此U_{act}较小，$U_{brk.2}>U_{act}$，故继电器不会误动作。

4. 两侧有电源的变压器内部故障

此时TX3一次绕组中流过方向相反的两侧短路电流，它们形成的磁动势相互抵消，TX3二次侧感应的制动电压较小。差动回路中流过的电流为两侧短路电流之和，形成较大的动作电压，$U_{act}>U_{brt}$，继电器能灵敏动作。

5. 单侧电源变压器的内部故障

这时，通过TX3的一次绕组的电流与差动回路中电流相等。这是一种最不利的情况，有1/2的制动作用；适当选择回路参数，继电器仍能可靠动作。

二次谐波制动方式变压器差动保护有很好的躲过励磁涌流的能力，采用比例制动方式保证了外部故障有选择的不动作；且由于它不是用速饱和性能来躲开励磁涌流的，故在变压器内部故障时，保护不会因非周期分量的存在而延迟动作。因此，二次谐波制动式变压器差动保护得到广泛应用。

四、三绕组变压器差动保护

如果忽略变压器的励磁电流，在正常运行和外部故障时，三侧电流相量和（折合到同一电压等级）等于零，如图5-20所示。

在正常情况和外部故障时，流入继电器的电流为$\dot{I}_k=\dot{I}_{\mathrm{I}2}+\dot{I}_{\mathrm{II}2}+\dot{I}_{\mathrm{III}3}=0$，保护不会动作；在内部故障时流入继电器的电流为$\dot{I}_{k0}=\dot{I}_{\mathrm{I}2}+\dot{I}_{\mathrm{II}2}+\dot{I}_{\mathrm{III}2}=\dot{I}_k/n_{TA}$，保护将灵敏地动作。

三绕组变压器的差动保护不平衡电流比双绕组的要大，为了减小外部短路不平衡电流影响，提高保护的灵敏度，一般采用带制动特性的差动继电器构成差动保护。

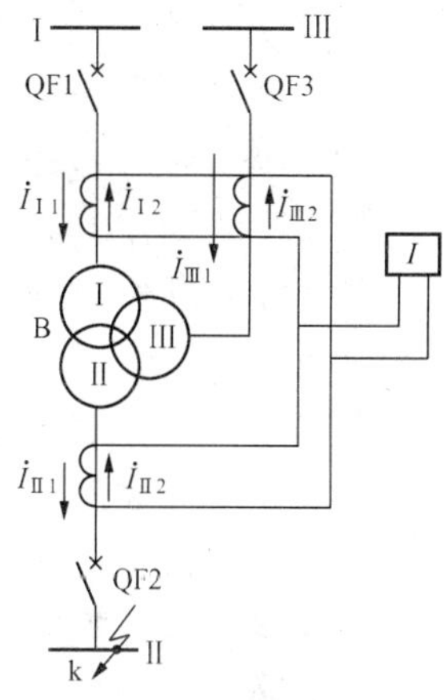

图5-20 三绕组变压器差动保护单相原理接线图

§5.4 变压器的接地保护

在中性点直接接地的电网中，接地故障是常见的故障。对中性点直接接地电网中的变压器，在其高压侧装设接地（零序）保护，用来反映接地故障，并作为变压器主保护的后备保护和相邻元件的接地故障后备保护。

变压器高压绕组中性点是否直接接地运行与变压器的绝缘水平有关。220kV及以上的大型变压器，高压绕组均为分级绝缘，但绝缘水平不尽相同；如500kV的变压器中性点的绝缘水平为38kV，其中性点必须接地运行；220kV的变压器中性点的绝缘水平为110kV，其中性点可直接接地运行，也可在系统不失去接地点的情况下不接地运行。变压器中性点运行方式不同，接地保护的配置方式也不同。下面分别讨论。

一、变压器中性点直接接地时的零序电流保护

当发电厂、变电所单台或并列运行的变压器中性点接地运行时，其接地保护一般采用零序电流保护。该保护的电流继电器接到变压器中性点处电流互感器的二次侧，如图5-21所示。这种保护接线简单，动作可靠。电流互感器的变比为变压器额定变比的1/2～1/3，电流互感器的额定电压可选低一个等级的。

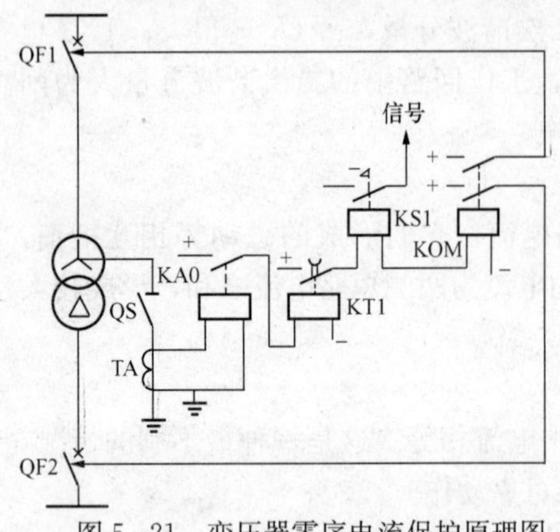

图5-21　变压器零序电流保护原理图

在正常情况下，电流互感器中没有电流，发生接地短路时，有电流 $3I_0$ 通过，零序保护动作。

图5-21中第Ⅰ段的动作电流按与被保护侧母线引出线第Ⅰ段的动作电流在灵敏度上配合的条件来整定，即

$$I_{set}=K_{co}K_{bra}I'_{set} \tag{5-17}$$

式中　I'_{set}——引出线零序电流保护后备段的动作电流；

K_{co}——配合系数，取1.1～1.2；

K_{bra}——零序电流分支系数。

第Ⅱ段的动作电流与引出线零序电流保护后备段在灵敏系数上配合。

第Ⅰ段的动作时间 $t_1=0.5\sim1s$，第Ⅱ段的动作时间 t_2 比相邻元件零序电流保护的后备段大 Δt，$t_4=t_3+\Delta t$。

零序电流保护动作后，以较短的时间跳母联，以较长时间跳变压器各侧断路器。

二、仅部分变压器中性点接地系统中的分级绝缘变压器的零序电流和零序电压保护

为了限制短路电流并保证系统中零序电流的大小和分布尽量不受系统运行方式变化的影响，在发电厂或变电所中通常只有部分变压器的中性点接地。因此这些变压器的中性点可能接地运行，也可能不接地运行。对于分级绝缘的变压器，为防止中性点过电压，在发生接地故障时，应先断开中性点不接地的变压器，后断开中性点接地的变压器。正因为如此，仅仅采用零序电流保护是不能满足要求的。针对变压器中性点是否装设了放电间隙，应需设置不同的保护。

1. 中性点未装放电间隙

中性点未装放电间隙的变压器的接地保护如图5-22所示。

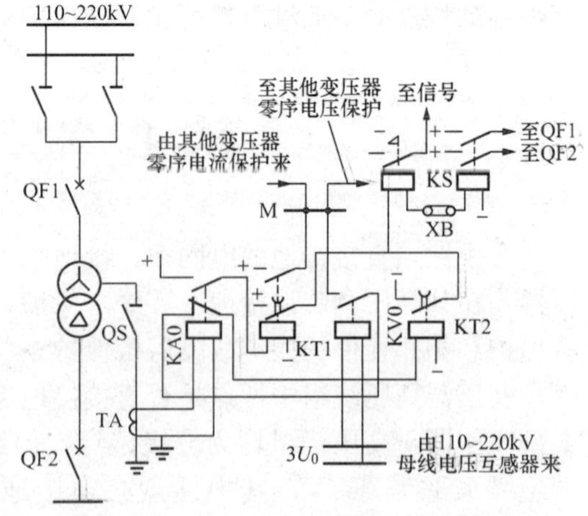

图5-22　中性点未装放电间隙的变压器的接地保护

正常运行时，系统无零序电流、电压，因此零序电流继电器KA0和零序电压继电器KV0均不动作，整套保护不动。

发生接地故障后，中性点接地处出现零序电流，中性点接地运行变压器的零序电流继电器KA0动作，将操作电源送到中性点不接地运行变压器的零序电压保护，因此中性

点不接地的变压器先经过 KT2 的延时 t_2 跳不接地变压器，后经过 KT1 的延时 t_1 跳接地的变压器，其中 $t_1 > t_2$。这种接线方式，并列运行的变压器的保护回路相互牵连，比较复杂，容易弄错而致误操作，而且保护有时可能出现无选择性的动作。如图 5-23 所示系统中，当 k 点短路时，中性点不接地变压器 T1 以 t_2 延时先断开，但故障未切除，变压器 T2 保护继续动作，以较长的延时 t_1 动作切除故障，这就扩大了事故范围。目前常采用在变压器中性点加装放电间隙的做法，可使部分中性点接地的并列运行变压器的接地保护情况得以改善。

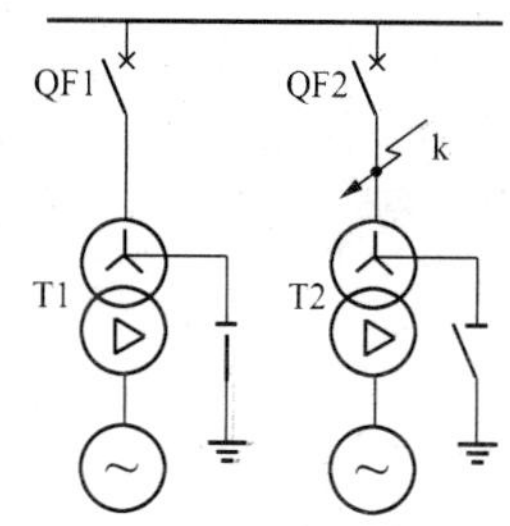

图 5-23　变压器接地保护无选择性动作说明

2. 中性点装设放电间隙

中性点装设放电间隙的分级绝缘变压器的接地保护原理接线如图 5-24 所示。除装设两段式零序电流保护外，再增设反映零序电压和间隙放电电流的零序电流保护。

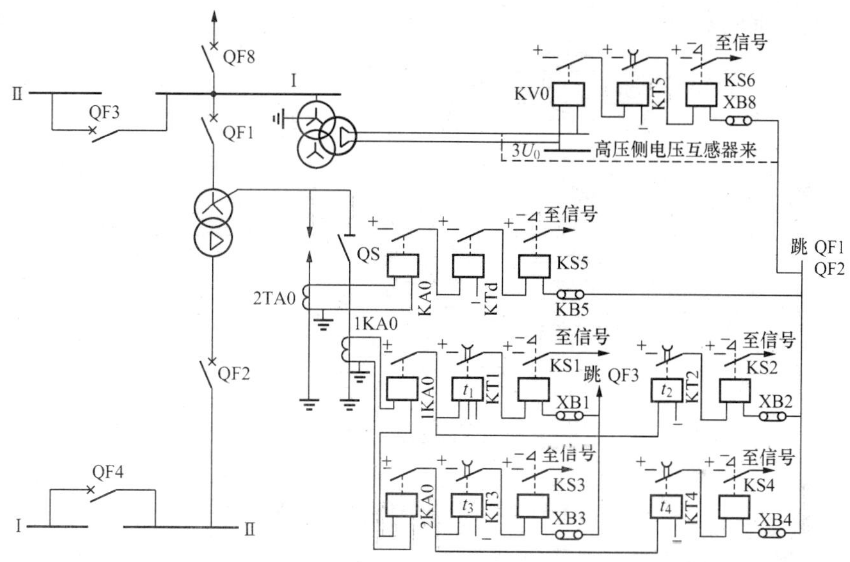

图 5-24　中性点装设放电间隙的分级绝缘变压器的接地保护原理图

变压器中性点接地运行时，隔离开关 QS 合上，两段式零序电流保护投入工作。第Ⅰ段与相邻元件接地保护Ⅰ段配合，以 t_1（0.5s）延时断开高压侧分段断路器（或母联）QF3，以 t_2（$t_1+\Delta t$）延时断开变压器两侧断路器。第Ⅱ段与相邻元件接地保护后备段配合，以 t_3 和 t_4 的延时分别断开 QF3 和 QF1、QF2。

变压器中性点如不接地运行，则隔离开关 QS 打开。当电网发生单相接地故障且失去中性点时，中性点不接地的变压器的中性点将出现工频过电压，放电间隙击穿，放电电流使零序电流元件 KA0 起动，瞬时跳开变压器，将故障切除。此处零序电流元件的一次动作电流取 100A（根据间隙放电电流的经验数据）。

如果万一放电间隙拒动，变压器中性点可能出现工频过电压，为此设置了零序过电压保护。当放电间隙拒动时，KV0 起动将变压器切除。KV0 的动作电压应低于变压器中性点绝缘的耐压水平，且在变压器发生单相接地而系统又未失去接地中性点时，可靠不动作，一般可取 180V。

§5.5　变压器的过电流保护

为了反映外部短路引起的变压器过电流和作为变压器主保护的后备保护，变压器需装设过电流保护。根据变压器容量不同和系统短路电流水平的不同，可采用的保护方式有：过电流保护、低电压起动的过电流保护、复合电压起动的过电流保护及负序过电流保护等。本书着重介绍后面两种。

一、复合电压起动的过电流保护

复合电压起动的过电流保护一般用于升压变压器或过电流保护灵敏度达不到要求的降压变压器上，适用于大多数中、小型变压器。保护接线如图 5-25 所示。其电压起动元件由一个负序电压继电器 KVN 和一个低电压继电器 KV 组成，负序电压继电器由负序电压滤过器和过电压继电器组成。

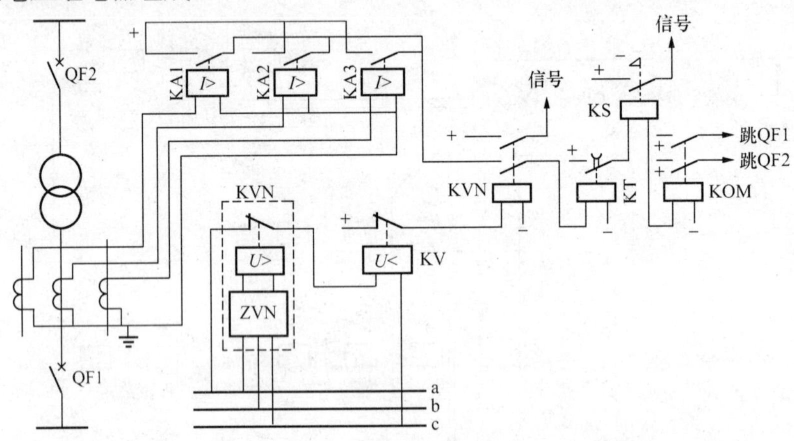

图 5-25　复合电压起动的过电流保护原理接线图

1. 负序电压滤过器及负序电压继电器

输入端加三相电压而输出端只输出负序电压的滤过器称为负序电压滤过器，负序电压滤过器的原理接线见图 5-26 所示。由电容 C1、C2 及电阻 R1、R2 组成的两个阻抗臂分别接于线电压。线电压中无零序分量，故无需采用其他措施，输出端无零序电压。为了消除正序分量，参数选择如下

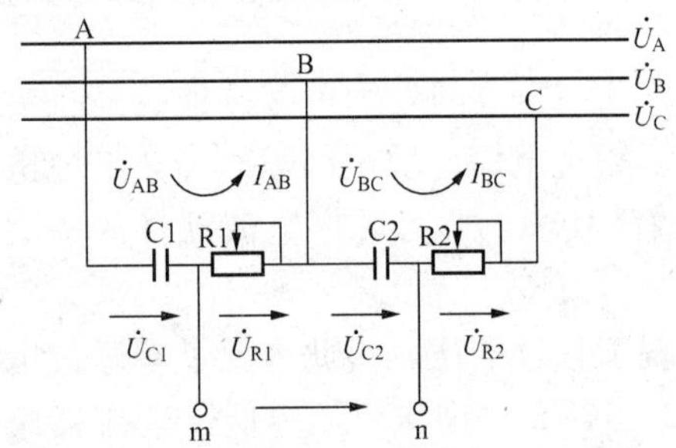

图 5-26　负序电压滤过器原理接线图

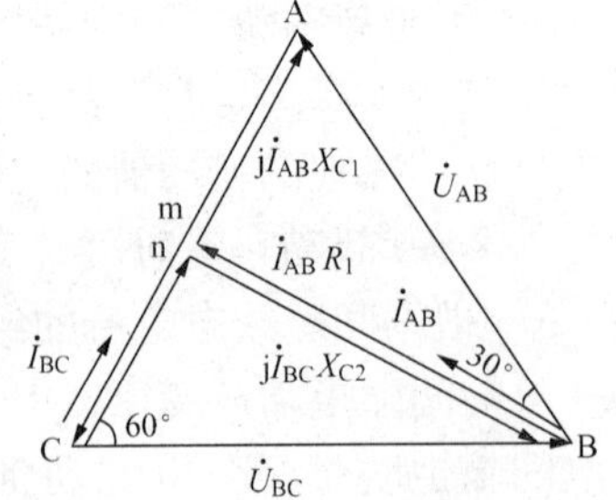

图 5-27　输入三相正序电压时滤过器的相量图

$$\begin{cases} R_1 = \sqrt{3}X_{C1} \\ R_2 = X_{C2}/\sqrt{3} \end{cases}$$

输入正序电压时，各电压相量如图 5 - 27 所示，输出电压为

$$\dot{U}_{mn1} = \dot{U}_{C2} + \dot{U}_{R1} = 0$$

输入负序电压时输出电压相量如图 5 - 28 所示，输出电压为

$$\dot{U}_{mn2} = \dot{U}_{C2} + \dot{U}_{R1} = 2\dot{U}_{R1}\cos30^{\circ}e^{j30^{\circ}} = \sqrt{3}\dot{U}_{R1}e^{j30^{\circ}}$$
$$= \sqrt{3}\dot{U}_{AB}\cos30^{\circ}e^{j60^{\circ}} = 3\dot{U}_{AB}e^{j60^{\circ}}/2 \quad (5-18)$$

当输入端加入三相正序电压时，由于参数制作的不准确，有不平衡电压输出。同时当输入电压中存在五次谐波分量时，由于它的相序与基波负序相同，输出端也会有输出。为了消除五次谐波的影响，可在输出端加装五次谐波滤过器。

将负序电压滤过器的任意两个输入端互相换接，就会成为正序电压滤过器。

在负序电压滤过器输出端并接五次谐波滤过器之后，再接电压继电器，就构成了负序电压继电器。

2. 保护的工作原理及整定计算

发生对称故障时，过电流继电器动作，同时由于三相电压降低，低电压继电器动作，其动断触点闭合，整套保护动作，经时间继电器的延时后，接通跳闸回路，跳两侧断路器。当发生不对称故障时，由于负序电压的出现，负序电压继电器动作（动断触点打开），低电压继电器动作（动断触点闭合），同时故障相电流继电器动作，经延时接通跳闸回路。

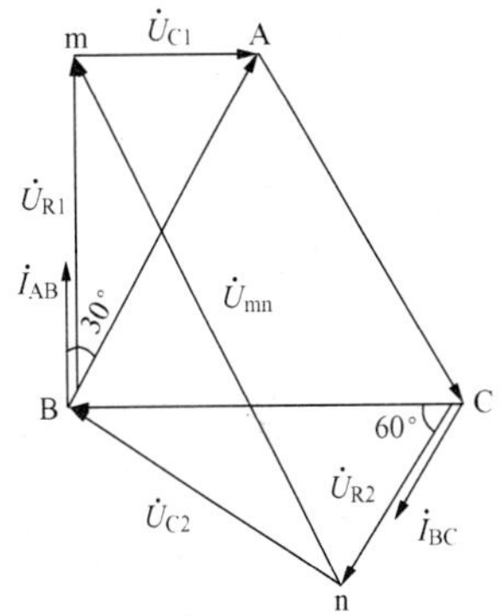

图 5 - 28　输入负序电压时滤过器的相量图

普通的过电流保护的动作值是按躲过变压器可能出现的最大负荷电流整定的，因此保护的灵敏度不够。复合电压起动的过电流保护由于采用了复合电压起动元件，要电流元件和起动元件都动作时，才能起动时间继电器，经延时去跳闸。因此过电流继电器的动作电流只需按躲过变压器的额定电流整定，即

$$I_{act} = (K_{rel}/K_r)I_{TN} \quad (5-19)$$

式中　I_{TN}——变压器的额定电流，K_r 取 0.85，K_{rel}取 1.2～1.3。

因此电流元件的灵敏度比过电流保护要高，电流元件灵敏度的校验与过电流保护相同。

低电压元件的动作值应小于正常情况下母线上可能出现的最低工作电压，还要保证在外部故障切除后电动机自起动时低电压元件能可靠返回，根据运行经验通常取

$$U_{act} = (0.5 \sim 0.6)U_N$$

式中　U_N——额定相间电压。

负序电压继电器的起动电压 $U_{act.2}$ 按躲过正常运行时的不平衡电压来整定，根据运行经验可取为 $U_{act.2}=0.06U_N$。

负序电压元件的灵敏度　　$K_{sen}=U_{K.min2}/U_{act.2}$

式中　$U_{K.min2}$——后备保护范围末端两相金属性短路时，保护安装处的最小负序电压。

低电压元件的灵敏度　　$K_{sen}=U_{act}/U_{K.max1}\geqslant 1.25$

式中　$U_{K.max1}$——后备保护范围末端三相金属性短路时，保护安装处的最大相间电压。

复合电压起动的过电流保护在不对称短路时，电压元件有较高的灵敏度，且在变压器后不对称短路时，电压元件的灵敏度与变压器绕组的接线方式无关。

二、负序电流保护

采用复合电压起动能有效地提高不对称短路时低电压元件的灵敏度，但不对称故障时，电流元件的灵敏度仍有可能不满足要求。对于大容量的升压变压器及系统联络变压器，可采用负序过电流及单相式低电压起动的过电流保护。不对称短路由灵敏度高的负序过电流保护反映，而对称故障则由低电压起动的过电流保护来反映。负序电流和单相式低电压起动的过电流保护的原理接线见图 5-29 所示。图中负序电流继电器 KAM 由负序电流滤过器 ZAN 和电流元件构成。

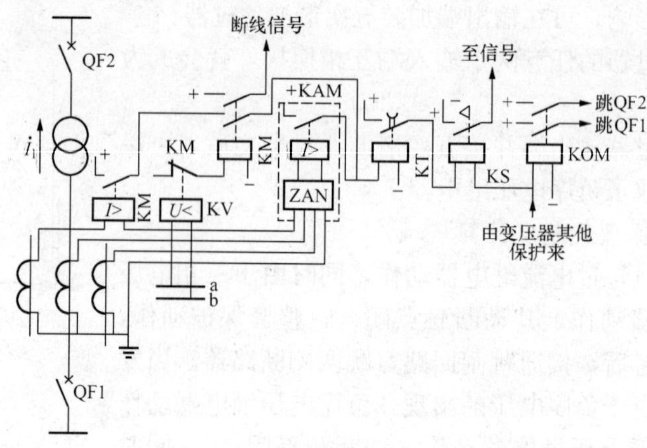

图 5-29　负序电流和单相式低电压起动的过电流保护原理接线图

1. 保护的工作原理

负序电流和单相式低电压起动的过电流保护，由负序电流继电器 KAM 作为不对称短路的保护。由于它不能反映对称短路，须加装一套单相式低电压起动的过电流保护。两套保护均经时间继电器 KT 延时接通跳闸回路，跳开两侧断路器。

2. 整定计算

低电压元件与电流元件整定计算同前。

负序电流继电器的动作电流按以下条件选择：

(1) 躲过变压器在最大负荷电流下并伴随系统频率降低时，负序电流滤过器输出的最大不平衡电流，一般取 $I_{act2}=(0.1\sim0.2)\ I_{T.N}$。

(2) 躲过与变压器相连的线路之一发生单相断线时的负序电流。

(3) 与相邻元件的后备保护在灵敏系数上相配合。

三、三绕组变压器过电流保护的特点

三绕组变压器在外部故障时应尽量减小停电范围。因此，在外部发生短路时，要求仅断开故障侧的断路器，而使另外两侧继续运行。而内部发生故障时，过电流保护应起到后备作用。为此，三绕组变压器的过电流保护应按如下原则配置：

(1) 单侧电源的三绕组变压器，一般只装设两套过电流保护，一套装在负荷侧，如图 5-30 所示Ⅱ侧，其整定的动作时间 $t_{Ⅱ}$ 应比其他两侧的时限都小，动作后断开 QF2。另一套装于电源侧（Ⅰ侧），它设有两个时限 $t_{Ⅰ}$ 和 $t'_{Ⅱ}$，在时限配合上要求 $t_{Ⅱ}<t'_{Ⅱ}<t_{Ⅰ}$。当Ⅲ侧故障时，经 $t'_{Ⅱ}$ 跳开 QF3，Ⅰ、Ⅱ侧继续运行。变压器内部故障，则经 $t'_{Ⅱ}$ 跳 QF3，经 $t_{Ⅰ}$ 再跳 QF1 和 QF2，将三侧断路器全部断开。

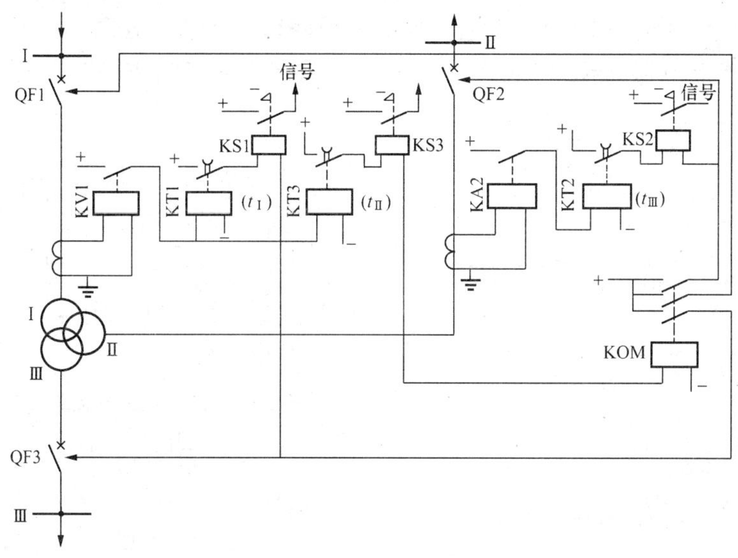

图 5-30　单侧电源的三绕组变压器的过电流保护

（2）多侧电源的三绕组变压器，应在三侧均装设独立的过电流保护，并在动作时间最小的电源侧装方向元件，动作方向由变压器指向母线，此三套保护作为各侧外部故障的后备保护切除本侧断路器。在装设方向元件的一侧，加装一套不带方向的过电流保护，作为变压器内部故障的后备保护，切除三侧断路器。

§5.6　变压器保护全图

图 5-31 所示为电压 110/35/6～10kV、容量 63MVA 的三绕组降压变压器的保护接线全图。变压器的高、中压侧均有电源，110kV 侧的中性点可以接地或不接地运行。该变压器的有关保护配置情况如下。

1. 纵差动保护

由带制动特性的差动继电器 KD1～KD3 和信号继电器 KS1 组成，是变压器绕组及引出线故障的主保护。保护范围为电流互感器 TA2、TA6、TA12 之间的区域。保护动作后起动出口中间继电器 KOM，瞬时跳开三侧断路器。

2. 瓦斯保护

由气体继电器 KG、信号继电器 KS2、KS 和切换片 XB 组成。轻瓦斯动作于信号；重瓦斯动作后瞬时跳开三侧断路器，也可经 XB 动作于信号。

3. 过电流保护

（1）110kV 侧采用复合电压起动的过电流保护，由低电压继电器 KV1、负序电压继电器 KVN1、中间继电器 KVM1、电流继电器 KA2～KA4、时间继电器 KT1、信号继电器 KS6、KS9 组成，作为 110kV 侧的后备保护。保护动作后经 KT1 的延时，以较短时限（滑动触点）t'_1 首先跳开 110kV 侧母联；若故障未切除，以较长时间（终止触点）t_1 跳开 110kV 侧断路器。

（2）35kV 侧复合电压起动的过电流保护采用两套：一套带方向，一套不带方向。两套合用一组电流继电器（KA5～KA7）及中间继电器（KM1、KM2）。复合电压元件由

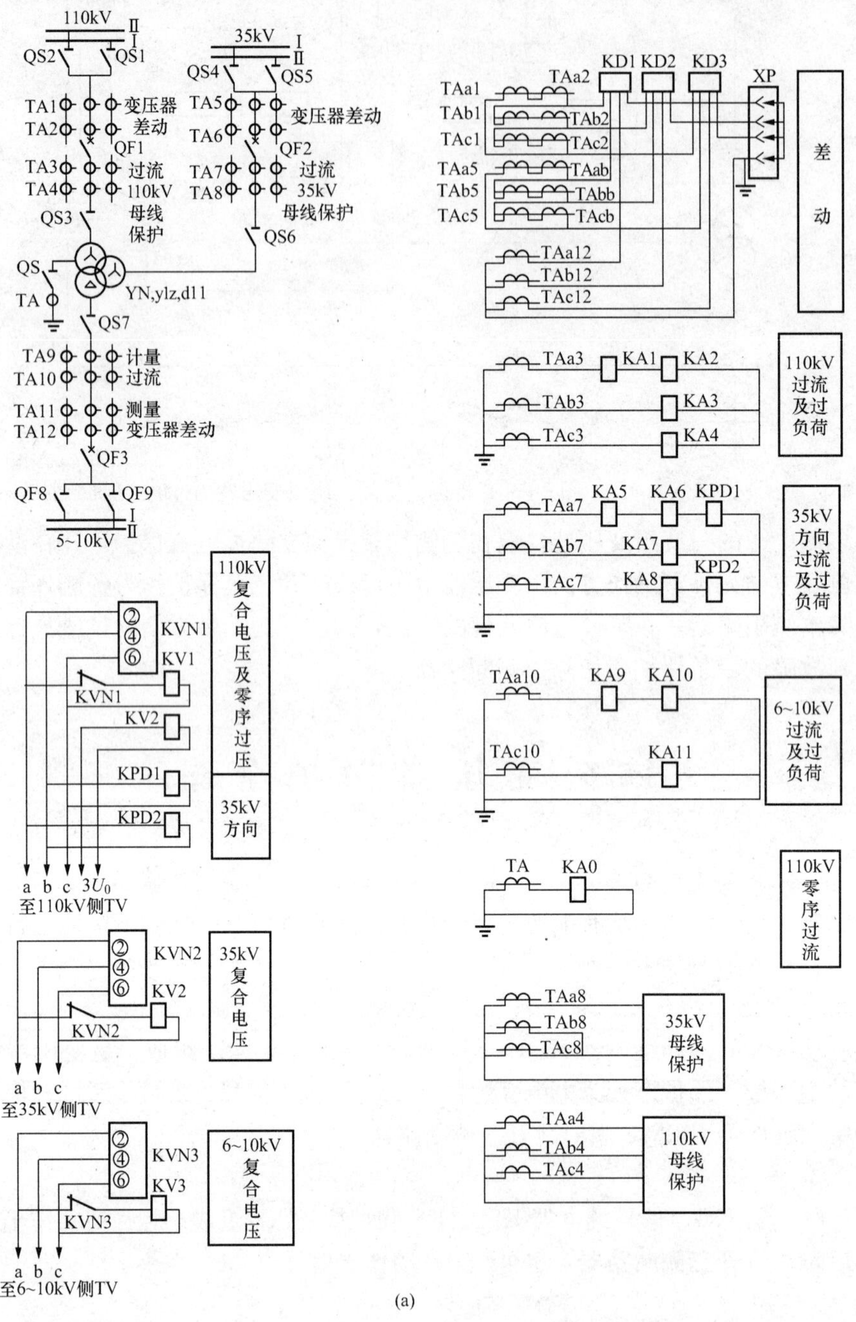

图 5-31　容量为 63MVA 的三绕组变压器保护配置图（一）

（a）交流回路保护展开图

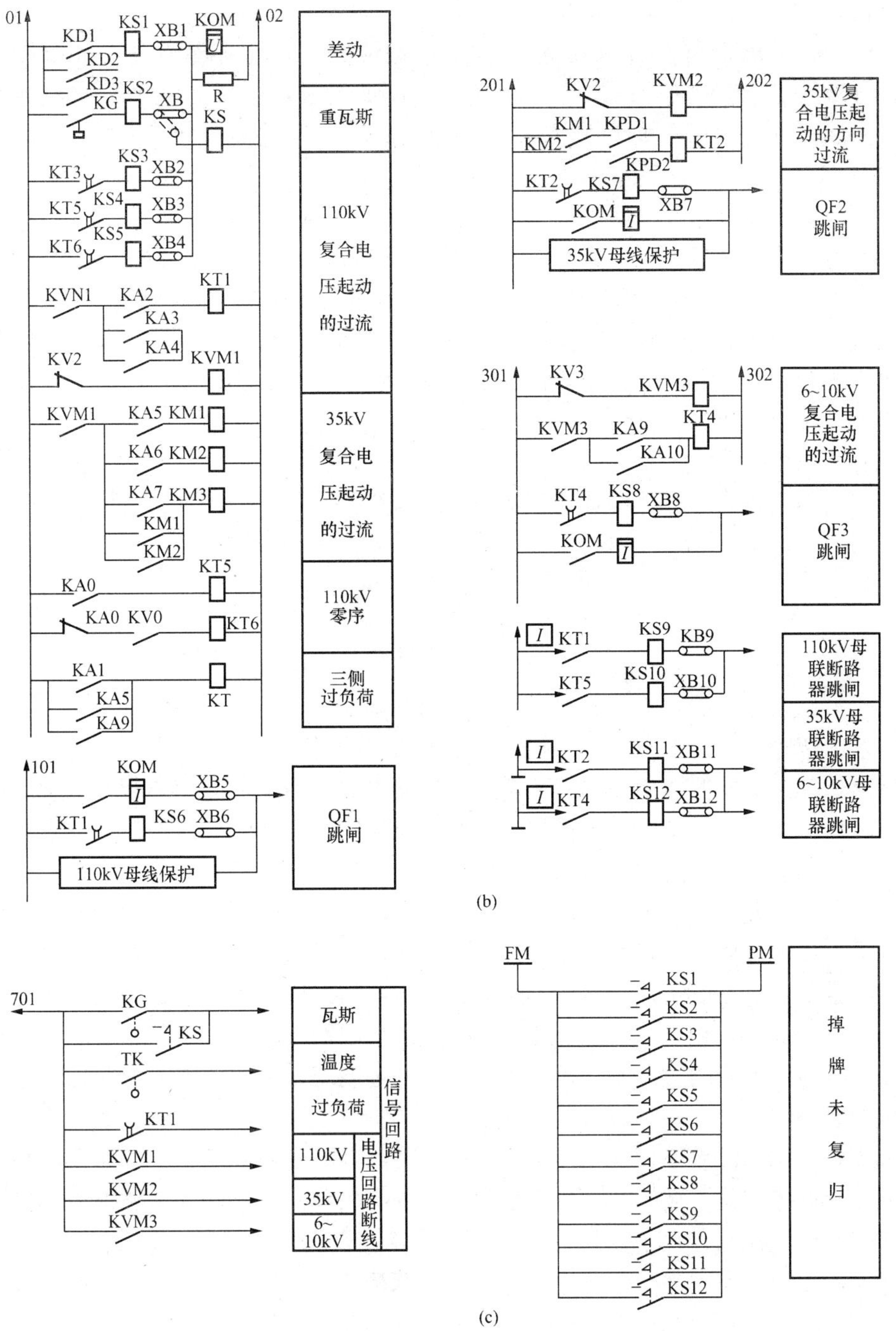

图 5 - 31　容量为 63MVA 的三绕组变压器保护配置图（二）

（b）直流回路；（c）信号回路

KVN2、KV2、KVM2 组成。过电流元件由 KA5～KA7，中间继电器 KM1、KM2，方向继电器 KPD1、KPD2，时间继电器 KT2、KT3 及信号继电器 KS3、KS7 组成。

带方向的为 35kV 侧外部故障的后备，动作时起动 KT2，经较短延时 t_2' 跳 35kV 母联，较长延时跳 QF2。不带方向的为内部故障的后备，动作后起动 KT3，经 KT3 延时跳三侧断路器。

(3) 6～10kV 侧也是复合电压起动的过电流保护，采用两相不完全星形接线。由 KV3、KVN3、KVM3 及 KA10、KA11、KT4、KS8 组成，作为 6～10kV 侧外部故障的后备，动作后以 KT4 的滑动时间跳 6～10kV 母联，以 KT4 终止时间跳 QF3。

4. 零序保护

采用零序电压和零序电流保护作为 110kV 侧接地故障的后备保护。发生接地故障时，先跳开中性点不接地变压器，后跳开中性点接地变压器。由零序电流继电器 KA0、零序电压继电器 KV0、时间继电器 KT5、KT6、信号继电器 KS4、KS5 组成。接地故障时，中性点接地变压器的 KA0 动作，起动 KT5，以滑动时间 t_5' 跳 110kV 母联。若故障在中性点接地的变压器，经 KT5 的终止时间 t_5 跳 QF1；如故障在中性点不接地的变压器，则经 KT6 的延时 t_5 跳闸。时间配合为 $t_5' < t_6 < t_5$。

5. 过负荷保护

三侧均装设单相式的过负荷保护。分别由 KT1、KA5、KA9 构成，它们都起动延时发信号。

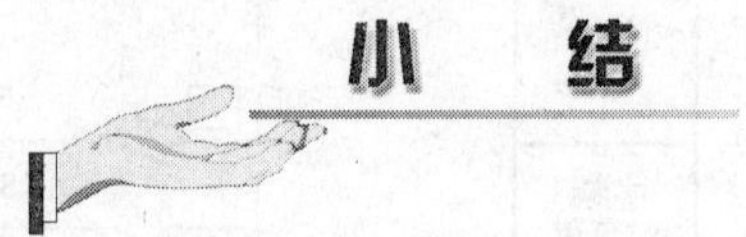

变压器的故障分为油箱内和油箱外两种。变压器的不正常工作方式有过电流、过负荷、油面降低等。变压器的主保护有瓦斯保护、纵差保护等。主保护的配置与变压器的容量有关，瓦斯保护反应油箱内的各种故障，但不能反应套管及引出线的故障，因此不能单独作为变压器的主保护，而是应与纵差保护或电流速断保护一起共同作主保护。变压器的后备保护分为相间故障的后备与接地故障的后备保护。接地故障保护是否需要配置，与变压器中性点的接地方式有关。变压器中性点直接接地时可采用零序电流保护；而并列运行的分级绝缘的中性点可能接地、可能不接地的变压器的接地保护，往往采用零序电流、零序电压共同构成保护。相间故障的后备保护是过电流保护，为了提高过电流保护的灵敏度，可采用低电压起动的过电流、复合电压起动的过电流、负序过电流及单相式低电压起动的过电流。

差动保护是本章的重点，变压器差动保护的特点是不平衡电流大，如何克服和减少这些不平衡电流的影响是关键。在不平衡电流中，外部故障时引起的不平衡电流和变压器的励磁涌流（励磁电流仅存在于变压器的一侧，所以是差动保护的不平衡电流）影响最大，因此各种不同原理的差动保护装置，均着力克服或减小这两种不平衡电流的影响。

复习思考题

5-1 变压器可能出现的故障和不正常工作状态有哪些？应分别装设哪些保护？

5-2 瓦斯保护和差动保护均是变压器内部故障的主保护，二者为何不可相互替代？

5-3 变压器差动保护要考虑哪些特殊问题？

5-4　试述变压器差动保护产生不平衡电流的原因及克服措施。

5-5　变压器比率制动式差动保护为什么要采用二次谐波制动？二次谐波制动的差动继电器有何优点？

5-6　三绕组变压器差动保护有何特点？

5-7　变压器相间短路的后备保护有哪几种方式？它们各自特点及适用范围如何？

5-8　两台以上并列运行的分级绝缘变压器，只有部分中性点接地时，应实施何种接地保护？此保护存在什么问题？如何解决？

5-9　三绕组变压器过电流保护如何配置？各保护的动作时间如何配合？图5-31所示单侧电源（Ⅰ侧为电源侧）的三绕组变压器过电流保护，如Ⅱ侧和Ⅲ侧母线所接元件的过电流保护时间分别为1.5s和2.5s，KT1、KT2、KT3时间分别应整定为多少？

5-10　变压器复合电压起动的过电流保护，在变压器发生三相对称故障时是如何工作的？

5-11　某独立运行的双绕组降压变压器，采用了BCH—2型差动继电器构成差动保护。已知变压器额定容量为15MVA，额定电压为35±2.5%/6.6kV，短路电压$U_k=8\%$，接线方式为Y，d11，归算到平均电压6.3kV的系统最大电抗和最小电抗分别为0.289Ω和0.173Ω，低压侧的最大负荷电流为1200A，试对变压器差动保护进行整定计算。

5-12　在图5-26所示负序电压滤过器中，若将任意两个输入端调换一下，请画出相量图，说明此时输出量为什么分量？

第6单元

发电机的继电保护

内容提要和要求

（一）内容提要

（1）本单元结合发电机可能发生的故障和可能出现的不正常工作状态，较全面地分析了切除这些故障和发现这些不正常工作状态的保护措施。

（2）学习本单元的目的是：掌握发电机各种保护的基本原理，熟悉它们的性能，了解这些保护存在的问题及克服方法。

（二）教学要求

（1）会分析发电机定子、转子回路可能发生的故障和可能出现的不正常工作状态。

（2）掌握发电机差动保护的工作原理。

（3）熟悉定子绕组匝间短路保护的工作原理。

（4）熟悉100%保护范围的发电机定子接地保护的工作原理。

（5）了解失磁保护的工作原理。

（6）熟悉转子回路接地保护的基本原理。

§6.1　发电机的故障、不正常工作状态及其保护方式

发电机的安全运行对电力系统的稳定运行起着决定性的作用。然而，发电机是一个旋转的设备，它既要承受机械、热力的作用，又要承受电流、电压冲击的影响。因此在发电机的运行过程中，其定子绕组和转子回路均可能出现各种故障及不正常运行方式。发电机的故障主要有：

（1）定子绕组的相间短路。由于相间短路电流及故障点的电弧，将损坏定子绕组的绝缘，烧坏绕组和铁芯，甚至引发火灾。

（2）定子绕组的匝间短路。被短路的绕组将流过短路电流，引起故障处局部过热，绝缘破坏，并可能发展成单相接地故障和相间故障。

（3）定子绕组的单相接地故障。它是最常见的一种故障。发电机是中性点不接地或经消弧线圈接地的小接地电流系统。单相接地后，其电容电流流过故障点的定子铁芯，当此电流较大或持续时间较长时，会使铁芯局部熔化，给修复工作带来很大困难。

（4）励磁回路的一点或两点接地。励磁回路一点接地短路时，由于没有构成电流通

路，所以对发电机并无危害。但若不及时处理，就有可能转化成两点接地，使转子绕组和铁芯烧坏，并因转子磁场不对称，使机组产生剧烈的机械振动。

（5）转子回路失去磁励电流。

发电机的不正常工作状态主要有：

（1）外部故障引起的定子绕组过电流和超过额定容量运行的定子过负荷。

（2）外部不对称短路和不对称负荷引起的发电机负序过电流和负序过负荷。

（3）调速系统惯性较大的发电机突然甩负荷引起的过电压。

（4）由于主汽门突然关闭引起的发电机逆功率。

（5）由于励磁回路故障或强行励磁时间过长引起的转子过负荷。

（6）发电机频率上升或下降。

针对发电机可能发生的故障和不正常工作状态，必须装设专门的、性能完善的保护装置。发电机的保护方式有：

（1）纵联差动保护。反映发电机定子绕组及引出线的相间故障。

（2）定子绕组匝间短路保护。

（3）定子接地保护。当接地电容电流大于或等于5A时，保护应动作于跳闸；当接地电容电流小于5A时，保护应动作于信号。对容量100MW及以上的发电机，应尽量装设保护范围为100%的定子接地保护。

（4）过电流保护。

（5）对称过负荷保护。

（6）励磁回路接地保护。汽轮发电机的励磁回路一点接地故障，一般采用定期检测装置测试。水轮发电机、大容量汽轮发电机组，应装设一点接地保护及两点接地保护，在一点接地保护动作后投两点接地保护。

（7）反映发电机励磁消失的失磁保护。对于不允许失磁运行的发电机，可在自动灭磁开关断开时，连跳发电机断路器。

（8）转子回路过负荷保护。

（9）大容量机组的逆功率保护。

（10）反映水轮发电机和大型汽轮发电机定子绕组过电压的过电压保护。

为了快速切除故障，保护装置在跳开发电机出口断路器的同时，应作用于自动灭磁开关，切断发电机励磁电流。

§6.2 发电机的差动保护

一、发电机的纵差动保护

发电机的纵差保护能快速而灵敏地切除发电机定子绕组及引出线之间发生的故障，是发电机的内部相间短路的主保护。

发电机的纵差动保护与前面所述的纵差动保护原理相同，TA采用环流法接线，见图

6-1所示。电流互感器TA1和TA2的变比相同，它们之间的定子绕组及其引出线即为纵差保护的保护区。

（一）带断线监视的发电机纵差动保护

带断线监视的发电机纵差动保护接线见图6-1。保护采用三相式接线（KD1~KD3为差动继电器）。由于装在发电机中性点侧的电流互感器受发电机运转时的振动，接线端子容易松动而造成二次回路断线，因此在差动回路的中性线上接有断线监视的电流继电器KMN，只要任何一相电流互感器二次回路断线时，它都动作。该继电器的动作电流应大于正常运行情况下差动保护中性线中的最大不平衡电流，按经验一般取 $I_{act}=0.2I_{GN}$。为了防止在外部故障时不平衡电流误发断线信号，其动作带有一定延时。差动继电器在流过穿越性电流时有不平衡电流，在二次回路断线时流过负荷电流，所以差动保护的整定计算按以下两个原则整定：

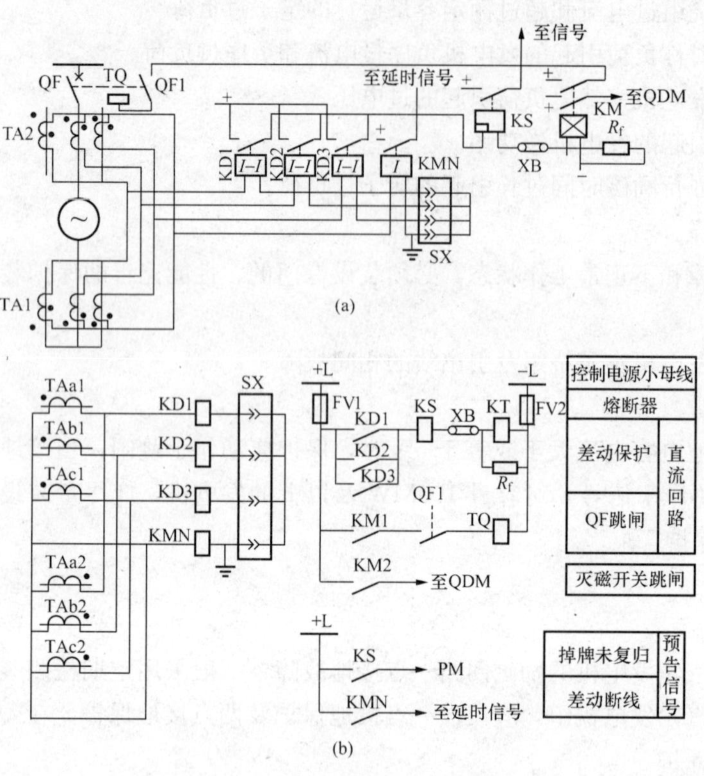

图6-1 发电机纵差动保护原理接线图

（a）原理图；（b）展开图

（1）躲过电流互感器二次回路断线时的负荷电流

$$I_{act}=K_{rel}I_{GN} \tag{6-1}$$

式中 K_{rel}——可靠系数，取1.3；

I_{GN}——发电机的额定电流。

（2）躲过外部短路时的最大不平衡电流 $I_{unb.max}$

$$I_{act}=K_{rel}I_{unb.max} \tag{6-2}$$

$$I_{unb.max}=K_{aper}K_{ss}K_{TA}I_{k.max} \tag{6-3}$$

式中 $I_{unb.max}$——外部短路时的最大不平衡电流；

K_{aper}——非周期分量影响的系数，当采用具有速饱和变流器的差动继电器时取1；

K_{ss}——电流互感器的同型系数，两侧同型时取0.5，不同型时取1；

K_{TA}——电流互感器的10%误差，即0.1；

$I_{k.max}$——发电机外部三相短路时流过保护的最大三相短路电流。

差动保护的动作电流取式（6-1）、式（6-2）中最大的一个，一般来说按式（6-1）的值为大。

差动保护的灵敏系数

$$K_{sen} = I_{k.min}/I_{act} \geqslant 2$$

式中 $I_{k.min}$——内部故障时流过保护的最小短路电流（发电机机端两相短路时的短路电流）。

由于机端短路电流较大，一般都能满足灵敏系数的要求。但当内部经过过渡电阻短路时，短路点越靠近发电机的中性点，短路电流越小。发电机内部两相短路电流与短路位置之间的关系曲线见图6-2所示。显然当中性点附近短路时，短路电流小于 I_{act}，保护不能动作，这将对发电机造成很大的损害。中性点附近的死区大小与动作电流 I_{act} 有关，因此降低 I_{act}，减小死区，是很有意义的。

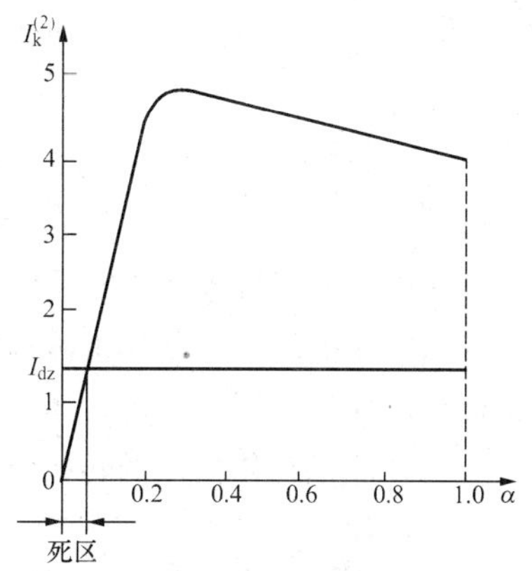

图6-2 发电机内部两相短路电流 $I_k^{(2)}$ 与短路点位置 α 间的关系曲线图

（二）比率制动式发电机纵差保护

运行经验表明，重视对差动回路的维护和检查，如采取防震措施以防接线端口松脱，检修时测量差动回路的阻抗等都有利于差动保护正确动作。在实际运行中发生电流回路断线的情况还是很少的，因此，大型机组不考虑二次回路断线。为了减少中性点附近的死区，希望发电机纵差保护的动作电流尽可能小；但在区外故障时又不应误动，应能可靠地躲过外部故障时的最大不平衡电流。因此，大型机组通常采用比率制动式纵差动保护。

图6-3所示为整流型比率制动式差动保护的单相原理接线图，图中电抗变压器TX1接于差动回路，TX2接于差动臂。TX2的两个一次线圈分别通入两臂电流 $\dot{I}_1'$ 和 $\dot{I}_2'$，TX2的输出电压正比于 $\dot{I}_1'+\dot{I}_2'$ 的大小，经整流滤波后，得到直流电压 U_2。U_2 为继电器的制动量。TX1的一次线圈流过的差动电流为 $\dot{I}_1'-\dot{I}_2'$，其二次经整流滤波后得到直流电压 U_1，U_1 为继电器的动作量。

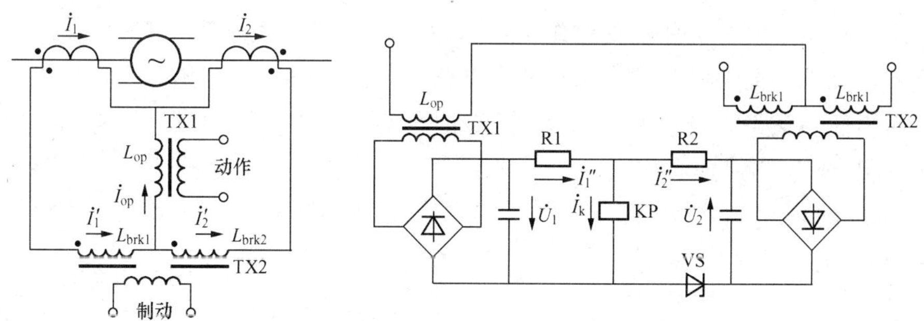

图6-3 比率制动式纵差保护单相接线图

KP为继电器的执行元件，反映电压 U_1 与 U_2 的大小而动作。正常情况或外部短路

时，TX1 反映发电机两侧短路电流之差 $\dot{I}_{op}=\dot{I}'_1-\dot{I}'_2$，TX2 反映两侧短路电流之和，$\dot{I}_{brk}=\dot{I}'_1+\dot{I}'_2$，因为 $|\dot{U}_2|>|\dot{U}_1|$，保护不动作。内部故障时 $|\dot{U}_2|<|\dot{U}_1|$，保护动作。

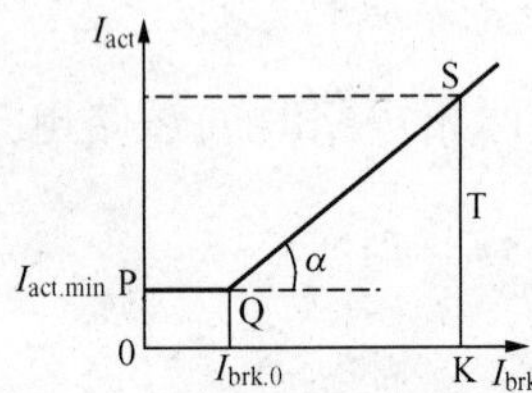

图 6 - 4　发电机比率制动差动继电器制动特性

这种继电器的制动特性见图 6 - 4 所示曲线。图中 P 点表示当制动电流 $I_{brk}<I_{brk.0}$时继电器的最小动作电流 $I_{act.min}$。随着 I_{brk}的增大，动作电流 I_{act}也随之增大。改变 R_1、R_2 可改变制动特性曲线的斜率。

选择稳压管 VS 的击穿电压，可得到所需的制动特性曲线的转折点 Q，当制动电压小于 VS 的击穿电压时，保护无制动作用，可提高内部故障时保护的灵敏度。

保护的整定计算如下：

（1）保护的最小动作电流应大于发电机在最大负荷情况下的不平衡电流，以保证在最大负荷时保护不误动，通常 $I_{act.min}=(0.1\sim0.2)I_{GN}$。

（2）选择动作特性的转折点 Q。一般取为发电机的额定电流 I_{GN}，即 $PQ=I_{brk.0}=I_{GN}$。

（3）动作条件为

$$\begin{cases} I_{act} > I_{act.min} \\ I_{act} > K_{brk}(I_{brk}-I_{brk.0})+I_{act.min} \end{cases} \begin{cases} I_{brk} \leqslant I_{brk.0} \\ I_{brk} > I_{brk.0} \end{cases}$$

（4）确定制动系数 K_{brk}

$$K_{brk}=\text{tg}\alpha\approx K_{rel}I_{unb.max}/I_{k.max}=K_{rel}K_{ss}K_{TA}K_{aper}$$

（5）灵敏度校验

$$K_{sen}=I_{k.min}/I_{act}\geqslant 2$$

I_{act}为当 $I_{brk}=I_{k.min}$时，由制动特性上查得的保护的相应的动作电流。

二、发电机的匝间短路保护

容量较大的发电机每相都有两个或两个以上的并联支路。同一支路绕组匝间短路或同相不同支路的绕组匝间短路，都称为定子绕组的匝间短路。发生匝间短路时，纵差动保护往往不能反映，故对于发电机定子绕组的匝间短路，必须装设专用保护。

（一）横联差动保护

对于定子每相都由两个并联支路组成，且每一支路在中性点侧均有引出端的发电机，可采用横差动保护。正常情况下，每相两个支路中对应绕组的电位相等，各提供 1/2 的负荷电流。而当任一支路的绕组中发生匝间短路时，两个支路绕组中对应绕组的电位就不再相等，由于出现电位差，在各支路经中性点的环路间产生环流。利用此环流即可构成横差保护。

由 DL—11/b 型继电器构成的横差保护原理接线见图 6 - 5 所示。其工作情况分析如下：

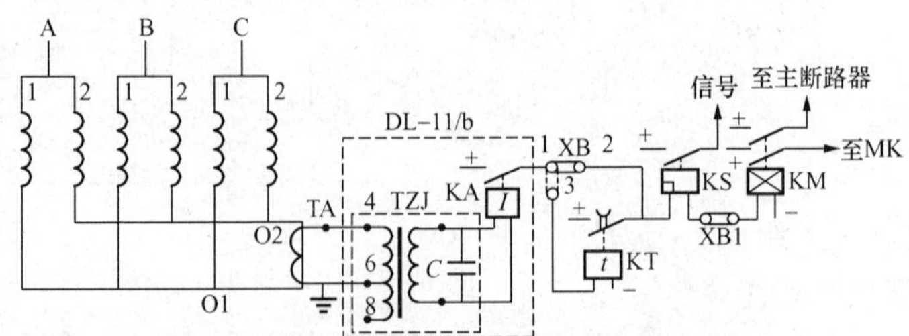

图 6 - 5　发电机单继电器式横差保护原理图

（1）正常运行及外部短路时，两个星形中性点 O1 和 O2 的电位相同，因而 O1 和 O2 的连线上无电流流过，电流继电器不会动作。

（2）当定子绕组同一支路内部发生匝间短路时，如图 5-6 所示，由于故障支路和非故障支路的电位不等，有环流 I_{KL} 产生，并通过 TA 作用于电流继电器，保护即动作于跳闸。短路匝数与每相总匝数之比 α 越大，I_{KL} 就越大；而当 α 较小时，I_{KL} 较小，保护可能拒动。因此，保护有死区。

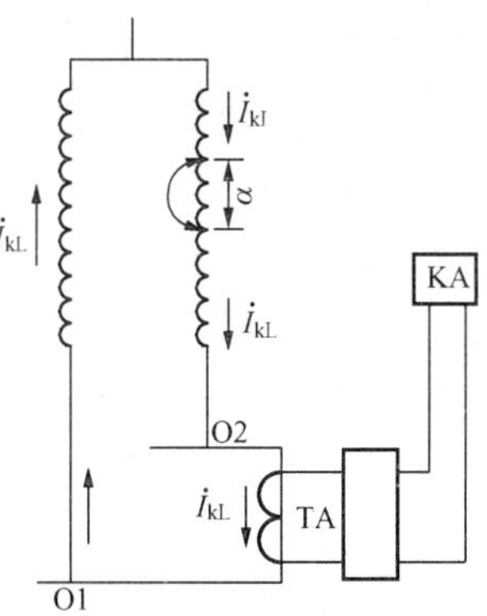

图 6-6　同一支路内匝间短路时的电流分布

（3）当定子同一相不同支路绕组匝间短路时，如图 6-7 所示，只要 $\alpha_1 \neq \alpha_2$，将分别产生两个环流 I''_{KL} 和 I'_{KL}。只要流过继电器的电流为 I''_{KL}/n_{TA}，足够大，保护就动作。显然当 α_1 接近于 α_2 时，保护同样会出现死区。

（4）在发电机定子绕组相间短路时，如图 6-8 所示，横差保护也会动作。但由于其死区较大，且不能反映引出线上的相间短路，因此不能替代纵差保护。

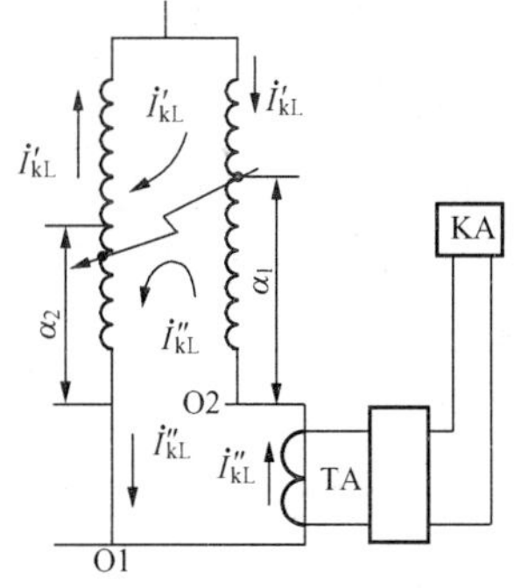

图 6-7　不同支路内匝间短路时的电流分布

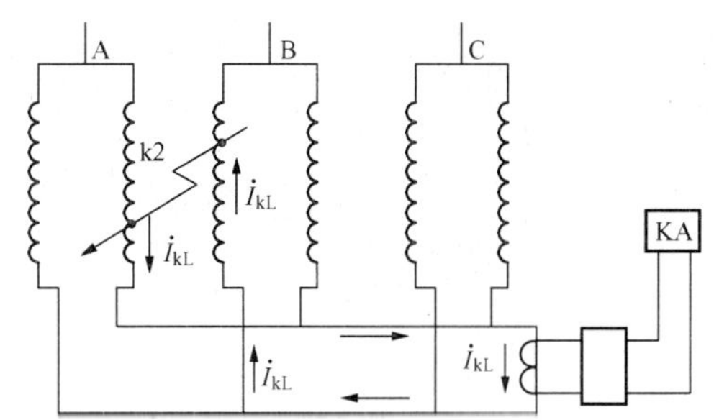

图 6-8　定子绕组相间短路时的电流分布

（5）当定子绕组开焊时，如图 6-9 所示，由于断线支路的电流为零，O1、O2 连线上就有零序电流 $3I_0$ 通过，保护将灵敏地动作。

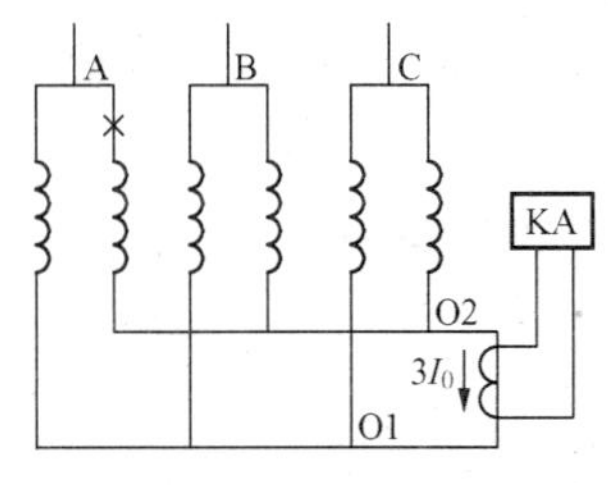

图 6-9　定子绕组一个支路断开时的电流分布

（6）当转子回路两点接地时，转子磁极磁场的对称性要遭到破坏，而定子同一相两个支路的绕组并不一定位于相同的定子槽中，因而其感应的电动势就不相等，这样就会产生环流，使横差保护动作。为了防止在励磁回路中发生瞬时性的两点接地引起横差保护误动，一般在励磁回路发生一点接地后，在投入两点接地保护的同时，将横差保护切换至带有 0.5～1s 的延时动作。

DL—11/b 型电流继电器由三次谐波滤过器 TZJ 和执行元件 KAS 组成。三次谐波滤过器用于滤去正常情况及外部短路时在两星形中性点连线上出现的三次谐波不平衡电流。

保护装置的动作电流，根据运行经验，通常取发电机定子额定电流的 20%～30%，即

$I_{act}=(0.2\sim0.3)I_{GN}$。保护用电流互感器变比一般取 $0.25I_{GN}/5$。

（二）反映零序电压的匝间短路保护

大容量的发电机，由于其结构紧凑，无法引出所有分支，往往只在中性点引出三个端子，无法装设横差保护。因此大型机组通常采用反映零序电压的匝间短路保护。

发电机正常运行时，机端不出现基波零序电压。相间短路时，也不会出现零序电压。单相接地故障时，接地故障相对地电压为零，而中性点对地电压上升为相电压，因此三相出线对中性点电压仍然对称，不出现零序电压。若定子绕组匝间短路，则三相对发电机中性点电压的对称性被破坏，因而出现零序电压。图 6-10 所示为 A 相绕组发生匝间短路，则故障相电动势将变为 $\dot{E}'_A=(1-\alpha)\dot{E}_A$，未发生短路的两相电动势不变，三相电动势相量图见图 6-11 所示。按照对称分量法，可求得零序电动势为

$$3\dot{E}_0=\dot{E}'_A+\dot{E}_B+\dot{E}_C=-\alpha\dot{E}_A$$

显然零序电压的大小与 α 成正比。利用此零序电压可构成匝间短路保护。

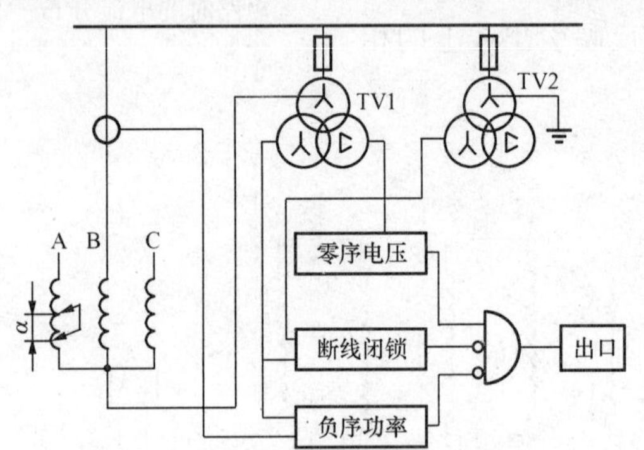

图 6-10　定子绕组匝间短路电路图

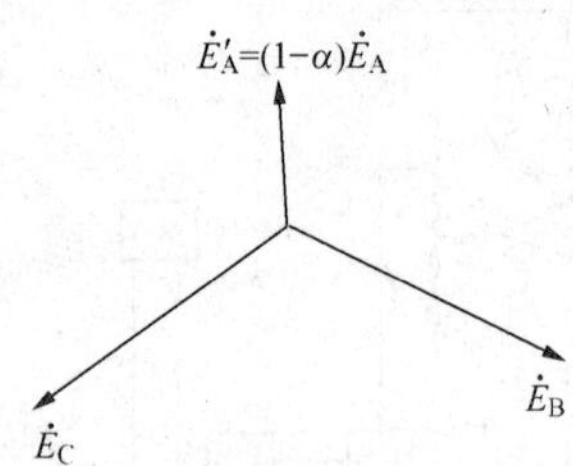

图 6-11　定子绕组匝间短路时的三相电动势相量图

为了防止低定值零序电压匝间短路保护在外部短路时误动作，可设负序功率方向闭锁元件。当发电机内部相间和匝间短路以及定子绕组分支开焊时，负序源位于发电机内部，它所产生的负序功率由发电机流出；而当系统中发生各种故障时，负序功率由系统流入发电机。判断负序功率方向，便可区分是发电机内部故障还是系统故障。

为了反映三相对中性点的零序电压，此保护用电压互感器 TV1 的中性点不可接地，而必须与发电机的中性点相连。

为防止 TV 一次熔断器熔断而引起保护误动作，还设有电压断线闭锁装置。

§6.3　发电机定子绕组接地保护

定子绕组与铁芯之间绝缘破坏而造成的定子绕组单相接地故障，是发电机常见的故障之一。以往认为单相接地电容电流小于 5A，就不会严重烧伤铁芯，因此要求保护在接地电流小于 5A 时只发出信号即可。多年的运行实践和事故教训表明，5A 的定子接地电流不能认为是安全电流。对于大型机组，这个安全电流不应超过 1.0~1.5A。在安全电流

下，定子接地保护动作只发信号而不跳闸，但应及时处理。

由于发电机定子绕组是全绝缘的，中性点附近一般不易发生接地故障。但运行实践表明，由于机械损伤，水内冷的定子漏水而发生单相接地，也可能使故障位于中性点附近。因此，要求大型机组的定子接地保护无死区，即有100%保护区。

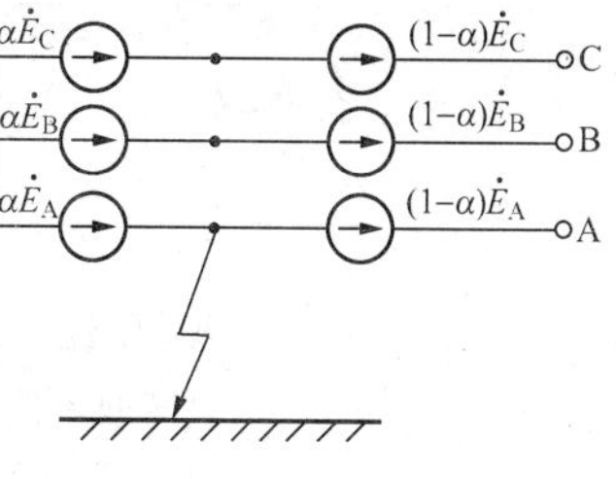

图6-12 发电机定子绕组单相接地

一、反映基波零序电压的定子绕组接地保护

定子单相接地等值电路如图6-12所示。设故障点位于定子绕组A相距中性点距离为α处，则机端的零序电压为

$$\dot{U}_A = (1-\alpha)\dot{E}_A$$
$$\dot{U}_B = \dot{E}_B - \alpha\dot{E}_A$$
$$\dot{U}_C = \dot{E}_C - \alpha\dot{E}_A$$
$$\dot{U}_0 = (\dot{U}_A + \dot{U}_B + \dot{U}_C)/3 = -\alpha\dot{E}_A$$

显然零序电压与α成正比，即故障点离中性点越远，零序电压越高，离中性点越近，零序电压越小。

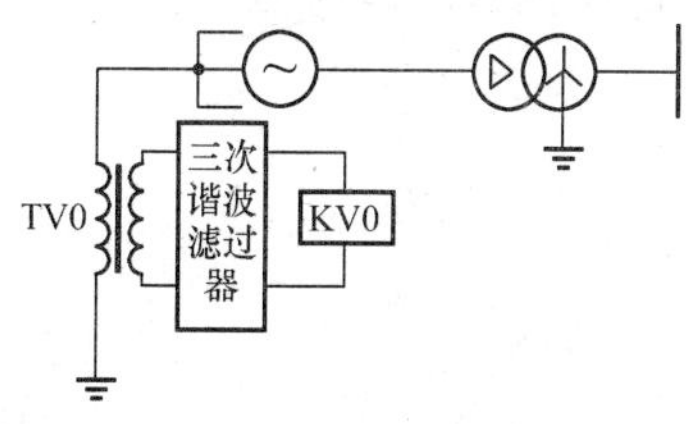

图6-13 反映零序电压的定子接地保护

零序电压保护是反映发电机定子绕组接地故障时出现的零序电压而动作的保护，保护动作于信号（或跳闸）。零序电压可取自机端三相电压互感器的开口三角绕组，也可取自发电机中性点单相电压互感器或消弧线圈的二次电压，接线见图6-13所示。

保护的动作电压应按躲过正常运行时的不平衡电压（包括三次谐波电压）整定。此电压整定值较高，因此中性点附近故障时，死区较大。为了减少中性点附近的死区，应减小正常时输入继电器KV0的不平衡电压。从不平衡电压的波形分析中可知，其主要成分为三次谐波，故在KV0前加一三次谐波电压滤过器，以提高中性点附近接地故障时的灵敏度。此保护的保护区可达85%～95%，但中性点附近仍有15%～5%区域的死区。

二、100%保护区的定子接地保护

发电机定子绕组单相接地100%保护区保护的构成原理，是在基波零序电压定子绕组接地保护的基础上，利用三次谐波电压作判据，增加保护动作量，消除基波零序电压定子绕组接地保护在中性点附近15%～5%死区。即基波零序电压定子绕组接地保护，其保护区为机端至中性点的85%～95%；三次谐波电压定子绕组接地保护，其保护区为中性点至的机端的50%；两保护区加起来构成100%的保护区。如图6-14所示。

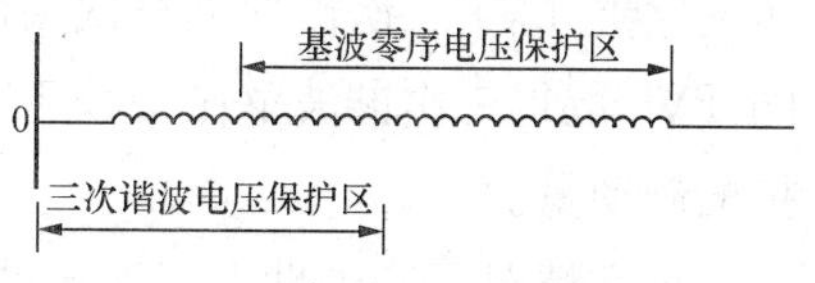

图6-14 发电机定子绕组单相接地100%保护区分析

（一）三次谐波电压特点

1. 正常运行时发电机定子绕组三次谐波电压的分布

正常运行时发电机中性点的三次谐波等值电路如图6-15所示。图中C_G为发电机每相对地电容，C_t为机端其他元件的每相对地电容，则有$U_{s3}/U_{N3}=C_G/(C_G+2C_t)$。显然在正常情况下，恒有$U_{s3}\leqslant U_{N3}$。

若发电机中性点经消弧线圈接地，其三次谐波等值电路如图 6 - 16 所示。若为完全补偿方式（$\omega L=1/\omega C$），三相对地电容为 $C=3$（C_G+C_t），则

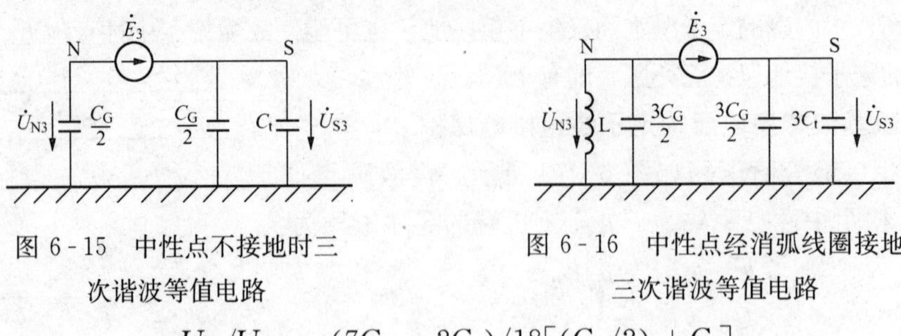

图 6 - 15　中性点不接地时三次谐波等值电路

图 6 - 16　中性点经消弧线圈接地三次谐波等值电路

$$U_{s3}/U_{N3}=(7C_G-2C_t)/18[(C_G/2)+C_t]$$

如 $C_t=0$，则 $U_{s3}/U_{N3}=7/9$。

可见在正常运行情况下，机端三次谐波电压 U_{s3} 总是小于中性点三次谐波电压 U_{N3}。

2. 定子绕组一点接地后的三次谐波电压

当定子绕组距中性点 α 处发生单相接地时，不管中性点是否经消弧线圈接地，三次谐波电压恒有如下关系

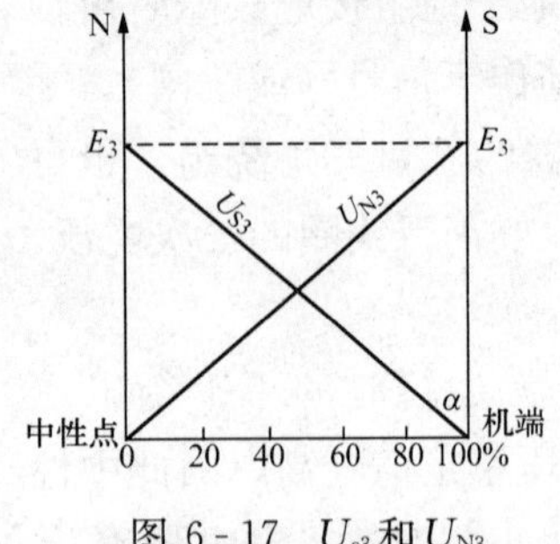

图 6 - 17　U_{s3} 和 U_{N3} 随 α 变化关系

$$U_{N3}=\alpha E_3$$
$$U_{s3}=(1-\alpha)E_3$$
$$U_{s3}/U_{N3}=(1-\alpha)/\alpha$$

当机端发生接地故障时，$\alpha=1$，则 $U_{s3}=0$，$U_{N3}=E_3$。在中性点处发生接地故障时，$\alpha=0$，则 $U_{s3}=E_3$，$U_{N3}=0$。U_{s3} 和 U_{N3} 随 α 变化的关系见图 6 - 17 所示。

（二）双频式 100%定子接地保护

由于发电机正常运行时，总是满足 $U_{s3}<U_{N3}$，而当故障点位于 $\alpha=0\sim50\%$ 的范围时，$U_{s3}>U_{N3}$。因此，如将 U_{s3} 作为动作量、U_{N3} 作为制动量来构成保护，保护的动作条件为 $U_{s3}\geqslant U_{N3}$，则越靠近中性点附近发生故障，保护灵敏度越好。当 $\alpha=0\sim50\%$ 的范围内发生接地故障时，保护均可动作，由此构成 100%接地保护的第一部分。100%接地保护的第二部分是由基波零序电压保护构成，保护区为靠机端 85%～95%的绕组。双频式 100%定子接地保护接线原理图如图 6 - 18 所示。从机端电压互感器 TV1 二次侧取得三次谐波电压 U_{s3} 和零序电压作为保护装置的动作量，中性点侧的 TV0 取得三次谐波电压 U_{N3} 及从变压器高压侧电压互感器 TV2 取得的零序电压作为保护的制动量。

正常情况下，中性点三次谐波电压较高 $U_{N3}>U_{s3}$，保护不动作。

在靠近中性点侧发生接地故障时，$U_{N3}<U_{s3}$，保护动作；靠近机端接地故障时，$U_{N3}>U_{s3}$，三次谐波保护不动作，但此时机端 TV1 开口三角形侧输出较大的零序电压，此零序电压作用于比较回路 2，而 TV2 开口三角形侧无零序电压，故比较回路 2 的制动量为 0，保护动作。

如变压器高压侧发生接地故障，由于变压器高压侧 TV2 输出较大的零序电压，使比

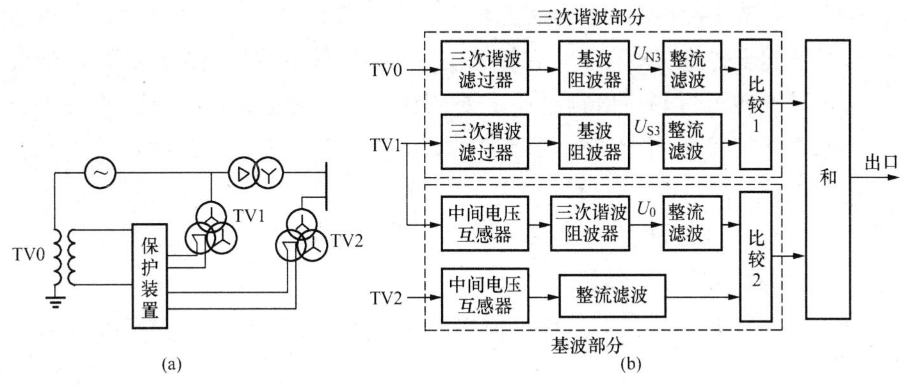

图 6-18　双频式 100%接地保护示意图

(a) 一次接线示意图；(b) 保护装置原理方框图

较回路 2 的制动量大于动作量。从而防止了变压器高压侧发生接地故障时，由于变压器高低压绕组间电容耦合关系，在机端出现零序电压而使保护误动。

§6.4　发电机的电流、电压保护

与变压器的后备保护相似，发电机后备保护也可采用低电压起动的过电流保护，复合电压起动的过电流保护或负序电流加单相式低电压起动的过电流保护。当对灵敏度和时限配合的要求较高时，还可采用阻抗保护作为后备保护。

一、复合电压起动的过电流保护

发电机的复合电压起动的过电流保护三相原理接线见图 6-19。保护的工作情况如下：当保护区内发生对称故障时，电流元件动作，由于机端电压下降，低电压继电器动断触点闭合，由此整套保护动作，经过保护动作时限后，使主断路器与灭磁开关跳闸；当发生不对称短路时，故障相的电流元件动作，同时由于负序电压的出现，在负序电压滤过器的输出端子有负序电压输出，继电器 4 动作（动断触点打开），低电压继电器 5 失磁，低电压继电器的动断触点闭合，整套保护经延时跳主断路器和灭磁开关。保护的整定原则与变压器保护类似。

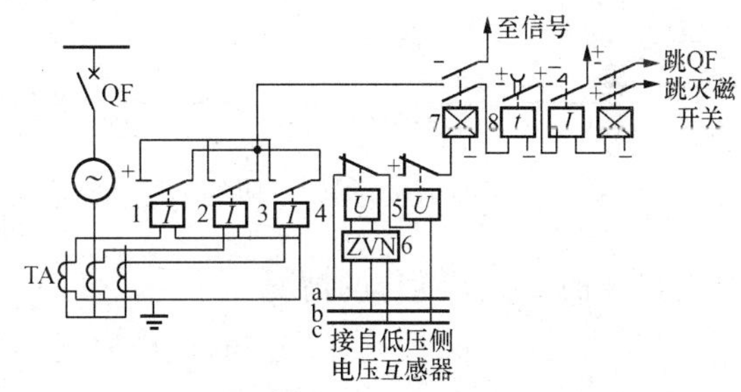

图 6-19　复合电压起动过电流保护原理接线图

二、负序电流保护

对于容量为 50000kW 以上的发电机，为了提高不对称短路的灵敏度，可采用负序电流保护，同时还可防止转子回路的过热。

正常运行时发电机的定子旋转磁场与转子同方向同速运转，因此不会在转子中感应电流。当发电机带有不对称负荷或系统中发生不对称故障时，在定子绕组中将有负序电流，从而在发电机中产生逆转子旋转方向的旋转磁场。此旋转磁场相对于转子来说以两倍的同步转速运动，它以两倍同步转速切割转子，在转子本体和各部件中感应出两倍频率的电流，从而引起附加损耗，导致转子过热。倍频电流主要在转子表层流过，并将在护环与转子本体之间、槽楔与槽壁之间等接触面上形成局部过热点，会使转子烧伤，严重时可使护环受热松脱，造成灾难性事故。同时，负序旋转磁场与转子电流作用，正序旋转磁场与定子负序电流作用产生100Hz的交变电磁力矩，作用在转子大轴和定子基座上，将引起机组振动。

（一）发电机承受负序电流的能力

（1）汽轮发电机能长期承受的负序电流值，由转子各部件能承受的温度决定，通常为额定电流的4%～10%。

（2）汽轮发电机承受负序电流的能力，与负序电流通过的时间有关，时间越短，允许的负序电流值越大；时间越长，允许的负序电流值越小。因为负序电流在转子中所引起的发热量，正比于负序电流的平方与所持续时间的乘积。假设转子不向周围散热，则由转子发热条件所容许的负序电流 I_2^*（标么值）和时间 t 的关系可表示为：$t=A/I_2^{2*}$。A 是与发电机型式和冷却方式有关的常数。对于大型汽轮发电机承受负序电流的能力为 $A=4\sim10$。

（二）负序定时限过电流保护

对于中小型发电机，负序过电流保护可采用两段式负序定时限过电流保护，即负序过负荷信号和负序过电流跳闸两段。负序过负荷的动作电流按躲过发电机长期允许的负序电流整定，通常取为 $0.1I_{GN}$，时限大于发电机后备保护的动作时限，可取5～10s。负序过电流动作电流按发电机短时允许的负序电流整定，对于表面冷却的发电机其动作值常取为（0.5～0.6）I_{GN}，动作时限与后备保护逐级配合，一般取3～5s。保护动作时限特性与发电机允许的负序电流曲线（$A=4$ 的600MW机组）的配合情况如图6-20所示。

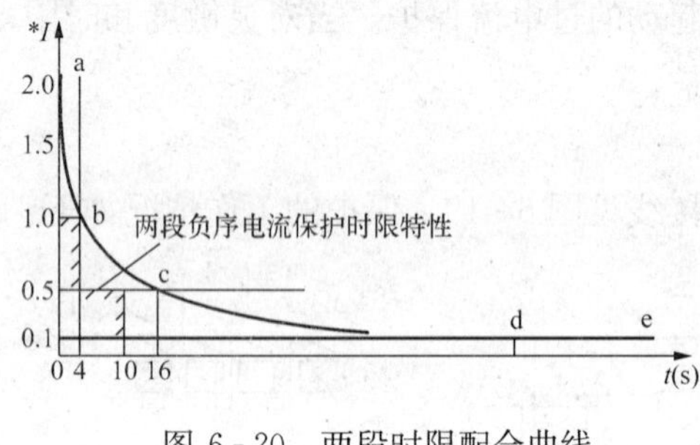

图 6-20　两段时限配合曲线

（1）在曲线ab段内，保护装置的动作时间大于发电机允许的时间，因此，可能出现发电机已损坏而保护未动作的情况。

（2）在曲线bc段内，保护的动作时间小于发电机的允许时间，没有充分利用发电机本身所具有的承受负序电流的能力。

（3）在曲线cd段内，保护动作于信号由运行人员来处理。可能值班人员还未来得及处理，发电机已超过了允许时间，所以此段只给信号也不安全。

（4）在曲线de段内，保护根本不反应。

由此可见，两段式负序定时限过电流保护的动作特性与发电机允许的负序电流曲线不能很好配合。因此对100MW及以上、$A<10$ 的发电机，应装设负序反时限过电流保护。

（三）负序反时限过电流保护

负序反时限过电流保护能模拟发电机发热特性，当负序电流数值较大时，保护以较短的时限跳闸。负序电流数值较小时，保护以较长的时限跳闸或动作于信号。

负序反时限过电流保护的动作特性与发电机允许的负序电流曲线相配合的情况，如图 6-21 所示，考虑到转子散热效应，判据 $I_2^{2*}t=A$ 较为保守，因此，此时保护的动作特性方程为

$$t = A/(I_2^{2*}-\alpha)$$

式中 α——与发电机转子温升特性和温升裕度等因素有关的常数。

采用负序反时限过电流保护，既可以充分利用发电机承受负序电流的能力，避免在发电机还没有达到危险状态时就把它切除；又能防止发电机的损坏。

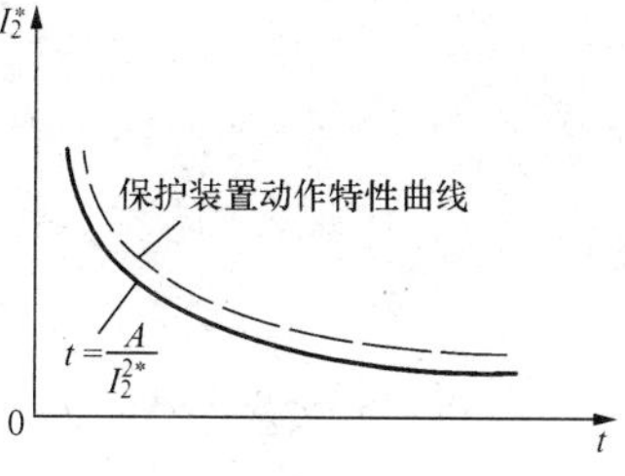

图 6-21 负序反时限过电流保护动作特性与发电机 $I_2^{2*}t=A$ 的配合曲线

§6.5 发电机励磁回路接地保护

发电机励磁绕组由于绝缘损坏较易发生一点接地故障。当发生一点接地之后，并不构成电流通路，故无电流流过故障点，励磁绕组的电压仍保持正常，因此可继续运行，对发电机无直接危害。在发生一点接地后，若发电机仍继续运行，而其他点绝缘水平降低时，则有可能发生转子回路的第二点接地。励磁回路两点接地后，励磁绕组将被短接一部分，其后果是：

(1) 使转子磁场发生畸变，力矩不平衡，引起机组强烈振动，严重危害发电机的安全。

(2) 由于故障点流过很大的故障电流，将产生电弧烧坏励磁线圈和转子本体。

(3) 励磁回路两点接地可能使汽轮机汽缸磁化。

因此，励磁回路两点接地其后果是严重的。

过去对中小机组一般都装设有一点接地绝缘检测装置和两点接地保护。现在广泛采用转子一点接地保护代替以往的转子一点接地绝缘检测装置。当发生一点接地后，发出信号（必要时可动作于跳闸），以便尽快安排停机。一点接地保护动作后，投入两点接地保护，动作于停机。

一、叠加交流的转子一点接地保护

叠加交流的转子一点接地保护的原理接线如图 6-22 所示。正常运行时，交流无通路，保护不动作；转子绕组发生一点接地故障时，接通交流回路，保护动作发信号（或跳闸）。图 6-22 中电容 C_y 的作用是隔直，防止正常运行时励磁回路与保护回路接通而造成接地。

图 6-22 叠加交流电压的转子一点接地保护还可用导纳方式进行理论分析*，其等值电路如图 6-23 所示。交流电压经测量装置、附加电阻 R_b，加到转子绕组与地之间，转子绕组对地等效绝缘电阻为 R_y（即 $1/g_y$），对地等效电容为 C_y（即 b_y/ω），则转子对地阻抗 $Z_y=1/Y_y$，转子对地导纳 $Y_y=g_y+jb_y$，从 G、E 端子看进去的测量导纳为

---

* 理论分析为选学内容。

$$Y = 1/(R_b + Z_y) = 1/(1/g_b + 1/Y_y)$$
$$= g_b[1 - g_b/(g_b + g_y + jb_y)]$$

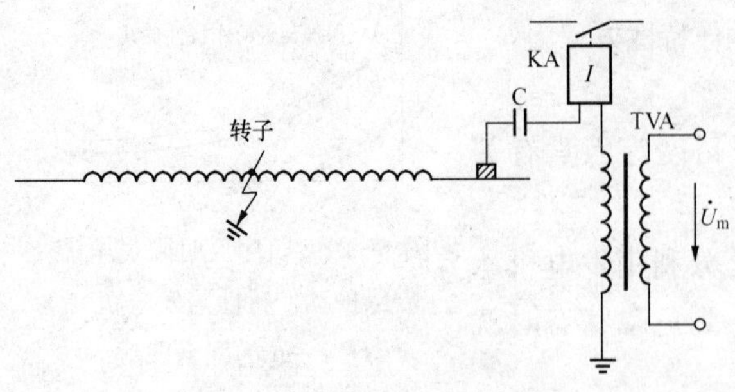

图 6-22　叠加交流电压的转子一点接地保护原理接线图

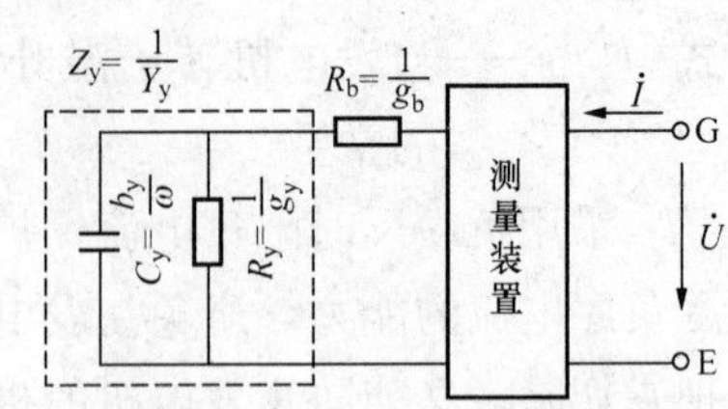

图 6-23　转子回路对地测量导纳的等值电路

式中：附加电导 g_b 为常数，转子对地电导 g_y 和电纳 b_y 均为变量。

因此有：

（1）取不同的 g_y 值，在复数导纳平面上可得一等电导圆族。等电导圆圆心轨迹落在 g 轴上，如图 6-24 中实线所示。

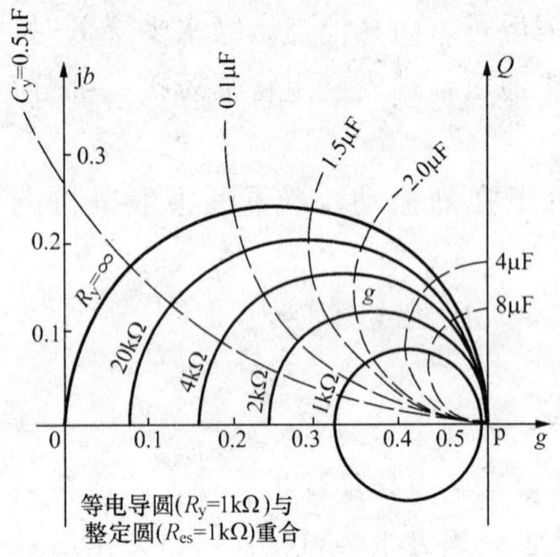

图 6-24　等电导圆等电纳圆（X_b=0）

注　图中实线表示等电导圆，虚线表示等电纳圆。

（2）取不同的 b_y 值时，在复数导纳平面上亦可得到一个等电纳圆族，如图 6-24 中虚线所示，其圆心轨迹是一条通过 P 点并与实轴 g 垂直的直线。对于一台发电机，若转子绕组对地电容一定，则当转子绕组对地绝缘下降时，测量导纳就是按等电纳圆的轨迹变化的。

作为转子一点接地保护，要求仅反应转子绕组对地绝缘电阻 R_y 的变化，而不受转子绕组对地电容 C_y 的影响。例如要求 R_y 下降到 1kΩ 时保护动作，所以要求保护装置的动作特性圆在复导纳平面上是图 6-24 中所示的一个等电导圆，这一等电导圆为整定圆，圆内为保护的动作区。

根据以上分析，导纳继电器的动作特性圆如图 6-25 所示，其圆心相量为 Y_{cz}，半径 $Y_{rz} = Y_\infty - Y_{cz}$，其动作特性可表示为

$$|Y - Y_{cz}| \leqslant |Y_\infty - Y_{cz}|$$

在正常情况下，转子绕组对地绝缘较高，测量导纳 Y 的端点在圆外，如图 6-25 中的 P 点所示，继电器不动作。当转子对地绝缘下降后，对地电导变大，使 P 点向动作区域移动，当 P 点进入圆内时，保护装置动作。

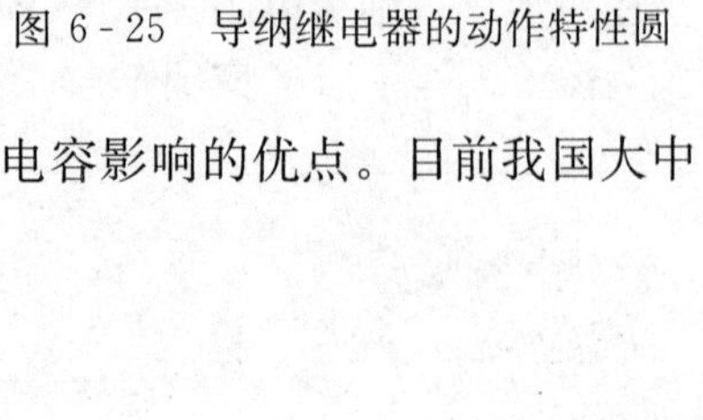

图 6-25　导纳继电器的动作特性圆

利用导纳继电器构成的转子一点接地保护，具有无死区、灵敏度不随接地点位置不同而改变、不受转子对地电容影响的优点。目前我国大中型发电机多采用这种保护。

二、直流电桥式转子两点接地保护

直流电桥式转子两点接地保护原理接线如图 6-26 所示。附加可调电阻 R_p 接至发电机转子绕组两端。当转子绕组 k1 处发生第一点接地时，k1 点将转子绕组电阻分为两部分 R_1 和 R_2，组成电桥的两臂；另两臂则由附加电阻 R_P 的两部分 R_{P1} 和 R_{P2} 组成。将 SK 合上，调节 R_P 的滑动触头，使毫伏表 mV 的指示为 0，于是电桥处于平衡状态，各臂电阻满足以下关系：

$$R_{P1}/R_{P2} = R_1/R_2$$

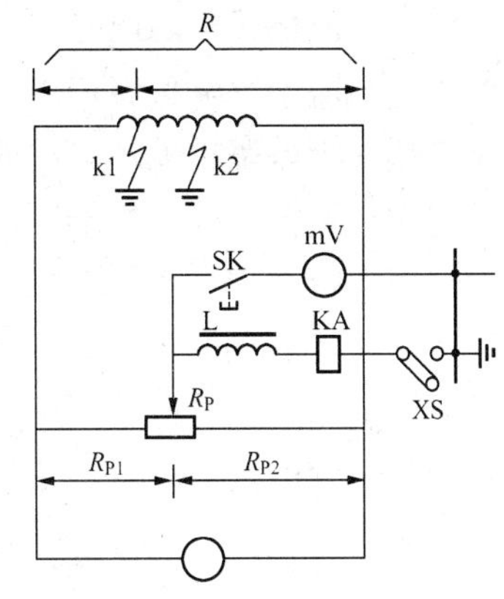

图 6-26　转子两点接地保护原理图

断开 SK 后，接通连接片 XB，将电流继电器线圈 KA 和限流电感 L 接到电桥的对角线上，此时两点接地保护投入运行。这时继电器中无电流，保护不动作。

当转子绕组出现第二点接地时（如 k2 点），电桥的平衡关系被破坏，继电器内将流过电流，当该电流大于继电器的动作电流时，保护动作于跳闸。

实际运行中，由于发电机气隙不均匀，在转子绕组中存在交流电动势。为消除其影响，串入一限流电感，防止保护误动。

若第二个故障点 k2 离第一个故障点 k1 较远，则保护的灵敏度较好；反之第二点 k2 离第一点 k1 较近，会出现死区，死区范围约为 10%左右。

当第一个故障点在转子两端时，则不论第二个故障点在何处，保护均不可能动作，死区达 100%。

§6.6　发电机的失磁保护

发电机失磁是指发电机的励磁电流突然全部消失或部分消失。失磁的原因有：转子绕组故障，励磁机故障，自动灭磁开关误跳闸，励磁系统故障，自动调节励磁装置故障或误操作等。

当发电机完全失去励磁后，励磁电流逐渐衰减到零，发电机的感应电动势 E_d 将随励磁电流的减小而减小，则发电机的电磁转矩减小。由于作用于发电机的机械转矩还来不及减小。因此发电机将在原动机的作用下，使转子加速，功角 δ 增大，以保持电磁功率与机械功率的平衡。在 $\delta<90°$ 时，发电机还没有失步，处于同步振荡阶段。$\delta=90°$ 时，发电机处于临界失步状态。当 δ 角超过 90°时，发电机与系统失去同步。这时发电机将从系统中吸收无功功率供给励磁电流，建立气隙磁场，在定子绕组中感应电动势。在发电机超过同步转速后，转子回路中将感应出频率为 f_g-f_s（f_g 为对应发电机转速的频率，f_s 为系统频率）的单相电流和电动势，此电流产生异步制动转矩，当异步转矩与原动机转矩达到新的平衡时，即进入稳定的异步运行状态。进入异步运行后，发电机输出的有功功率比失磁前将有所减小。

一、发电机失磁的影响

(1) 由于发电机转速出现转差，转子表面产生差频电流。该电流产生附加损耗，使转子过热。转差率越大，引起的过热也越严重。

(2) 发电机进入异步运行后，发电机转差越大，其等效阻抗就越小，从系统吸取的无功功率就越大，从而使发电机定子过电流，定子温度升高。

(3) 发电机失磁进入异步运行后，发电机的转矩、有功功率剧烈地周期性摆动，使定子、转子和整个机组受到很大的冲击。

(4) 发电机失磁后，从系统吸取接近于额定容量的无功功率，使系统电压降低，若系统的无功储备不足，将使邻近失磁发电机的系统的电压低于允许值，影响系统的稳定运行，甚至导致系统因电压崩溃而瓦解。

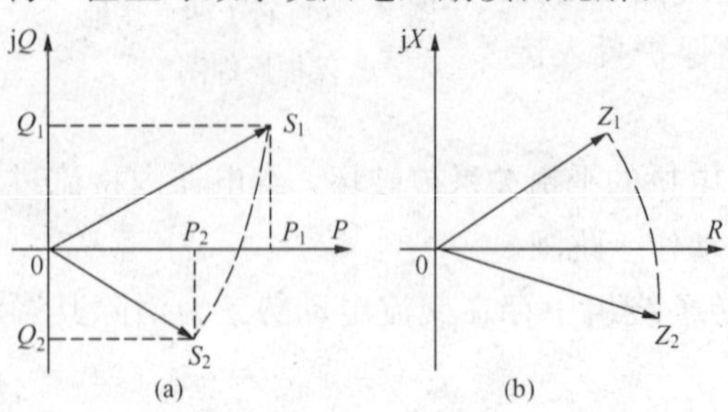

图 6-27　功率变化和阻抗变化图

(a) 功率变化；(b) 阻抗变化

发电机从正常运行经失磁进入异步运行的过程中，功率变化和阻抗变化可用图 6-27 表示。图 6-27 (a) 表示的是功率变化，P_1 是发电机正常运行时输出的有功功率，Q_1 是发电机正常运行时输出的无功功率；P_2 是发电机进入异步运行时输出的有功功率，Q_2 是发电机进入异步运行时从系统吸取的无功功率。进入异步运行后，发电机输出的有功功率比失磁前将有所减小，即 $P_2<P_1$。图 6-27 (b) 表示的是阻抗变化，阻抗与功率是反比关系，所以，功率从第Ⅰ象限变化到第Ⅳ象限其幅值为递减时，阻抗从第Ⅰ象限变化到第Ⅳ象限其幅值则为递增。

发电机的单机容量越大，失磁后从系统吸取的无功功率也越大。发电机的单机容量占电力系统容量的比例越大，发电机失磁运行对系统的影响也越严重。为了保证发电机和电力系统的安全运行，在发电机特别是大型发电机上应装设失磁保护，以便及时发现失磁故障，根据情况发信号或跳闸。

二、发电机失磁后机端测量阻抗的变化*

失磁后发电机机端测量阻抗的变化是失磁保护的重要判据。以汽轮发电机经一联络线与无限大系统并列运行为例，其等值电路及正常运行时的相量图如图 6-28 所示。发电机从失磁开始到步入稳定异步运行，可分为三个阶段。

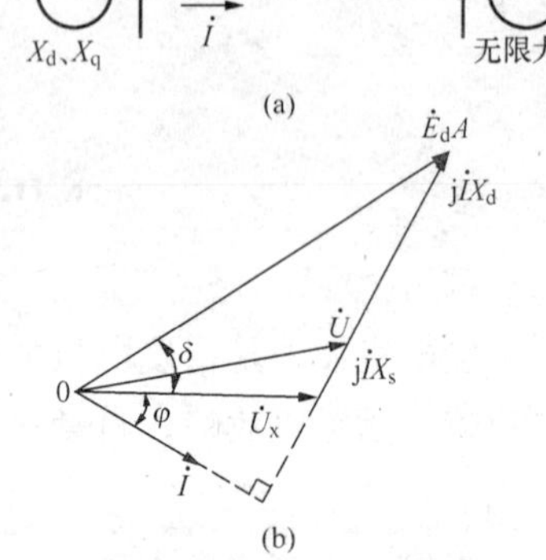

图 6-28　发电机与无限大系统并联运行

(a) 等值电路图；(b) 相量图

$\dot{E}_d$—发电机的纵轴同步电势；$\dot{U}_x$—无限大系统的电压；$\dot{U}$—发电机端电压；$\dot{I}$—发电机定子电流；φ—由发电机送出的 P、Q 决定的功率因数角；δ—由 E_d 与 U_x 间的夹角所表示的功率角

1. 失磁后到失步前

此阶段由于转子惯性，发电机输出有功功率 P 基本上

* 发电机失磁后机端测量阻抗变化的理论分析为选学内容。

与失磁前一样，而无功功率 Q 由输出变为输入。机端测量阻抗由感性变为容性

$$
\begin{aligned}
Z &= \dot{U}/\dot{I} = (\dot{U}_x + j\dot{I}X_s)/\dot{I} \\
&= U_x^2/(P - jQ) + jX_s \\
&= U_x^2 2P/(P - jQ)2P + jX_s \\
&= U_x^2(P - jQ + P + jQ)/(P - jQ)2P + jX_s \\
&= U_x^2(1 + e^{j\delta})/2P + jX_s \\
&= U_x^2/2P + jX_s + (U_x^2/2P)e^{j\delta}
\end{aligned} \tag{6-4}
$$

式中：$\delta=2\mathrm{tg}^{-1}$ (Q/P)；U_x、X_s、P 均为常数；而 Q 和 δ 为变数。

式（6-4）是一个圆的方程，其圆心坐标为（$U_x^2/2P$，X_s），圆的半径为 $U_x^2/2P$。由于该圆是在有功功率不变的条件下得出的，故称等有功阻抗圆，如图 6-29 所示，圆的半径与 P 成反比。

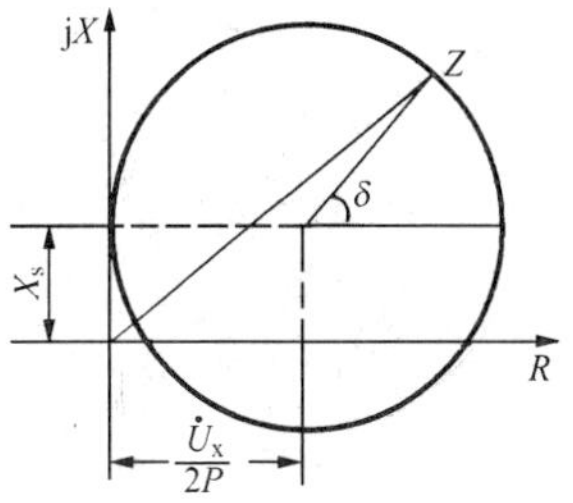

图 6-29 等有功阻抗圆

2. 临界失步点

发电机处在临界状态，此时 $\delta=90°$，发电机送往系统的无功功率为

$$
\begin{aligned}
Q &= E_d U_x \cos\delta/(X_d + X_s) - U_x^2/(X_d + X_s) \\
&= -U_x^2/(X_d + X_s) = \text{常数}
\end{aligned} \tag{6-5}
$$

说明发电机在临界失步点时自系统吸收无功功率，且为一常数，临界失步点的机端测量阻抗为

$$
\begin{aligned}
Z &= \dot{U}/\dot{I} = (\dot{U}_x + j\dot{I}X_s)\dot{I} = U_x^2/(P - jQ) + jX_s \\
&= j(U_x^2/2Q + X_s) - jU_x^2 e^{j\delta}/2Q \\
&= -j(X_d - X_s)/2 + j(X_d + X_s)e^{j\delta}/2
\end{aligned} \tag{6-6}
$$

式（6-6）也是一个圆方程，圆心坐标为［0，$-(X_d - X_s)/2$］，圆的半径为（X_d+X_s）/2。该圆是在 Q 不变的条件下得出的，故又称等无功阻抗圆，如图 6-30 所示。其圆周为发电机以不同的有功功率而临界失步时的机端测量阻抗的轨迹，圆内为失步区。

3. 失步后异步运行阶段

发电机异步运行后的等值电路见图 6-31 所示，则机端测量阻抗为

$$
Z = -\dot{U}/\dot{I} = -[jX_1 + (jX_2' + r_2'/S) \mathbin{/\!/} jX_{ad}] \tag{6-7}
$$

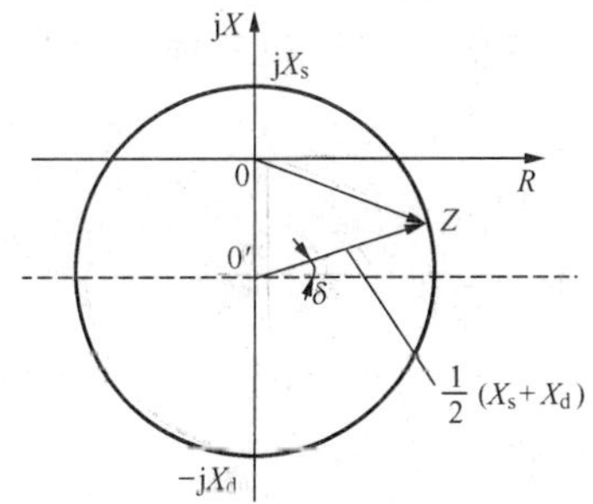

图 6-30 发电机等无功阻抗圆

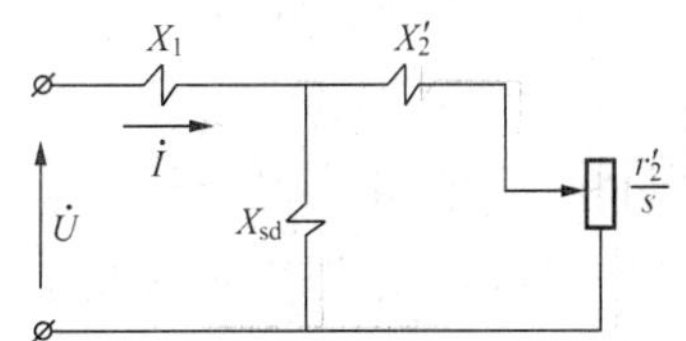

图 6-31 发电机异步运行状态等值电路

X_1—定子绕组漏抗；X_2'—转子绕组漏抗（归算到定子侧）；r'_2—转子绕组电阻（归算到定子侧）；X_{ad}—定、转子间互感电抗

（1）若失磁前发电机空载，则发电机失磁后转差 s 很小，$s\approx 0$，$r'_2/s\to\infty$，则机端测量阻抗为

$$Z=-\mathrm{j}(X_1+\mathrm{j}X_{ad})=-\mathrm{j}X_d \tag{6-8}$$

即机端测量阻抗接近同步电抗，为$-\mathrm{j}X_d$。

（2）若失磁前发电机有功功率很大，则失步后转差 s 很大，$r'_2/s\to 0$。

$$Z=-\mathrm{j}[X_1+X'_2 /\!/ X_{ad}]=-\mathrm{j}X'_d \tag{6-9}$$

即机端测量阻抗表现为暂态电抗，为$-\mathrm{j}X'_d$。

因此当发电机进入异步运行状态时，机端测量阻抗最终一定落在包括（0，$-\mathrm{j}X'_d$）和（0，$-\mathrm{j}X_d$）两点在内的临界失步圆内。

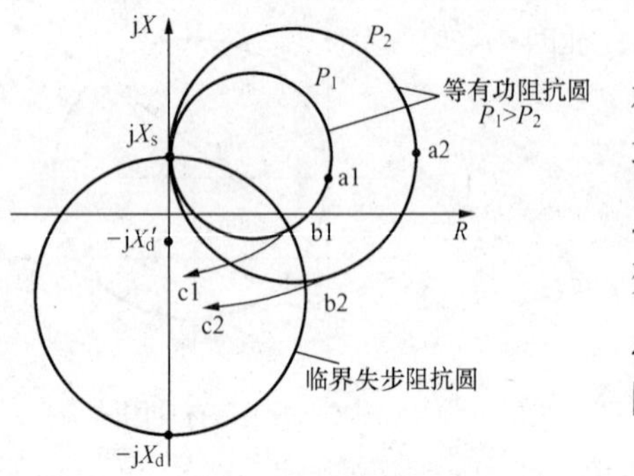

图 6-32　失磁后的发电机端测量阻抗的变化

失磁后机端测量阻抗的变化情况如图 6-32 所示。发电机正常运行时，其机端测量阻抗按所带有功负荷不同（$P_1>P_2$），位于第一象限的 a1 和 a2 点。失磁后，机端测量阻抗沿等有功圆向第四象限变化。临界失步时，到等无功圆圆周的 b1 或 b2 点。异步运行后，进入等无功圆，稳定在 c1 或 c2 附近。

根据发电机失磁后机端测量阻抗 Z 的变化，如果选取的阻抗继电器特性能包含（0，$-\mathrm{j}X'_d$）和（0，$-\mathrm{j}X_d$）两点，即可反映发电机的各种失磁情况。

三、发电机的失磁保护

发电机的失磁保护应满足系统和发电机两方面的要求。如果系统有足够的无功储备，失磁后系统电压不会低于允许值，允许发电机异步运行，没有必要把发电机立即切除，只要求保护先动作于信号，让值班员检查处理，然后经过延时跳闸，以避免系统在无功出现差额后又出现有功差额。如果系统和发电机不允许无励磁异步运行，则失磁保护应瞬时或短延时动作于跳闸。利用失磁后有关参数的变化，可构成失磁保护。由阻抗继电器构成的失磁保护方框图及动作特性如图 6-33 所示。

图中 Z 为阻抗继电器，采用的最大灵敏角为$-90°$，用$-\mathrm{j}X_d$ 和$-\mathrm{j}X'_d$ 都包括在内的阻抗继电器来反应失磁。为躲过振荡的影响，$Z_A=-\mathrm{j}X'_d/2$。考虑到保护在各种滑差下异步运行时能可靠动作，取 $Z_B=-K_{rel}X_d$（可靠系数 K_{rel} 取 1.2）。KL 为电压互感器二次回路断线闭锁元件，以防止误动作。KL2 为转子电压闭锁元件，防止系统振荡时误动作，其动作值按躲过空载励磁电压整定。当定子、转子判据均满足失磁条件时，经较长延时 t_2 发信号或跳闸，KL1 为定子电压闭锁元件，作为失磁保护的一个判据。在失磁过程中，如果电压严重下降（一般不可低于额定值的 80%），则可能破坏系统的稳定运行，故按 $0.8U_N$ 整定。当转子电压、测量阻抗、定子电压判据都满足条件时，说明失磁已很严重，则以较短的延时 t_1 跳闸。

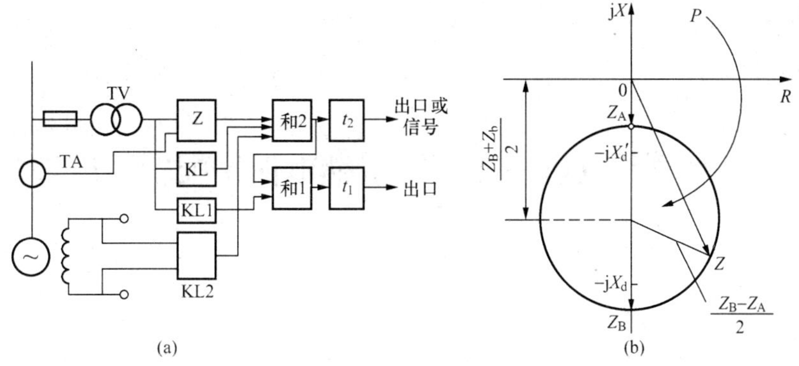

图 6-33　由阻抗继电器构成的失磁保护

(a) 方框图；(b) 动作特性

§6.7　发电机的逆功率保护

由于机炉保护动作或其他原因使汽轮机主汽门误关闭而断路器未跳闸时，发电机将变成电动机运行，从系统吸收有功功率。这种情况对发电机虽无危险，但汽轮机的低压缸的排气温度将会升高，使汽机尾部叶片过热，从而造成汽机事故。故不允许机组在此情况下运行。为及时发现这种异常情况，对于大机组宜采用逆功率保护。

当主汽门关闭，发电机变为电动机运行后，从系统中吸收的有功功率稳态值为发电机额定功率的4%～5.5%。

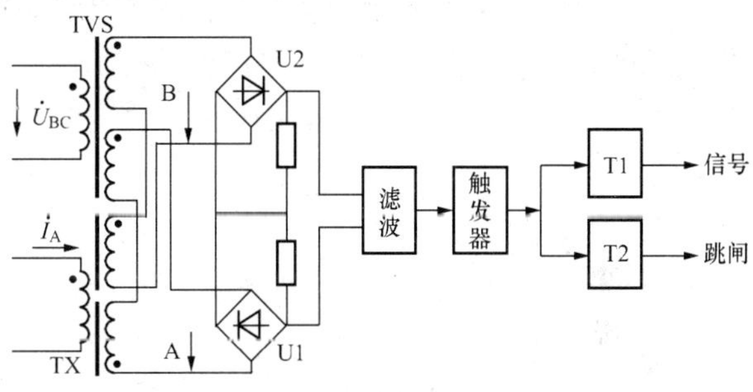

图 6-34　逆功率保护原理框图

实现逆功率保护，要求有高灵敏度的逆功率继电器。因为主汽门关闭，可能发生在无功功率为任意值时。若无功功率为额定值时发生主汽门关闭，这时要求逆功率继电器能检出千分之几到百分之几额定值的有功功率来。

绝对值比较式逆功率保护的原理框图如图 6-34 所示。继电器的动作条件为

$$|K_1\dot{U}_{BC}-\dot{K}_2\dot{I}_A|\geqslant|K_1\dot{U}_{BC}+\dot{K}_2\dot{I}_A|$$

其中动作量　$A=|K_1\dot{U}_{BC}-\dot{K}_2\dot{I}_A|$

制动量　$B=|K_1\dot{U}_{BC}+\dot{K}_2\dot{I}_A|$

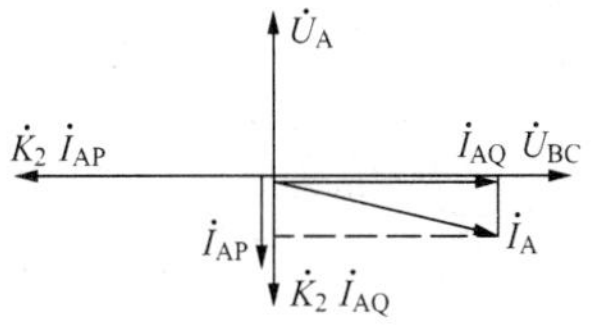

图 6-35　发电机逆功率时的相量图

当发电机逆功率运行时，发出无功功率，吸收有功功率，$\dot{I}_A$滞后$\dot{U}_A$的角度大于90°，如图 6-35 相量图所示。设$\dot{I}_{AP}$为有功分量电流，$\dot{I}_{AQ}$为无功分量电流。无功分量电流$\dot{I}_{AQ}$经 TX 后形成的电压为$\dot{K}_2\dot{I}_{AQ}$，滞后于$K_1\dot{U}_{BC}$90°。逆功率继电器不反映无功功率。有功分量电流$\dot{I}_{AP}$经电抗器 TX 后形成的电压为

$\dot{K}_2\dot{I}_{AP}$，与 $K_1\dot{U}_{BC}$ 反向，故 $|\dot{A}|>|\dot{B}|$，继电器动作。保护以 t_1 延时发信，以 t_2 延时动作于跳闸。

§6.8 大型发电机—变压器组继电保护配置及原理框图

一、保护配置

大容量机组在考虑继电保护的总体配置时，应最大限度地保证机组安全，缩小故障范围，避免不必要的突然停机。对异常工况要能自动处理，并要避免保护的误动和拒动。总之，要求继电保护在总体配置上尽量完善、合理。

(1) 设置双重快速保护。考虑到机组安全及满足电力系统稳定性要求，对大机组的故障要求快速准确地切除。当在变压器高压侧发生短路时，通常要求切除故障的时间小于0.1s。考虑到断路器动作的延时，要求保护装置的动作时间小于40ms。因此对大容量机组要求快速保护双重化。

(2) 后备保护。大型发电机—变压器组的高压侧往往接到220kV及以上电压等级的母线上，超高压的线路往往配有完善的保护。因此，不要求在发电机—变压器组上装设可保护到相邻线路末端的后备保护，只要求保护到相邻线路的首端，即作为相邻母线的后备即可。

二、300MW发电机—变压器组继电保护配置框图

保护配置如图6-36所示。保护配置情况如下：

(1) 发电机差动保护。采用比率制动继电器。

(2) 主变压器差动保护。采用二次谐波、比率制动差动继电器。

(3) 发电机—变压器组差动保护。采用二次谐波、比率制动差动继电器。

(4) 高压厂用变压器差动保护。

(5) 发电机励磁机差动保护。

(6) 发电机匝间短路保护。

(7) 发电机逆功率保护。

(8) 发电机失磁保护。

(9) 发电机定子接地保护。

(10) 定子电流保护和负序电流保护。作为双重化快速主保护的后备保护，反映发电机、变压器绕组及引出线的相间故障和不对称故障。

(11) 定子反时限过负荷保护和负序反时限过负荷保护。

(12) 转子一点接地、两点接地保护。

(13) 阻抗保护。作为主变压器和母线相间故障的后备保护。

(14) 主变压器过励磁保护。

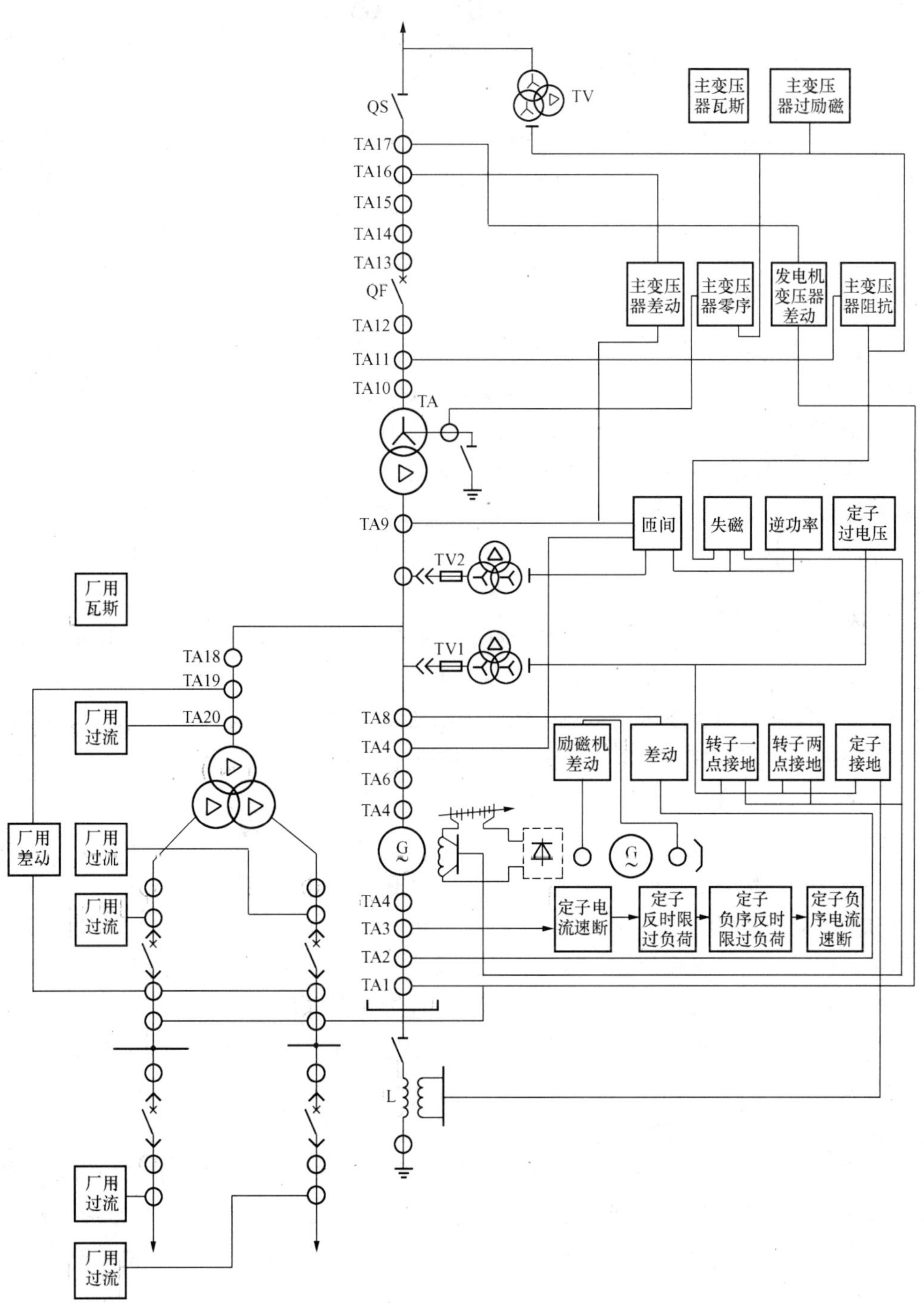

图 6-36　300MW 发电机—变压器组继电保护配置框图

小　结

发电机保护与变压器保护的基本原理相似，只是在具体整定计算和接线方面有一些变化。针对发电机本身的特点，还装设有匝间短路保护、转子接地保护及负序电流保护、失磁保护等。发电机—变压器组在电力系统中广泛采用，其保护方式和发电机、变压器保护有许多共同之处，但是有其自身的特性。本单元学习时应注意以下几个问题。

1. 发电机的纵差动保护

由于在发电机中性点附近短路时短路电流很小，因此差动保护的动作电流越大，相应的死区就越大。而如果故障只能由后备保护来切除，对大型机组而言会带来灾难性的后果。因此希望发电机的纵差保护的动作电流尽量地小。灵敏度越高，中性点附近的死区也就越小。所以大型机组目前大多采用比率制动式的纵差保护。比率制动式的纵差保护为何能提高灵敏度，关键在于其动作电流与制动电流有关。制动电流越大，动作电流也越大。因此在原理接线中将工作线圈接于差动回路，使之在内部故障时的电流尽可能大，而外部故障时的电流尽可能小；将制动线圈分两部分分别接于两差动臂中，使其在内部故障时的电流尽可能小，而外部故障时的电流尽可能大。同样要躲过外部短路时出现的最大不平衡电流（与采用其他差动继电器构成的纵差保护相同），但在内部故障时，由于制动电流远远小于外部故障时的最大不平衡电流，因此内部故障时的动作电流远小于外部故障时的动作电流，因而比率制动式的发电机纵差保护，既保证了选择性，又有较高的灵敏度。

2. 反映零序电压的发电机匝间短路保护

发电机反映匝间短路的横差保护接线简单，动作可靠，同时能反映定子绕组分支开焊等故障。但这种保护只能用于每相有两个以上的并联分支、且各分支在中性点都有引出线的发电机上。对于容量为200MW及以上的发电机，由于其结构紧凑，中性点侧只能引出三个端子，就无法装设横差保护。这时往往采用反映零序电压的匝间短路保护。要特别引起注意的是：通常我们所说的零序电压都是以大地为参考电位，而反映零序电压的匝间短路保护则以中性点为参考电位，反映机端三相对中性点的零序电压。因而此零序电压在单相接地时是不出现的（单相接地时，机端三相对中性点是对称的，所以不存在对中性点的零序电压），只在匝间短路时出现（匝间短路时，机端三相对中性点不对称，所以出现零序电压，且零序电压的大小与短路的匝数成正比）。同时，为了取得机端三相对发电机中性点的零序电压，需在发电机端装设专用的电压互感器，此电压互感器中性点不能接地，而应与发电机的中性点直接相连，从其二次绕组的开口三角处即可得到三相对中性点的零序电压。

3. 发电机的接地保护

发电机定子绕组单相接地故障的主要危险是故障点电弧烧伤铁芯，检修困难，以往认为单相接地电流小于5A，就不会烧伤铁芯，因此要求保护在接地电流小于5A时发出信号即可。但是理论和运行实践证明，对于大型机组安全电流不应超过1.0～1.5A。同时中性点附近绝缘降低严重的情况如不能及时消除，在机端附近再发生单相接地故障，将引起定子绕组两点接地短路，因此大型机组要求定子接地保护无死区。

定子绕组单相接地后的零序电压与短路匝数 α 成正比，且零序电压处处相等，因此由零序电压构成的定子接地保护可从机端取零序电压（也可从中性点侧取零序电压，取得的零序电压大小相等），但零序电压保护在中性点附近是有死区的，死区为 10%左右。

发电机的三次谐波电压分布规律如下：正常运行及机端侧（$\alpha>50\%$）接地故障时，机端三次谐波电压小于中性点侧的三次谐波电压，而中性点侧（$\alpha<50\%$）接地故障时，机端三次谐波电压大于中性点侧的三次谐波电压，因此比较机端三次谐波电压与中性点侧的三次谐波电压可构成三次谐波电压保护，其保护区为靠中性点侧的 50%的区域。

显然，基波零序电压保护和三次谐波电压保护一起，即可构成双频式定子绕组 100%接地保护。基波零序电压保护的保护区靠机端 85%～95%区域，而三次谐波电压保护区靠中性点侧的区域（$\alpha<50\%$）。

4. 发电机的负序电流保护

发电机装设过电流保护或低电压起动的过电流或复合电压起动的过电流保护与变压器一样，只是作为后备保护而已。而发电机采用负序过电流保护除了可以提高不对称短路的灵敏度起后备作用之外，还有一个更重要的原因：即是为了防止转子过热。因为发电机定子绕组中出现的负序电流，会产生与转子旋转方向相反的负序旋转磁场，在转子部件中感应出两倍频的交流电流，产生附加损耗，使转子过热，可导致重大事故。因此，规程要求容量在 200MW 及以上可能经常出现负序过负荷的发电机上，必须装设负序过电流保护。发电机的负序电流保护，可采用两段式定时限负序电流保护，也可采用反时限负序电流保护。定时限负序电流保护与发电机允许负序电流配合不尽合人意，而反时限负序过电流保护与允许负序电流配合较理想，既能充分利用发电机本身承受负序电流的能力，又能很好地保护转子。

复习思考题

6-1　发电机可能发生哪些故障和不正常工作状态？应配置的相应保护有哪些？

6-2　发电机的横差保护可以反映何种故障？

6-3　反映零序电压的发电机定子绕组匝间短路保护的原理是什么？能否反映单相接地故障？为何电压互感器一次绕组中性点要与发电机中性点相连？

6-4　发电机的纵差动保护的方式有哪些？各有何特点？

6-5　发电机的纵差动保护有无死区？为什么？

6-6　图 6-1 所示的发电机纵差动保护，电流互感器 TA1 的 B 相极性端子接反了，请分析当发电机输送额定负荷时，保护是否会误动作（保护的动作电流为 1.3 倍的发电机额定电流）。

6-7 比率制动式的发电机纵差保护为何能提高灵敏度？

6-8 发电机的零序电压保护和零序电流保护为何都有死区？

6-9 如何构成100%定子接地保护？

6-10 发电机的三次谐波电压有何特点？根据这些特点如何构成三次谐波电压保护？

6-11 一台额定电压为10.5kV的发电机，采用图6-18所示双频式100%接地保护。如在$\alpha=0.2$处发生接地故障，请求出TV0、TV1二次输出的基波电压和三次谐波电压（$E_3=480V$；$n_{TV0}=10.5kV/\sqrt{3}:100V$；$n_{TV1}=10.5kV/\sqrt{3}:100/3V$）。

6-12 发电机装设负序过电流保护的作用是什么？如何实现？

6-13 转子一点接地、两点接地有何危害？

6-14 叠加交流电压的转子一点接地保护的原理是什么？

6-15 发电机失磁后，其电压、有功功率、无功功率如何变化？机端测量阻抗又如何变化？

6-16 失磁保护是如何构成的？

6-17 发电机失磁后，失磁保护动作于信号还是跳闸？为什么？

6-18 发电机的逆功率运行会造成什么后果？如何实现逆功率保护？

母 线 保 护

内容提要和要求

（一）内容提要

（1）本单元介绍各种形式的母线差动保护。

（2）学习本单元的目的是：了解母线保护的特殊性，掌握母线差动保护的工作原理，熟悉母线差动保护的工作特性。

（二）教学要求

（1）了解母线保护的配置原则。

（2）掌握完全差动保护的工作原理。

（3）熟悉比相式母线差动保护。

（4）了解比率制动式母线差动保护的工作原理。

母线是电能集中和分配的重要设备，是电力系统中的重要元件之一。虽然母线结构简单，且处于发电厂、变电所内，发生故障的几率相对于其他电气设备小。但母线发生故障时，接于母线上的所有元件都要断开，会造成大面积停电。母线故障的原因有：母线绝缘子和断路器套管的闪络，装于母线上的电压互感器和装在母线和断路器之间的电流互感器故障，母线隔离开关和断路器的支持绝缘子损坏；运行人员的误操作等。

高压母线故障，如果保护动作迟缓，将会导致电力系统的稳定性遭到破坏，从而使事故扩大。因此母线必须选择合适的保护方式。

母线保护的方式通常分为两种：一是利用供电元件的保护兼作母线故障的保护；二是采用专用的母线保护。

用供电元件的保护切除母线故障如图 7-1 和图 7-2 所示。图 7-1 所示为独立运行的

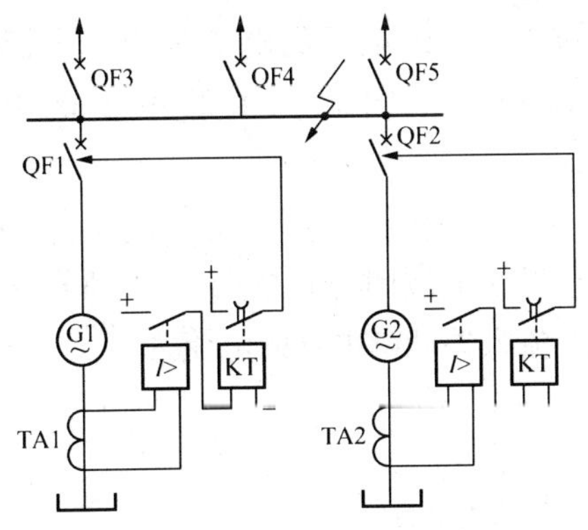

图 7-1 利用发电机的过电流保护切除母线故障

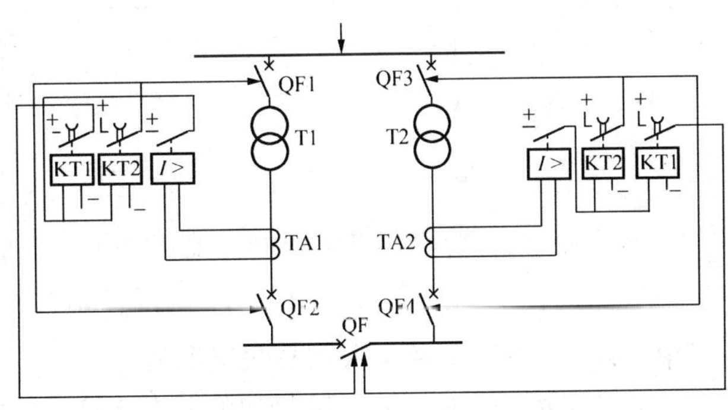

图 7-2 利用变压器过流保护切除母线故障

发电厂，在母线 k 点短路时，可利用供电元件——发电机的过电流保护来切除母线故障。图 7-2 所示为降压变电所，分段单母线故障时，可利用变压器 T1 或 T2 的过电流保护将故障段母线切除。

利用供电元件保护来切除故障母线，不需另外装设保护，简单、经济，但切除故障的时间长，且对于双母线不能选择故障母线，使事故扩大。因此在下列情况下，应装设专用的母线保护：

（1）对 220～500kV 母线，应装设能快速有选择地切除故障的母线保护。对 $1\frac{1}{2}$ 断路器接线，每组母线宜装设两套母线保护。

（2）110kV 双母线、110kV 单母线、重要发电厂或 110kV 以上重要变电所的 35～66kV 母线，需要尽快切除母线上的故障。

（3）35～66kV 电网中，主要变电所的 35～66kV 双母线或分段单母线需快速而有选择地切除一段或一组母线上的故障，以保证系统安全稳定运行和可靠供电。

（4）对于发电厂和变电所的 3～10kV 分段母线及并列运行的双母线，需快速而有选择地切除一段或一组母线上的故障，以保证可靠供电。

（5）线路断路器不允许切除线路电抗器前的短路时，需装设专用的母线保护切除线路电抗器前的短路故障。

专用的母线保护多采用差动保护，以实现保护的快速性和选择性。

§7.1 母线完全差动保护

一、单母线完全差动保护

单母线的完全电流差动保护的原理接线如图 7-3 所示。在母线的所有连接元件上装设变比相等的电流互感器，按环流法接线。在正常运行或外部故障时，流入差动继电器的电流为由各电流互感器特性不同而产生的不平衡电流，即

$$\dot{I} = \dot{I}_{\mathrm{I}2} + \dot{I}_{\mathrm{II}2} + \dot{I}_{\mathrm{III}2} = \dot{I}_{\mathrm{unb}} \quad (7-1)$$

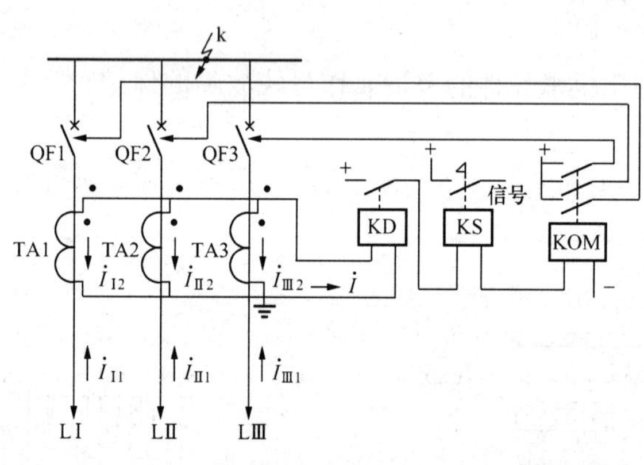

图 7-3 单母线完全电流差动保护原理接线图

在母线上故障时，按图 7-3 所示正方向，流入差动继电器的电流为

$$\dot{I} = \dot{I}_{\mathrm{I}2} + \dot{I}_{\mathrm{II}2} + \dot{I}_{\mathrm{III}2} = \dot{I}_{\mathrm{k}}/n_{\mathrm{TA}} \quad (7-2)$$

式中 $\dot{I}_{\mathrm{k}}$——流入短路点 k 的总短路电流。

差动保护动作后，将故障母线的所有连接元件断开，切除故障。

差动继电器的动作电流应按以下原则整定：

（1）躲过外部故障时流入差动回路的最大不平衡电流

$$I_{k.act} = K_{rel} I_{unb.max} = K_{rel} \times 0.1 I_{k.max} / n_{TA} \quad (7-3)$$

式中　K_{rel}——可靠系数，取1.3。

（2）躲过二次回路断线。按正常情况下的最大负荷分支的负荷电流考虑

$$I_{k.act} = K_{rel} \times I_{L.max} / n_{TA} \quad (7-4)$$

式中　$K_{L.max}$——母线所有连接分支中最大负荷分支的负荷电流。

灵敏度校验如下

$$K_{sen} = I_{k.min} / I_{act} \geqslant 2$$

式中　$I_{k.min}$——母线短路时，最小的短路电流。

二、元件固定连接的双母线完全电流差动保护

固定连接是指双母线同时运行，母联投入，但通过母联的交换功率很小或为零。双母线同时运行时，任一组母线故障时，要求母线保护有选择性地只将故障母线切除。

元件固定连接的双母线完全电流差动保护单相原理接线如图7-4所示。保护装置由三组差动元件组成。第一组相当于Ⅰ母线的完全电流差动，由差动继电器KD1，中间继电器KOM5组成，为Ⅰ母线故障的选择元件。第二组KD2、KOM6组成，为Ⅱ母线故障的选择元件。第三组KD3、KOM4组成，构成两组母线完全电流差动保护，KD3为起动元件，KD3动作后断开母联断路器QF5，并起动两组选择元件。

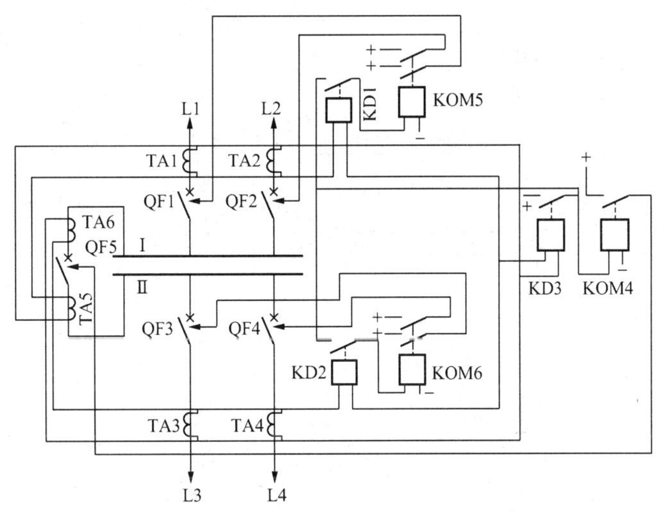

图7-4　元件固定连接的双母线完全差动保护原理接线图

保护的动作情况分析如下：

（1）正常运行及元件固定连接方式下外部故障时，如图7-5所示，KD1、KD2、KD3中均无电流通过，保护不动作。

（2）元件固定连接方式下Ⅰ母线故障时，如图7-6所示，起动元件KD3和选择元件KD1动作，跳Ⅰ母线的所有连接元件QF1、QF2、QF5。Ⅱ母线继续运行。

（3）固定连接方式破坏后外部故障时，如图7-7所示，选择元件KD1、KD2动作，但起动元件KD3不动，将整套保护闭锁。

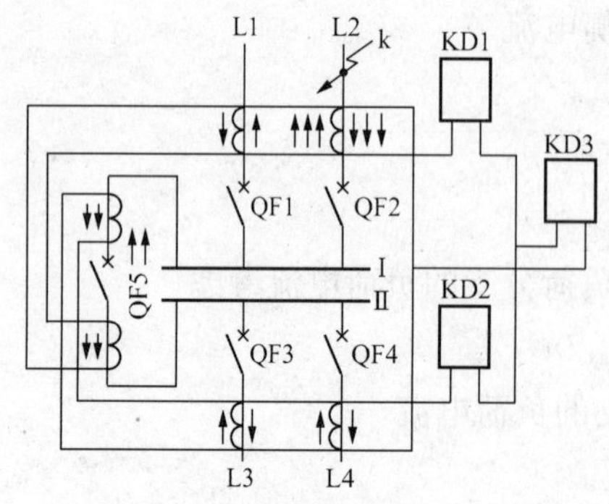

图 7-5　元件固定连接方式下正常运行及外部故障时的电流分布

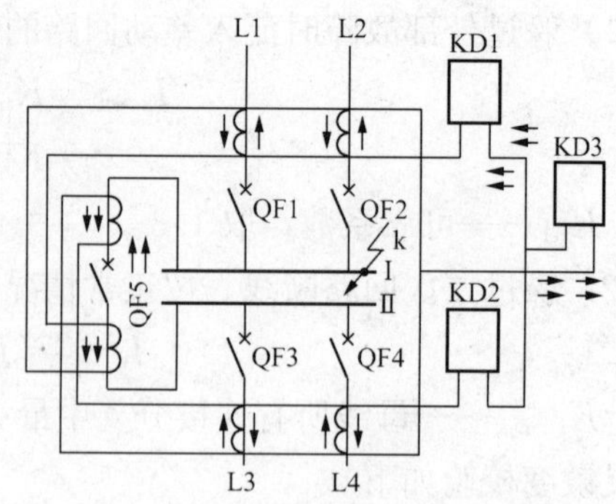

图 7-6　元件固定连接方式下Ⅰ组母线故障时的电流分布

（4）固定连接方式破坏后，内部故障时，如图 7-8 所示，KD1、KD2、KD3 全部动作，将两组母线全部切除。此时选择元件动作失去选择性。因此，改变元件固定连接方式时，通常将选择元件解除工作，当任一组母线故障时，由起动元件同时把两组母线切除。显然这种保护方式应尽量不破坏固定连接方式，以防内部故障时的无选择性动作。但这就限制了母线运行方式的灵活性，这是这种保护的最大缺点。

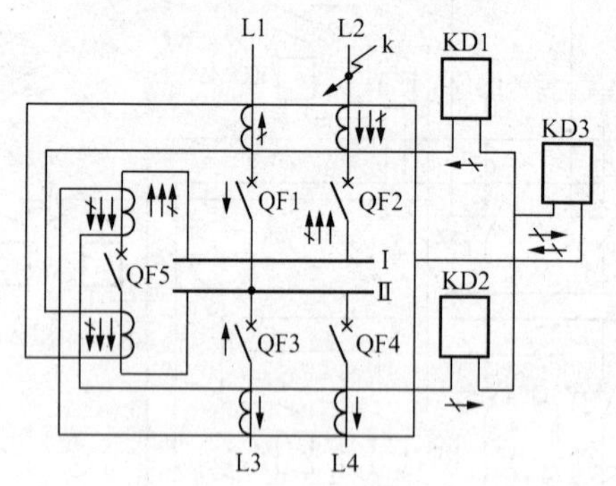

图 7-7　元件固定连接方式破坏后外部故障

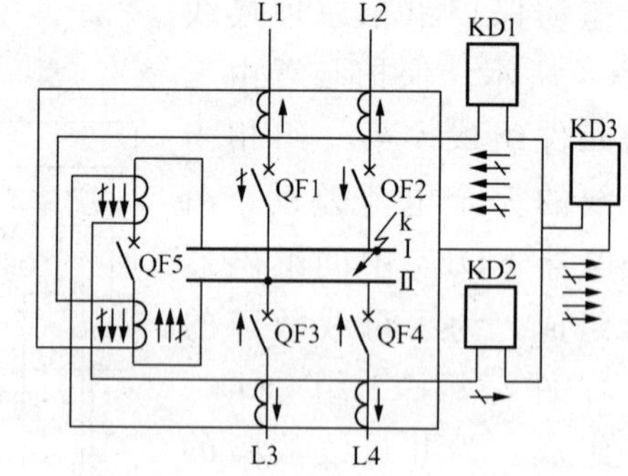

图 7-8　元件固定连接方式破坏后内部故障

§7.2　比相式母线差动保护

元件固定连接的双母线完全电流差动保护在母线改变固定连接方式时，当母线故障时保护无选择性。要保证母线差动保护的选择性，就必须维持元件固定连接，这就限制了母线运行方式的灵活性。为解决这一问题，可采用电流相位比较式母线差动保护。

电流相位比较式母线差动保护，采用双母线完全差动保护判别母线是否故障；采用方向（即相位）元件判别是哪一组母线故障。当Ⅱ组母线上短路时，母联回路的电流的方向是Ⅰ组母线指向Ⅱ组母线；当Ⅰ组母线上短路时，母联回路的电流的方向是Ⅱ组母线指向Ⅰ组母线。这样，无论母线运行方式如何改变，只要保证每组母线上有一个电源支路，母线短路时，有短路电流通过母联回路，保护就不会失去选择性。

母线电流相位比较式差动保护（采用整流型相位比较继电器）的原理接线见图 7-9

所示。

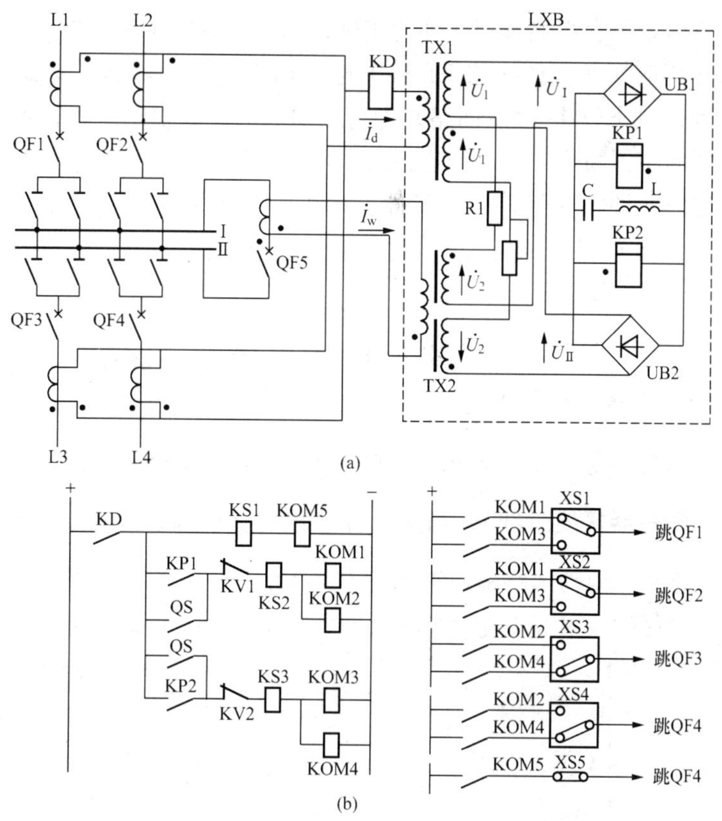

图 7-9 电流相位比较式母线差动保护单相原理接线图

(a) 交流电流回路及电流相位比较继电器的内部接线；(b) 直流回路

双母线总差动电流 $\dot{I}_d$ 一方面接入差动继电器 KD，作为保护的起动元件；另一方面接入整流型相位比较继电器 LXB 的一个输入端子——电抗变压器 TX1 的一次绕组。母联电流 $\dot{I}_W$ 接入 LXB 的另一个输入端子——电抗变压器 TX2 的一次绕组。TX1 的二次电压 $\dot{U}_1$ 与差动回路电流 $\dot{I}_d$ 成正比，TX2 的二次电压 $\dot{U}_2$ 与 $\dot{I}_W$ 成正比，则

$$\dot{U}_{\mathrm{I}} = \dot{U}_1 + \dot{U}_2 = K(\dot{I}_d + \dot{I}_W)$$

$$\dot{U}_{\mathrm{II}} = \dot{U}_1 - \dot{U}_2 = K(\dot{I}_d - \dot{I}_W)$$

比较回路的执行元件为两个极化继电器 KP1 和 KP2。

保护的动作情况如下：

(1) 当母线正常运行或外部短路时，$I_{unb} < I_{k.act}$，起动元件不动作，整套保护不动作。

(2) 当Ⅰ母线故障时，按图 7-9 所示方向，I_d 与 I_W 接近同相位，因此 $U_{\mathrm{I}} = K|\dot{I}_d + \dot{I}_W| > U_{\mathrm{II}} = K|\dot{I}_d - \dot{I}_W|$，极化继电器 KP1 动作。同时差动回路流过短路电流，KD 动作，起动 KOM1、KOM2、KOM5，跳开接于Ⅰ母线的元件 QF1、QF2、QF5，将故障母线切除。

(3) Ⅱ母线故障时，同样 KD 动作，而 $\dot{I}_d$ 与 $\dot{I}_W$ 接近反相位，则有 $U_{\mathrm{I}} = K|\dot{I}_d + \dot{I}_W| < U_{\mathrm{II}} = K|\dot{I}_d - \dot{I}_W|$，KP2 动作，因此起动 KOM3、KOM4、KOM5，断开Ⅱ母线的

元件 QF3、QF4、QF5，使故障切除。在保证每组母线上有一个电源支路的前提下，当母线连接元件改变时，不会影响选择元件的正确动作，支路接在哪组母线上，就将该支路断路器跳闸回路作相应切换（如线路 L1 从Ⅰ母线切换至Ⅱ母线时，可通过切换片 XSI 将 1QF 的跳闸回路改到 KOM3 触点回路）即可。但如果母联退出工作，选择元件将无法工作，因此在母联断路器断开或单母线运行时，应把隔离开关 QS 合上，使选择元件退出运行。此时以低电压元件闭锁代替选择元件工作，KV1 接于Ⅰ母线电压互感器，选择Ⅰ母线故障；KV2 接于Ⅱ母线电压互感器，选择Ⅱ母线故障。

§7.3 比率制动式母线差动保护

随着系统容量的不断扩大、电压等级的升高，母线的接线方式也越来越复杂（如：双母线分段及 $1\frac{1}{2}$ 断路器接线母线）。当发生保护区外短路时，相应分支的短路电流很大，电流互感器严重饱和，差动回路出现很大的不平衡电流，可能导致母线保护误动作。而比率制动式母线差动保护能很好地克服外部短路时不平衡电流的影响。

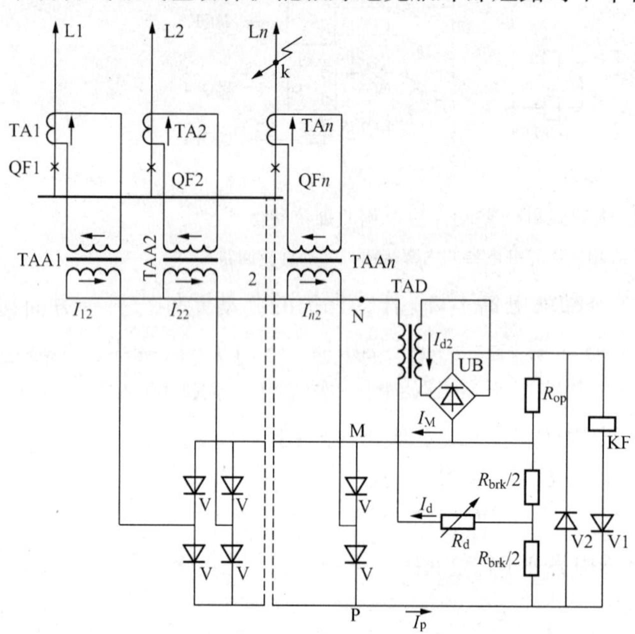

图 7-10 比率制动式母线差动保护原理接线

比率制动式母线差动保护又称中阻保护（差回路的阻抗值为几欧时称为低阻抗，千欧以上称为高阻抗，200Ω 左右称为中阻抗），其单相原理接线见图 7-10 所示。母线上各连接元件电流互感器的二次电流经过辅助变流器 TAA1～TAAn，变换为 I_{12}、I_{22}、…I_{n2}，引至全波整流电路，在 PM 之间的 R_{brk} 上形成制动电压。差动电流经调整电阻 R_d，差动变流器 TAD 的一次绕组后回到辅助变流器的公共点 N。该电流在 TAD 的二次侧形成电流 I_{d2}，经整流后在电阻 R_{op} 上构成动作电压 U_{act}。当 $U_{act}>U_{brk}$ 时，V1 二极管为正向电压导通，V2 为反向电压截止，执行元件 KP（快速干簧继电器）动作；而当 $U_{act}<U_{brk}$ 时，V2 导通，V1 截止，执行元件 KP 可靠不动作。

保护的工作情况如下：

（1）正常运行时，差动电流 $\dot{I}_d=\dot{I}_1+\dot{I}_2+\cdots+\dot{I}_n=0$，而制动电流 $|\dot{I}_1|+|\dot{I}_2|+\cdots+|\dot{I}_n|$ 分别经 $R_{brk}/2$ 形成制动电压 U_{brk}，加在 P、M 两端，V2 导通，KP 被闭锁。同时

工作电阻 R_{op} 与制动 R_{brk} 通过 V2 成并联回路，从而降低了电流互感器的二次负载。

（2）母线外部故障时，如线路 Ln 发生短路时，有：

1）当电流互感器尚未饱和时（在外部短路的几毫秒内），与前面正常运行时一样，KP 不动作。

2）由于故障线路 Ln 的电流很大，TAn 可能严重饱和，虽然一次电流很大，而 I_{n2} 却很小，差动回路不平衡电流显著增大。为了使这种情况下保护不误动作，在差动回路中串入电阻 R_d，强制使由于电流互感器饱和引起的不平衡电流流入饱和的电流互感器，即增大 I_{n2}。改变 R_d 的值，可改变这种强制的程度。R_d 越大，强制程度越高，从而躲过外部短路时由电流互感器饱和引起的不平衡电流的能力越强。

（3）母线内部故障时，所有连接元件的短路电流流入母线，形成的动作电压 U_{act} 很大，而在半个制动电阻 $R_{brk}/2$ 上形成的制动压降 $U_{brk}<U_{act}$，保护灵敏动作。

在此保护中采用辅助变流器 TAA1～TAAn，可将电流互感器不等的变比调整为相等，而且在电流互感器 TAA1～TAAn 的二次侧还可接入其他保护。

比率制动式母线差动保护接线简单，性能优良，动作迅速，得到广泛应用。

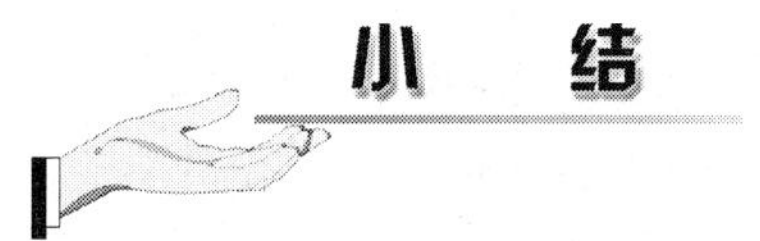

1. 母线保护的两种方式

一是借用供电元件的保护兼作母线保护。这种母线保护方式简单、经济、有选择性，但往往切除母线故障的时间较长。因此当利用供电元件的保护来切除母线故障不能满足快速性要求时，应装设专用的母线保护。

2. 单母线完全电流差动保护

母线上通常连接有多个供电和受电元件。在正常运行和外部故障时，流入母线的电流与流出母线的电流是相等的；而母线故障时，所有与电源相连的元件均向故障点提供短路电流。根据这个特点，可构成母线的完全电流差动保护。

3. 元件固定连接的母线完全电流差动保护

保护由起动元件和选择元件组成，实际上是由三个完全差动回路构成。起动元件是双母线的完全电流差动，用来判别在母线上是否出现故障，且改变固定连接方式不会改变其完全电流差动的性质。选择元件分别是各母线的完全电流差动，用来选择故障母线，但当固定连接方式破坏后，选择元件不能正确地选择故障母线，任一母线故障将无选择性地将两条母线全部切除。因此运行时应尽量不破坏元件固定连接方式，但这限制了系统调度的灵活性。

4. 相位比较式母线差动保护

电流相位比较式母线差动保护，采用双母线完全差动保护判别母线是否故障；采用方向（即相位）元件判别是哪一组母线故障。无论母线运行方式如何改变，只要保证每组母线上有一个电源支路，母线短路时有短路电流通过母联回路，保护就不会失去选择性。

5. 比率制动式母线差动保护

当发生区外故障时，故障支路的短路电流相当大，其电流互感器往往严重饱和，造成差回路瞬时不平衡电流很大，导致误动作。比率制动式的母线差动保护针对这一情况，利用强制制动解决电流互感器饱和对母线保护带来的问题。因此，目前已越来越多地得到应用。

复习思考题

7-1　引起母线故障的主要原因是什么?

7-2　母线保护的方式有哪些?

7-3　简述母线保护的装设原则。

7-4　利用供电元件的保护切除母线故障的使用条件是什么?

7-5　双母线保护方式有哪些?

7-6　母线完全差动保护为何在各连接元件上采用变比相等的电流互感器?

7-7　试述元件固定连接的双母线差动保护的组成及各组成部分的作用?

7-8　元件固定连接的双母线差动保护的缺点是什么?

7-9　双母线差动保护如何选择故障母线?

7-10　电流相位比较式母线差动保护的原理及特点是什么?

7-11　比率制动式母线差动保护如何躲过电流互感器饱和的影响?

7-12　画图说明比率制动式母线差动保护的构成和动作原理，并说明此保护的优点是什么?

7-13　母线差动保护的不平衡电流有何特点? 图 7-3 所示单母线差动保护，电流互感器（TA1～TA3）变比为 600/5，k 点短路时三支路送入故障点的电流依次为 1800、1500、1000A，请计算区外故障时的最大不平衡电流。

微机型继电保护

内容提要和要求

(一) 内容提要

(1) 本单元围绕微机保护的构成原理和工作原理分硬件、软件两条线分别介绍了输入信号的预处理、算法及数字滤波、输电线路的微机保护装置。还介绍了工频变化量测量元件等内容。

(2) 学习本单元的目的是：了解微机保护的构成原理，了解软件（程序框图）的流程，为正确使用微机型继电保护装置打下基础。

(3) 会分析工频变化量测量元件的工作原理。

(二) 教学要求

(1) 熟悉微机保护对输入信号的预处理。

(2) 熟悉工频变化量测量元件的工作原理。

(3) 了解微机保护的算法与数字滤波。

(4) 了解微机保护的硬件结构。

(5) 了解微机保护的程序框图。

(6) 了解微机保护的定值整定方法。

(7) 了解输电线路微机保护装置的工作过程。

微机型继电保护（以下简称微机保护）近年来在电力系统中已广泛应用。微机保护的主要优点可概括为：使用方便和克服了一些传统保护中存在的问题。

机电型、晶体管型、集成电路型保护装置采用的是布线逻辑，保护的每一种功能都是由相应的器件通过连线来实现的。为了确认保护装置的完好性，就必须对保护装置进行全面的模拟试验。对某些复杂的保护（如高频保护）的试验和调试的时间很长，有时花了很多人力物力还未必能达到预期的效果。而微机保护采用的是数字逻辑，由于其自身有完善的自检功能，检验和调试就十分方便。只需要做几种简单的操作，微机保护就能自动的检测各个部件，一旦发现异常，中央处理器 CPU 就会由信号部分发出相应的警报。通常只要给上电源后没有警报，就可认为保护装置是完好的。

在微机保护中很容易实现各种附加功能。如保护动作后，打印故障信息、记录保护动作顺序和动作时间、判别故障类别和记录电流、电压波形等。这些附加功能为分析处理故障提供了有力的帮助。

由于微机保护的特性主要由软件决定（不同原理的保护可以采用通用的硬

件），因此只要改变软件（程序）就可以改变保护的特性和功能，从而使用起来十分方便。

继电保护的功能，实质上是将检测到的电气量与整定值进行比较，在越过整定值或边界时就动作。在传统的布线逻辑保护中要实现一种特性完善（如四边形阻抗边界）的保护接线将十分复杂，有些边界还不可能实现，而在微机保护中实现起来就比较容易，这样就改善了保护的技术特性。微机保护的推广使用，大大促进了电力系统安全性的提高。

§8.1 微机保护输入信号的预处理

微机保护的输入量仍与传统的保护相同，从电压互感器和电流互感器引入二次电压和电流，经变换器1、2变为适合于保护所要求的电压，再由输入滤波器3、4滤去高次谐波分量和各种干扰信号后进入模/数（A/D）转换器变换成数字量，微处理机（CPU）即对输入的数字量进行运算和判别，然后决定是否跳开断路器。

微机保护的硬件原理框图如图8-1所示。

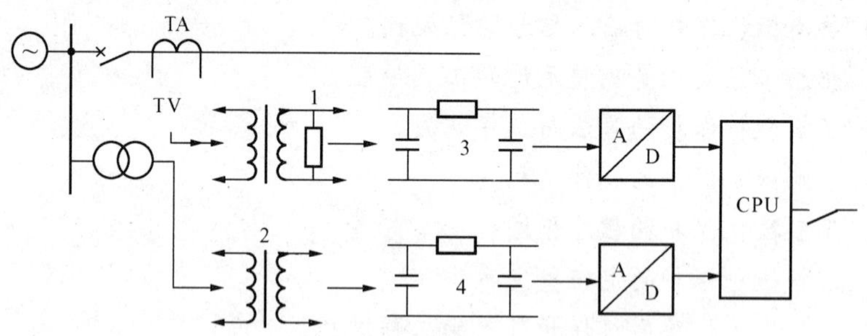

图8-1 微机保护的硬件原理框图

微机保护的工作过程可用图8-2所示的流程图简单说明。

图8-2中起动部分为微机保护接通电源。只要接通电源保护就投入运行，不断的输入数据，并进行计算，当几次的计算结果与整定值比较均满足动作条件时，保护发出跳闸指令。

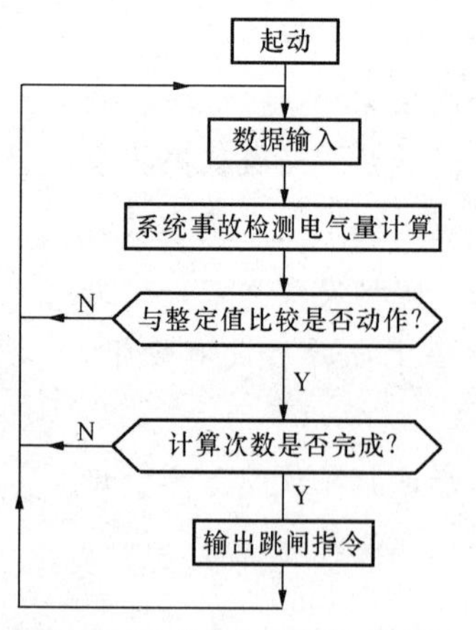

图8-2 微机保护工作流程图

从图8-1、图8-2可以看出，保护的功能是由实时的数字信号来实现的。因此，必须对取自被保护元件的模拟信号进行必要的处理并将其离散化，最后转换为数字信号，输入给微处理机。通常把这一过程称为输入信号的预处理。

一、输入模拟信号的电平变换

输入模拟信号电平变换环节，通常位于前置模拟通道之前，它是数字保护装置信号输入的第一环节。该环节的作用有两个：一是使输入信号与微机模拟通道电平相匹配；二是实现装置内部的电隔离，即不使系统二次侧设备与微机保护装置之间存在电的联系，以提高抗干抗能力。

输入模拟信号的电平变换，主要由各种电压、电流变换器来实现，与传统的保护装置基本相同。

由于这些输入信号在系统从正常状态到故障状态，呈现极大的动态范围，所以电平变换部分应和低通滤波、A/D 转换部件紧密配合，既要在保证正常运行状态下有足够的精度，又要保证在最严重故障时有充分的裕度。如交流电流信号在故障时可达到正常运行时的 10～20 倍，甚至还要附数量相同的直流分量暂态偏移值，在这种情况下也不应该使 A/D转换发生溢出，也不应使转换装置发生饱和。

二、采样、采样定理及采样保持器

模拟量输入信号经电平变换和低通滤波后，其输出为连续信号。把连续的模拟信号 A 变换为数字量 D，首先必须进行采样，采样过程波形如图 8-3 所示。由图可见，在采样的输出端即可得到离散的采样信号。

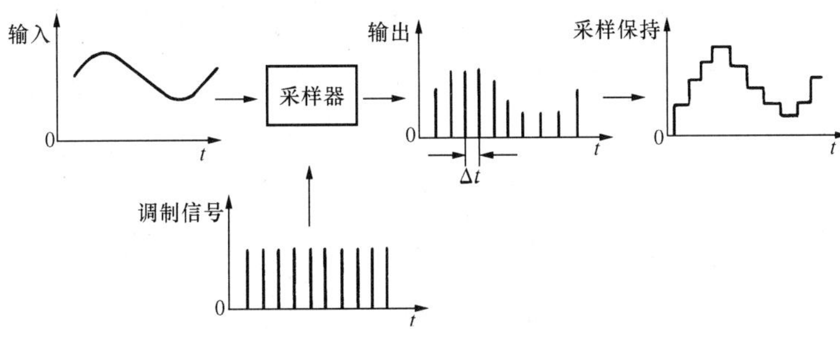

图 8-3　采样波形图

由图 8-3 可知，采样就是周期性抽取或测量连续信号。图 8-3 中每隔 Δt 采样一次，Δt 称为采样周期，$\frac{1}{\Delta t}$称为采样频率 f_s。

连续时间信号的离散化与采样所需要的最低采样频率有一定的关系。为了能根据采样信号完全重现原来的信号，采样频率 f_s 必须大于输入连续信号最高频率的 2 倍，即 $f_s > 2f_{max}$。否则将会出现频率混叠，不可能重现原来的信号。这就是对连续信号进行数字处理必须遵守的采样定理。目前微机保护采用的采样频率约在 240～2000Hz 之间。如 WXH (B) -11A 采样频率 $f_s = 12 \times 50 = 600$（Hz）（即工频每周期采样 12 次）。

实现采样后，须将采样值保持一段时间，以便后续电路能确切获得采样值，这就必须有采样保持环节。采样保持环节的原理图如图 8-4 所示。它主要由保持电容器 Cn，两个作为电压跟随器的高增益放大器 A1、A2 和逻辑控制开关电路等组成，按两种状态运行，即采样状态和保持状态。

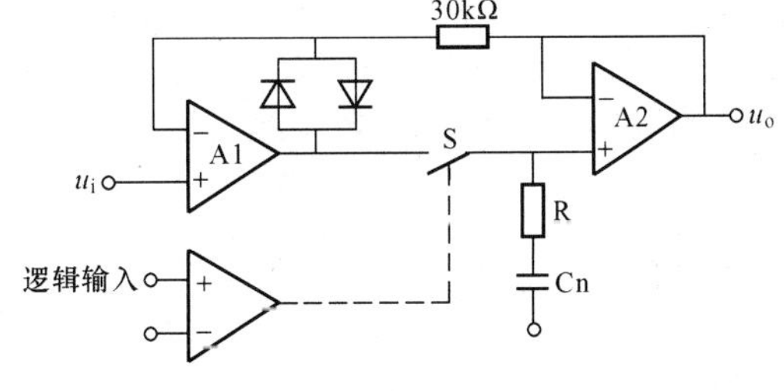

图 8-4　采样保持电路

采样状态期间，逻辑输入高电平，电子开关 S 接通，输入信号对 Cn 快速充电，同时电压跟随器 A2 的输出准确地跟随 u_i 的变化。保持状态期间，逻辑输入低电平，Cn 对 A2

放电，因运算放大器的输入阻抗值很大，电容器 Cn 能基本保持充电时的电压值，使输出电压 u_o 的值得以保持一段时间，采样与保持状态的逻辑输入电平由 CPU 控制的采样脉冲控制。

三、模/数（A/D）转换器

A/D 转换器是微机保护中的重要元件。A/D 转换器的具体电路很多，在实际装置中考虑的因素也很复杂，作为基本原理，这里分别介绍微机保护中用得较多的逐次逼近式 ADC❶、双斜坡 ADC❶ 和压频变换 VFC。

1. 逐次逼近式 ADC

逐次逼近式 ADC 是按二分法求代数方程实根的原理工作的。

例如：甲、乙两人做猜数游戏，甲出一个 0～15 之间的整数 x，要求乙用最少的次数猜出。乙每次提问，甲只答“是”或者“否”。问答过程如下：

$x\geqslant 8\xrightarrow[1]{\text{是}}$；$x\geqslant 8+4\xrightarrow[1]{\text{是}}$；$x\geqslant 8+4+2\xrightarrow[0]{\text{否}}$；$x\geqslant 8+4+1\xrightarrow[0]{\text{否}}$。

乙经过四次提问，立即得出结论：x=12（二进制 1100）。任何其他猜法都不能保证用最少的提问次数得出正确的答案。

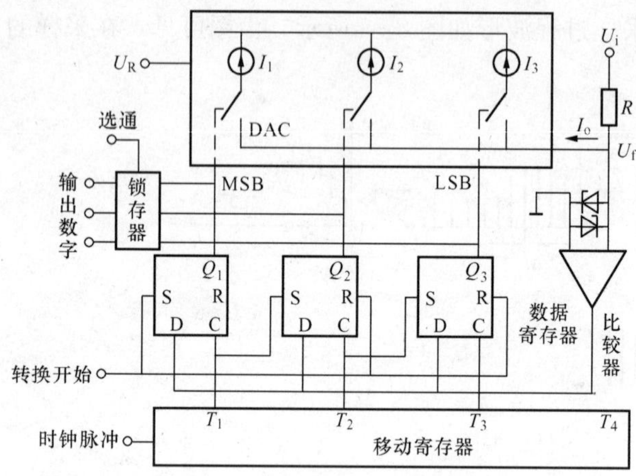

图 8-5　逐次逼近式 ADC 原理图

逐次逼近式 ADC 的原理电路如图 8-5 所示。

逐次逼近式 ADC 转换器的电路由三个主要部分组成：比较器，用来完成被转换电压（或电流）与一系列参考电压（或电流）的比较；DAC 用来产生一系列二进制的由大到小的参考电压（或电流）；数据寄存器与移位寄存器，用来控制 DAC 依次产生一系列参考电压（或电流），并存贮比较器每次比较的结果。设该转换器输出为 3 位二进制，则完成一次转换需进行三次比较，比较过程如图 8-6 所示。每次参与比较的是被转换电压 u_i 产生的输入

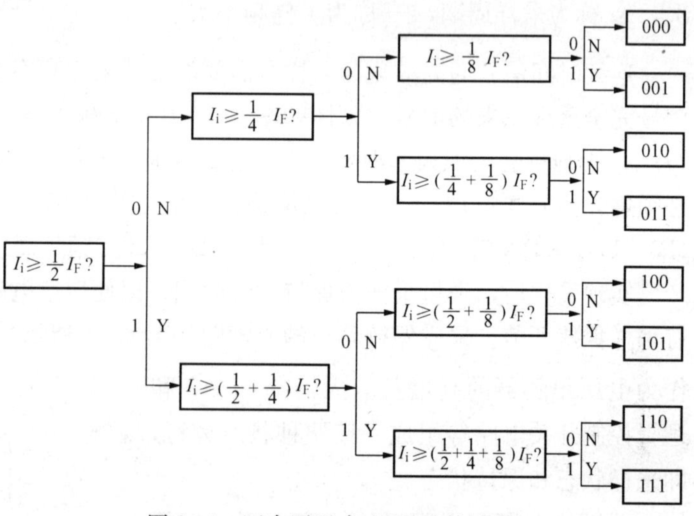

图 8-6　逐次逼近式 ADC 比较过程

❶ 逐次逼近式 ADC、双斜坡 ADC 为选学内容。

电流 I_i 和 DAC 输出的参考电流 I_o，I_o 为 DAC 额定满度输出电流 I_F 的二进制分数值。

设图 8-5 中产生的输入电流为 $-\frac{5}{8}I_F < I_i < \frac{6}{8}I_F$，转换开始指令使数据寄存器各位除 Q_1 外全部 0，移位寄存器 $T_4=1$，$T_1 \sim T_3=0$，DAC 输出 $I_{o1}=\frac{1}{2}I_F$，I_i 和 I_{o1} 在比较器中进行第一次比较。设 $I_i > \frac{1}{2}I_F$，比较器输出为 1。第一个时钟脉冲使 $T_1=1$，$T_2 \sim T_4=0$，同时数据寄存器 $Q_1=1$，DAC 输出 $I_{o2}=(2^{-1}+2^{-2})I_F$，第二次比较结果使比较器输出为 0。接着第二个时钟脉冲使 $T_2=1$，其余各位为 0，同时 $Q_3=1$，而 Q_2 因第二次比较时比较器输出为 0，被 T_2 端正脉冲置为 0 状态（$Q_2=0$），DAC 输出 $I_{o3}=(2^{-1}+2^{-3})I_F$，第三次比较结果，比较器输出为 1。最后，当第三个时钟脉冲使 $T_3=1$，其余各位为零时，因第三次比较时比较器输出为 1，故 Q_3 仍为 1。通过三次比较，数据寄存器的最低位（Q_3）经修正以后，整个寄存器的最终状态为 $Q_1=1$，$Q_2=0$，$Q_3=1$，这就是对输入电压 u_i 进行转换所得到的二进制数码（101）。这一数码所对应的模拟电压为 $(2^{-1}+2^{-3})I_FR=\frac{5}{8}I_FR$，而实际的输入电压为 $\frac{5}{8}I_FR < u_i < \frac{6}{8}I_FR$，量化误差不大于 $\frac{1}{8}I_FR$。

2. 双斜坡 ADC

双斜坡 ADC 转换器的基本原理是将一段时间内的模拟电压进行积分，在积分器的电容器 C 上充有与输入电压成正比的电压，然后以此电压为起点，电容器 C 按固定的斜率放电，当积分器的输出电压回到零时，计数器测出这段时间间隔内的时钟脉冲数目，即可得出被测电压的数值。其原理图如图 8-7 所示。

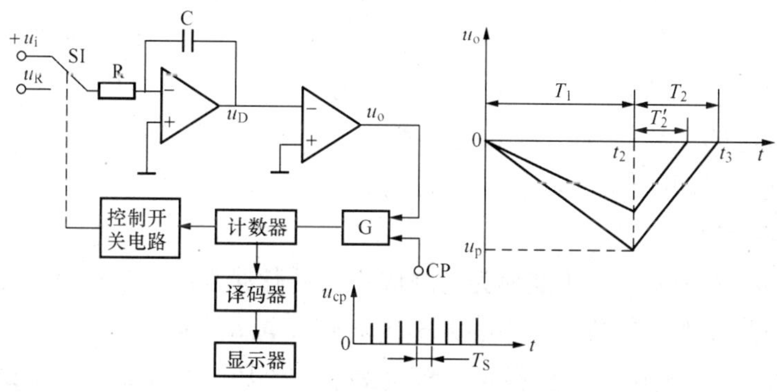

图 8-7　双斜坡 ADC 的原理图

（1）采样阶段：$t=0$，积分器从 0V 开始对 u_i 积分，则

$$u_o = -\frac{1}{RC}\int_0^t u_i \mathrm{d}t \tag{8-1}$$

设 T_1 内输入电压 u_i 平均值为 U_I，当 $t=T_1$ 时，积分器的输出电压为

$$U_P = -\frac{U_I}{RC}T_1 \tag{8-2}$$

式中　T_1——给定常数。

（2）比较阶段：当 $t=T_1$ 时，采样结束，控制开关立即将开关 S1 转向 $-u_R$，积分器

的输出电压开始从负值 U_P 以固定斜率往正方向回升。若以 T_1 算作零时刻，则

$$U_o = U_P - \frac{1}{RC}\int_0^T (-u_R)\mathrm{d}t$$

积分器的输出电压为零时（t_2），比较器的输出电压 $U_o=0$，此时，时钟脉冲控制门 G 关闭，计数停止，U_o 由 U_P 到零需要的时间为

$$U_P + \frac{U_R}{RC}T_2 = 0 \tag{8-3}$$

$$T_2 = -\frac{U_P}{U_R}RC = \frac{U_I}{U_R}T_1 \tag{8-4}$$

式中：T_S 为时钟脉冲周期，$T_1=2^nT_S$；n 为计数器中的触发脉冲数目（也就是计数器的级数，为常数。所以 T_1 为常数）；U_R 为基准电压，为常数。

因此，时间间隔 T_2 与被测电压 u_i 在 T_1 时间内的平均值 U_I 成正比，即将输入电压的平均值转换成了时间间隔。

为了将时间间隔转换成数字量，可求出 T_2 时间内的时钟脉冲数 N_2 来，即

$$N_2 = \frac{T_2}{T_S} = \frac{1}{T_S}\frac{U_I}{U_R}T_1 = \frac{1}{T_S}\frac{U_I}{U_R}2^nT_S = 2^n\frac{U_I}{U_R} \tag{8-5}$$

计数器从 t_3 开始计数，到 t_2 时 $U_0=0$，检零比较器动作，时钟脉冲门关闭，停止计数。数码代表 T_2 时间内的脉冲个数 N_2。

$N_1=2^n$ 不会反映出来。因为，当计到 N_1 时，计数器各触发器将全部置零（切换开关 S1 合到 U_R 上），T_2 时间内重新开始计数。

经以上分析，双斜坡 ADC 转换器的工作原理可概括为：

1）T_1 及采样时间为常数，它的大小决定于计数器的级数及时间脉冲周期 T_S；

2）比较阶段及 U_o 从 U_P 回到 0V 段的斜率为常数，采样时 U_P 的绝对值大，回到 0V 所需 T_2 就长，N_2 的个数就多；U_P 的绝对值小，回到 0V 所需时间就短，N_2 的个数就少。因此，N_2 的多少完全可反映输入电压 u_i 的大小。

3. 压频变换 VFC

基本原理：将被转换的电压变换为与之成正比的脉冲频率，然后在固定的时间间隔内对具有此频率的脉冲进行计数。频率的大小代表输入电压的高低。

压频变换 VFC 的优点：工作稳定、精度高、与 CPU 接口简单、调试方便等。因此 VFC 变换已普遍应用于微机保护，其原理接线及变换关系曲线见图 8-8。

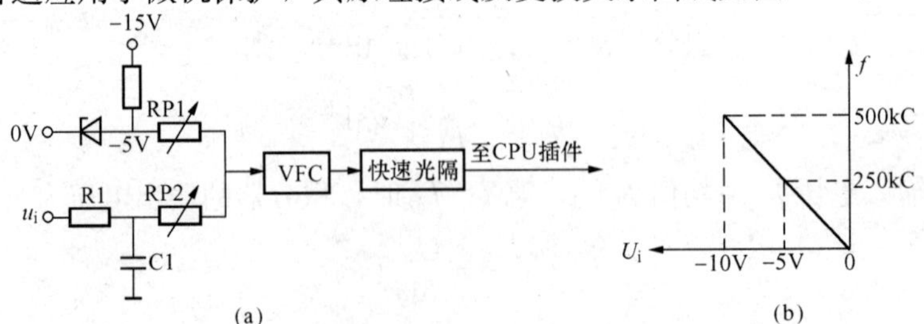

图 8-8 压频变换 VFC

(a) 框图；(b) $f=f(U_i)$ 关系曲线

由于 VFC 不能直接反映双极性信号，所以在图 8-8（a）中设置了 $-5V$ 的偏置电源，可用 RP1 微调偏置量，从而使输入交流电压的测量范围控制在 $\pm 5V$（峰值）内。图 8-8（b）所示各通道的平衡度及刻度比例，可用电位计 RP2 微调。

为了减少对 CPU 的干扰，在微机保护中 CPU 的输入、输出回路广泛采用快速光隔元件。快速光隔的作用是使 VFC 所用的电源（$\pm 15V$）和微处理机电源（$+5V$）在电气上隔离，从而进一步抑制共模干扰（共模干扰指的是引起回路对地电位发生变化的干扰，它是造成微机保护装置工作不正常的重要原因），提高微处理器工作的可靠性。快速光隔输出的脉冲引至保护回路，在每套保护回路中都设有计数器，在一定时间间隔内计数器的计数值反映了输入电压的大小，从而实现了模数变换。

VFC 输出频率 f 与输入电压 U_i 的关系可表示为

$$f = \frac{R_f}{RU_R\tau_1}U_i \tag{8-6}$$

式中 U_R——基准电压；

τ_1——时间常数；

R_f——反馈电阻。

f 与 U_i 的关系如图 8-8（b）所示（推导略）。

四、量化与编码

A/D 转换器输出的数字信号代码，在转换过程中同时要完成量化和编码。量化就是将离散的采样信号瞬时值与 A/D 转换器中基准电压的分层进行比较，并按四舍五入的原则用幅度不连续的电平表示输入信号的相对幅值，如图 8-9 所示。

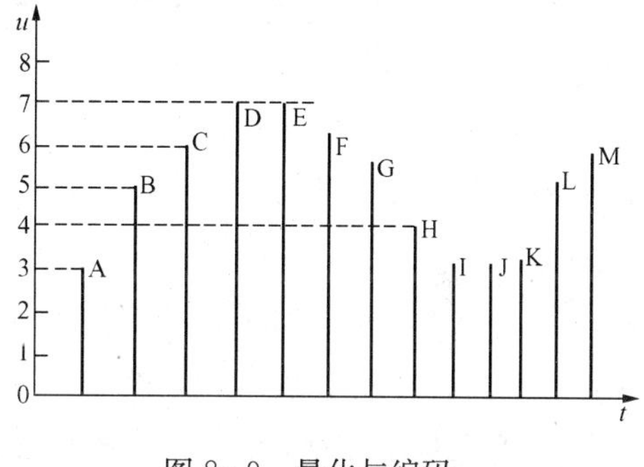

图 8-9　量化与编码

对输入信号量化取整后，再按 A/D 转换器规定的码位数（比特）进行编码，编码后的数字信号即送入计数器中。由此可知，A/D 转换器的位数愈高，则其基准电压分层愈多，量化误差愈小，分辨率愈高。设故障时输入的最大信号和最小信号分别为 y_{max} 和 y_{min}，且 $y_{max}/y_{min}=m$，通常 A/D 转换器位数选择的要求是：在上述系统输入量的动态变化范围 m 和保护所要求的量化误差与测量误差下，A/D 输出的最大数字量不应产生溢出。因此，满足上述条件以 q 表示两相邻量化电平间的差值，取 n 位 A/D 转换器（包括符号位）时，允许量化误差 δ 为

$$\delta = \frac{1}{2}q = \frac{1}{2} \times \frac{1}{2^n}\frac{y_{max}}{y_{min}} = \frac{m}{2^{n+1}} \tag{8-7}$$

则

$$n+1 = \lg 2\frac{m}{\delta} = 3.32\lg 10\left(\frac{m}{\delta}\right) \tag{8-8}$$

例如：最大短路电流与最小短路电流之比 $m-30$，$\delta-3\%$，则 $n=9$，数字量应有 9 位才能满足编码要求，考虑最高位一般为符号位，故微机保护中通常取 12 位的 A/D 转换器。

编码的形式有好几种，二进制补码形式最适合微机保护运算中应用。按一般输入信号电平最大幅值为±10V，采用 12 位编码与 A/D 转换器构成的对应数值如表 8-1 所示。由表中可知，此时 A/D 转换器的分辨率约为 $10/2^{11} \approx 4.88$（mV）。

表 8-1　　输入信号按 12 位编码构成表

输入信号数值		编　码　组　成												十进制
		MSB 符号位	2^{10}	2^9	2^8	2^7	2^6	2^5	2^4	2^3	2^2	2^1	2^0	
（+）满量程	9.995V	0	1	1	1	1	1	1	1	1	1	1	1	2048
（+）$\frac{1}{2}$满量程	5V	0	1	0	0	0	0	0	0	0	0	0	0	1024
（+）最小数	4.88mV	0	0	0	0	0	0	0	0	0	0	0	1	1
0 值	0V	0	0	0	0	0	0	0	0	0	0	0	0	0
（−）最小绝对值	−4.88mV	1	1	1	1	1	1	1	1	1	1	1	1	1
（−）$\frac{1}{2}$满量程	−5V	1	1	0	0	0	0	0	0	0	0	0	0	−1024

§8.2　微机保护的基本算法与数字滤波❶

微机保护中的算法与数字滤波，是开发研制微机保护的基础，理论性非常强。本单元介绍最基本的几种算法和几种常用的数字滤波器，为理解微机保护装置扫清理论上的障碍。

算法与滤波是密切相关的，整个保护系统的滤波程度不同，所选用的算法也因之而异。某些算法本身就具有良好的数字滤波功能，而数字滤波实质上就是一种算法。因此，在微机保护中总是将算法与数字滤波综合起来考虑。

一、微机保护的基本算法

微机保护的算法是保护的数学模型，是微机保护工作原理的数学表达式，是编制微机保护计算程序的依据。不同的算法可以实现不同的保护功能。

在微机保护中，输入量（如电流 $\dot{I}$、电压 $\dot{U}$）经过采样和模数变换形成离散数字信号，送到微处理器 CPU。CPU 根据该保护系统应具有的功能（算法），进行相应的数值计算和逻辑运算，最终输出跳闸与否的命令，同时还可输出计算结果。

衡量算法的优劣有三个指标，即计算精度、响应时间和运算量。而三者间往往是相互矛盾的。因此，应根据保护的不同功能，保护的性能指标（如精度、动作时间）和保护系统硬件的条件（如 CPU 的运算速度、存储器的容量）采用不同的算法。

❶　本节内容可按选修教学要求处理。

1. 采样及微分法

本算法的基本原理是建立在假定电流和电压的波形为正弦的基础上，利用它们的采样值及其导数，确定电流和电压幅值及相位。阻抗值可由电压除以电流的幅值来决定。

设电压和电流分别为

$$u = U_{\mathrm{m}} \sin\omega t \tag{8-9}$$

$$i = I_{\mathrm{m}} \sin(\omega t - \varphi) \tag{8-10}$$

以电压为例，在式（8 - 9）中，U_{m} 是正弦电压的幅值，在这里是待定的未知量，u 是 t 时刻的采样值，是已知量。因为采样不与正弦波同步，所以 ωt 也是未知量。

显然，一个方程式无法解出两个未知数。为此，必须再找一个方程式与式（8 - 9）联立求解。对式（8 - 9）微分可得

$$u' = \frac{\mathrm{d}u}{\mathrm{d}t} = \omega U_{\mathrm{m}} \cos\omega t \tag{8-11}$$

由式（8 - 9）和式（8 - 11）可求出

$$U_{\mathrm{m}} = \sqrt{u^2 + \frac{u'^2}{\omega^2}} \tag{8-12}$$

式中 u——任一时刻电压的采样值；

u'——采样值 u 的微分。

在式（8 - 12）中，任一时刻电压的采样值是已知的，通过采样值，采用一次差分法可近似地求出微分量来。

如图 8 - 10 所示，u_k 为当前采样值，u_{k-1} 为 t_{k-1} 时刻的采样值，u_{k+1} 为 t_{k+1} 时刻的采样值，则

$$u'_k = \frac{u_{k+1} - u_{k-1}}{2\Delta t} \tag{8-13}$$

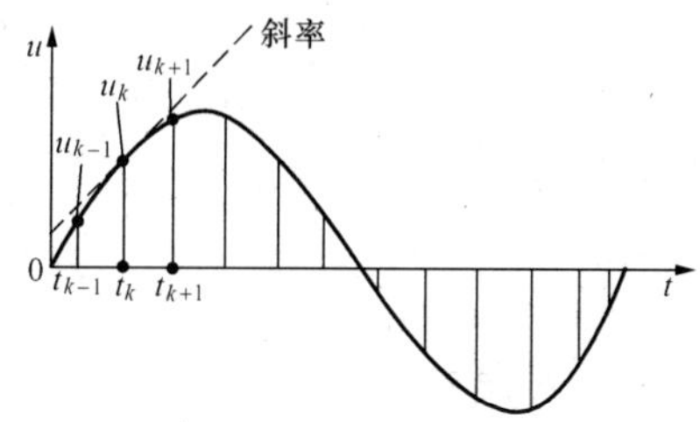

图 8 - 10 采样及微分算法图解

式中 Δt——采样时间间隔（设工频周采样 12 次，则 Δt=1.6667ms）。

将式（8 - 13）代入式（8 - 12）得

$$U_{\mathrm{m}} = \sqrt{u_k^2 + \left(\frac{u_{k+1} - u_{k-1}}{2\Delta t}\right)^2 / \omega^2} \tag{8-14}$$

同理可得

$$I_{\mathrm{m}} = \sqrt{i_k^2 + \left(\frac{i_{k+1} - i_{k-1}}{2\Delta t}\right)^2 / \omega^2} \tag{8-15}$$

$$Z^2 = \frac{U_{\mathrm{m}}^2}{I_{\mathrm{m}}^2} = \frac{\omega^2 u_k^2 + \left(\frac{u_{k+1} - u_{k-1}}{2\Delta t}\right)^2}{\omega^2 i_k^2 + \left(\frac{i_{k+1} - i_{k-1}}{2\Delta t}\right)^2} \tag{8-16}$$

这种算法的优点是简单，计算速度快（只需两个数据窗及 $2\Delta t$）；缺点是计算误差较大，因为故障量不可能是纯正弦波，通常含有各次谐波分量。

2. 半周积分算法

半周积分算法的基本方程为

$$S = \int_0^{T/2} U_{\mathrm{m}} \sin\omega t \, \mathrm{d}t = \frac{-U_{\mathrm{m}}}{\omega} \cos\omega t \Big|_0^{T/2} = \frac{2}{\omega} U_{\mathrm{m}} = \frac{T}{\pi} U_{\mathrm{m}} \tag{8-17}$$

由式（8-17）可知，获得半周内绝对值积分便可求取正弦量的幅值。这一原理同样适用于离散数字信号，这时只需将半周绝对值积分改为半周采样值求和，即

$$S = \sum_{k=1}^{N/2} |u_k| = \frac{1}{2} N(\alpha) U_{\mathrm{m}} \tag{8-18}$$

式中 S——半周内 $N/2$ 个采样值的总和；

u_k——第 k 个采样值；

N——工频周采样次数；

α——第一个采样值的初相角。

由于用采样值求和代替积分，所以会带来误差，此误差随 α 值而变化。当工频周采样次数 $N=12$ 时，α 在 0°～30°范围内变化。不难看出 $\alpha=0°$ 和 $\alpha=30°$ 计算出的 S 是相等的。

$\alpha=0°$时

$$\begin{aligned} S &= U_{\mathrm{m}}(\sin 0° + \sin 30° + \sin 60° + \sin 90° + \sin 120° + \sin 150°) \\ &= 3.732 U_{\mathrm{m}} \end{aligned}$$

而取 α 为 0°～30°之间数值时，S 确是不等的，如取 $\alpha=15°$时，有

$$\begin{aligned} S &= U_{\mathrm{m}}(\sin 15° + \sin 45° + \sin 75° + \sin 105° + \sin 135° + \sin 165°) \\ &= 3.8637 U_{\mathrm{m}} \end{aligned}$$

相对误差

$$\eta = \frac{3.8637 - 3.732}{3.732} \times 100\% = 3.53\%$$

看来相对误差不是很大。

这种算法所需时间比采样及微分算法要长，计算一次要 10ms。

这种算法的优点是简单且有一定的滤波作用。因为，在半波积分过程中，谐波中的部分正负半周相抵消，剩余未被抵消的部分占总和比重就减少了。依照前面的方法也可求出 I_{m} 和 Z 来。

3. 傅氏算法

前面介绍的两种算法，都是建立在输入量为正弦量基础上的。但电力系统故障时的电气量除了正弦量之外，还会有较大的直流分量和其他成分的分量。因此，要计算结果较为精确，就必须要设置较为完善的滤波回路。这样，滤波加计算花的时间会较长，实现起来也会较复杂。若将故障时的电气量看成周期函数，则比看成是正弦函数要切合实际得多。周期函数利用傅氏级数进行计算，精度就比较高了。如果输入的电压为

$$u(t) = U_0 + \sum_{n=1}^{\infty} (U_{n\mathrm{R}} \cos n\omega t + U_{n\mathrm{j}} \sin n\omega t) \tag{8-19}$$

式（8-19）中含有恒定的直流分量及各次谐波分量。继电保护只要基频分量，则电压的基频分量［式（8-19）中的 $n=1$］的傅里叶余弦系数 $U_{n\mathrm{R}}$ 和正弦系数 $U_{n\mathrm{j}}$ 分别为

$$\left.\begin{aligned} U_{nR} &= \frac{1}{\pi}\int_{-\pi}^{\pi} u(t)\cos\omega t\,\mathrm{d}t \\ U_{nj} &= \frac{1}{\pi}\int_{-\pi}^{\pi} u(t)\sin\omega t\,\mathrm{d}t \end{aligned}\right\} \tag{8-20}$$

在微机保护中，上述积分采用离散数字信号求和获得

$$\left.\begin{aligned} U_{nR} &= \frac{2}{N}\sum_{k=0}^{N} u(k)\cos k\,\frac{2\pi}{N} \\ U_{nj} &= \frac{2}{N}\sum_{k=0}^{N} u(k)\sin k\,\frac{2\pi}{N} \end{aligned}\right\} \tag{8-21}$$

这种算法的主要优点是比较精确，滤波部分只需考虑滤去高频；缺点是计算时间较长，计算一次需 20ms。所以这种计算方法多用于后备保护。计算误差仍与第一个采样量的初相角有关。

这里补充说明一点，在前面讲过，任何一种保护都不能只计算一次就开放保护。例如某保护需计算 3 次，均满足动作条件才允许开放保护。若该保护采用的是傅氏算法，那么它的计算时间是否为 20×3＝60（ms）呢？回答是否定的。计算 3 次最短的时间应为 20ms 再加两个数据窗的延时。若采用工频周采样 12 次，3 次计算所用的时间为 23.3ms，即 $k=0\sim12$ 为第一次，$k=1\sim13$ 为第二次，$k=2\sim14$ 为第三次。实际上在 $k=0\sim14$ 期间，3 次计算同时完成。当然，对于不影响速度的保护，计算 3 次的最长时间可以是 60ms，即等第一次算完再算第二次；也可取 $k=0\sim12$ 为第一次，$k=3\sim15$ 为第二次，$k=6\sim18$ 为第三次，则 3 次算完要 30ms 等。任何一种算法的计算时间均可根据这一思路去分析。对于同一种算法，计算时间越长，判别故障的准确度就越高，但动作速度慢了。

4. 微分方程算法

微分方程算法是目前微机保护中应用最普遍的算法。本算法可直接计算出线路的电阻 R 和电感 L 来，因此，特别适用于阻抗保护。

（1）解微分方程法。在忽略线路分布电容时，相间阻抗保护用的电气量微分方程为

$$\left.\begin{aligned} u_k &= Ri_k + Li'_k \\ u_{k-1} &= Ri_{k-1} + Li'_{k-1} \end{aligned}\right\} \tag{8-22}$$

则

$$\left.\begin{aligned} R &= \frac{u_{k-1}i'_k - u_k i'_{k-1}}{i_{k-1}i'_k - i_k i'_{k-1}} \\ L &= \frac{u_k i'_{k-1} - u_{k-1}i'_k}{i_{k-1}i'_k - i_k i'_{k-1}} \end{aligned}\right\} \tag{8-23}$$

式中 u_k、u_{k-1}——t_k、t_{k-1}两个时刻电压的采样值；

i_k、i_{k-1}——t_k、t_{k-1}两个时刻电流的采样值；

i'_k、i'_{k-1}——t_k、t_{k-1}时刻电流的微分。

单相接地故障阻抗保护用的电气量微分方程（以 A 相接地为例）为

$$\left.\begin{aligned} u_{ak} &= R(i_{ak} + 3K_R i_{0k}) + L(i_{ak} + 3K_L i_{0k})' \\ u_{ak-1} &= R(i_{ak-1} + 3K_R i_{0k-1}) + L(i_{ak-1} + 3K_L i_{0k-1})' \end{aligned}\right\} \tag{8-24}$$

$$\left.\begin{aligned}K_{\mathrm{R}} &= \frac{R_0 - R}{3R} \\ K_{\mathrm{L}} &= \frac{L_0 - L}{3L}\end{aligned}\right\} \tag{8-25}$$

则

$$\left.\begin{aligned}R &= \frac{u_{\mathrm{a}k-1}(i_{\mathrm{a}k}+3K_{\mathrm{L}}i_{0k})' - u_{\mathrm{a}k}(i_{\mathrm{a}k-1}+3K_{\mathrm{L}}i_{0k-1})'}{i_{\mathrm{a}k-1}(i_{\mathrm{a}k}+3K_{\mathrm{L}}i_{0k})' - i_{\mathrm{a}k}(i_{\mathrm{a}k-1}+3K_{\mathrm{L}}i_{0k-1})'} \\ L &= \frac{u_{\mathrm{a}k}i_{\mathrm{a}k-1} - u_{\mathrm{a}k-1}i_{\mathrm{a}k}}{i_{\mathrm{a}k-1}(i_{\mathrm{a}k}+3K_{\mathrm{L}}i_{0k})' - i_{\mathrm{a}k}(i_{\mathrm{a}k-1}+3K_{\mathrm{L}}i_{0k-1})'}\end{aligned}\right\} \tag{8-26}$$

上三式中 $u_{\mathrm{a}k}$、$u_{\mathrm{a}k-1}$，$i_{\mathrm{a}k}$、$i_{\mathrm{a}k-1}$，i_{0k}、i_{0k-1}——分别为 t_k、t_{k-1}时刻 A 相电压、A 相电流及零序电流采样值；

K_{R}、K_{L}——分别为零序电阻、零序电抗补偿系数。

(2) 近处故障时的快速算法。在式 (8-22) 或式 (8-24) 中，可用差分代微分，即

$$\left.\begin{aligned}i'_k &= \frac{i_{k+1} - i_{k-1}}{2\Delta t} \\ i'_{k-1} &= \frac{i_k - i_{k-2}}{2\Delta t}\end{aligned}\right\} \tag{8-27}$$

式中 i_{k-2}——t_{k-2}时刻的电流采样值；

Δt——两采样值间的时间间隔。

从式 (8-27) 中可看出，要完成整个计算，采样值 i_{k-2} 到 i_{k+1} 共用 $3\Delta t$，若工频周采样 12 次，则 $3\Delta t = 5\mathrm{ms}$，速度很快。若还要提高速度，可采用

$$\left.\begin{aligned}i'_k &= \frac{i_{k+1} - i_k}{\Delta t} \\ i'_{k-1} &= \frac{i_k - i_{k-1}}{\Delta t}\end{aligned}\right\} \tag{8-28}$$

完成整个计算只需 $2\Delta t = 3.3\mathrm{ms}$，但计算精度差。所以这种计算只对故障发生在第Ⅰ段保护范围的 70%以内适用；否则，有可能超越动作。

(3) 高阻接地故障的算法。过渡电阻对接地距离保护的影响是个老问题。发生单相接地故障时的过渡电阻比发生相间故障时的过渡电阻值大得多，且持续时间也长得多。因此必须研究高阻接地故障的算法。

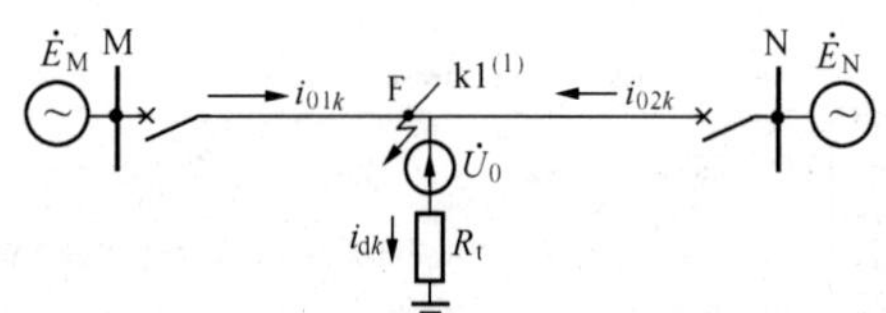

图 8-11 线路经 R_{t} 单相接地

设如图 8-11 所示系统中，在 MN 线路上的 F 点经过渡电阻 R_{t} 发生 A 相接地。

此时，式 (8-24) 中应加上故障电流在过渡电阻上的压降。微分方程为

$$\left.\begin{aligned}u_{\mathrm{a}k} &= R(i_{\mathrm{a}k}+3K_{\mathrm{R}}i_{0k}) + L(i_{\mathrm{a}k}+3K_{\mathrm{L}}i_{0k})' + i_{\mathrm{d}k}R_{\mathrm{t}} \\ u_{\mathrm{a}k-1} &= R(i_{\mathrm{a}k-1}+3K_{\mathrm{R}}i_{0k-1}) + L(i_{\mathrm{a}k-1}+3K_{\mathrm{L}}i_{0k-1})' + i_{\mathrm{d}k-1}R_{\mathrm{t}}\end{aligned}\right\} \tag{8-29}$$

式中 $i_{\mathrm{d}k}$、$i_{\mathrm{d}k-1}$——分别为 t_k、t_{k-1}时刻流过过渡电阻的故障电流。

从图 8-11 可看出

$$\left.\begin{aligned} i_{dk} &= i_{01k} + i_{02k} \\ i_{dk-1} &= i_{01k-1} + i_{02k-1} \end{aligned}\right\} \tag{8-30}$$

式中　i_{01k}、i_{01k-1}、i_{02k}、i_{02k-1}——分别为 t_k、t_{k-1} 时刻流过 R_t 的电流本侧和对侧的分流。

式（8-30）中对侧的电流，在保护安装侧是无法测到的，在装置中采用下述方法解决。

1）用本侧的零序电流值代替流过 R_t 的零序电流，即

$$\left.\begin{aligned} i_{dk} &= 3i_{01k} \\ i_{dk-1} &= 3i_{01k-1} \end{aligned}\right\} \tag{8-31}$$

这样求出来的 R_t 并非实际值，但 L 值确是准确的，考虑了 R_t 总比不考虑好。

2）用 $i_a - i_0$ 代替流过 R_t 的电流。单相接地故障时 $i_a = i_1 + i_2 + i_0$，所以 $i_a - i_0 = i_1 + i_2$，即用保护安装处正序电流与负序电流之和代替流过 R_t 的电流。

单相接地故障有 $i_1 = i_2 = i_0$，且三序电流同相位。而线路的负、正序阻抗角一般差别很小，这样就可减小用 $3i_{01}$ 代替流过 R_t 电流的相角误差。因此，方法 2）比 1）误差小。

在距离保护装置中，接地故障时首先用普通算法求出 x、R，当 $R > \frac{1}{2}x$ 时，改用高阻算法。

（4）长数据窗高精度算法。在式（8-23）和式（8-26）中分母为两项之差，如果两项的值非常接近，分母将趋近于零。在计算机进行数值运算时，一个要注意的问题是有限字长效应。有限字长效应包括两方面：一是模数转换器的位数是有限的，所以要引入量化误差（如表 8-1 中，每级为 4.88mV）；二是计算机在作各种运算时其字长（尾数的位数）也是有限的，这就要产生舍入误差。尽管分母中的两项值每一项的误差很小，但当两个相接近的数相减时，将会使整个计算结果产生很大的误差。

为了提高运算精度，一方面是增加字长，即增加计算间隔 NT_s（T_s 采样周期）；另一方面是尽量避免分母中出现两个接近的数相减。

下面针对式（8-23）的分母，以取不同数据窗差值的情况加以分析。从数量上说明所取数据窗越短，则分母趋近于零的可能性越大。

式（8-23）中的 i'_k、i'_{k-1} 取式（8-27）计算，则分母可展开为

$$\begin{aligned} i_{k-1}i'_k - i_k i'_{k-1} &= i_{k-1}(i_{k+1} - i_{k-1})/2\Delta t - i_k(i_k - i_{k-2})/2\Delta t \\ &= I_m \sin(\alpha - 30^\circ)[I_m \sin(\alpha + 30^\circ) - I_m \sin(\alpha - 30^\circ)]/2\Delta t \\ &\quad - I_m \sin\alpha[I_m \sin\alpha - I_m \sin(\alpha - 60^\circ)]/2\Delta t \\ &= I_m^2/2\Delta t\{\sin(\alpha - 30^\circ)[\sin(\alpha + 30^\circ) - \sin(\alpha - 30^\circ)] \\ &\quad - \sin\alpha[\sin\alpha - \sin(\alpha - 60^\circ)]\} \end{aligned} \tag{8-32}$$

式中　α——第一个采样值的初相角，其值为 $0^\circ \leqslant \alpha \leqslant 30^\circ$（工频周采样 12 次，$\Delta t$ = 1.66ms）。

分别取 $\alpha = 0^\circ$，30°，15°，则式（8-23）的分母值为 $-\frac{1}{2}I_m^2/2\Delta t$、$-\frac{1}{2}I_m^2/2\Delta t$ 和 $-\frac{1}{4}I_m^2/2\Delta t$。

再将式（8-23）中的 i'_k、i'_{k-1} 以式（8-28）计算，则分母可展开为

$$\begin{aligned}i_{k-1}i'_k - i_k i'_{k-1} &= i_{k-1}(i_{k+1} - i_k)/\Delta t - i_k(i_k - i_{k-1})/\Delta t \\ &= I_m \sin(\alpha - 30°)[I_m \sin(\alpha + 30°) - I_m \sin\alpha)]/\Delta t \\ &\quad - I_m \sin\alpha[I_m \sin\alpha - I_m \sin(\alpha - 30°)]/\Delta t \\ &= I_m^2/\Delta t\{\sin(\alpha - 30°)[\sin(\alpha + 30°) - \sin\alpha] \\ &\quad - \sin\alpha[\sin\alpha - \sin(\alpha - 30°)]\}\end{aligned} \tag{8-33}$$

分别取 $\alpha = 0°$、30°、15°，则式（8-23）的分母值为 $-\frac{1}{4}I_m/\Delta t$、$-\frac{1}{4}I_m/\Delta t$ 和 $-\frac{1}{8}I_m/\Delta t$。

这里要注意 Δt 和 $2\Delta t$ 是分母的分母，即分子。我们只要分析系数 $\frac{1}{2}$，$\frac{1}{4}$，$\frac{1}{8}$ 即可。不难看出 $\frac{1}{8}$ 更接近于零。

在距离保护软件中，第Ⅱ段、第Ⅲ段和故障点位于第Ⅰ段的70%至第Ⅰ段保护范围末端，都应该采用 $2\Delta t$ 数据窗算法。

二、数字滤波

目前，在电力系统运行的继电保护装置其原理都是建立在反映正弦基波或某些整数次谐波基础之上的。但电力系统不论是正常运行还是发生故障，都会出现非周期分量或谐波分量。对这些非周期分量或谐波分量如不进行适当处理，将影响保护的性能，严重情况下还会造成保护的拒动或误动。

在布线逻辑保护（模拟量保护）中，保护自身就有较好的滤波功能，它们大都反映电气量的平均值，再加上动作速度也不快，所以非周期分量和谐波分量的影响不太突出。而数字逻辑保护（微机保护）都是采用的离散采样量，即使有一很短暂的干扰信号，保护也能敏感地反映，加上数字逻辑的保护动作速度又快，这样受非周期分量和谐波分量的影响就非常大。

滤波的方式有两种，一种为模拟滤波，一种为数字滤波。模拟滤波器要由硬件构成，且滤波用时比数字滤波长。所以在微机保护中只有满足不了采样定理的高次谐波才采用模拟滤波器滤波。如工频周采样12次，则采样频率为 $f_s = 600$Hz，而采样定理要求 $f_s > 2f$，所以6次及以上次数的谐波只能靠模拟滤波器来滤除。

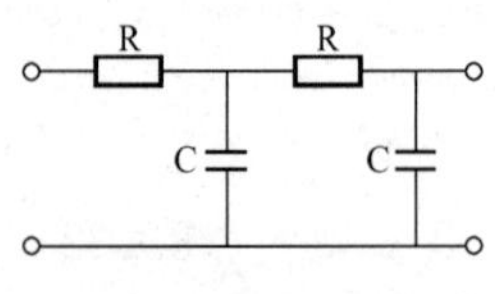

图8-12　微机保护模拟低通滤波器

在微机保护中广泛应用低通滤波器，其接线非常简单，如图8-12所示。滤波的时间也短，约为3ms。

数字滤波可以理解为一个计算程序或算法，不需要硬件设备。数字滤波将代表输入信号的数字时间序列转换成为代表输出信号的数字时间序列，并在转换过程中使信号按照预定的形式变化，滤除不必要的非周期分量和谐波（6次及以下）分量。

数字滤波的精度高，加长字长可以很容易地提高精度。

数字滤波的可靠性高，受环境和温度的影响小。

数字滤波灵活性高，要改变性能只要改变算法或某些系数即可。

数字滤波便于时分复用，采用一套系统就可完成各个通道的滤波任务。

微机是处理数字的能手，这为微机继电保护广泛使用数字滤波创造了条件。

数字滤波器也像模拟式滤波器一样，可分为低通、高通、带通、带阻滤波器等。在微机保护中，一般都不用高通滤波器。为满足迅速性的要求，数字滤波器一般尽量用加减运算，少用乘除运算，以使数据窗尽可能的短。

1. 加、减法数字滤波器

加、减法数字滤波器由两采样值相加或相减构成，简单、直观，容易实现。

如前所述，当工频周采样 12 次时，模拟低通滤波器已将 6 次及以上的谐波滤除，数字滤波器只需讨论 6 次以下谐波及非周期分量的滤波问题。

(1) 基波数字滤波器。只要完成下列算式，就可将幅值不变的基波滤除掉。

$$\begin{aligned} u &= u_k + u_{k-6} = U_{\mathrm{m}}\sin\alpha + U_{\mathrm{m}}\sin(\alpha + 180^\circ) \\ &= U_{\mathrm{m}}(\sin\alpha - \sin\alpha) = 0 \end{aligned} \tag{8-34}$$

式中 α——当前采样点 k 的相角。

式 (8-34) 可用图 8-13 说明。若基波的幅值是变化的，则滤波后得到的刚好是工频变化量，可作为工频变化量保护的判别量（工频变化量保护的基本原理下节讲解），工程中把基波数字滤波器称作陷波器。不难分析式 (8-34) 同时可滤去 3 次和 5 次谐波。对 3 次谐波有

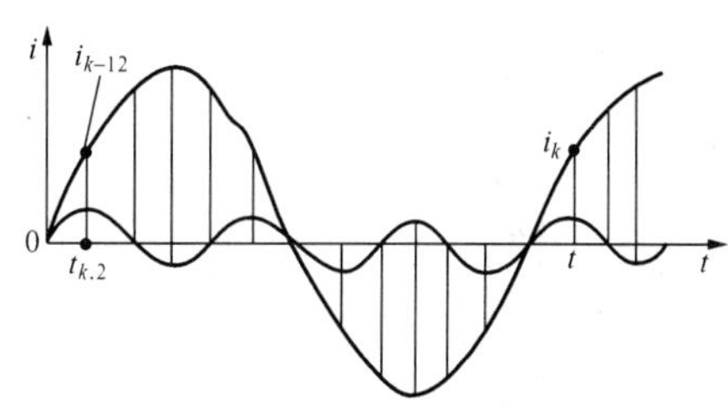

图 8-13 基波数字滤波器波形图

$$\begin{aligned} u_3 &= u_{\mathrm{k.3}} + u_{\mathrm{k-6.3}} \\ &= U_{\mathrm{m.3}}\sin3\alpha + U_{\mathrm{m.3}}\sin3(\alpha + 180^\circ) \\ &= U_{\mathrm{m.3}}(\sin3\alpha - \sin3\alpha) = 0 \end{aligned}$$

对 5 次谐波的滤波分析略。

对基波及其他各次谐波，还可用下式所示的减法滤波器滤波，即

$$u = u_k - u_{k-12} \tag{8-35}$$

对基波的滤波的分析按式 (8-35) 有关系式

$$u = U_{\mathrm{m}}\sin\alpha - U_{\mathrm{m}}\sin(\alpha + 360^\circ) = 0$$

对其他谐波的滤波可仿效式 (8-34) 分析。

若采用式 (8-35) 作陷波器来提取工频变化量，它除了能分解出工频变化量外还能对各次谐波都有滤波效果。

对滤波时间，初看上去，采用式 (8-34) 时要 10ms，采用式 (8-35) 时要 20ms。但具体分析就知道，若保护在运行中滤波，它仅要作加法或减法的计算时间，不能计采样间隔时间。因为，在 k 点滤波时，$k-6$ 点或 $k-12$ 点正储存在微机中，只等调用。当然合闸后的第一次运算时间只能是 10ms 和 20ms。因为，微机中还未储存采样值。

(2) 其他形式的加法、减法数字滤波器的滤波性能列入表 8-2，供参考。

表 8-2 加、减法滤波器滤波功能表

算　法	被滤去谐波次数	算　法	被滤去谐波次数
$u=u_k+u_{k-3}$	2，6	$u=u_k-u_{k-4}$	0，3，6
$u=u_k+u_{k-2}$	3，6	$u=u_k-u_{k-3}$	0，4，6
$u=u_k-u_{k-6}$	0，2，4，6	$u=u_k-u_{k-12}$	0，1，2，3，4，5，6
$u=u_k+u_{k-6}$	1，3，5		

2. 积分滤波器

积分滤波器的基本原理是基于在某段时间内对某次谐波的积分等于零。在微机保护中，积分就是采样值求和，所以积分滤波器实际上是由当前采样值同其前相邻的1，2，3，…，k 个采样值相加而获得输出。它的表达式为

$$u=u_k+u_{k-1}+\cdots+u_{k-n} \tag{8-36}$$

在式（8-36）中，当 $n=3$ 时，图 8-13 的三次谐波（即三的整数倍次谐波）的积分为零。n 与被滤去的谐波次数 m 的关系如下：

$n=1$，$m=6$，12，18，…；

$n=2$，$m=4$，8，16，…；

$n=3$，$m=3$，6，9，…；

$n=5$，$m=2$，4，6，…；

$n=11$，$m=1$，2，3，…。

根据具体情况，取不同的 n 值就能滤去相应的谐波分量。

3. 三点采样值数字滤波器

三点采样值数字滤波器的特点是所用数据窗短，滤波时间短。三点采样值数字滤波器滤除 m 次谐波的表达式为

$$u=U_m(u_k+B_m u_{k-1}+C_m u_{k-2}) \tag{8-37}$$

式中：B_m、C_m 为待定常数。

对于 m 次谐波 $U_m\sin(\omega_m t+\theta)$，滤波后的值应为零，即

$$U_m[\sin(\omega_m t_k+\theta)+B_m\sin(\omega_m t_k+\theta-\omega_m\Delta t)+C_m\sin(\omega_m t_k+\theta-2\omega_m\Delta t)]=0$$

展开后有

$$[1+B_m\cos\omega_m\Delta t+C_m\cos2\omega_m\Delta t]\sin(\omega_m t_k+\theta)-[B_m\sin\omega_m\Delta t+C_m\sin2\omega_m\Delta t]\cos(\omega t_k+\theta)=0$$

即

$$\left.\begin{aligned}&1+B_m\cos\omega_m\Delta t+C_m\cos2\omega_m\Delta t=0\\&B_m\sin\omega_m\Delta t+C_m\sin2\omega_m\Delta t=0\end{aligned}\right\} \tag{8-38}$$

由式（8-38）可解出待定常数 B_m 和 C_m 来。

电力系统正常运行时，微机保护经模拟低通滤波后，剩下的主要是3次和5次谐波。因此，重点是滤去3次和5次谐波。该数字滤波器对故障时产生的3次和5次谐波应有明显的滤波作用。

（1）滤除三次谐波。工频周采样 12 次，$m=3$ 时，$3\omega\Delta t=90°$。由式（8－38）可求出 $B_5=0$，$C_3=1$。这时式（8－37）可写成

$$u=U_{3m}(u_k+u_{k-2}) \tag{8-39}$$

式（8－39）与表 8－2 中 3 次谐波加法滤波器的算法完全相同。

（2）滤除 5 次谐波。工频周采样 12 次，$m=5$ 时，$5\omega\Delta t=150°$。由式（8－38）可求出 $B_5=\sqrt{3}$，$C_5=1$。这时式（8－37）可写成

$$u=U_{5m}(u_k+\sqrt{3}u_{k-1}+u_{k-2}) \tag{8-40}$$

式（8－40）对 5 次谐波输出为零，但对直流及基波约放大 3 倍。具体应用时应加以注意。三点采样仅两个工频数据窗，所以滤波延时为 3.33ms。

4. 同时滤除 m 及 n 次谐波的数字滤波器

要同时滤除 m 及 n 次谐波，只要将两种谐波的数字滤波器串联即可。其框图如图 8－14 所示。

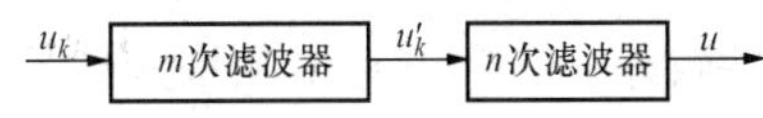

图 8－14　同时滤除 m 及 n 次谐波的数字滤波器框图

数学表达式为

$$\left.\begin{aligned}u_n&=U_n(u_k+B_nu_{k-1}+C_nu_{k-2})\\u_m&=U_m(u_k+B_mu_{k-1}+C_mu_{k-2})\end{aligned}\right\} \tag{8-41}$$

则

$$\begin{aligned}u_{m.n}=&U_mU_nu_k+(B_m+B_n)u_{k-1}+(C_m+B_nB_m+C_m)u_{k-2}\\&+(B_nC_m+C_nB_m)u_{k-3}+C_mC_nu_{k-4}\end{aligned} \tag{8-42}$$

（1）同时滤除 3 次、5 次谐波：

取：$B_3=0$，$C_3=1$；$B_5=\sqrt{3}$，$C_5=1$。式（8－41）为

$$u_{3.5}=U_3U_5[u_k+\sqrt{3}u_{k-1}+2u_{k-2}+\sqrt{3}u_{k-3}+2u_{k-4}] \tag{8-43}$$

式（8－43）同时滤除 3、5 次谐波的延时为 6.66ms。

（2）提取基频的数字滤波器

$$\left.\begin{aligned}u&=u_k+u_{k-2}\text{，滤除 3 次谐波}\\u&=u_k-u_{k-6}\text{，滤除 0,2,4 次谐波}\end{aligned}\right\} \tag{8-44}$$

则

$$u=u_k+u_{k-2}-u_{k-6}-u_{k-8} \tag{8-45}$$

式（8－45）滤除了 0，2，3，4 次谐波，模拟低通滤除 6 次及以上的高次谐波，则剩下的为基波和 5 次谐波分量。由于 5 次谐波实际很小，故可认为式（8－45）提取的是基波。

（3）提取二次谐波的数字滤波器。

在变压器保护中，为了构成二次谐波制动的差动保护，需要提取二次谐波。

$$\left.\begin{aligned}u&=u_k+u_{k-6}\text{，滤除 1,3,5 次谐波}\\u&=u_k-u_{k-3}\text{，滤除 0,4,6 次谐波}\end{aligned}\right\} \tag{8-46}$$

则

$$u=u_k-u_{k-3}+u_{k-6}-u_{k-9} \tag{8-47}$$

式（8－47）将 0，1，3，4，5 次谐波滤除，模拟低通滤除 6 次及以上的高次谐波，故剩下的为二次谐波分量。

数字滤波的理论性很强，这里分析了几种简单而又实用的数字滤波器，帮助大家理解数字滤波这一抽象的理论。

§8.3 工频变化量测量元件

近几年继电保护工作者研制了不少新原理的保护装置，工频变化量测量元件就是其中之一。常规保护装置反映的是故障前的工频分量和故障中的工频分量之和；行波保护反映的是故障分量，以及故障分量中的工频成分和暂态成分；工频变化量测量元件仅反映故障分量中的工频成分。常规保护装置可靠性高而动作速度较慢，行波保护动作速度快而可靠性较差。工频变化量测量元件具有常规保护的可靠性和行波保护的快速性。工频变化量特别易于实现数字型保护，微机保护提取工频变化量相当容易。所以，工频变化量微机保护装置得到普遍应用。

一、工频变化量方向元件

工频变化量方向元件判别故障分量中工频成分 $\Delta\dot{U}$ 与 $\Delta\dot{I}$ 之间的相角。

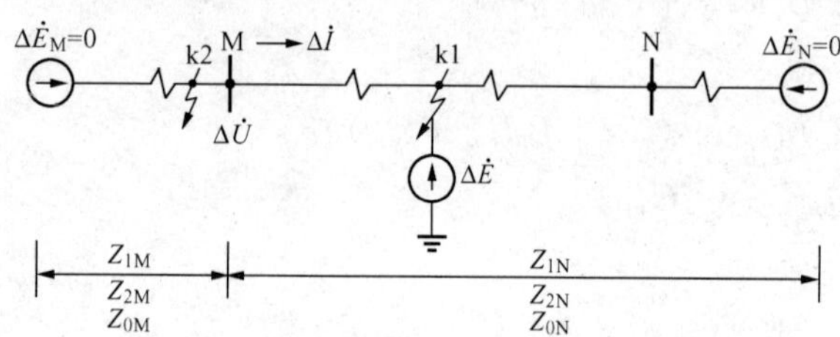

图 8 - 15 工频变化量等效电路图

工频变化量 $\Delta\dot{U}$ 与 $\Delta\dot{I}$ 角度分析

设系统如图 8 - 15 所示。由于工频变化量元件仅反映故障分量中的工频成分，产生工频变化量的电源仅是故障点的附加电源。在图 8 - 15 中的 k1 点故障时，相当于 k1 点投入一新电源 $\Delta\dot{E}$，工频变化量即由此新电源产生。

由对称分量法可得

$$\left.\begin{aligned}\Delta\dot{I}_A &= \Delta\dot{I}_1+\Delta\dot{I}_2+\Delta\dot{I}_0\\ \Delta\dot{I}_B &= a^2\Delta\dot{I}_1+a\Delta\dot{I}_2+\Delta\dot{I}_0\\ \Delta\dot{I}_C &= a\Delta\dot{I}_1+a^2\Delta\dot{I}_2+\Delta\dot{I}_0\end{aligned}\right\} \tag{8-48}$$

式中：a 为算子，$a=e^{j120^\circ}=-\frac{1}{2}+j\frac{\sqrt{3}}{2}$。

由式（8 - 48）可得

$$\left.\begin{aligned}\Delta\dot{I}_{AB} &= (1-a^2)\Delta\dot{I}_1+(1-a)\Delta\dot{I}_2\\ \Delta\dot{I}_{BC} &= (a^2-a)\Delta\dot{I}_1+(a-a^2)\Delta\dot{I}_2\\ \Delta\dot{I}_{CA} &= (a-1)\Delta\dot{I}_1+(a^2-1)\Delta\dot{I}_2\end{aligned}\right\} \tag{8-49}$$

同理可得

$$\left.\begin{aligned}\Delta\dot{U}_{AB} &= (1-a^2)\Delta\dot{U}_1+(1-a)\Delta\dot{U}_2\\ \Delta\dot{U}_{BC} &= (a^2-a)\Delta\dot{U}_1+(a-a^2)\Delta\dot{U}_2\\ \Delta\dot{U}_{CA} &= (a-1)\Delta\dot{U}_1+(a^2-1)\Delta\dot{U}_2\end{aligned}\right\} \tag{8-50}$$

输电线路正序阻抗 Z_{1m} 与负序阻抗 Z_{2m} 相等，即 $Z_{1m}=Z_{2m}$。在正方向短路时

$$\begin{cases}\Delta\dot{U}_1 = -\Delta\dot{I}_1 Z_{1m} \\ \Delta\dot{U}_2 = -\Delta\dot{I}_2 Z_{2m} = -\Delta\dot{I}_2 Z_{1m}\end{cases} \tag{8-51}$$

取AB相间方向元件为分析对象，说明工频变化量方向元件的工作原理。

正方向故障（图8-15中k1点故障）正方向元件的测量角 ϕ_+ 为

$$\phi_+ = \arg\frac{\Delta\dot{U}_{AB} - \Delta\dot{I}_{AB}CZ_{set}}{\Delta\dot{I}_{AB}Z_{set}} \tag{8-52}$$

式中 Z_{set}——整定阻抗（故障点到保护范围末端的阻抗，取 Z_{set} 的阻抗角等于 Z_m 的阻抗角）；

C——补偿系数，一般取 $C=0.35\sim0.45$。

将式（8-50）、式（8-51）代入式（8-52），则有

$$\begin{aligned}\phi_+ &= \arg\frac{(1-a^2)\Delta\dot{U}_1 + (1-a)\Delta\dot{U}_2 - \Delta\dot{I}_{AB}CZ_{set}}{\Delta\dot{I}_{AB}Z_{set}} \\ &= \arg\frac{-(1-a^2)\Delta\dot{I}_1 Z_{1m} - (1-a)\Delta\dot{I}_2 Z_{2m} - \Delta\dot{I}_{AB}CZ_{set}}{\Delta\dot{I}_{AB}Z_{set}} \\ &= \arg\frac{-\Delta\dot{I}_{AB}(Z_{1m} + CZ_{set})}{\Delta\dot{I}_{AB}Z_{set}} = 180^\circ\end{aligned} \tag{8-53}$$

工频变化量方向元件设有正方向元件和反方向元件。正方向元件动作后开放保护；反方向元件动作后闭锁保护。为此，在分析工频变化量方向元件的工作原理时，应同时分析正、反方向元件的工作特性。

正方向故障，反方向元件的测量角 ϕ_- 为

$$\phi_- = \arg\frac{\Delta\dot{U}_{AB}}{-\Delta\dot{I}_{AB}Z_{set}} = \arg\frac{Z_{1m}}{Z_{set}} = 0^\circ \tag{8-54}$$

反方向故障（图8-15中k2点故障），正、反方向元件的测量角分别为

$$\begin{cases}\phi_+ = \arg\dfrac{Z_{1m} - CZ_{set}}{Z_{set}} = 0^\circ \\ \phi_- = \arg\dfrac{Z_{1m}}{-Z_{set}} = 180^\circ\end{cases} \tag{8-55}$$

综上所述：当正方向故障时，正方向元件的测量角为180°；反方向元件的测量角为0°。当反方向故障时，正方向元件的测量角为0°；反方向元件的测量角为180°。

方向元件的动作条件可规定为180°，正向元件动作后开放保护，反方向元件动作后闭锁保护。

在实际装置中，可通过判别 $\Delta\dot{U}$ 与 $\Delta\dot{I}Z_m$ 异极性的时间来实现对 ϕ_+、ϕ_- 的检测。对正方向元件，当 $\Delta\dot{U}$ 与 $\Delta\dot{I}Z_m$ 异极性的时间大于4ms时动作；对反方向元件，当 $\Delta\dot{U}$ 与 $\Delta\dot{I}Z_m$ 异极性的时间大于3ms时动作。动作条件并非180°（工频180°对应10ms）。经调整后，既增强了装置的抗干扰能力，也提高了装置动作的可靠性。

在正方向元件比较式（8-55）中，引入 CZ_{set} 是为提高反应正方向故障的灵敏度。因为

$$\angle\varphi_{set} = \angle\varphi_m$$

式中 φ_{set}——整定阻抗角；

φ_m——测量阻抗角。

所以，引入 CZ_{set} 后不会改变方程原有的性质。

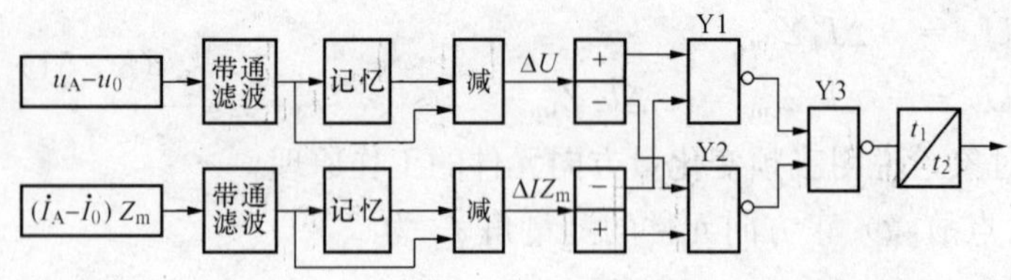

图 8 - 16　工频变化量方向元件原理框图

工频变化量方向元件的原理框图如图 8 - 16 所示。

图 8 - 16 中，首先由带通滤波器滤出输入电压中的工频分量，工频分量输送给记忆和减法器。记忆回路记忆故障前的工频电压与当前电压相减后形成工频变化量 ΔU 和 ΔIZ_m。将电压、电流输入到“减”输出，称为工频变化量形成器。工频变化量形成后，分别由极性形成回路形成“+”、“−”极性信号，然后由与门电路 Y1、Y2、Y3 进行比较，经 t_1 积分（判别异极性的时间）、t_2 展宽（记忆），到 40ms 输出。

二、工频变化量阻抗元件

工频变化量阻抗元件的基本原理是测量工作电压工频变化量的幅值。动作方程为

$$|\Delta\dot{U}_m|\geqslant U$$

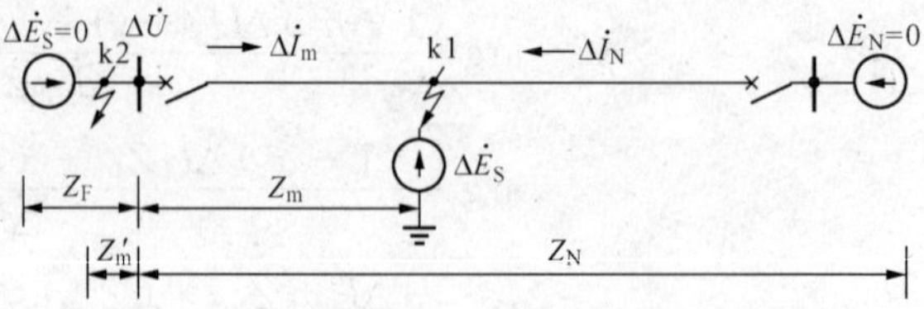

图 8 - 17　分析工频变化量阻抗原理的系统图

设网络如图 8 - 17 所示。取工频变化量测量电压为

$$\Delta\dot{U}_m=\dot{U}-\Delta\dot{I}_A Z_{set} \tag{8-56}$$

式中　$\Delta\dot{U}_m$——工频变化量测量电压；

U——门槛电压，取 1.15 倍的额定电压；

$\Delta\dot{I}_m$——工频变化量测量电流；

Z_{set}——整定阻抗。

下面分析工频变化量阻抗元件的工作原理。

为简化分析，取门槛电压 $\dot{U}=|\Delta\dot{E}_S|$（故障前的电压），则

$$U=\Delta\dot{E}_S=-\Delta\dot{I}_m(Z_F+Z_m)$$

$$\Delta\dot{U}_m=\Delta\dot{U}-\Delta\dot{I}_m Z_{set}=-\Delta\dot{I}_m Z_F-\Delta\dot{I}_m Z_{set}=-\Delta\dot{I}_m(Z_F+Z_{set})$$

即 $|\Delta\dot{U}_m|\geqslant U$ 可写成

$$|\Delta\dot{I}_m(Z_F+Z_{set})|\geqslant|\Delta\dot{I}_m(Z_F+Z_m)|$$

$$|Z_F+Z_{set}|\geqslant|Z_F+Z_m| \tag{8-57}$$

式（8 - 57）中，等效电源内阻抗 Z_F 与整定阻抗 Z_{set} 均为定量，而测量阻抗 Z_m 随短路点的不同而变化，故式（8 - 57）在复平面上表示的是以 $-Z_F$ 矢量末端为圆心、以 $|Z_F+Z_{set}|$ 为半径的下偏特性圆。其特性如图 8 - 18 所示。

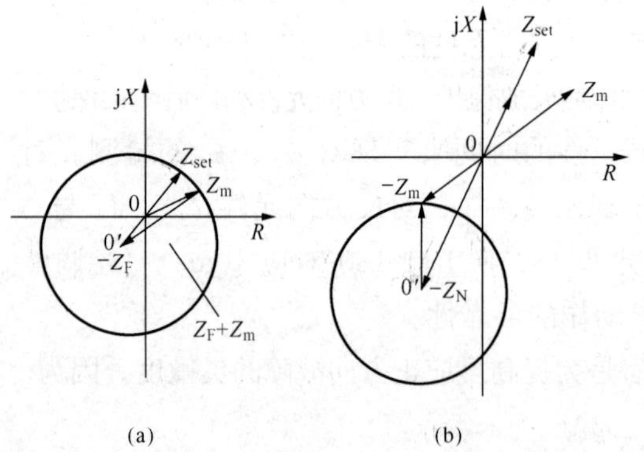

图 8 - 18　工频变化量阻抗元件特性图
（a）正向故障时的动作特性图；
（b）反向故障时的特性图

在图 8 - 17 所示的 k1 点故障，ΔZ 落在图 8 - 18（a）的Ⅲ象限，在动作区内，保护可靠地动作。

若故障发生在反方向，如图 8 - 17 所示的 k2 点，则

$$\Delta\dot{E}_S = \Delta\dot{I}_N(Z_m + Z_N)$$

$$\Delta\dot{U}_m = \Delta\dot{U} - \Delta\dot{I}_N Z_N = \Delta\dot{I}_N(Z_N - Z_{set})$$

则 $|\Delta\dot{U}_m| \geqslant U$ 可写成

$$|Z_N - Z_{set}| \geqslant |Z_N + Z_m|$$

式（8 - 57）的特性如图 8 - 18（b）所示，圆心为 $-Z_N$ 矢量末端，半径为 $|Z_N - Z_{set}|$。而反方向故障，$|Z_N|$ 恒大于 $|Z_{set}|$，ΔZ 总是落在第Ⅰ象限，即动作特性之外，所以保护有选择地不动作。

这里分析的是变化量，电气量 ΔZ 及动作特性都是在变化的，不能以静止的观点分析工频变化量阻抗元件的动作特性。

工频变化量阻抗元件的主要优点是动作速度快，在实际中已广泛应用。为帮助大家更好地掌握工频变化量阻抗元件的工作原理，下面从电压的角度讨论其工作原理。

分析过程用图 8 - 19 表示。

取 $U = 1.15\Delta E_S$：

（1）区内故障［图 8 - 19（a）中 k1 点故障］。

区内故障时，ΔI 与电流参考方向相反，则

$$|\Delta U_m| = |\Delta U - \Delta I Z_{set}| = |\Delta U_{op}|$$

恒有 $|\Delta U_m| > \Delta U$，保护可靠地动作。

（2）反方向故障［图 8 - 19（a）中 k2 点故障］，有

$$|\Delta U_m| = |\Delta U_{op}| < \Delta U$$

保护有选择地不动作。

（3）正方向区外故障［图 8 - 19（a）k3 点故障］。

从图 8 - 19（d）中不难得出

$$|\Delta U_m| = |\Delta U_{op}| < \Delta U$$

保护有选择地不动作。

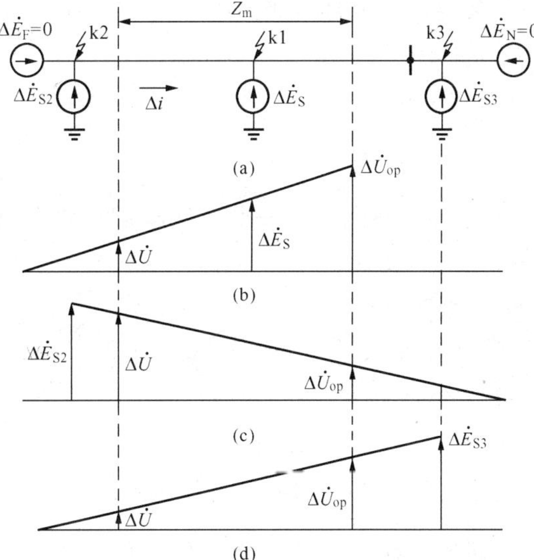

图 8 - 19　用电压法分析工频变化量阻抗继电器的工作原理

（a）系统图；（b）正向保护区内故障电压分布图；（c）反向故障电压分布图；（d）正向区外故障电压分布图

§8.4　微 机 保 护 装 置

高压输电线路已广泛采用微机保护。我国的大部分电网已明文规定：凡新建的 220kV 及以上电压等级的线路，选两套原理不相同的微机保护作线路保护；220kV 及以上电压等级的线路保护若要更新，则换代产品只能是微机保护。由此可见线路微机保护应用的普遍

性和重要性。近两年大型发—变组（300MW 以上）显著增加，大机组微机保护也得到普遍应用。由于微机保护的特性主要由软件（程序）决定，不同原理的保护可以采用通用的硬件。所以，本节结合前面的内容，首先介绍几种继电器的算法及特性，再以目前应用得最为广泛的 RSC−900 型微机保护为主，介绍微机保护的功能。通过本章的学习，可使读者对微机保护建立完整的概念。

一、微机保护中继电器的算法及特性分析

1. 电流元件的算法及特性分析

系统发生故障时的最大特征之一是电流发生变化。与传统保护一样，微机保护也充分利用了这一特征。

（1）零序电流元件。在系统出现非对称接地故障时，由零序电流元件判别故障是否发生在被保护范围内，决定零序保护是否动作。

零序电流元件一般采用一次差分滤波（滤掉非周期分量）后再取半周绝对值和的算法，即

$$I = \sum_{k=1}^{\frac{N}{2}} |\, i(k) - i(k-1) \,| \tag{8-58}$$

式中　k——采样点，$\frac{N}{2}$是工频半周采样点数。

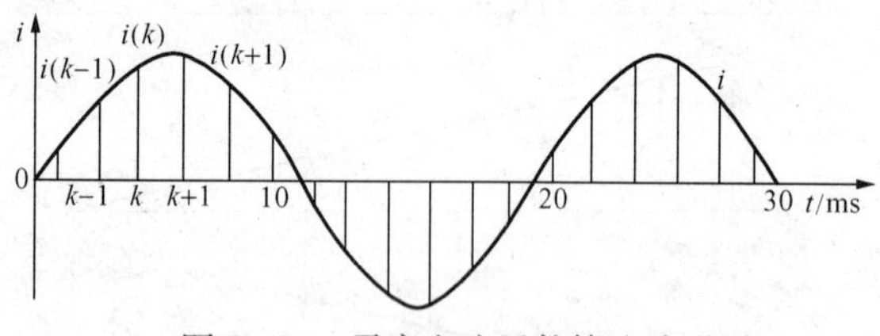

图 8-20　零序电流元件算法波形图

式（8-58）用波形表示如图 8-20 所示。

这种算法的特点是简单、速度快，但抑制高频分量的能力差。为防止高频分量造成零序Ⅰ段超越（Ⅱ、Ⅲ段有延时，高频分量存在的时间一般不会超过Ⅱ、Ⅲ段的动作时间），装置中采取了闭锁措施，在发现电流中有较大的高频分量或干扰时，将零序Ⅰ段暂退出，等高频分量衰减后再投入（暂退的时间不大于一个周波）。

为防止 TA 断线零序电流元件误动，在微机保护装置中采用 $3\dot{U}_0$ 突变量闭锁零序电流元件的作法，即 $3\dot{U}_0$ 有突变，零序电流元件也动作，保护才被开放。

（2）相电流突变量起动元件 QDJ。相电流突变量起动元件是各保护的第一道关。它用于高频方向保护的起动发信、距离保护的开放（相当于传统保护中的负序起动元件）和零序保护的开放。为补偿电网周率偏离 50Hz 可能造成的不平衡输出，该元件按下式计算

$$\Delta i = ||\, i(k) - i(k-n) \,| - |\, i(k-n) - i(k-2n) \,|| \tag{8-59}$$

正常运行时，如果电网频率有偏差，$|\, i(k) - i(k-n) \,|$ 可能不为零，但其值必然同 $|\, i(k-n) - i(k-2n) \,|$ 相近，因而其差相互抵消，故防止保护误起动。

算法的波形图如图 8-21（a）所示，突变量元件的动作特性如图 8-21（b）所示。图 8-21（b）中，$\Delta\dot{I}_Z$ 为突变量元件的整定值；圆外为动作区，圆内为非动作区；$\dot{I}_L$ 为负荷电流。

（3）相电流差突变量元件 $\Delta I_{\varphi\varphi}$。$\Delta I_{\varphi\varphi}$ 的作用是在非全相振荡过程中不误动，健全相故障时能可靠地动作。

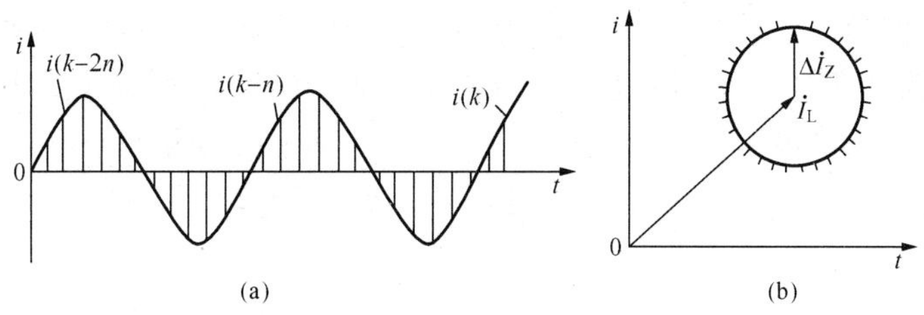

图 8 - 21　突变量元件动作特性

(a) 算法波形图；(b) 动作特性

设 A 相故障，B、C 两相为健全相，采用隔 10ms 的两采样值相加的算法，即

$$\Delta i_{bc}=\left|\left|i_{bc}(k)+i_{bc}\left(k-\frac{n}{2}\right)\right|-\left|i_{bc}\left(k-\frac{n}{2}\right)+i_{bc}(k-n)\right|\right| \tag{8-60}$$

其算法的波形图如图 8 - 22 所示。

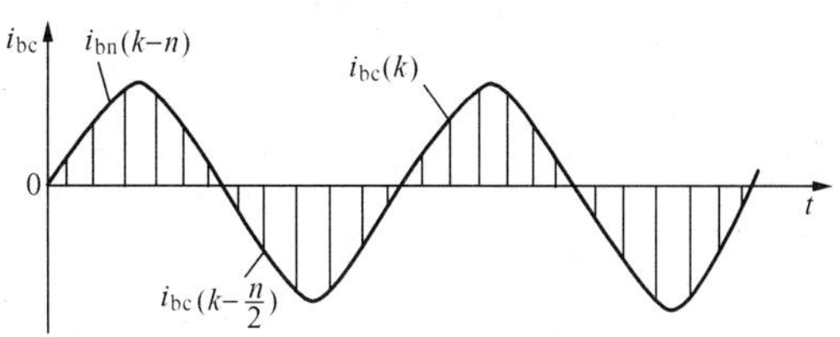

图 8 - 22　相电流差突变量元件算法波形图

这种算法的优点是有利于躲振荡，振荡时隔 10ms 的两采样值绝对值之差很小。

在有些保护装置中采用与故障相有联系的相电流差突变量元件作选相元件。其选相逻辑可用表 8 - 3 表示。

在表 8 - 3 的基础上，可作出选相逻辑图如图 8 - 23 所示。

表 8 - 3　　相电流差选相元件动作情况表

选相元件	单相故障			各种相间故障
	A	B	C	
ΔI_{AB}	+	+	−	+
ΔI_{BC}	−	+	+	+
ΔI_{CA}	+	−	+	+

注　表中+表示动作，−表示不动作。

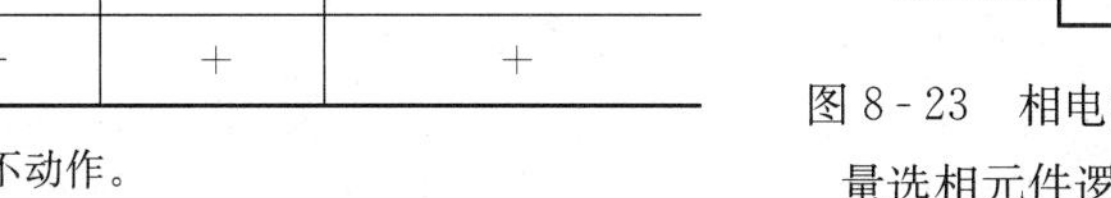

图 8 - 23　相电流差突变量选相元件逻辑框图

理论上讲，如 A 相接地，则 ΔI_{BC}无输出，图 8 - 23 中 Y1 开放，选出 A 相来。但实际应用中 A 相接地 ΔI_{BC}是有输出的，为此采用浮动门坎加以克服，动作值为

$$\Delta I_{\varphi\varphi}>1.25\Delta I_{T\varphi\varphi}+m\Delta I_{\varphi\varphi max}+0.2I_N \tag{8-61}$$

式中　$1.25\Delta I_{T\varphi\varphi}$——浮动门坎；

$m\Delta I_{\varphi\varphi max}$——最大相电流制动（带记忆）；

$0.2I_N$——额定电流的固定门坎。

2. 零序功率方向元件的算法及特性分析

零序保护是中性点直接接地系统（我国为 110kV 及以上电压等级的系统）的主要保护之一。零序保护也存在众所周知的方向问题。那么在数字型（微机型）保护中是如何解决方向问题的呢？下面作详细介绍。

(1) 中性点直接接地系统接地故障时零序分量分析。设系统接线如图 8 - 24 (a) 所示，其等效零序网络见图 8 - 24（b）。设 A 相发生接地短路，短路阻抗角 $\varphi_k=70°\sim85°$，各电气量的正方向如图 8 - 24（b）所示，现分别分析 $3U_0$ 和 $3\dot{I}_0$ 如下：

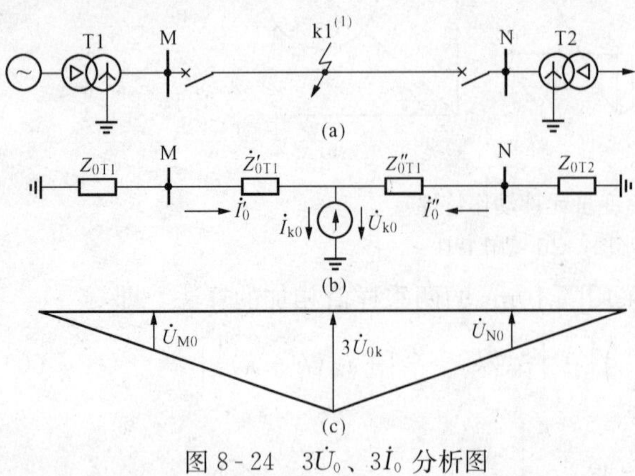

图 8 - 24　$3\dot{U}_0$、$3\dot{I}_0$ 分析图

（a）系统图；（b）等效电路图；（c）电压分布图

1）零序电压 $3\dot{U}_0$ 分析。故障点的电压为零（这里 $\dot{U}_a=0$），故障点的零序电压等于非故障相电压之和（这里 $3\dot{U}_0=\dot{U}_b+\dot{U}_c$）。因此，故障点的零序电压最高，离故障点越远，零序电压越低。电压分布图如图 8 - 24（c）所示。保护安装处的零序电压是零序电流在该处背后零序阻抗上电压降的负值，与故障点到保护安装处的阻抗无关，即

$$\dot{U}_{M0}=-\dot{I}'_0 Z_{0T1}$$

$$\dot{U}_{N0}=-\dot{I}''_0 Z_{0T2}$$

相量图见图 8 - 25 所示。$\dot{I}_{ka}$表示 A 相的短路电流，$\dot{E}_A$表示 A 相电动势，$\dot{U}_{kb}$、$\dot{U}_{kc}$分别表示 A 相接地故障时 B、C 两相的电压。则得 $3\dot{U}_0=\dot{U}_{kb}+\dot{U}_{kc}=-\dot{E}_A$。

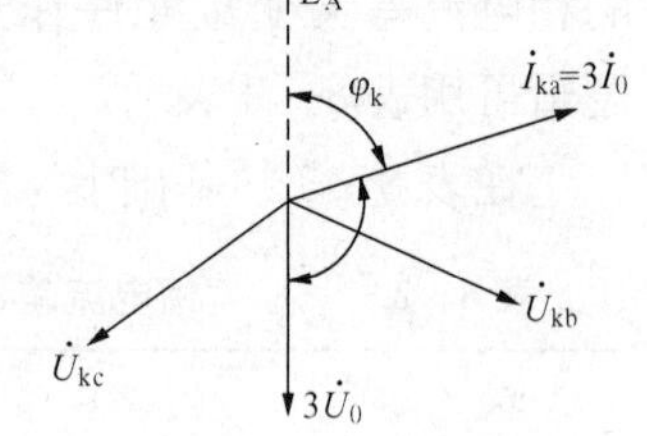

图 8 - 25　$3\dot{U}_0$、$3\dot{I}_0$ 相量图

2）零序电流 $3\dot{I}_0$ 分析。在等效零序网络中，零序电流是由故障点的零序电压产生的。零序电流的大小取决于系统的接地中性点数目及电流通路中的零序阻抗值。零序电流的实际方向是线路指向母线，且 $3\dot{I}_0$ 超前 $3\dot{U}_0$ 的相角为 $180°-\varphi_k=95°\sim110°$。

3）零序功率 P_0 分析（以 M 侧为例）有，

$$P_0=3U_{M0}\times3I'_0\cos(180°-\varphi_k)$$

因为　$$180°-\varphi_k>90°$$

所以　$$\cos(180°-\varphi_k)<0$$

即实际方向与规定正方向相反。当被保护线路上发生接地故障时，零序功率的方向是由线路经保护安装处流向母线的。

（2）零序功率方向元件的算法及动作特性分析。微机保护中零序功率方向元件的动作方向和动作区是由算法决定的。它采用的是经一次差分后的电流与电压比符号（异或）的方法，即

$$G=\sum_{k=1}^{6}[U(k)\oplus(i(k)-i(k-1))] \tag{8-62}$$

继电器的最灵敏角

$$\varphi_{k.sen}=90°-\frac{\omega_s T}{2}=75° \tag{8-63}$$

式中　$\omega_s T$——对应两采样点间的相位差，工频周采样 12 次，则 $\omega_s T=30°$。

结合算法，绘出动作区如图 8 - 26 所示，波形图如图 8 - 27 所示，灵敏角相量图如图 8 - 28 所示。

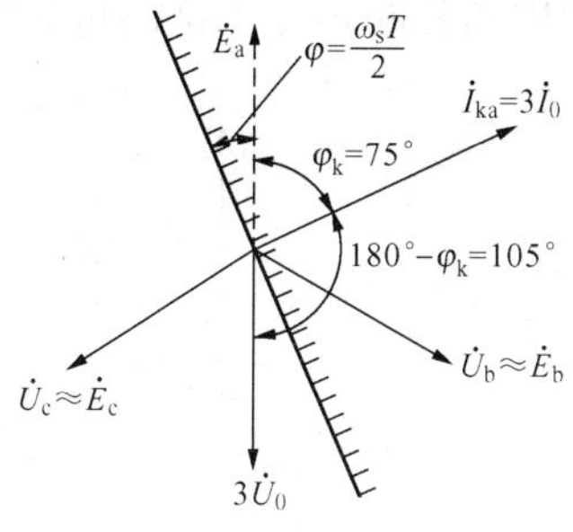

图 8-26　零序功率方向动作区

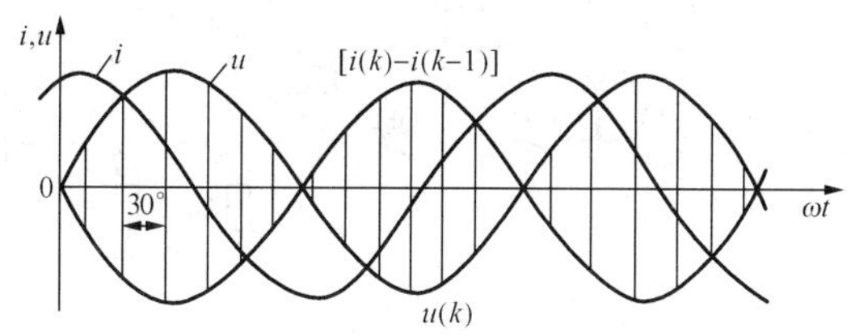

图 8-27　零序功率方向元件波形图

表 8-4　　　　　　异或函数真值表

A	B	$\overline{A}B$	$A\overline{B}$	$\overline{A}B\oplus A\overline{B}$
0	0	0	0	0
0	1	1	0	1
1	0	0	1	1
1	1	0	0	0

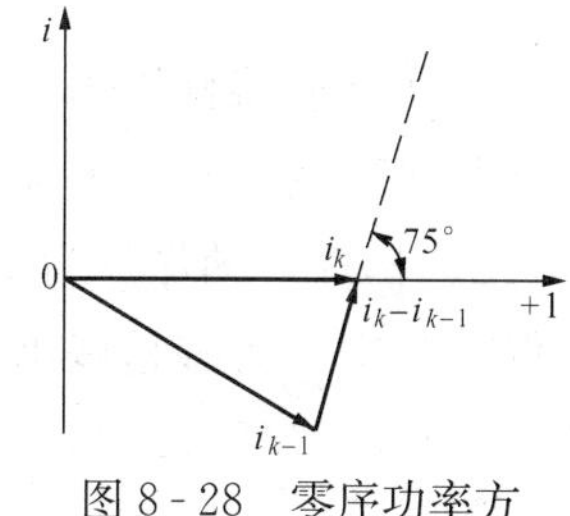

图 8-28　零序功率方向元件灵敏角相量图

利用异或函数的真值表，方向元件的工作特性分析如下。

设 $u(k)=A, i(k)-i(k-1)=B$，则

$$L=\overline{A}B\oplus A\overline{B}$$

从真值表 8-4 中可以看出：

当 A 和 B 的状态不同 L 才为“1”，否则为“0”。设电流 $3\dot{I}_0$ 超前电压 $3\dot{U}_0$ 为 105°，最灵敏角为 75°，即 i_k-i_{k-1} 超前 i_k 为 75°，这样参入比符号的 u（k）与（i_k-i_{k-1}）在正方向故障时正好反向，满足动作条件，能可靠地动作。反方向故障时能可靠地不动作。

实际运行中，$3\dot{I}_0$ 与 $3\dot{U}_0$ 的相位有可能不等于 105°（一般在 95°～115°之间）。最严重的情况是：$3\dot{I}_0$ 与 $3\dot{U}_0$ 相差 95°，这样正向故障 u_k 与（i_k-i_{k-1}）同符号的时间为工频角度的宽度 20°，由于采样间隔为 30°，则可能出现发生故障到方向元件动作要等 50°（对应 2.8ms）。但这一时间是很短的，不会影响快速性。反方向故障 u_k 与（i_k-i_{k-1}）异符号的时间有可能为工频角度的宽度 20°，微机保护可能采到一个异符号的信号，但决不会引起保护的误动，因为任何一种算法都不会是计算一次就开放保护，若计算 3 次全都合格才动，则反向故障，保护就不可能误动作。

3. 微机型阻抗保护的算法及特性分析

微机型阻抗保护是分析研究微机保护的主题。下面从理想的阻抗保护动作特性入手，全面介绍微机型阻抗保护的算法及特性。

（1）理想的阻抗保护动作特性。

设在图 8-29（a）所示的 QF3 上装阻抗保护。将线路阻抗表示在复平面上时如图 8-29（b）所示。以 QF3 上阻抗第Ⅰ段保护为例，设整定阻抗为 Z_{set}，故障点的过渡电阻为 R_{tr}，则理想的阻抗保护动作特性应该是以 Z_{set} 为一个边、R_{tr} 为另一个边所围成的平行

四边形［图 8 - 29（b）中的 ABC0］。这样在保护范围内故障时，保护都能可靠地动作。

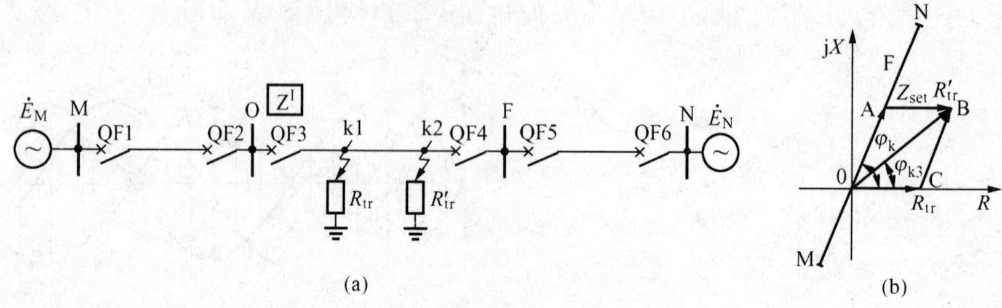

图 8 - 29　理想阻抗保护动作特性

（a）系统图；（b）特性图

将上述特性用于实际时，有两个严重的缺点：其一是在保护出口三相对称短路时会出现死区；其二是在下级出口［图 8 - 29（a）中 k2 点］短路，当 $\varphi_k < \varphi_{set}$ 时保护可能会超越（无选择性）动作。为此，对上述平行四边形特性必须加以修正。在传统的保护（模拟型保护）中，大多是修正成圆特性（如图 8 - 30 所示）。

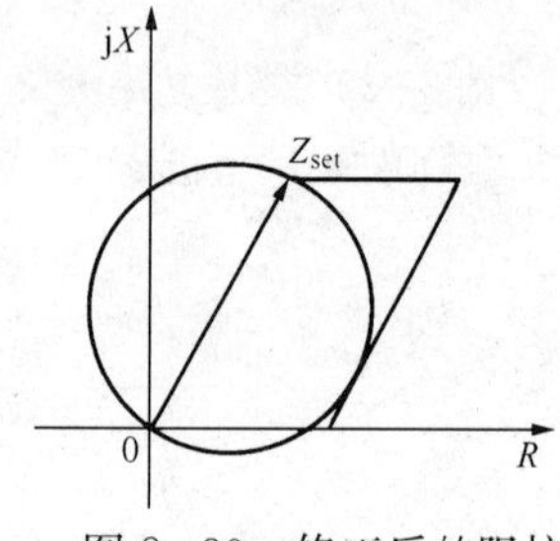

图 8 - 30　修正后的阻抗保护动作特性

从图 8 - 30 可看出，平行四边形超越动作的部分被“切掉”，即不会发生超越性动作；但抗过渡电阻的能力却明显下降，特别是在保护出口处故障，抗过渡电阻的能力更差。

传统的保护若要实现四边形特性，接线将十分复杂，若要解决四边形特性中的超越问题，实现起来就更困难。改成圆特性后，超越问题得到很好地解决，且接线也比较简单，但一直受克服 R_{tr} 能力差的困扰，当然也存在保护安装出口三相短路时的死区问题（消除死区的方法见后续分析）。

微机型阻抗保护实现四边形特性反比实现圆特性简单。所以，微机保护做成图 8 - 31 所示的由 0DFE 围成的动作特性。下面分析为什么做成如此形状的四边形特性。

1）直线 DF 为何要下倾？简单地回答是：防止下级故障时上级保护发生超越性动作，及将误动作区域给“切掉”。

现以图 8 - 31 为例为说明直线 DF 下倾的必要性。

仍讨论 QF3 的第Ⅰ段保护。在 QF5 出口故障，QF3 第Ⅰ段阻抗保护的测量阻抗为

$$Z_m^{I} = \frac{\dot{U}_0}{\dot{I}'_k} = Z_{OF} + e^{j\delta} R_{tr} \dot{I}'_k / \dot{I}_k \tag{8 - 64}$$

式中　$\dot{U}_0$——O 母线的残压；

Z_{OF}——线路 OF 的阻抗；

δ——$\dot{I}_k$ 超前 $\dot{I}'_k$ 的相角。

随着两侧电源电动势和阻抗角的不同，δ 可能为正，也可能为负，当 δ 为负时，有可能使 Z_m^{I} 落入动作区内，造成 QF3 与 QF5 的保护同时动作。为此，DF 必须下倾。运行经验证明：DF 的下倾角可选 $\delta = \mathrm{arctg}\,\frac{1}{8}$ 即能满足要求。

2）直线 0E 为何要下倾？设在 QF3 的出口经 R_{tr} 短路（如图 8 - 29 所示 k1 点），则

$$Z_m^{\mathrm{I}} = e^{j\beta} R_{tr} \dot{I}'_k / \dot{I}_k \tag{8-65}$$

当 $\beta<0$ 时，Z_m^{I} 将在 R 轴的下方，为保证 QF3 的保护可靠地动作，0E 线必须下倾，下倾角一般选为 15°。

3）直线 0D 为何左倾？因为沿线各点金属性短路时，测量阻抗 Z_m 的相位有可能超过 90°，这是电压互感器、电流互感器和电流、电压变换器的角度误差造成的。若 0D 不左倾，保护也有拒动的可能。为防止拒动，0D 线必须左倾，一般左倾 15°。

4）EF 线的倾角为何小于整定阻抗角 φ_{set}？阻抗保护的整定阻抗角通常选为线路的短路阻抗角。一般说来，首端故障切除的时间总比线路末端故障切除的时间短。这样，首端受 R_{tr} 的影响会比末端小，选 EF 的倾角小于线路阻抗角有利于克服末端的过渡电阻的影响（实际装置中选 60°）。

经上述分析，图 8-31 所示由 0DFE 围成的四边形，才是真正理想的阻抗保护特性。

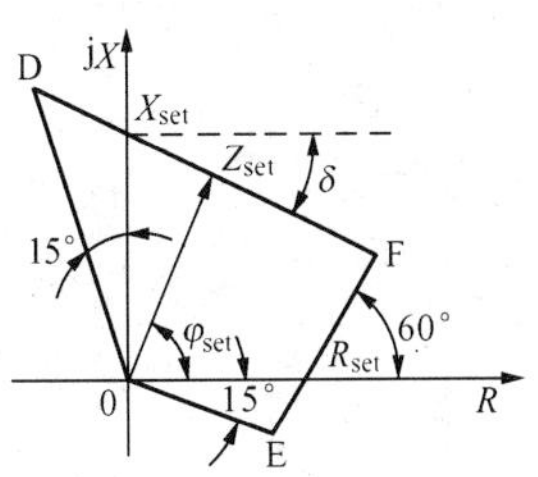

图 8-31　实际应用的四边形阻抗元件特性

（2）微机阻抗保护的算法。这里介绍微机阻抗保护的解微分方程法。算法依据的方程为

$$u(t) = Ri(t) + L\frac{\mathrm{d}i(t)}{\mathrm{d}t} \tag{8-66}$$

根据测量电压 u 和测量电流 i 求出 R 和 L 就可判定是否为区内故障，再决定保护是否动作。为求出 R 和 L，可将微分方程近似地用差分替代。利用不同采样时刻，可以写出两个方程

$$\left.\begin{aligned} u_{k-1} &= Ri_{k-1} + Li'_{k-1} \\ u_k &= Ri_k + Li'_k \end{aligned}\right\} \tag{8-67}$$

式中　i_{k-1}、u_{k-1}——在 t_{k-1} 时刻的采样值；

i_k、u_k——在 $t_{k-1}+\Delta t = t_k$ 时刻的采样值。

用差分代替微分

$$\left.\begin{aligned} i'_k &= \frac{i_{k+1} - i_{k-1}}{2\Delta t} \\ i'_{k-1} &= \frac{i_k - i_{k-2}}{2\Delta t} \end{aligned}\right\} \tag{8-68}$$

同理可求出 u'_k 和 u'_{k-1} 来。

将式（8-68）代入式（8-67）可求出 R、L 为

$$\left.\begin{aligned} R &= \frac{2\Delta t u_k(i_k - i_{k-2}) - u_{k-1}(i_{k+1} - i_{k-1})}{i_k(i_k - i_{k-2}) - i_{k-1}(i_{k+1} - i_{k-1})} \\ L &= \frac{2\Delta t(i_k u_{k-1} - i_{k-1} u_k)}{i_k(i_k - i_{k-2}) - i_{k-1}(i_{k+1} - i_{k-1})} \end{aligned}\right\} \tag{8-69}$$

判别动作条件

$$\left.\begin{aligned} R &< R_{set} \\ \omega L &< X_{set} \end{aligned}\right\} \tag{8-70}$$

若动作条件满足，说明是保护范围内部故障，保护可靠地动作。

上述算法需用 4 个电流采样值（i_{k-2}、i_{k-1}、i_k、i_{k+1}）和两个电压采样值（u_{k-1}、u_k），电流的计算和电压的计算可同时进行，以工频周（20ms）采样 12 次计算，4 个采样值需 $3\Delta t$（对应 90°）时间为 5ms，及计算一次仅需 5ms，速度是很快的。

（3）消除死区的方法。消除死区的方法可归纳有四种：加极化电压法（记忆法）、引入第三相的电压、加模拟电抗（如 CZ_{set}）、改变动作特性法。

由于微机本身有很好的储存功能。所以，微机保护消除死区不成问题。当正向故障 $\dot{U}_i \approx 0$ 时，此时的 X、R 的计算值可能为正，也可能为负，但绝对值均很小，因而可能失去方向性或拒绝动作。为此，采用的方法是：当 X、R 的值均小于整定值 X_{set}、R_{set} 的 $\frac{1}{8}$ 时，利用存储器中故障前的电流同故障后的电流进行方向鉴别（这里存储就是传统保护中的记忆），属正方向故障，保护就动作跳闸，属反方向故障保护就有选择地不动作。

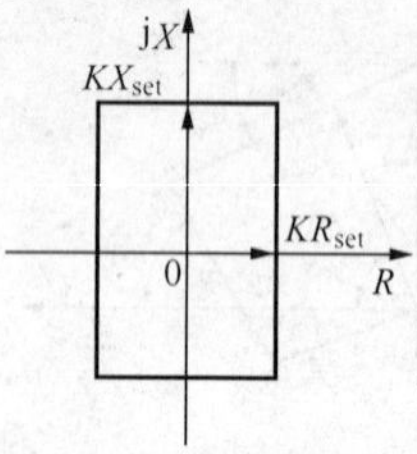

图 8-32　消除死区的小矩形

图 8-32 所示为消除死区的小矩形，$K=10\%\sim20\%$（对应于传统保护中偏移度）。

当人工手动合闸到故障线路或自动重合闸不成功时，保护有可能发生拒动。这时保护不存在方向问题，可采用改变动作特性的方法来防止拒动。在"四统一"模拟原理的保护中，出现上述情况后，利用切换继电器将方向阻抗特性切换成偏移特性。在微机保护中是采用叠加一个小矩形来克服拒动，即在原四边形的基础上增加一个如图 8-32 所示的小矩形。

4. 数字滤序器的算法

微机保护中，广泛采用序分量继电器，因此数字滤序器也是微机保护的基础之一。

由对称分量法可知

$$\left.\begin{aligned}\dot{I}_1 &= \frac{1}{3}(\dot{I}_A + a\dot{I}_B + a^2\dot{I}_C)\\ \dot{I}_2 &= \frac{1}{3}(\dot{I}_A + a^2\dot{I}_B + a\dot{I}_C)\\ \dot{I}_0 &= \frac{1}{3}(\dot{I}_A + \dot{I}_B + \dot{I}_C)\end{aligned}\right\} \tag{8-71}$$

式中：$a=e^{j120^\circ}=-\frac{1}{2}+j\frac{\sqrt{3}}{2}$；$a^2=e^{j240^\circ}=e^{j-120^\circ}=-\frac{1}{2}-j\frac{\sqrt{3}}{2}$。

$$\begin{aligned}\dot{I}_1 &= \frac{1}{3}\dot{I}_A - \frac{1}{2}\dot{I}_0 + \frac{1}{2}\dot{I}_0 + \frac{1}{3}a\dot{I}_B + \frac{1}{3}a^2\dot{I}_C\\ &= \frac{1}{3}\dot{I}_A - \frac{1}{2}\left(\frac{1}{3}\dot{I}_A + \frac{1}{3}\dot{I}_B + \frac{1}{3}\dot{I}_C\right) + \frac{1}{3}a\dot{I}_B + \frac{1}{3}a^2\dot{I}_C + \frac{1}{2}\dot{I}_0\\ &= \frac{1}{2}\dot{I}_A - \frac{1}{2}\dot{I}_0 + j\frac{\sqrt{3}}{2}\dot{I}_B - j\frac{\sqrt{3}}{2}\dot{I}_C\\ &= \frac{1}{2}\dot{I}_A - \frac{1}{2}\dot{I}_0 + \frac{\sqrt{3}}{2}\dot{I}_B\angle 90^\circ - \frac{\sqrt{3}}{2}\dot{I}_C\angle 90^\circ\end{aligned}$$

用采样值代入，设工频周采样 12 次，即 $N=12$，$\frac{N}{4}$对应 90°，并设 k 为当前采样点，则

$$i_1(k)=\frac{1}{2}i_A(k)-\frac{1}{2}i_0(k)+\frac{\sqrt{3}}{2}i_B\left(k-\frac{N}{4}\right)-\frac{\sqrt{3}}{2}i_C\left(k-\frac{N}{4}\right) \tag{8-72}$$

同理

$$i_2(k)=\frac{1}{2}i_A(k)-\frac{1}{2}i_0(k)-\frac{\sqrt{3}}{2}i_B\left(k-\frac{N}{4}\right)+\frac{\sqrt{3}}{2}i_C\left(k-\frac{N}{4}\right) \tag{8-73}$$

$$i_0(k)=\frac{1}{3}i_A(k)+\frac{1}{3}i_B(k)+\frac{1}{3}i_C(k) \tag{8-74}$$

计算正负、负序、零序分量的方法很多，上述方法的计算时间为 5ms。若用 $1-a=\sqrt{3}\angle-30°$，得 $a=1-\sqrt{3}\angle-30°$，$a+a^2+1=0$，则 $a^2=\sqrt{3}\angle-30°-2$，代入式（8 - 71）可以得到更快的计算方法，即

$$\left.\begin{aligned}i_1(k)&=\frac{1}{3}i_A(k)+\frac{1}{3}i_B(k)-\frac{\sqrt{3}}{3}i_B(k-1)+\frac{\sqrt{3}}{3}i_C(k-1)-\frac{2}{3}i_C(k)\\i_2(k)&=\frac{1}{3}i_A(k)+\frac{\sqrt{3}}{3}i_B(k-1)-\frac{2}{3}i_B(k)+\frac{1}{3}i_C(k)-\frac{\sqrt{3}}{3}i_C(k-1)\end{aligned}\right\} \tag{8-75}$$

根据保护的要求，可选择计算速度不同的滤序器算法。

5. 振荡闭锁装置的算法及特性分析

振荡属于电力系统的一种不正常工作情况，主要是由短路切除、投入或退出重负荷引起的。发生振荡后系统可继续运行，保护不必动作，只需根据预先的解列点判别系统是否需解列运行即可。

振荡时，电流增加，电压下降，在某一点电压可能降到零（这一点称为振荡中心）。若电流大于电流保护的动作值，振荡周期又大于保护的动作时间，电流保护就会误动作。对距离保护，振荡时测量阻抗的幅值与相角都会发生周期性的变化，当测量阻抗进入保护的动作区时，保护就会误动作。由于电流保护的Ⅰ、Ⅱ段整定值均较大，所以受振荡的影响小，第Ⅲ段保护的动作时间长，也不考虑振荡的影响。而距离保护反映的是 $Z_m=\dot{U}_m/\dot{I}_m$，受振荡的影响大。因此，距离保护应装设专门的振荡闭锁装置，当系统发生振荡时，将保护闭锁，防止保护误动作。

理想的振荡闭锁装置应做到：在保护范围内故障时（不管振荡不振荡）开放保护，系统振荡而在保护范围内又没有发生故障时就闭锁保护，防止保护在振荡时误动作。

振荡时，电力系统一般为对称状态，而短路瞬间总会出现非对称状态。因此短路会出现负序分量 $\dot{I}_2$ 和零序分量 $\dot{I}_0$；振荡时的电气量是渐变的，短路时的电气量是突变的，特别是有功分量，在短路时变化率很大。因此，区分振荡与短路的量有 $\dot{I}_2$、$\dot{I}_0$、dR/dt、$dU\cos\varphi/dt$ 等。

微机保护中采用了比较完善的振荡闭锁装置，它由四个部分构成，任意一部分动作均开放保护。

（1）在起动元件动作起始 160ms 以内其动作条件是：起动元件开放瞬间，若按躲过最

大负荷整定的正序过流元件不动作或动作时间不到 10ms，则开放保护 160ms。该元件在正常运行中突然发生故障时立即开放保护 160ms。当系统振荡时，正序过流元件动作，将保护闭锁。

（2）不对称故障开放元件。不对称故障，振荡闭锁回路还可由对称分量元件开放，该元件的动作判据为

$$|i_0(k)|+|i_2(k)|>m|i_1(k)| \tag{8-76}$$

式中 m——常数，一般取 0.66。

正常运行或系统振荡时，I_0、I_2 很小，满足不了式（8-76）的开放条件。不对称故障时总能满足开放条件。先振荡再出现不对称故障，该元件也能开放保护。

（3）对称故障开放元件。故障时电压会突然下降，对称故障残压基本为正序电压，而振荡时，电压会下降，但为周期性的。为此，以 $U\cos\varphi=U_m$ 为判据设立对称故障开放元件。

1）当 $-0.03U_N<U_m<0.08U_N$ 时，延时 150ms 开放保护。

2）当 $-0.1U_N<U_m<0.25U_N$ 时，延时 500ms 开放保护。其中 U_N 为额定电压。

（4）非全相运行，运行相故障时的开放元件。在非全相运行时，测量非故障两相电流之差的工频变化量，当该电流突然增大达一定幅值时，开放保护。非全相运行保护的开放可用第（3）项作后备。

元件的微机保护，在原理上还没有大的突破，其算法基本上是将前面介绍的元件保护整定计算式中的有效值换成采样值。如：比例制动特性的变压器纵差保护的算法，就是将式（5-16）用采样值表示。篇幅所限，元件微机保护继电器的算法及特性分析略。

二、微机保护装置举例

前面讲过，不同原理的保护其硬件电路基本相同；这里以目前应用比较广泛、原理先进的 RCS—900 型微机保护装置为例，介绍微机保护装置的构成原理。

（一）硬件结构

RCS—900 线路保护装置采用单片机加 DSP（高速数据处理器）的结构，将主、后备保护集成在一块 CPU 板上，DSP 和单片机独立采样，由 DSP 完成所有的数字滤波、保护算法和出口逻辑，由 CPU 完成装置的总起动和人机界面、后台通信及打印功能。硬件模块图如图 8-33 所示，面板布置如图 8-34 所示。

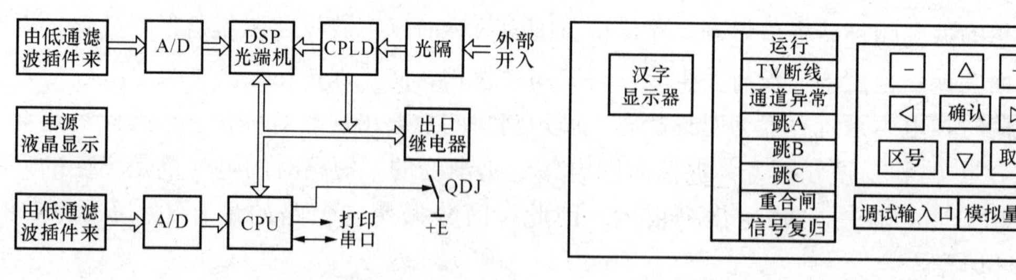

图 8-33 硬件模块图

图 8-34 面板布置图

显示面板（LCD）单设一个单片机，负责汉字液晶显示、键盘处理，通过串口与 CPU 交换数据。

显示面板还提供一个与 PC 机或 HELP－90A 通信的接口（9 芯），一个调试用模拟量输入端子（15 芯）。

装置由 10 个插件构成，插件排列如图 8-35 所示。

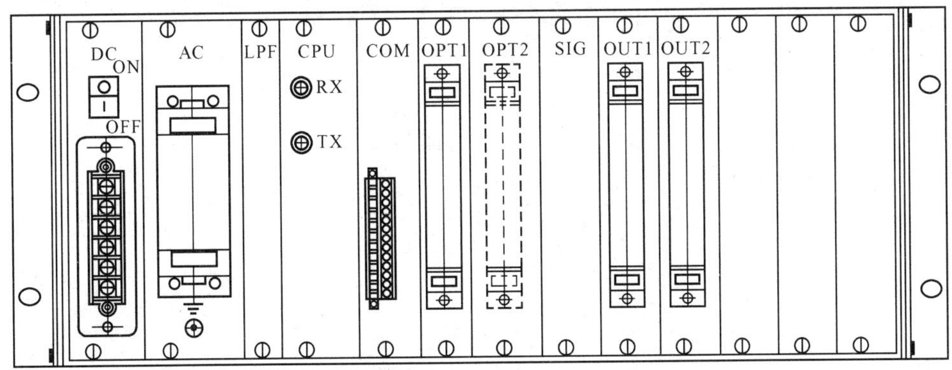

图 8-35　RCS－900 线路微机保护插件排列图

各插件的作用简述如下：

1. 电源插件

电源，是电力系统继电保护及自动装置（含收发信机在内）的重要组成部分。

电力系统继电保护及自动装置的电源，其工作环境十分恶劣。这主要是：电厂、变电所的直流电源为 220V（或 110V），而装置所要求的电源电压一般为 5～24V，及中间环节要“吃”掉近 200V；再者，直流又不能变压而只能分压，分压造成的能量损耗会大得惊人。若采用调整管式稳压方式，调整管的发热问题无法解决。

为此，在相当长的一段时间内，人们采用了故障时投电源装置的方法。众所周知，这会大大延长装置的动作时间和各种性能。采用逆变电源后，克服了上述缺点。

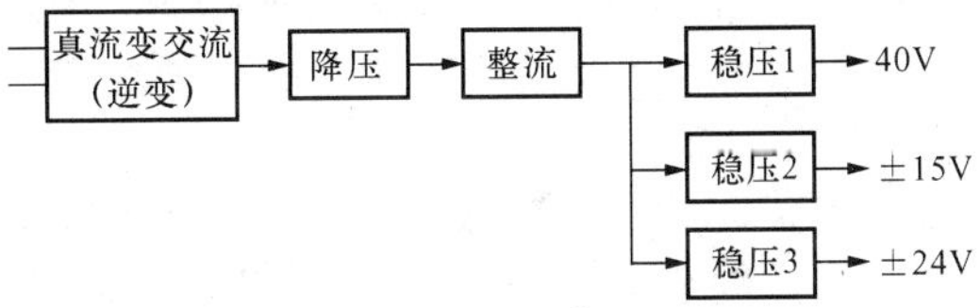

图 8-36　逆变电源原理框图

（1）逆变电源的基本原理。逆变电源的基本原理框图如图 8-36 所示。

（2）逆变过程。结合图 8-37 来说明逆变过程。

方波振荡器由 VT1、VT2、TVA1、C 等组成多谐振荡器，如图 8-37（a）所示。接通电源时，由于两个三极管的离散性，必然有一只三极管首先导通，设 VT1 首先导通，则电源经 TVA1 的 1、2 端子构成回路，使 TVA1 各绕组产生感应电动势，绕组 4—6 感应电动势，端子 4 为负，6 为正，使 VT2 截止，VT1 加深导通，直至饱和为止；TVA1 的感应电动势消失，随之产生反电动势，VT2 导通。VT1、TV2 相当于两个交替开闭的自动开关，产生脉冲电压 u_a、u_b、u_c、u_d，奇数脉冲同时触发图 8-37（b）中的 VT4、VT5，偶数脉冲时同时触发 VT3、VT6，这样变压器 TVA2 一次侧输入脉冲电压，变压后输出 $\dot{U}_2$，经整流输出保护所需要的电压值。

U_2 的大小，有三种方法可以改变，其一是改变 TVA2 的变比，其二是调整脉冲电压宽度，其三是增减脉冲电压的频率。

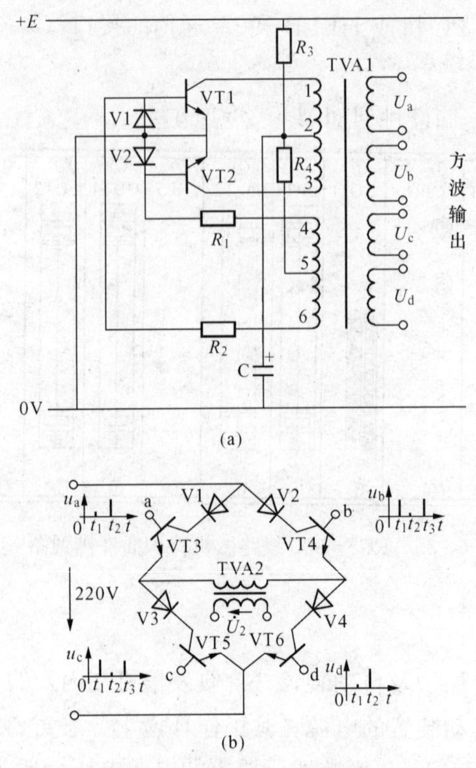

图 8-37 逆变电源原理接线图

(a) 方波脉冲振荡器；(b) 逆变回路

(3) 稳压过程。稳压过程可用图 8-38 逆变电源稳压回路说明。

RCS—900 电源插件原理及输入接线如图 8-39 所示。

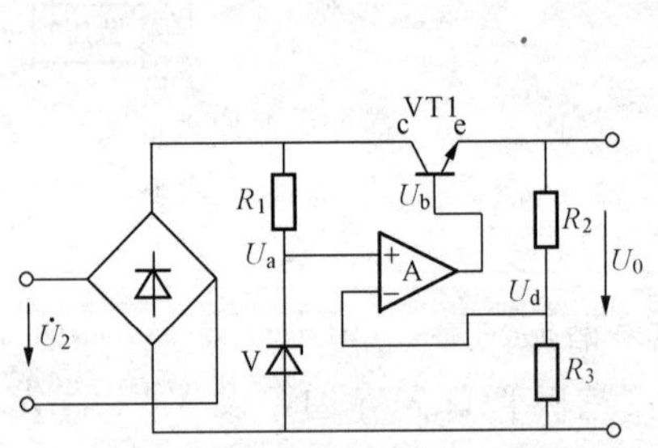

图 8-38 逆变电源稳压回路

A—运算放大器；U_a—基准电压；U_d—采样的电压。当 $U_0\uparrow\to U_d\uparrow\to U_b\downarrow\to U_{ce}\uparrow\to U_0\downarrow$，起到稳压的效果

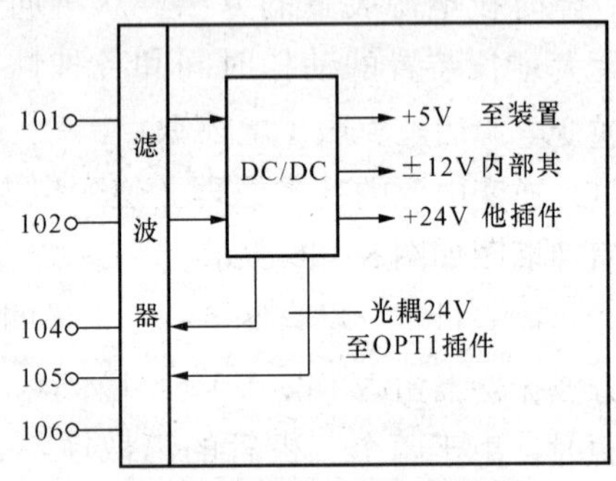

图 8-39 RCS—900 电源插件原理及输入接线图

保护装置的电源从 101 端子（直流电源 220V/110V+端）、102 端子（直流电源 220V/110V—端）经抗干扰盒、背板电源开关至内部 DC/DC 转换器，输出+5V、±12V、+24V（继电器电源）给保护装置其他插件供电；另经 104、105 端子输出一组 24V 光耦电源，其中 104 为光耦 $24V_+$，105 为光耦 $24V_-$。

2. 交流输入变换插件（AC）

交流输入变换插件与系统接线如图 8-40 所示。

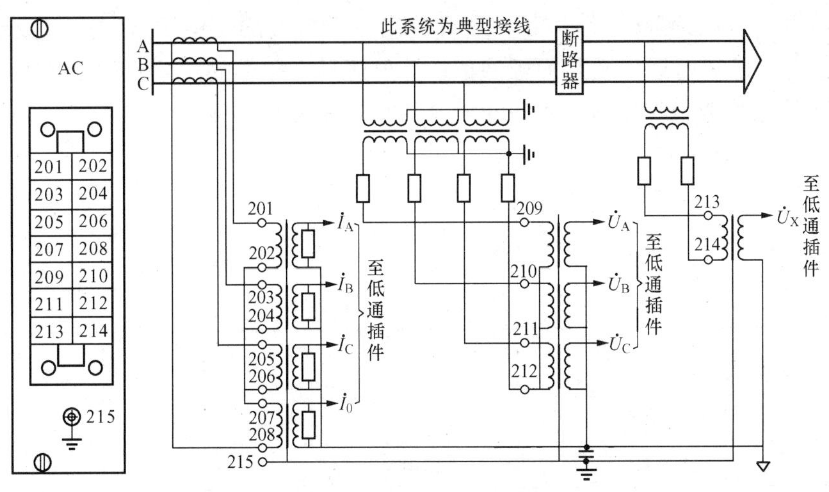

图 8-40　交流输入变换插件与系统接线图

$\dot{I}_A$、$\dot{I}_B$、$\dot{I}_C$、$\dot{I}_0$ 分别为三相电流和零序电流输入。值得注意的是：虽然保护中零序方向、零序过流元件均采用自产（三相电流相加）的零序电流计算，但是零序电源起动元件仍由外部的输入零序电流计算，因此如果零序电流不接，则所有与零序电流相关的保护均不能动作，如纵联零序方向、零序过流保护等，电流变换器的线性工作范围为 $30I_N$。

$\dot{U}_A$、$\dot{U}_B$、$\dot{U}_C$ 为三相电压输入，额定电压为 $100/\sqrt{3}$V；$\dot{U}_x$ 为重合闸中检无压、检同期元件用的电压输入，额定电压为 100V 或 $100/\sqrt{3}$V。当输入电压小于 30V 时，检无压条件满足；当输入电压大于 40V 时，检同期中有压条件满足，如重合闸不投或不检重合，则该输入电压可以不接。如果重合闸投入且使用检无压或检同期方式（由定值中重合闸方式整定），则装置在正常运行时检查该输入电压是否大于 40V 或小于 40V，经 10s 延时报线路 TV 断线告警，报警继电器动作。正常运行时测量 U_X 与 U_A 之间的相位差，作为检同期的固有相位差，因此对 $\dot{U}_X$ 是哪一相或相间电压是没有要求的，保护能够自动适应。

215 端子为装置的接地点，应将该端子接至接地铜排。

3. 低通滤波插件（LPF）

本插件无外部连线。其主要作用是：①滤除高频信号；②电平调整；③为利用厂家提供的专用试验仪测试创造条件（留有测试孔）。低通滤波原理图如图 8-41 所示。

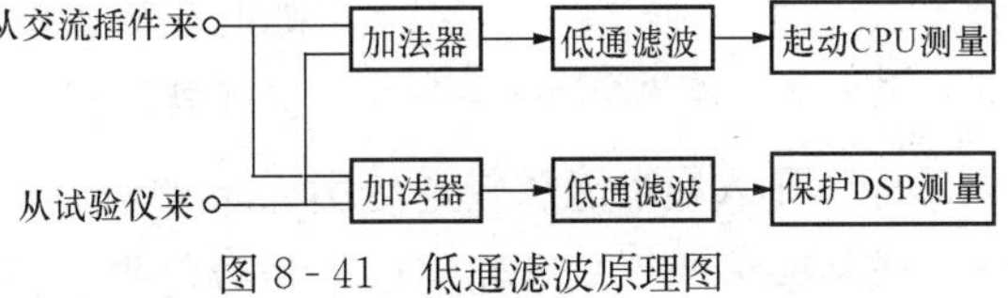

图 8-41　低通滤波原理图

由图 8-41 可见，CPU 与 DSP 采样从有源元件开始就完全独立，因此保证了任一器件损坏不致于引起保护误动。试验输入装置从前面板的 DB15 插座引入。

4. CPU 插件（CPU）

该插件是装置核心部分，由单片机（CPU）和数字信号处理器（DSP）组成，CPU 完成装置的总起动元件和人机界面及后台通信功能，DSP 完成所有的保护算法和逻辑功能。装置采样率为工频周波24点，在每个采样点对所有保护算法和逻辑运行并实时计算，使得装置具有很高的固有可靠性及安全性。

起动CPU内设总起动元件，起动后开放出口继电器的正电源，同时完成事件记录及打印、保护部分的后台通信及与面板通信；另外还具有完整的故障录波功能，录波格式与COMTRADE格式兼容，录波数据可单独从串口输出或打印输出。

5. 通信插件（COM）

通信插件的功能是完成与监控计算机或RTU（微机构成的远动装置）的连接，有三种型号可选。表8-5为通信插件选择表。

表8-5　通信插件选择表

	A	B	物理层	规约
5A	RS485	RS485	双绞线	IEC60870-5-103
5B	RS485	RS485	光纤	
5C	以太网		10/100M光纤	

5A、5B插件设置了两个用于向监控计算机或RTU传送报告的RS485接口，5C插件通过以太网上送报告。

所有型号的插件均设置了一个用于对时的RS485接口，该接口只接收GPS发送的秒脉冲信号，不向外发送任何信号。

所有型号的插件还设置了一个用于打印的RS485或RS232接口，通过整定控制选择接口方式。如选用RS232方式，控制字“网络打印方式”设为“0”，同时将该插件上相应的端子短接于RS232位置；如选用RS485方式，控制字“网络打印方式”设为“1”，同时将该插件上相应的端子接于RS485位置。与打印机通信的波特率应与打印机整定一致。

6. 光耦插件

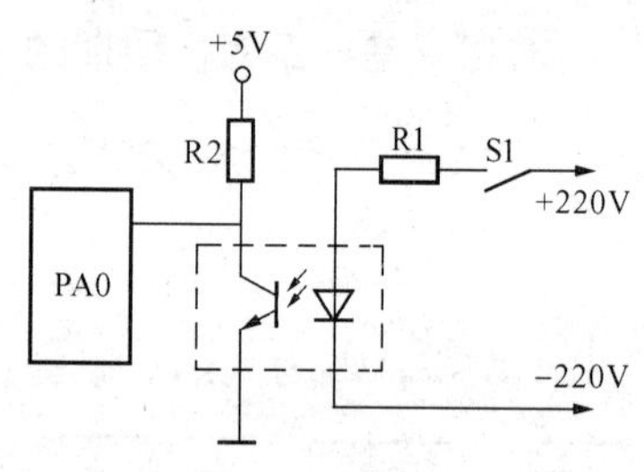

图8-42　光电隔离示意图

光耦插件分24V光耦插件（OPT1）和高压光耦插件（OPT2），装置外部引入的触点应经光电隔离，如图8-42所示。图中虚线框内是一个光电耦合器件，集成在一个芯片内。当外部触点S1接通时，有电流通过发光二极管回路，使光敏三极管导通。S1打开时，则光敏三极管截止。因此三极管的导通和截止完全反映了外部触点S1的状态。这样就隔离了带有电磁干扰的外部电路与微处理器电路。

有些开入量可能从较远处引入，如收信触点从通信机房的载波机接至控制室的保护屏，或某些情况下从断路器处引位置触点至保护屏，这时不宜采用24V光耦；为此，设置了一个220/110V的光耦插件，具体接线可参考产品说明书。

7. 信号继电器插件（SIG）

本插件无外部接线，该板主要是将5V的动作信号由三极管转换为24V信号，从而驱动继电器。正常运行时，装置会对所有三极管的出口进行检查，若有错则告警并闭锁保护。

本板设置了总起动继电器，当 CPU 满足动作条件，则该继电器动作，触点闭合，开放出口继电器的正电源。

8. 继电器出口插件

继电器出口插件共有 OUT1、OUT2 和 OUT 三块，根据需要参考产品说明书选用。

（二）保护的配置及工作原理

1. 保护配置

主保护：纵联变化量方向和零序方向保护、工频变化量距离元件构成的快速Ⅰ段保护。后备保护：三段式相间和接地距离、两个延时段零序方向过流保护，根据需要，可构成四个延时段零序方向过流后备保护；还可将零序Ⅲ段方向过流保护改为零序反时限方向过流保护。保护分相出口，配有自动重合闸功能，对单母线或双母线接线上的断路器实现单相重合、三相重合和综合重合闸。

2. 保护程序结构

保护程序结构框图如图 8 - 43 所示。

主程序按固定的采样周期接受采样中断进入采样程序，在采样程序中进行模拟量采集与滤波、开关量的采集、装置硬件自检、交流电流断线和起动判据的计算，根据是否满足起动条件而进入正常运行程序或故障计算程序。硬件自检内容包括 RAM、E^2PROM、跳闸出口三极管自检等。

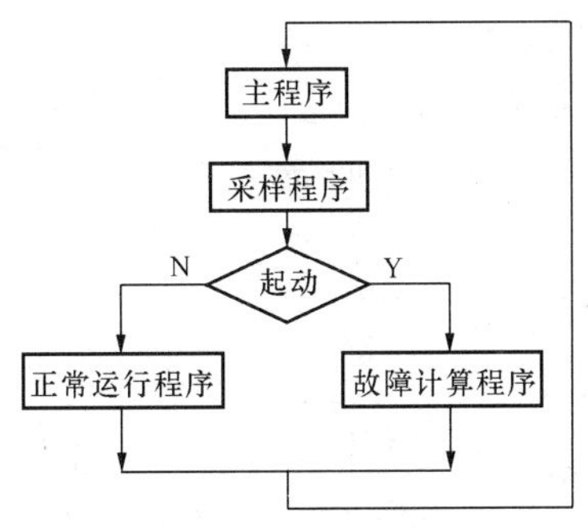

图 8 - 43　保护程序结构框图

正常运行程序中进行采样值自动零漂调整及运行状态检查。运行状态检查包括交流电压断线、检查开关位置状态、变化量制动电压形成、重合闸、准备手合判别等，不正常时发告警信号。其信号分两种：一种是运行异常告警，这时不闭锁装置，提醒运行人员进行相应处理；另一种为闭锁告警信号，告警的同时将装置闭锁，保护退出。

故障计算程序中进行各种保护的算法计算，跳闸逻辑判断以及事件报告、故障报告及波形的整理。

3. 正常运行程序

（1）检查开关位置状态。三相无电流，同时 TWJ（TWJ 为跳闸位置继电器。目前，装置的生产厂家，为照顾用户的使用习惯，一些重要的继电器，仍然采用汉语拼音符号）动作，则认为线路不在运行，开放准备手合于故障 400ms；线路有电流但 TWJ 动作，或三相 TWJ 不一致，经 10s 延时报 TWJ 异常。

（2）交流电压回路断线。交流电压回路断线，测量电压为零、测量阻抗也为零，反映电压降低而动作的保护和阻抗保护均会误动作。为了防止误动，必须采取措施。

三相电压相量和大于 8V，保护不起动，延时 1.25s 发 TV 断线异常信号；三相电压相量和小于 8V，但正序电压小于 1/2 额定电压时，若采用母线 TV，则延时 1.25s 发 TV 断线异常信号；若采用线路 TV，则当任一相有电流元件动作或 TWJ 不动作时，延时 1.25s 发 TV 断线异常信号。装置通过整定控制字来确定是采用母线 TV 还是线路 TV。

TV 断线信号动作的同时，将纵联变化量补偿阻抗和纵联零序退出，保留工频变化量阻抗元件，将其门坎值抬高至 $1.5U_N$，退出距离保护，自动投入 TV 断线过流保护和 TV 断线零序过流保护。RCS－901A 将零序过流保护Ⅱ段退出，Ⅲ段不经方向元件控制；RCS－901B 将零序过流保护Ⅰ、Ⅱ段退出，Ⅳ段不经方向元件控制，若“零序Ⅲ段经方向”则退出Ⅲ段零序方向过流，否则保留不经方向元件控制的Ⅲ段零序过流；RCS－901D 将零序过流保护Ⅱ段退出，零序反时限过流不经方向元件控制。

三相电压正常后，经 10s 延时 TV 断线信号复归。

(3) 交流电流回路断线（始终计算）。自产零序电流小于 0.75 倍的外接零序电流，或外接零序电流小于 0.75 倍的自产零序电流，延时 200ms 发 TA 断线异常信号。

有自产零序电流而无零序电压，则延时 10s 发 TA 断线异常信号。

保护判出交流电流回路断线的同时，在装置总起动元件中不进行零序电流元件起动判别，RCS－901A 将零序过流保护Ⅱ段不经方向元件控制，退出零序过流Ⅲ段；RCS－901B 将零序过流保护Ⅰ、Ⅱ、Ⅳ段退出，Ⅲ段不经方向元件控制；RCS－901D 将零序过流保护Ⅱ段不经方向元件控制，退出零序反时限过流段。

(4) 工频变化量距离继电器的门坎电压形成。工频变化量距离继电器的门坎电压 U_Z，取正常运行时工作电压的半波积分值。

(5) 线路电压断线。当重合闸投入且处于三重或综合方式，如果装置整定为重合闸检同期或检无压，则要用于线路电压，开关在合闸位置时检查输入的线路电压小于 40V 经 10s 延时报线路 TV 异常。如重合闸不投、不检定同期或无压时，线路电压可以不接入装置，装置也不进行线路电压断线判别。

当装置判定线路电压断线后，重合闸逻辑中不进行检同期和检无压的逻辑判别，不满足同期和无压条件。

(6) 电压、电流回路零点漂移调整。随着温度变化和环境条件的改变，电压、电流的零点可能会发生漂移，装置将自动跟踪零点的漂移。

4. 非全相运行

非全相运行流程包括非全相状态和合闸于故障保护，跳闸固定动作或跳闸位置继电器 TWJ 动作且无流，经 50ms 延时置非全相状态。

5. 单相跳开形成的非全相状态

单相跳闸固定动作或 TWJ 动作而对应的电流元件不动作判为跳开相；测量两个健全相和健全相间的工频变化量阻抗；对健全相求正序电压作为距离保护的极化电压；测量健全相间电流的工频变化量，作为非全相运行振荡闭锁开放元件；跳开相有电流或 TWJ 返回，开放合闸于故障的保护 200ms。

6. 三相跳开形成的非全相状态

三相跳闸固定动作或三相 TWJ 均动作且三相无电流时，置非全相状态，有电流或三相 TWJ 返回后开放合闸于故障保护 200ms。

7. 非全相运行状态下，相关保护的投退

非全相运行状态下，将纵联零序保护退出，退出与断开相关的相、相间变化量方向、变化量距离继电器。RCS－901A 将零序过流保护Ⅱ段退出，Ⅲ段不经方向元件控制，RCS－901B 将零序过流保护Ⅰ、Ⅱ、Ⅲ段退出，Ⅳ段不经方向元件控制，RCS－901D 将零序过流保护Ⅱ段退出，零序反时限过流不经方向元件控制。

8. 合闸于故障线路保护

（1）相重合闸时，零序过流加速经 600ms 跳闸，距离Ⅱ段受振荡闭锁控制经 25ms 延时三相跳闸。

（2）相重合闸或手合时，零序电流大于加速不定期值时经 100ms 延时三相跳闸。

（3）三相重合闸时，经整定控制字选择加速不经振荡闭锁的距离Ⅱ、Ⅲ段，否则总是加速经振荡闭锁的距离Ⅱ段。

（4）手合时总是加速距离Ⅲ段。

9. 单相运行时切除运行相

当线路因任何原因切除两相时，由单相运行三跳三相，其判据为：有两相 TWJ 动作且对应相无电流（$<0.06I_N$），而零序电流大于 $0.15I_N$，则延时 200ms 发单相运行三跳命令。

（三）纵联保护原理

纵联保护由整定控制字选择，采用超范围允许式还是闭锁式，两者的逻辑有所不同，都分为起动元件动作保护进入故障测量程序和起动元件不动作保护在正常运行程序两种情况。

1. 闭锁式纵联保护逻辑

一般与专用收发信机配合构成闭锁式纵联保护，位置停信、其他保护动作停信、通道交换逻辑等都由保护装置实现，这些信号都应接入保护装置而不接至收发信机，即发信或停信只由保护发信触点控制，发信触点动作即发信，不动作则为停信。

故障测量程序中闭锁式纵联保护起动后逻辑框图，如图 8-44 所示。

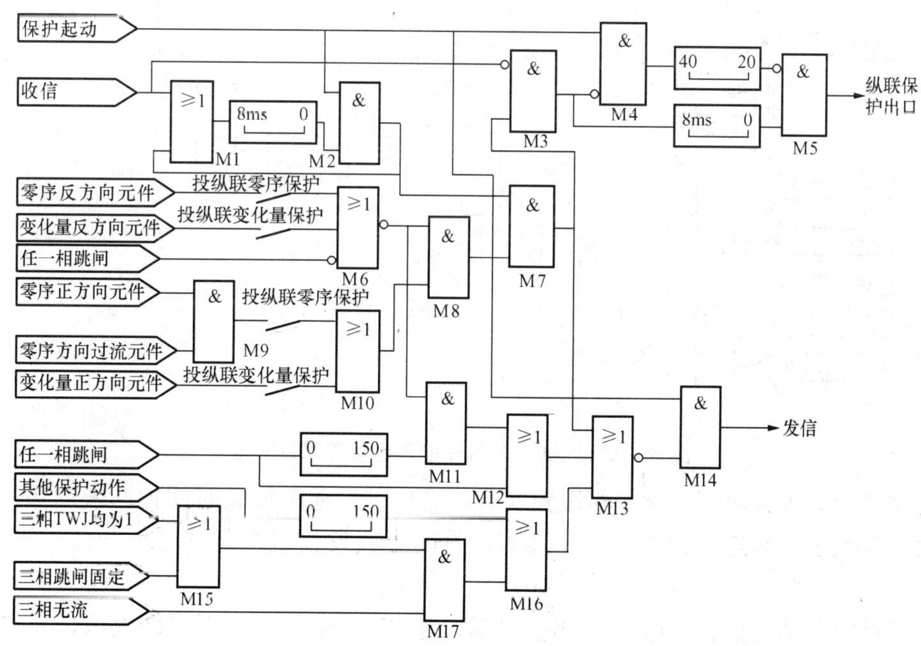

图 8-44 闭锁式纵联保护起动后逻辑框图

起动元件动作即进入故障程序，收发信机即被起动发闭锁信号。

（1）反方向元件动作时，立即闭锁正方向元件的停信回路，即方向元件中反方向元件动作优先，这样有利于防止故障功率倒方向时误动作。

（2）起动元件动作后，收信 8ms 后才允许正方向元件投入工作，反方向元件不动作，纵联变化量元件或纵联零序元件任一动作时，停止发信。

（3）当本装置其他保护（如工频变化量阻抗、零序延时段、距离保护）动作，或外部保护（如母线差动保护）动作跳闸时，立即停止发信，并在跳闸信号返回后，停信展宽 150ms，但在展宽期间若反方向元件动作，立即返回，继续发信。

（4）三相跳闸固定回路动作或三相跳闸位置继电器均动作且无电流时，始终停止发信。

（5）区内故障时，正方向元件动作而反方向元件不动作，两侧均停信，经 8ms 延时纵联保护出口。装置内设有功率倒方向延时回路，该回路是为了防止区外故障后，在断合开关的过程中，故障功率方向出现倒方向，短时出现一侧正方向元件未返回，另一侧正方向元件已动作而出现瞬时误动而设置的，如图 8-45 所示。若图示短路点发生故障，QF1 为正方向，QF2 为反方向，M 侧停信，N 侧发信，QF3 跳开时，故障功率倒向可能使 QF1 为反方向，QF2 为正方向，如果 N 侧停信的速度快于 M 侧发信，则 N 侧可能瞬间出现正方向元件动作同时无收信信号，这种情况可以通过当连续收信 40ms 以后，方向比较保护延时 20ms 动作的方式来躲过。

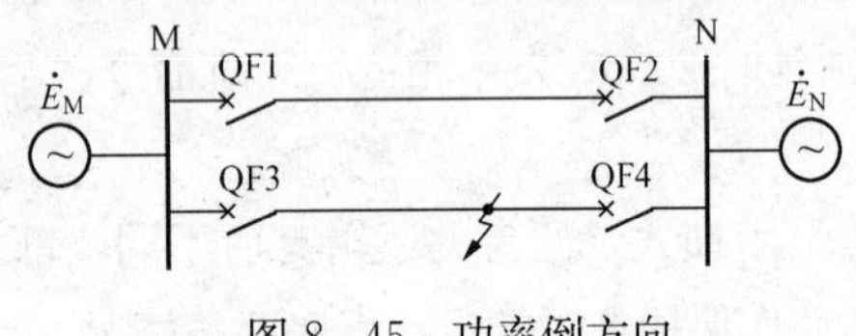

图 8-45　功率倒方向

正常运行程序中闭锁式纵联保护未起动时的逻辑框图，如图 8-46 所示。

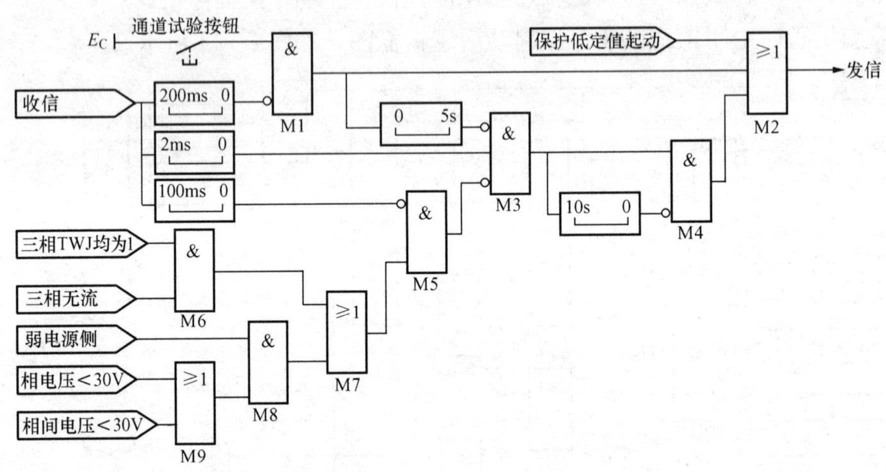

图 8-46　闭锁式纵联保护未起动时逻辑框图

通道试验、远方起信逻辑由本装置实现，这样进行通道试验时就把两侧的保护装置、收发信机和通道一起进行检查。与本装置配合时，收发信机内部的远方起信逻辑部分应取消。

（1）远方起动发信：当收到对侧信号后，如 TWJ 未动作，则立即发信，如 TWJ 动作，则延时 100ms 发信；当用于弱电侧，判断任一相电压或相间电压低于 30V 时，延时

100ms 发信，这保证在线路轻负荷、起动元件不动作的情况下，由对侧保护快速切除故障。无上述情况时则本侧收信后，立即由远方起信回路发信，10s 后停信。

（2）通道试验：对闭锁式通道，正常运行时需进行通道信号交换，由人工在保护屏上按下通道试验按钮，本侧发信，收信 200ms 后停止发信；收对侧信号达 5s 后本侧再次发信，10s 后停止发信。在通道试验过程中，若保护装置起动，则结束本次通道试验。

2. 允许式纵联保护逻辑

一般与载波机或光纤数字通道配合构成允许式纵联保护，位置发信、其他保护动作发信等都由保护装置实现，这些信号都应接入保护装置而不接至收发信机。

故障测量程序中允许式纵联保护起动后逻辑框图如图 8 - 47 所示。

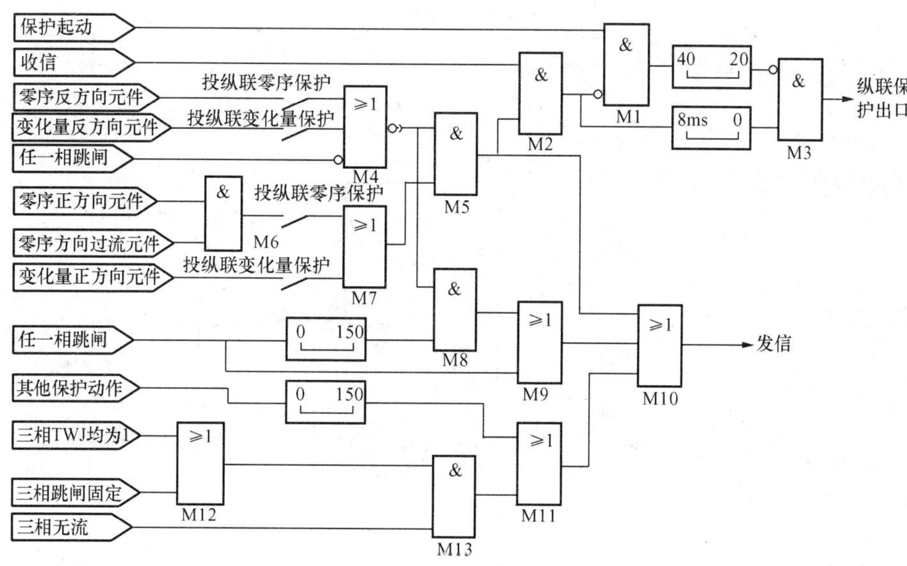

图 8 - 47　允许式纵联保护启动后逻辑框图

（1）正方向元件动作且反方向元件不动即发允许信号，同时收到对侧允许信号达 8ms 后纵联保护动作。

（2）如连续 40ms 未收到对侧允许信号，则其后纵联保护动作需经 20ms 延时，防止故障功率倒向时保护误动。

（3）当本装置其他保护（如工频变化量阻抗、零序延时段、距离保护）动作跳闸，或外部保护（如母线差动保护）动作跳闸时，立即发允许信号，并在跳闸信号返回后，发信展宽 150ms，但在展宽期间若反方向元件动作，即立即返回，停止发信。

（4）三相跳闸固定回路动作或三相跳闸位置继电器均动作且无流时，始终发信。

正常运行程序中允许式纵联保护未起动时的逻辑框图如图 8 - 48 所示。

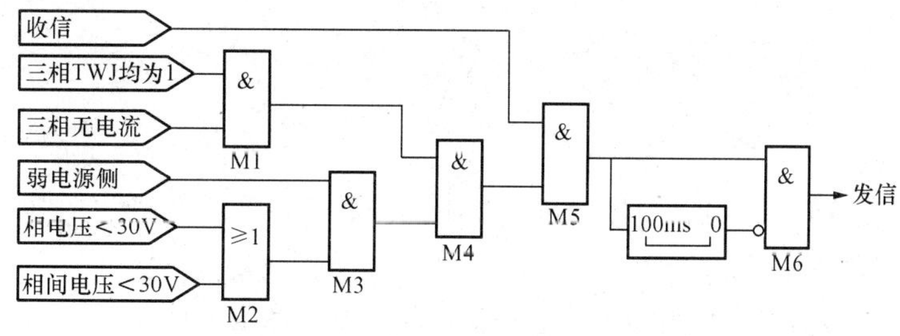

图 8 - 48　允许式纵联保护未起动时的方框图

当收到对侧信号后，如 TWJ 动作，则给对侧发 100ms 允许信号；当用于弱电侧，判断任一相电压或相间电压低于 30V 时，当收到对侧信号后给对侧发 100ms 允许信号，这保证在线路轻负荷，起动元件不动作的情况下，可由对侧保护快速切除故障。

（四）距离保护原理

距离保护原理框图如图 8-49 所示。

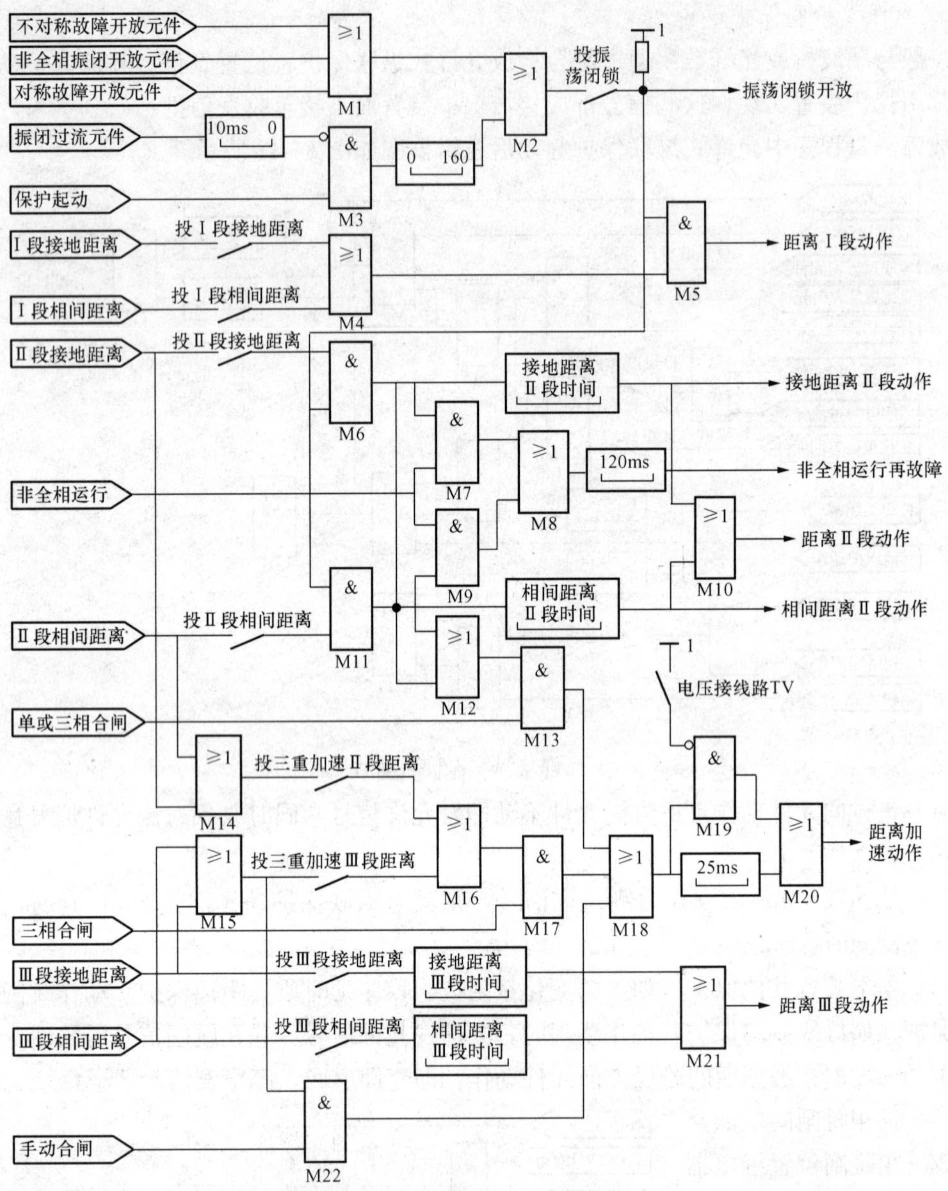

图 8-49 距离保护原理框图

（1）若用户选择“投负荷限制距离”则Ⅰ、Ⅱ、Ⅲ段的接地和相间距离元件需经负荷限制继电器闭锁。

（2）保护起动时，如果按躲过最大负荷电流整定的振荡闭锁过流元件尚未动作或动作不到10ms，则开放振荡闭锁160ms，另外不对称故障开放元件、对称故障开放元件和非全相运行振荡闭锁开放元件任一元件开放则开放振荡闭锁；可选择“投振荡闭锁”去闭锁Ⅰ、Ⅱ段距离保护，否则距离保护Ⅰ、Ⅱ段不经振荡闭锁而直接开放。

（3）非全相运行再故障时，距离Ⅱ段受振荡闭锁开放元件控制，经120ms延时三相加速跳闸。

（4）合闸于故障线路时三相跳闸可有两种方式：一是受振荡闭锁控制的Ⅱ段距离继电器在合闸过程中三相跳闸；二是在三相合闸时，还可选择“投三重加速Ⅱ段距离”、“投三重加速Ⅲ段距离”，由不经振荡闭锁的Ⅱ段或Ⅲ段距离继电器加速跳闸。手合时总是加速Ⅲ段距离。

（五）零序、过流保护原理

零序、过流保护原理框图如图8-50所示。

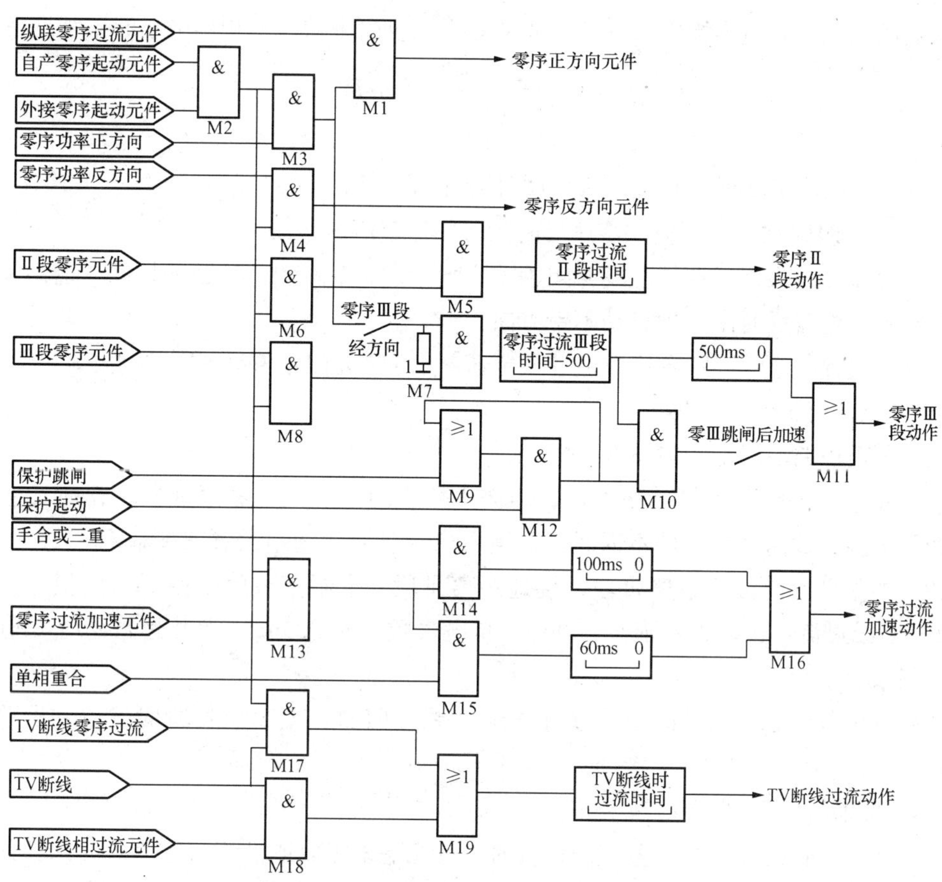

图8-50 零序、过流保护原理框图

（1）两个带延时段的零序方向过流保护，Ⅱ段零序受零序正方向元件控制，Ⅲ段零序由用户选择经或不经方向元件控制。当用户置“零Ⅲ跳闸后加速”为1，则跳闸前零序Ⅲ段的动作时间为“零序过流Ⅲ段时间”，则跳闸后零序Ⅲ段的动作时间缩短500ms。

（2）TV断线时，本装置自动投入零序过流和相过流元件，两个元件经同一延时段出口。

（3）所有零序电流保护都受零序起动过流元件控制，因此各零序电流保护定值应大于零序起动电流定值。纵联零序反方向的电流定值固定取零序起动过流定值，而纵联零序正方向的电流定值取零序方向比较过流定值。

（4）单相重合时零序加速时间为 60ms，手合三重时加速时间延时为 100ms，其过流定值用零序过流加速段定值。

（5）零序反时限过流保护，其原理框图如图 8-51 所示。

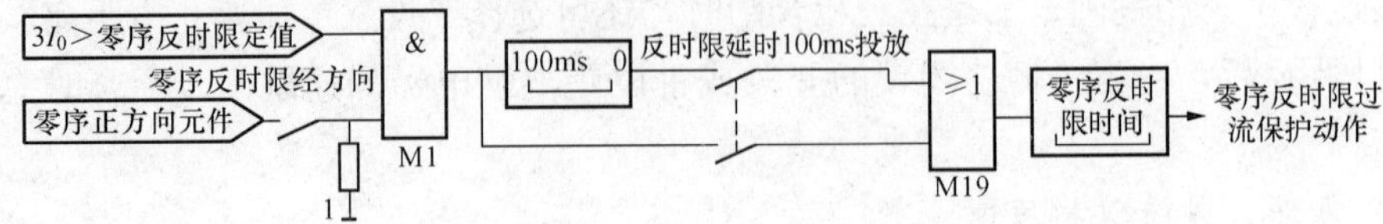

图 8-51　零序反时限过流保护原理框图

根据国际电工委员会标准 IEC255－4 的规定，反时限特性方程中的反时限特性方程为

$$t(I_0)=\frac{0.14}{\left(\frac{I_0}{I_P}\right)^{0.02}-1}T_P$$

式中　I_P——电流基准值，对应“零序反时限过流”定值；

T_P——时间常数，对应“零序反时限时间”定值。

零序电流反时限保护动作三跳并闭锁重合闸。在非全相和 TV 断线期间，退出零序过流Ⅱ段，零序电流反时限保护自动不带方向。

零序电流保护应满足：零序过流Ⅱ段定值≥零序反时限定值≥零序起动电流定值。

（六）跳闸逻辑电路原理

跳闸逻辑电路原理框图如图 8-52 所示。

（1）工频变化量距离、纵联保护、距离Ⅰ段、距离Ⅱ段、零序Ⅱ段动作时经选相跳闸；如果选相失败而动作元件不返回，则经 200ms 延时发选相无效三跳命令。

（2）零序Ⅲ段、相间距离Ⅲ段、接地距离Ⅲ段、合闸于故障线路、非全相运行再故障、TV 断线过流、选相无效延时 200ms、单跳失败延时 200ms、单相运行延时 200ms 直接跳三相。

（3）发单跳令后，如果该相持续有电流（$>0.06I_N$），经 200ms 延时发单跳失败三跳命令。

（4）选相达两相及以上时跳三相。

（5）采用三相跳闸方式、重合闸投入时，且充电未完成或处于三重方式时，任何故障三相跳闸。

（6）严重故障时，如零序Ⅲ段跳闸、Ⅲ段距离跳闸、手合或合闸于故障线路跳闸、单跳不返回三跳、单相运行三跳、TV 断线时跳闸等闭锁重合闸。

（7）Ⅱ段零序、Ⅱ段相间距离、Ⅱ段接地距离等，经用户选择三跳方式时，闭锁重合闸。

（8）经用户选择，选相无效三跳、非全相运行再故障三跳、二相以上故障闭锁重合闸。

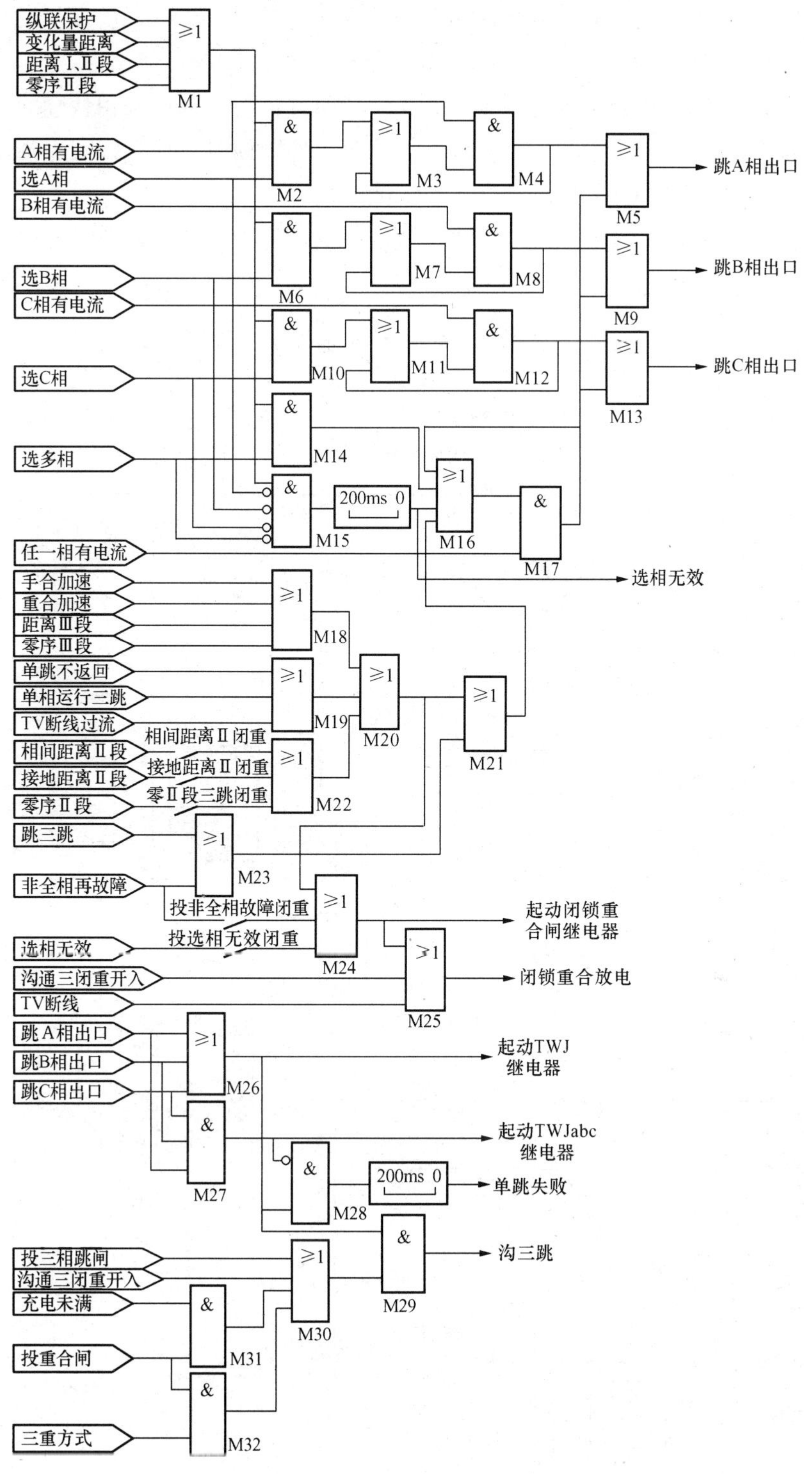

图 8-52　跳闸逻辑电路原理框图

（七）重合闸逻辑电路原理

本装置重合闸为一次重合闸方式，可实现单相重合闸、三相重合闸或综合重合闸，可根据故障的严重程度引入闭锁重合闸的方式。重合闸的起动方式可以由保护动作起动或开关位置不对应起动。

三相重合时，可采用检线路无压重合闸或检同期重合闸，也可采用快速直接重合闸方式。检无压时，检查线路电压或母线电压小于 30V；检同期时，检查线路电压和母线电压大于 40V，且线路和母线电压间相位差在整定范围内。

重合闸方式由外部切换把手或内部软压板（控制字）决定，其功能表如表 8-6 所示。重合闸逻辑电路原理框图如图 8-53 所示。

表 8-6　　重合闸方式功能表

端　子	单　重	三　重	综　重	停　用
投三重	0	1	0	1
投综重	0	0	1	1

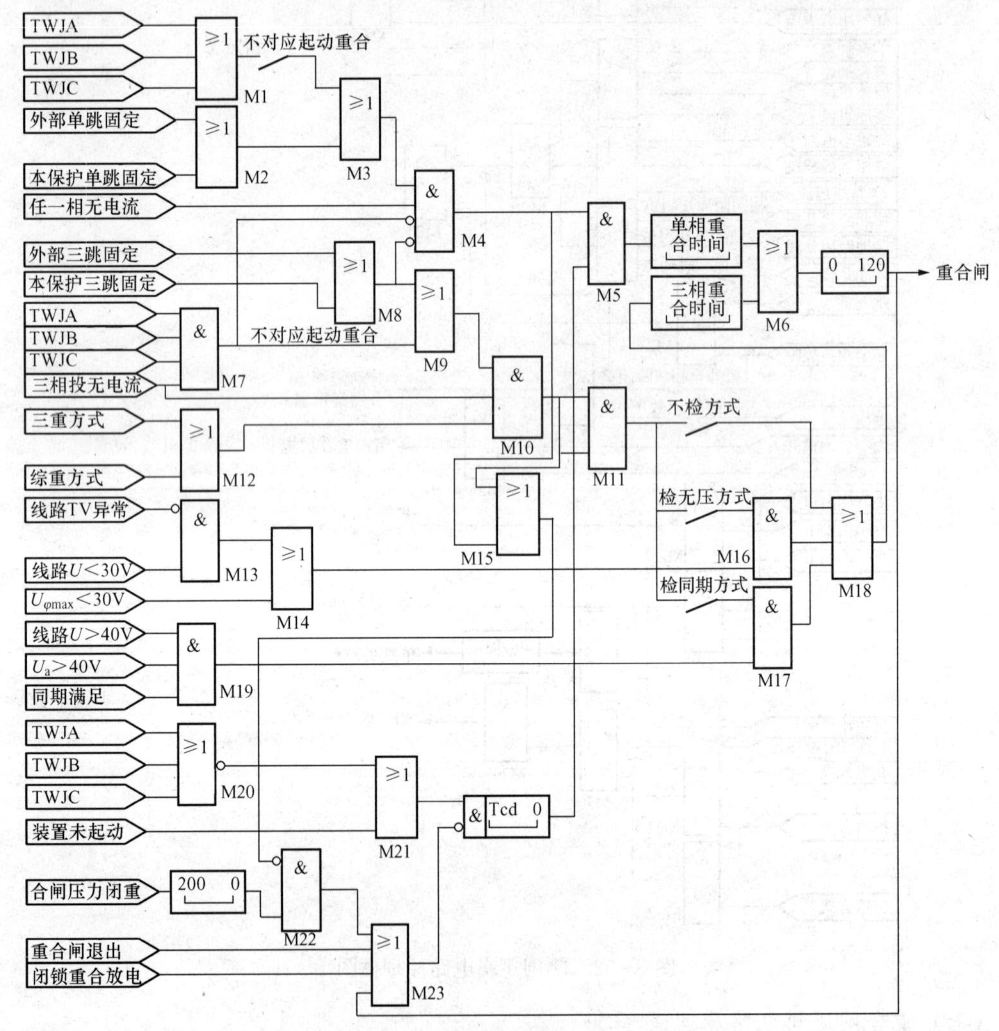

图 8-53　重合闸逻辑电路原理框图

(1) TWJA、TWJB、TWJC 分别从 A、B、C 三相的跳闸位置继电器的触点输入。

(2) 保护单跳固定、保护三跳固定，本保护动作跳闸形成的跳闸固定，单相故障、故障相无电流时该相跳闸固定动作，三相跳闸、三相电流全部消失时三相跳闸固定动作。

(3) 外部单跳固定、外部三跳固定分别为其他保护来的单跳起动重合、三跳起动重合输入由本保护经无电流判别形成的跳闸固定。

(4) 重合闸退出指重合闸方式把手置手停用位置，或定值中重合闸投入控制定置"0"，则重合闸退出。本装置重合闸退出并不代表线路重合闸退出，保护仍是选相跳闸的。要实现线路重合闸停用，需投闭锁重合闸。当重合闸方式把手置于运行位置（单重、三重或综重）且定值中重合闸投入控制字置"1"时，本装置重合闸投入。

(5) TV 断线时重合闸放电。

(6) 重合闸充电在正常运行时进行，重合闸投入，无 TWJ、无压力低闭锁输入、无 TV 断线和其他闭锁重合闸的输入经 15s 后充电完成。

(7) 本装置重合闸为一次重合闸方式，用于单断路器的线路，一般不用于 $1\frac{1}{2}$ 断路器接线，可实现单相重合闸、三相重合闸和综合重合闸。

(8) 重合闸的起动方式有本保护跳闸起动、其他保护跳闸起动和经用户选择的不对应起动。

(9) 断路器三跳如跳闸固定继电器 TGabc 动作、其他保护三跳起动重合闸或三相 TWJ 动作，则不起动单重。

(10) 三相重合时，可选用检线路无压重合闸、检同期重合闸，也可选用不检而直接重合闸方式。检无压时，检查线路电压或母线电压小于 30V 时，检无压条件满足，而不管线路电压用的是相电压还是相间电压；检同期时，检查线路电压和母线电压大约 40V 且线路电压和母线电压间的相位在整定范围内时，检同期条件满足。正常运行时，保护检测线路电压与母线 A 相电压的相角差，设为 φ，检同期时，检测线路电压与母线 A 相电压的相角是否在（φ－定值）～（φ＋定值）范围内，因此不管线路电压用的是哪一相电压还是哪一相间电压，保护能够自动适应。

（八）定值整定

定值包括装置参数、保护定值、压板定值和 IP 地址。

各保护的整定原则完全同传统保护。在计算好动作值后，根据整定科目，利用"人机对话"输入。理论上讲，微机保护的整定是不会有误差的。RCS－900 线路保护参数见表 8-7。

表 8-7　　RCS－900 线路保护参数及整定说明

序　号	定值名称	定值范围	整定值
1	定值区号	0～29	
2	通信地址	0～254	
3	串口 1 波特率	4800，9600，19200，38400	
4	串口 2 波特率	4800，9600，19200，38400	

续表

序号	定值名称	定值范围	整定值
5	打印波特率	4800，9600，19200，38400	
6	调试波特率	4800，9600	
7	系统频率	50、60Hz	
8	电压一次额定值	127～655kV	
9	电压二次额定值	57.73V	
10	电流一次额定值	1～655.35A	
11	电流二次额定值	1，5A	
12	厂称名称		
13	网络打印	0，1	
14	自动打印	0，1	
15	规约类型	0，1	
16	分脉冲对时	0，1	
17	可远方修改定值	0，1	

1. 装置参数

（1）定值区号：保护定值有30套可供切换，装置参数不分区，只有一套定值。

（2）通信地址：指后台通信管理机与本装置通信的地址。

（3）串口1波特率、串口2波特率、打印波特率、调试波特率：只可在所列波特率数值中选其一数值整定。

（4）系统频率：为一次系统频率，整定为50Hz。

（5）电压一次额定值：为一次系统中电压互感器一次侧的额定电压值。

（6）电压二次额定值：为一次系统中电压互感器二次侧的额定电压值。

（7）电流一次额定值：为一次系统中电流互感器一次侧的额定电流值。

（8）电流二次额定值：为一次系统中电流互感器二次侧的额定电流值。

（9）厂站名称：可整定汉字区位码（12位）或ASCII码（后6位），装置将自动识别，此定值仅用于报告文字打印。

（10）自动打印：保护动作后需要自动打印动作报告时置为“1”，否则置为“0”。

（11）网络打印：需要使用共享打印机时置为“1”，否则置为“0”。使用共享打印机指的是多套保护装置共用一台打印机打印输出，这时打印口应设置为RS485方式（参见表8-5），经专用的打印控制器接入打印机；而使用本地打印机时，应设置为RS232方式，直接接至打印机的串口。

（12）规约类型：当采用IEC60870－5－103规约置为“0”，采用LFP规约置为“1”。

（13）分脉冲对时：当采用分脉冲对时置为“1”，秒脉冲对时置为“0”。

（14）可远方修改定值，允许后台修改装置的定值时置为“1”，否则置为“0”。

2. IP地址

该定值用于以太网接口，当无以太网接口时，该定值可不整定。

注意：当无压板投入时（综合软硬压板），所有保护将退出。

3. RCS－901 保护定值及整定说明

RCS－901A 保护定值如表 8-8 所示。

表 8-8　　保护定值表

序　号	定值名称	定值范围	整定值
1	电流变化量起动值	0.1～0.5A× I_N	
2	零序起动电流	0.1～0.5A× I_N	
3	工频变化量阻抗	0.1～37.5Ω/ I_N	
4	超范围变化量阻抗	0.1～125Ω/ I_N	
5	零序方向过流定值	0.1～20A× I_N	
6	通道交换时间定值	0.00～12h	
7	零序补偿系数	0～2	
8	振荡闭锁过流	0.2～2.2A× I_N	
9	接地距离Ⅰ段定值	0.05～125Ω/ I_N	
10	接地距离Ⅱ段定值	0.05～125Ω/ I_N	
11	接地距离Ⅱ段定值	0.01～10s	
12	接地距离Ⅲ段定值	0.05～125Ω/ I_N	
13	接地距离Ⅲ段定值	0.01～10s	
14	接地距离Ⅰ段定值	0.05～125Ω/ I_N	
15	接地距离Ⅱ段定值	0.05～125Ω/ I_N	
16	接地距离Ⅱ段定值	0.01～10s	
17	接地距离Ⅲ段定值	0.05～125Ω/ I_N	
18	接地距离Ⅲ段定值	0.01～10s	
19	负荷限制电阻定值	0.05～125Ω/ I_N	
20	正序灵敏角	55°～89°	
21	零序灵敏角	55°～89°	
22	接地距离偏移角	0°～15°，30°	
23	相间距离偏移角	0°～15°，30°	
24	零序过流Ⅱ段定值	0.1～20A× I_N	
25	零序过流Ⅱ段定值	0.01～10s	
26	零序过流Ⅲ段定值	0.1～20A× I_N	
27	零序过流Ⅲ段定值	0.5～10s	
28	零序过流加速段	0.1～20A× I_N	
29	TV 断线相过流定值	0.1～20A× I_N	
30	TV 断线时零序过流	0.1～20A× I_N	
31	TV 断线时过流时间	0.1～10s	
32	单相重合闸时间	0.1～10s	
33	三相重合闸时间	0.1～10s	
34	同期合闸角	0°～90°	
35	线路正序电抗	0.01～665.35Ω	
36	线路正序电阻	0.01～665.35Ω	
37	线路零序电抗	0.01～665.35Ω	

续表

序　号	定值名称	定值范围	整定值
38	线路零序电阻	0.01～665.35Ω	
39	线路总长度	0.01～665.35km	
40	线路编号	0～65535	

保护的所有定值均按二次值整定，定值范围中 I_N 为 1 或 5，分别对应于二次额定电流为 1A 或 5A。

整定说明：

（1）电流变化量起动值：按躲过正常负荷电流波动最大值整定，一般整定 $0.2I_N$。对于负荷变化剧烈的线路（如电气化铁、轧钢、炼铝等），可以适当提高定值以免装置频繁起动，定值范围为（0.1～0.5）I_N。

（2）零序起动电流：按躲过最大零序不平衡电流整定，定值范围（0.1～0.5）I_N。

（3）工频变化量阻抗：按全线路阻抗的 0.8～0.85 整定。

（4）超范围变化量阻抗：可按最大运行方式下输电线路到对侧电源的阻抗值整定；该定值只有在“弱电源侧”才有效。

（5）零序方向过流定值：纵联零序正方向过流定值，应保证线路末端接地故障有足够的灵敏度。

（6）通道交换时间定值：当用于闭锁式通道时，本装置设有自动通道交换功能，当实时时钟（12h 制）与定值一致时，自动起动通道交换，每天进行两次，通道交换完成后，保护自动复归收发信机的收发信信号继电器。该定值应按 BCD 码整定，例 12：30 应整定为 12.30；还需注意的是，线路两端的“通道交换时间定值”应不一致。

（7）零序补偿系数：$K=\dfrac{Z_{0L}-Z_{1L}}{3Z_{1L}}$，其中 Z_{0L} 和 Z_{1L} 分别为线路的零序阻抗和正序阻抗；建议采用实测值，如无实测值，则将计算值减去 0.05 作为整定值。

（8）振荡闭锁过流：按躲过线路最大负荷电流整定。

（9）接地距离Ⅰ段定值：按全线路阻抗的 0.8～0.85 倍整定，对于有互感的线路，应适当减小。

（10）相间距离Ⅰ段定值：按全线路阻抗的 0.8～0.9 倍整定。

（11）距离Ⅱ、Ⅲ段的阻抗和时间定值按段间配合的需要整定，对本线末端故障有灵敏度。

（12）负荷限制电阻定值：按重负荷时的最小测量电阻整定。

（13）正序灵敏角、零序灵敏角：分别按线路的正序、零序阻抗角整定。

（14）接地距离偏移角：为扩大测量过渡电阻能力，接地距离Ⅰ、Ⅱ段的特性圆可向第一象限偏移，建议线路长度≥40km 时取 0°，≥10km 时取 15°，<10km 时取 30°。

（15）相间距离偏移角：为扩大测量过渡电阻能力，相间距离Ⅰ、Ⅱ段的特性圆可向第一象限偏移，建议线路长度≥10km 时取 0°，≥2km 时取 15°，<2km 时取 30°。

（16）零序过流Ⅱ段定值：应保证线路末端接地故障有足够的灵敏度。

(17) 零序过流Ⅲ段定值：应保证经最大过渡电阻故障时有足够的灵敏度。

(18) 零序过流加速段：应保证线路末端接地故障时有足够的灵敏度。

(19) TV 断线相过流定值、TV 断线时零序过流：仅在 TV 断线时自动投入。

(20) 同期合闸角：检同期合闸方式时母线电压对线路电压的允许角度差。

(21) 线路正序电抗、线路正序电阻、线路零序电抗、线路零序电阻：线路全长的参数，用于测距计算。

(22) 线路总长度：按实际线路长度整定，单位为 km，用于测距计算。

(23) 线路编号：按实际线路编号整定，打印报告时用。

(24) 对于阻抗定值，即使某一元件不投，仍应按整定原则和配合关系整定，如Ⅲ段阻抗大于Ⅱ段阻抗，Ⅱ段阻抗大于Ⅰ段阻抗，Ⅱ段阻抗对本线末端故障有灵敏度；对于各零序电流定值，均应大于零序启动电流定值，且Ⅱ段零序电流定值大于Ⅲ段零序电流定值；对于起动元件（电流变化量启动和零序电流起动），线路两侧宜按一次电流定值相同折算至二次整定。

4. 控制字

控制字 WS 如表 8 - 9 所示。

表 8 - 9　　控制字 SW

RCS－901A 运行方式控制字 SW（n）　整字“1”表示投入，“0”表示退出			
1	工频变化量阻抗	0，1	
2	投纵联变化量	0，1	
3	投纵联零序保护	0，1	
4	投方向补偿阻抗	0，1	
5	允许式通道	0，1	
6	投自动通道交换	0，1	
7	弱电源侧	0，1	
8	电压接线路 TV	0，1	
9	投振荡闭锁元件	0，1	
10	投Ⅰ段接地距离	0，1	
11	投Ⅱ段接地距离	0，1	
12	投Ⅲ段接地距离	0，1	
13	投Ⅰ段相间距离	0，1	
14	投Ⅱ段相间距离	0，1	
15	投Ⅲ段相间距离	0，1	
16	投负荷限制距离	0，1	
17	三重加速Ⅱ段距离	0，1	
18	三重加速Ⅲ段距离	0，1	
19	零序Ⅲ段经方向	0，1	
20	零Ⅲ跳后加速	0，1	
21	投三相跳闸方式	0，1	
22	投重合闸	0，1	

续表

RCS-901A 运行方式控制字 SW（n） 整字“1”表示投入，“0”表示退出			
23	投检同期方式	0，1	
24	投检无压方式	0，1	
25	投重合闸不检	0，1	
26	不对应起动重合	0，1	
27	相间距离Ⅱ闭重	0，1	
28	接地距离Ⅱ闭重	0，1	
29	零Ⅱ段三跳闭重	0，1	
30	投选相无效闭重	0，1	
31	非全相故障闭重	0，1	
32	投多相故障闭重	0，1	
33	投三相故障闭重	0，1	
34	内重合把手有效	0，1	
35	投单重方式	0，1	
36	投三重方式	0，1	
37	投综重方式	0，1	

控制字 SW 与传统保护相比是全新的概念。SW 相当于传统保护中的方式开关及功能连接片的集合。例如：在传统的继电保护中如要投入瞬时加速第Ⅲ段保护这一功能，就须将对应的连接片接上，否则无法实现加速功能，而微机保护中是由选择控制字 SW 来完成的。

目前，微机保护的控制字整定方式有两种。一种是 RCS－900 类型的保护装置，控制字的每一位，采用人机对话直接输入 0 或 1 比较直观。另一种是 WXH－101 类型的保护，其控制字 SW 是一个 16 位二进制数 D0～D15，各位的功用如图 8-54 所示。SW 各位的功用选定后，按 4 位 16 进制输入整定值，则保护就能完成选定的功用。例如：投电流、电压求和自检，投后加速，选闭锁式高频方式，每 8h 自检一次通道，投自动定时检通道，采样值取一位小数，打采样报告，即二进制数为 1000001101000101 换成十六进制为 8345。在人机对话键盘上，对准高频方向保护的 SW 输入 8345 即可。这种方式的控制字整定比较方便。

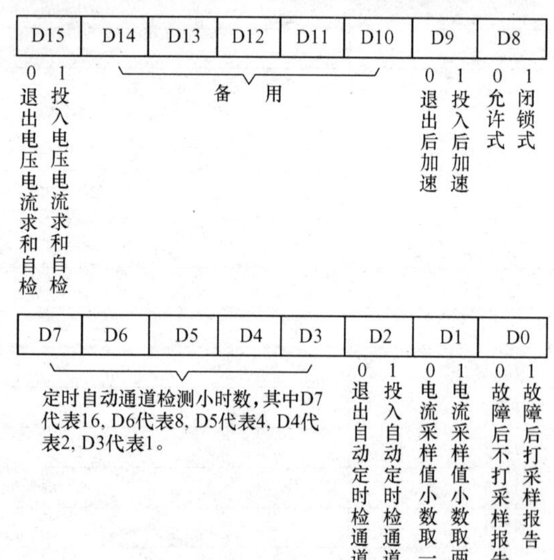

图 8-54 高频方向保护控制字 KG

对 RCS－901A 运行方式控制字整定说明如下：

（1）工频变化量阻抗：对于短线路如整定阻抗小于 $1/I_N\Omega$ 时，可将该控制字置“0”，即将工频变化量阻抗保护退出。

(2) 投纵联变化量、投纵联零序保护：建议运行时这两个控制字都置“1”，要将纵联保护退出，可通过退出的主保护压板实现。

(3) 投方向补偿阻抗：是为了在大电源长线路末端故障，母线电压变化很小的情况下，提高方向保护灵敏度而设置的，可根据系统/线路阻抗比来确定，当最大运行方式时系统线路阻抗比 $Z_S/Z_L>0.5$ 时该控制字置“0”。

(4) 允许式通道：当采用允许式纵联保护时，将该控制字置“1”，采用闭锁式纵联保护时置“0”。

(5) 投负荷限制距离：当用于长距离负荷线路时，测量负荷阻抗可能会进入Ⅰ、Ⅱ、Ⅲ段距离继电器时，该控制字置“1”。

(6) 弱电源侧：是弱电源侧时该控制字置“1”。

(7) 电压接线路 TV：当保护测量用的三相电压取自线路侧时（如 $1\frac{1}{2}$断路器情况），该控制字置“1”，取自母线时置“0”。

(8) 投振荡闭锁元件：当保护的线路不会发生振荡时，该控制字置“0”，否则置“1”。

(9) 投Ⅰ段接地距离、投Ⅱ段接地距离、投Ⅲ段接地距离、投Ⅰ段相间距离、投Ⅱ段相间距离、投Ⅲ段相间距离：分别为三段接地距离和三段相间距离保护的投入控制字，置“1”时相应的距离保护投入，置“0”时退出。

(10) 三重加速Ⅱ段距离、三重加速Ⅲ段距离：当三相重合闸不可能出现系统振荡时投入，则三重时分别加速不受振荡闭锁控制的Ⅱ段或Ⅲ段距离保护。若上述控制字均不投（置“0”）则加速受振荡闭锁控制的Ⅱ段距离。

(11) 零序Ⅲ段经方向：为零序过流Ⅲ段保护经零序功率方向闭锁投入控制字，置“1”时需经方向闭锁。

(12) 零Ⅲ跳闸方式加速：为保护跳闸后是否要把零序过流Ⅲ段保护时间缩短 500ms，置“1”时缩短 500ms，置“0”不缩短。

(13) 投三相跳闸方式：为三相跳闸方式投入控制字，置“1”时任何故障三跳，但不闭锁重合闸。

(14) 投重合闸：为本装置重合闸投入控制字，当重合闸长期不投（如 $1\frac{1}{2}$断路器情况）时置“0”，一般应置“1”，参见重合闸逻辑部分。

(15) 投检同期方式、投检无压方式、投重合闸不检：为重合闸方式控制字，重合闸不投时，这些控制字无效，投检无压方式、投检无压方式时可同时投检同期方式。

(16) 不对应起动重合：为位置不对应起动重合闸投入控制字，重合闸不投时，该控制字无效。

(17) 相间距离Ⅱ闭重、接地距离Ⅱ闭重：分别为相间距离Ⅱ段、接地距离Ⅱ段保护动作三跳并闭锁重合闸投入控制字。

(18) 零Ⅱ段三跳闭重：为选择零序方向过流Ⅱ段动作时直接三跳并闭锁重合闸的控

制字，置“0”时，零序方向过流Ⅱ段动作经选相跳闸。

(19) 投选相无效闭重：为选相无效三跳时是否闭锁重合闸的控制字，置“1”时选相无效三跳时闭锁重合闸。

(20) 非全相故障闭重：为非全相运行再故障保护动作时是否闭锁重合闸的控制字。

(21) 投多相故障闭重、投三相故障闭重：分别为多相故障和三相故障闭锁重合闸投入控制字。

(22) 当重合闸方式在运行中不会改变时，用整定控制字由重合闸切换把手经光耦输入更为可靠，另外用整定控制字可实现远方重合闸方式的改变。内重合把手有效、投单重方式、投三重方式、投综重方式这4个控制字可完成上述功能；当内重合把手有效置“1”时，整定控制字确定重合闸方式，而不管外部重合闸切换把手处于什么位置。内重合把手有效置“1”时，而投单重方式、投三重方式、投综重方式均置“0”，等于投重合闸置“0”，即本装置重合闸退出。当内重合把手有效置“0”，则重合闸方式由切换把手确定，后面的三位控制字均无效。

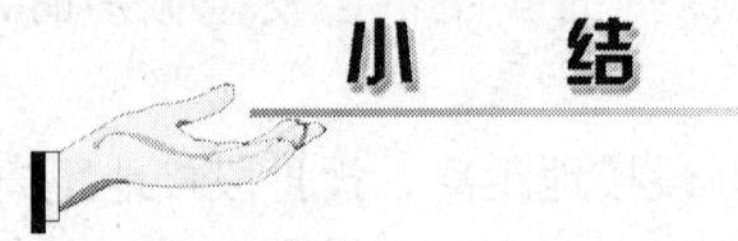

小　结

本单元是继电保护技术的全新内容，思维方法与前述各章相比完全不一样。前述各单元讲述的继电保护装置，采用的是布线逻辑，即保护的每一种功能都是由相应的器件通过连线来实现的。而微机型继电保护采用的是数字逻辑，保护的每一种功能由计算（程序）来完成。不同原理的微机保护由不同的软件（程序）来实现，但硬件基本相同。

微机保护知识初学者觉得比较抽象，总有摸不着边际的感觉，不像布线逻辑构成的保护很容易从理论到实际建立起整体概念，如三段式电流保护，掌握了三段电流保护的知识后，有几个继电器就可以组装。而微机保护知识很难从硬件、软件、保护原理三方面建立起整体概念。这就要注意学习方法，学习微机保护要将微机的知识与继电保护的知识有机的结合起来，且侧重点应放在继电保护方面。微机保护不像布线逻辑构成的保护，自己是无法组装的，因为微机保护除硬件外还有软件，厂家对软件（程序）是保密的。所以对微机保护的硬件了解其型式即可，对微机保护的软件只需了解过程。要了解各种保护的原理，掌握微机保护装置的使用方法。

微机保护与前述保护相比，也有它简单的一面，那就是不同原理的保护其硬件电路基本相同，不像前述保护，如距离保护与差动保护它们的硬件完全不同。所以在学习微机保护时，只要搞清楚了一种保护的硬件结构，其他保护的硬件电路就不难掌握了。

微机保护中的算法与数字滤波应该是微机保护中的核心内容，因为算法是保护的数学模型，是编程序的依据。而我们这里讲算法与数字滤波并不是培养微机保护编程人员，而是帮助大家了解微机保护原理，建立对微机保护的整体概念。

输电线路已广泛应用微机保护，通过对输电线路微机保护装置的学习，掌握正确使用微机保护的方法。

复习思考题

8-1 简述微机继电保护的构成原理。

8-2 输入给微处理器的信号为什么要进行预处理？

8-3 什么是采样与采样定理？

8-4 在微机保护中采用的 A/D 转换器有哪几种类别？哪一种类别的 A/D 转换器应用最普遍？简述其基本原理。

8-5 什么是微机保护的算法？算法在微机保护中起什么作用？

8-6 什么是数字滤波？为什么在微机保护中广泛采用数字滤波？

8-7 简述微机阻抗保护采用的解微分方程的算法？

8-8 什么是微机保护的控制字 SW？如何正确选择 SW？

8-9 已知 WXB（H）−11 型微机保护中距离保护 SW=0A02，说明该距离保护的运行方式。

8-10 微机保护在定值整定上与传统的保护相比有何不同？

8-11 简述工频变化量测量元件的特点，分别说明工频变化量方向元件、阻抗元件的工作原理。

备用电源自动投入装置 AAT

内容提要和要求

（一）内容提要

本单元内容包括：备用电源自动投入装置的相关概念，对备用电源自动投入装置的基本要求，备用电源自动投入装置的典型接线分析。

（二）教学要求

（1）掌握备用电源自动投入装置的作用。
（2）理解对备用电源自动投入装置的基本要求。
（3）会分析备用电源自动投入装置的工作原理。

§9.1 备用电源自动投入装置的作用及基本要求

一、AAT 的作用

备用电源自动投入装置是当工作电源或工作设备因故障断开后，能自动将备用电源或备用设备投入工作，使用户不致停电的一种自动装置，亦称为 AAT。

在实际应用中，AAT 装置形式多样，但根据备用方式（即备用电源或备用设备的存在方式）划分，可分为明备用和暗备用两种。

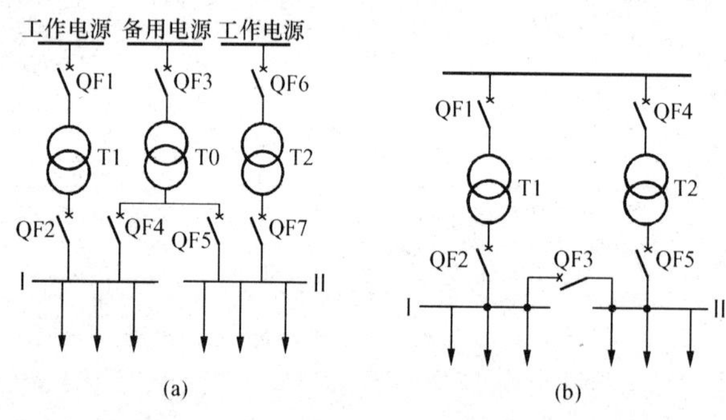

图 9 - 1 应用 AAT 装置的典型一次接线图
（a）明备用；（b）暗备用

明备用指正常情况下有明显断开的备用电源或备用设备，如图 9 - 1（a）所示。正常运行时，图 9 - 1（a）中 QF3、QF4、QF5 在断开状态，备用变压器 T0 作为工作变压器 T1 和 T2 的备用。

暗备用是指正常情况下没有断开的备用电源或备用设备，而是分段母线间利用分段断路器取得相互备用，如图 9 - 1（b）所示。正常运行时分段断路器 QF3 处断开状态，工作母线Ⅰ、Ⅱ段分别通过各自的供电设备或线路供电。当任一母线由于供电设备或线路故障停电时，QF3 自动合闸，从而实现供电设备和线路的互为备用。

分析图 9-1 接线的工作情况后可知，采用 AAT 装置有如下优点：

（1）提高供电可靠性，节省建设投资。

（2）简化继电保护。采用 AAT 装置后，环形供电网络可以开环运行，并列变压器可以解列运行［如图 9-1（b）所示］，在保证供电可靠性的前提下，继电保护变得简单而可靠。

（3）限制短路电流，提高母线残余电压。在受端变电所，如果采用变压器解列运行或环网开环运行，可使出线短路电流受到一定限制，供电母线［图 9-1（b）中高压母线］上残余电压相应提高。

由于 AAT 简单、可靠、投资小，是一种提高供电可靠性的经济且有效的技术措施，因此在电力系统中获得广泛应用。按照 DL400－1991《继电保护和安全自动装置技术规程》要求，在下列情况下，应装设 AAT 装置：

（1）装有备用电源的发电厂厂用电源和变电所所用电源。

（2）由双电源供电，其中一个电源经常断开作为备用的变电所。

（3）降压变电所内有备用变压器或互为备用的母线段。

（4）有备用机组的某些重要辅机。

二、对 AAT 的基本要求

AAT 用在不同场合，其接线可能有所不同，但均应满足对 AAT 的基本要求。应当指出，AAT 动作使断路器合闸，投入备用电源或备用设备，该断路器上应装设相应的继电保护装置，以保证安全运行。

对 AAT 的基本要求归纳如下：

（1）应保证在工作电源或工作设备断开后，AAT 才能动作。如图 9-1（b）中只有当 QF2 断开后，AAT 才能动作，使 QF3 合闸。这一要求的目的是防止将备用电源或备用设备投入到故障元件上，造成 AAT 动作失败，甚至扩大事故，加重设备损坏程度。

满足这一要求的主要措施是：AAT 的合闸部分应由供电元件受电侧断路器［图 9-1（b）中的 QF2］的辅助动断触点起动。

（2）无论任何原因工作母线电压消失时，AAT 均应动作。图 9-1（a）中，工作母线Ⅰ（或Ⅱ）段失压的原因有：工作变压器 T1（或 T2）故障；母线Ⅰ（或Ⅱ）段故障；母线Ⅰ（或Ⅱ）段出线故障没被该出线断路器断开；断路器 QF1、QF2（或 QF6、QF7）误跳闸；电力系统内部故障，使工作电源失压等。所有这些情况，AAT 都应动作。但是若电力系统内部故障，使工作电源和备用电源同时消失时，AAT 不应动作，以免系统故障消失后恢复供电时，所有工作母线段上的负荷均由备用电源或设备供电，引起备用电源或设备过负荷，降低工作可靠性。

满足这一要求的措施是：AAT 应设置独立的低电压起动部分，并设置备用电源电压监视继电器。

（3）AAT 只能动作一次。当工作母线或出线上发生未被出线断路器断开的永久性故障时，AAT 动作一次，断开工作电源（或设备）投入备用电源（或设备）。因为故障仍然存在，备用电源（或设备）上的继电保护动作断开备用电源（或设备）后，就不允许

AAT 再次动作，以免备用电源多次投入到故障元件上，对系统造成再次冲击而扩大事故。

满足这一要求的措施是：控制 AAT 发出合闸脉冲的时间，以保证备用电源断路器只能合闸一次。

（4）AAT 的动作时间应使负荷停电时间尽可能短。从工作母线失去电压起到备用电源投入为止，工作母线上的用户有一段停电时间，停电时间短，有利于用户电动机的自起动。但停电时间太短，电动机残压可能较高，备用电源投入时将产生冲击电流造成电动机的损坏。运行经验表明，AAT 的动作时间以 1～1.5s 为宜，低压场合可减小到 0.5s。

此外，应校验 AAT 动作时备用电源过负荷情况，如备用电源过负荷超过限度或不能保证电动机自起动时，应在 AAT 动作时自动减负荷。如果备用电源投到故障上，应使其保护加速动作。低压起动部分中电压互感器二次侧的熔断器熔断时，AAT 不应动作。

§9.2 备用电源自动投入装置典型接线

从满足基本要求出发，AAT 一般由以下两部分组成。

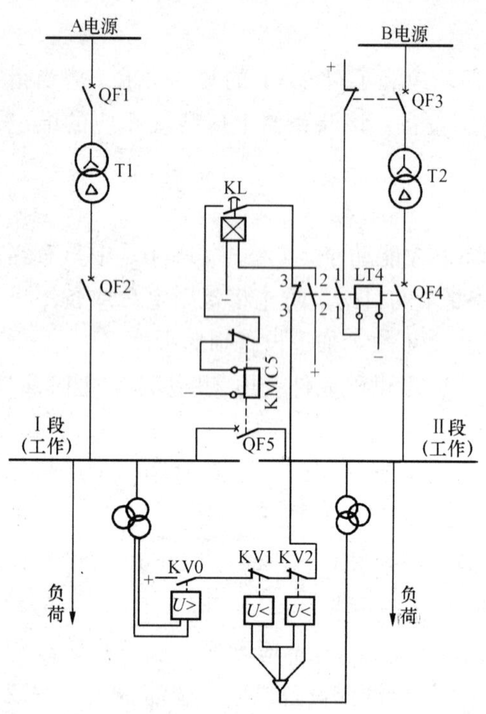

图 9-2 母线分段断路器自动投入的原理接线

（1）低电压起动部分。当工作电源失压时，断开工作电源断路器。

（2）自动合闸部分。当工作电源断开后，将备用电源断路器合闸。

下面以母线分段断路器的 AAT 接线为例介绍其工作原理。

图 9-2 为母线分段断路器自动投入的原理接线图（图中仅画出 T2 故障后自动投入母线分段断路器的接线）。图中元件介绍如下：

KV0——Ⅰ段工作母线电压监视继电器；

KV1、KV2——Ⅱ段工作母线低电压继电器；

KL——保证一次合闸的闭锁继电器；

LT4——QF4 的跳闸线圈；

KMC5——QF5 的合闸接触器。

正常运行时，A 电源通过 T1 给工作母线Ⅰ段供电，B 电源通过 T2 给工作母线Ⅱ段供电，母线分段断路器 QF5 断开。

T2 故障 QF4 跳闸时，KL 失磁，其动合触点延时断开，同时Ⅱ母线失电，Ⅰ母线有电压，则+→KV0 动合触点→KV1、KV2 动断触点→QF4-3→KL 延时触点→QF5-1→KMC5→－为通路，KMC5 励磁使 QF5 合闸，恢复Ⅱ母线供电。QF5 合闸后，KL 触点打开，保证 QF5 只合闸一次。

小　结

本章的重点是对 AAT 的基本要求及工作原理分析，难点是理解基本要求和 AAT 的工作原理。

学习本章内容，首先要掌握 AAT 装置的定义、主要作用、分类及使用情况，其次是理解对 AAT 的基本要求及由此引出 AAT 的构成——低电压起动部分和自动合闸部分，最后是对照基本要求分析典型接线的工作原理和典型接线如何满足基本要求。

复习思考题

9-1　什么叫备用电源自动投入装置？它有何作用？

9-2　何谓明备用？何谓暗备用？试绘图说明。

9-3　对 AAT 有哪些基本要求？相应采取哪些措施？

9-4　确定 AAT 动作速度时应考虑哪些因素？

9-5　AAT 由哪两部分构成？各有什么作用？

第 10 单元

按频率自动减负荷装置 AFL

内容提要和要求

（一）内容提要

本单元内容包括按频率自动减负荷装置的作用，对按频率自动减负荷装置的基本要求，按频率自动减负荷装置的工作原理。

（二）教学要求

（1）理解装设按频率自动减负荷装置的必要性。

（2）理解负荷的静态频率特性和电力系统动态频率特性。

（3）掌握对按频率自动减负荷装置的基本要求。

（4）了解按频率自动减负荷装置的配置及分级实现的原则。

（5）了解微机型按频率减负荷装置的工作原理。

§10.1　电力系统的频率特性

电力系统正常运行时，负荷波动将导致频率变化，可以通过一次调频和二次调频使系统频率的变化在允许范围内。调频就是调整发电机输出的有功功率，维持系统的有功功率平衡。在电力系统发生事故时，会出现发电功率小于负荷功率（即出现有功功率缺额）的情况，当缺额量超出了正常热备用的调节能力时，会造成电力系统低频运行，影响电能质量，甚至破坏系统的稳定。

一、低频运行的危害

（1）当系统频率长期低于 49.5Hz 运行时，某些汽轮机的叶片会发生共振，导致机械损伤，甚至断裂损坏，造成事故。

（2）系统频率降低，使火电厂厂用机械出力降低，发电厂出力减少，系统有功功率缺额进一步加剧，系统频率进一步下降，形成恶性循环。如果不及时采取措施，会造成电力系统频率崩溃。

（3）系统频率降低引起发电机转速下降，对某些励磁系统来说，励磁电压相应降低，系统电压随之降低，严重时会造成电力系统电压崩溃。

（4）系统频率降低影响测量仪表的准确性和用户的产品质量。

为了保证电力系统的安全运行和电能质量水平，在电力系统中广泛使用按频率自动减负荷装置（亦称 AFL）。当电力系统频率降低时，根据系统频率下降的不同程度自动断开相应的负荷，阻止频率降低，并使系统频率迅速恢复到给定数值。从而可保证电力系统的安全运行和重要用户的不间断供电。AFL 是一种事故情况下保证系统安全运行的重要自动装置。

二、电力系统的频率特性

电力系统的频率特性分为负荷的静态频率特性和电力系统的动态频率特性。

1. 负荷的静态频率特性

负荷的静态频率特性是指电力系统的总有功负荷 $P_{L.\Sigma}$ 与系统频率 f 之间的关系。实际上此特性与负荷的性质有关，不同性质的负荷消耗有功功率与频率的关系不一样，电力系统中的负荷一般可分为三类。

（1）负荷消耗的有功功率与频率无关，如白炽灯、电热设备等。

（2）负荷消耗的有功功率与频率一次方成正比，如碎煤机、卷扬机等。

（3）负荷消耗的有功功率与频率二次方、三次方、高次方成正比，如通风机、水泵等。

电力系统的总有功负荷是由以上三类负荷按比例组合的，当系统频率变化时，系统总有功负荷消耗的有功功率相应变化，定性作出负荷静态频率特性如图 10 - 1 所示（该曲线可通过实测或运行统计数据获得）。由图可见，当系统频率下降时，总负荷消耗的有功功率随之减少，当频率升高时，总负荷消耗的有功功率随之增加。这种负荷消耗的有功功率随系统频率变化的现象，称为负荷调节效应。

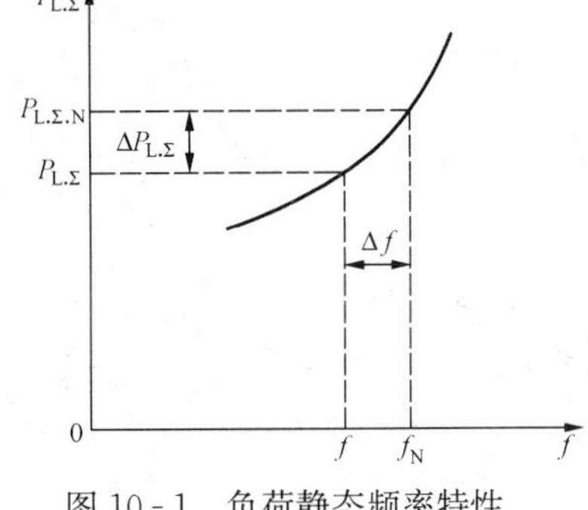

图 10 - 1　负荷静态频率特性

当频率偏离额定频率 f_N 不大时，定义负荷调节效应系数为

$$K_L = \Delta P_{L.\Sigma}/\Delta f \tag{10-1}$$

式中　$\Delta P_{L.\Sigma}$——系统总有功负荷变化量，$\Delta P_{L.\Sigma}=P_{L.\Sigma}-P_{L.\Sigma.N}$（$P_{L.\Sigma.N}$ 为系统额定频率时的总有功负荷）；

Δf——系统频率的变化量。

在实际使用中负荷调节效应系数一般用百分数或标么值（以额定值为基准的）表示，即

$$\begin{aligned} K_L &= (\Delta P_{L.\Sigma}\%)/(\Delta f\%) \\ &= [(P_{L.\Sigma}-P_{L.\Sigma.N})/P_{L.\Sigma.N}]/[(f-f_N)/f_N] \\ &= \Delta P^*_{L.\Sigma}/\Delta f^* \end{aligned} \tag{10-2}$$

式中　$\Delta P_{L.\Sigma}\%$、$\Delta P^*_{L.\Sigma}$——系统有功负荷变化量百分数、标么值；

$\Delta f\%$、Δf^*——系统频率变化的百分数、标么值。

K_L 的物理意义是：系统频率每变化 1%，系统负荷消耗的有功功率相应变化 K_L%。因负荷组成随地区和季节而变化，不同电力系统 K_L 值不同，同一电力系统不同季节 K_L 值也可能不同，一般 K_L 在 1~3 范围内，由系统实测取得。

由于负荷调节效应的存在，当电力系统因有功功率不平衡引起系统频率变化时，负荷自动改变其消耗的有功功率，对系统频率有一定的补偿作用，使系统可稳定运行在一个新

的频率下。例如系统正常运行时频率为 f_N，总负荷为 $P_{L.\Sigma.N}$，若出现有功功率缺额造成频率下降时，负荷会自动减少消耗的有功功率，有利于补偿有功功率缺额，建立新的有功功率平衡，其结果是系统在一个较低的频率下运行。如果功率缺额较大，仅靠负荷调节效应来补偿，会使系统运行频率很低，破坏系统的安全运行，这是不允许的。此时，必须再借助 AFL 自动切除一部分不重要的负荷，保证系统的安全运行。

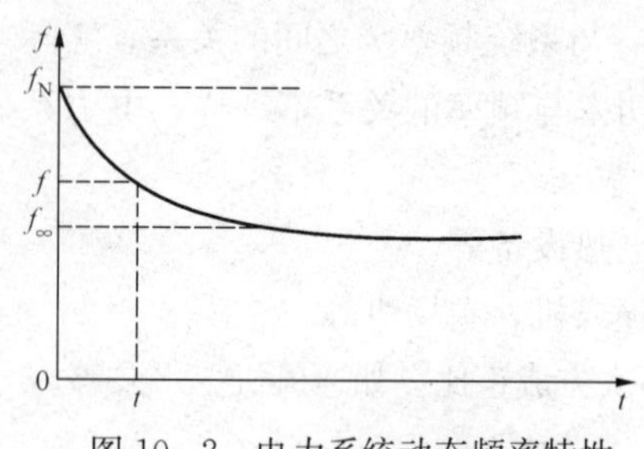

图 10 - 2 电力系统动态频率特性

2. 电力系统的动态频率特性

电力系统的动态频率特性是指当电力系统出现有功功率缺额造成系统频率下降时，系统频率由额定值 f_N 变化到另一个稳定频率 f_∞ 的过程。由于电力系统是一个惯性系统，所以频率随时间按指数规律变化，如图 10 - 2 所示，其表达式为

$$f = f_\infty + (f_N - f_\infty)e^{-t/T_f} \quad (10-3)$$

式中 f_∞——由于有功功率缺额造成频率下降后的稳定频率；

T_f——系统频率变化的时间常数，与系统等值发电机惯性常数和 K_L 等有关，一般为 4～5s，大系统 T_f 值较大，小系统 T_f 值较小。

§10.2 对按频率自动减负荷装置的基本要求

电力系统内发生有功功率缺额 P_{La} 时，系统频率要降低，如果缺额 P_{La} 完全由负荷调节效应来补偿，则系统频率将稳定在较低频率上。由式（10 - 2）可得

$$(P_{L.\Sigma.\infty} - P_{L.\Sigma.N})/P_{L.\Sigma.N} = K_L[(f_\infty - f_N)/f_N]$$

计及 $P_{La}=P_{L.\Sigma.N}-P_{L.\Sigma.\infty}$，有

$$f_\infty = f_N[1-(1/K_L)\cdot(P_{La}/P_{L.\Sigma.N})] \quad (10-4)$$

例：某系统正常运行时总负荷为 500MW，负荷调节效应系数 $K_L=1.5$，事故中突然切除 60MW 的发电功率，如果不采取措施，则系统的频率为

$$f_\infty = 50[1-(1/1.5)\cdot(60/500)] = 46(\text{Hz})$$

显然系统频率水平太低，所以当电力系统出现较大功率缺额时，如果只靠负荷调节效应进行补偿，系统将不能维持稳定运行，只有配合 AFL 自动切除一部分负荷，减少有功缺额，才能使系统频率回升到稳定运行范围内。上例中，如果切除负荷 $P_{cut}=50$MW，则系统的实际有功缺额变为 $P'_{La}=P_{La}-P_{cut}$，系统的总负荷变为 $P_{L.\Sigma.N}-P_{cut}$，系统频率应恢复为

$$f_\infty = f_N[1-(1/K_L)\cdot(P_{La}-P_{cut})/(P_{L.\Sigma.N}-P_{cut})] \quad (10-5)$$

代入数值有

$$f_\infty = 50[1-(1/1.5)\times(60-50)/(500-50)] = 49.3(\text{Hz})$$

由此可见，使用了 AFL 后，系统频率能保证稳定运行，再经过运行人员进一步调整，可使系统频率恢复到额定频率范围内运行。

上述分析表明，当电力系统出现有功功率缺额时，用负荷调节效应［式（10 - 5）中

K_L] 与 AFL [式 (10 - 5) 中 P_{cut}] 共同起作用，可以保证系统的稳定运行。具体实施中，对 AFL 提出了一些基本要求。

1. AFL 动作后，系统频率应回升到恢复频率范围内

事故情况下，AFL 装置动作后使系统频率恢复到一定值是为了防止事故扩大。一般要求系统频率恢复值 f_{res}低于 f_N，剩下部分的恢复由运行人员完成。由于系统事故时功率缺额差异较大，考虑装置本身误差，只要求系统频率恢复值到规定范围即可，我国电力系统规定 f_{res}不低于 49.5Hz。

2. 为使 AFL 充分发挥作用，应有足够负荷接于 AFL 上

当系统出现最严重有功功率缺额时，AFL 配合负荷调节效应应该能使系统频率恢复到恢复频率 f_{res}。

系统出现最严重有功功率缺额 $P_{La.max}$，AFL 相应有一个最大切除负荷 $P_{cut.max}$接入，由于恢复频率 f_{res}总是小于额定频率 f_N，所以 $P_{cut.max}<P_{La.max}$，剩下的缺额 $P'_{La}=P_{La.max}-P_{cut.max}$由负荷调节效应补偿，则有

$$(P_{La.max}-P_{cut.max})/(P_{L.\Sigma.N}-P_{cut.max}) = K_L(f_N-f_{res})/f_N = K_L\Delta f^*$$

$$\Delta f^* = (f_N-f_{res})/f_N \tag{10 - 6}$$

可推出接入 AFL 装置的负荷总额为

$$P_{cut.max} = (P_{La.max}-K_L\Delta f^* P_{L.\Sigma.N})/(1-K_L\Delta f^*) \tag{10 - 7}$$

出现最严重有功功率缺额 $P_{La.max}$，如果切除负荷满足式 (10 - 7)，则可以保证系统频率回升到恢复频率，从而可保证系统的安全运行。

3. AFL 应根据系统频率的下降程度切除负荷

实际电力系统中每次出现的有功功率缺额不同，频率下降的程度也不同。为了提高供电可靠性，同时也为使 AFL 装置动作后系统频率达到希望值，AFL 装置切负荷宜采用分级切除、逐步逼近的方式。即当系统频率下降到一定值时，AFL 装置的相应级动作切除一定数量的负荷，如果仍然不能阻止频率下降，则 AFL 装置下一级再动作切除一定数量的负荷，依此类推，直到频率不再下降。应当注意，在实现分级切除负荷时，应首先切除不重要负荷，必要时再切除部分较为重要的负荷。当 AFL 装置动作完毕后，系统频率必然恢复到希望值 f_{res}。

4. AFL 装置各级动作频率确定应符合系统要求

确定 AFL 的动作频率，包括首、末级动作频率，动作频率级差及动作级数的确定。

(1) 首级动作频率。从提高系统稳定性出发，AFL 装置首级动作频率 f_1 应确定高一些，但过高不能充分发挥旋转备用的作用，对用户供电可靠性不利。兼顾两方面因素，AFL 装置的首级动作频率一般不超过 49.1Hz。

(2) AFL 的末级动作频率 f_n 由系统允许的最低频率下限来决定，应大于核电厂冷却介质泵低频保护的整定值，并留有不小于 0.3～0.5Hz 的裕度，以保证这些机组继续联网运行。同时为保证火电厂的安全运行，应限制频率低于 47.0Hz 的时间不超过 0.5s，以避免事故进一步恶化。

(3) 动作频率级差。设 f_i 和 f_{i+1}分别是 i 级和 $i+1$ 级动作频率，则动作频率级差为

$$\Delta f = f_i - f_{i+1}$$

AFL 动作频率级差的确定有两种原则：

强调选择性，即要求 AFL 前一级动作之后，频率继续下降，后一级才能动作。在这种情况下，动作频率级差要考虑 AFL 测量元件——频率继电器的测量误差等因素，级差较大，AFL 的级数相应较少，使每级切除负荷量较大，实际减负荷数不易与功率缺额量接近，易造成频率的过恢复或欠恢复，现已较少采用。

不强调选择性，即减小级差，前一级动作后，允许后一级或两级无选择性动作。这样由于级差减小，相应 AFL 的级数增加，每级切除负荷数减少，使实际减负荷数与功率缺额逐步逼近，易达到最佳效果。目前电力系统中多采用这种级差确定方法，一般 $\Delta f=0.1\sim0.3$Hz。

（4）动作级数 N。由首级动作频率 f_1 和末级动作频率 f_n 以及动作频率级差 Δf 可以计算出 AFL 的动作级数 N，即

$$N=\frac{(f_1-f_n)}{\Delta f}+1 \tag{10-8}$$

N 取整数。

（5）AFL 各级的动作时间要求。从 AFL 的动作效果看，装置应尽量不带延时。但不带延时可能使 AFL 在系统频率短时波动时发生误动作，故一般要求 AFL 动作可带 0.15～0.5s 延时。对于某些负荷，装置的动作时间可稍长，前提是保证电力系统安全运行。

5. AFL 应设置附加级

规程规定，AFL 动作后应使系统稳定运行频率恢复到不低于 49.5Hz（f_{res}）水平。但在 AFL 装置分级动作过程中可能会出现以下情况：第 i 级动作切除负荷后，系统频率稳定在恢复频率 f_{res}（49.5Hz）以下，但又不足以使得第 $i+1$ 级动作，这样会使系统频率长时间停留在低于 f_{res} 以下运行，这是不允许的。为了消除这一现象，AFL 应设置较长延时的附加级，动作频率取 f_{res} 下限。当附加级动作后，应足以使系统频率回升到 f_{res}。由于附加级动作时，系统频率已比较稳定，其动作时限一般为 10～20s（约为系统频率变化时间常数的 2～3 倍）。必要时，附加级也可以分成若干级，各级的动作频率相同，用延时区分各级的动作顺序。

§10.3 按频率自动减负荷装置

一、AFL 的配置

电力系统中装设 AFL，应根据电力系统的结构和负荷的分布情况，分散装设在电力系统中相关的发电厂和变电所，图 10-3 为电力系统 AFL 的配置示意图，图 10-4 为某一变电所的 AFL 分级实现的原理框图。

由图可见，当系统频率下降到 f_i 时，全系统内所有的第 i 级 AFL 装置均动作，各自断开相应的负荷 P_{cuti}。

二、AFL 误动作原因及防误动措施

AFL 装置运行中，发生误动作可能会有以下几种情况。

(1) 若系统中旋转备用以水轮发电机为主，由于水轮发电机调速机构动作较慢，在旋转备用起作用前，AFL 可能误动。

(2) 供电电源中断，负荷反馈可能使 AFL 误动作。

针对上述原因，防止 AFL 误动作的措施有：

(1) 给 AFL 适当延时，防止频率短时波动和系统旋转备用起作用前 AFL 误动。

(2) 加快继电保护、备用电源自动投入装置、自动重合闸装置的动作时间，缩短供电中断时间，防止负荷反馈使 AFL 装置误动作。

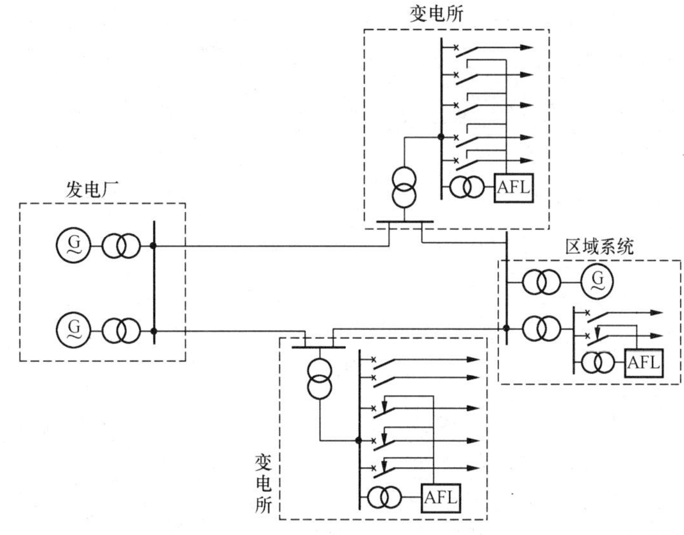

图 10-3　AFL 的配置示意图

(3) 增加低电压或低电流闭锁，在供电电源中断时闭锁 AFL，防止其误动。

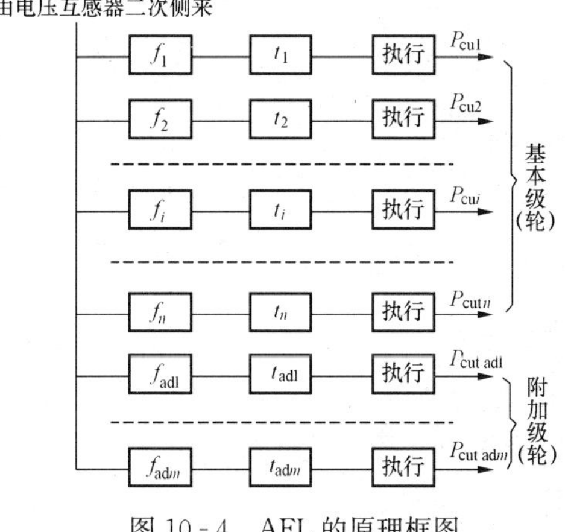

图 10-4　AFL 的原理框图

(4) 采用频率变化率闭锁，即利用系统频率下降的速度区分是有功缺额造成的频率下降，还是负荷反馈时的频率下降。运行经验表明，当频率下降速度 $df/dt<3\text{Hz/s}$ 时，可以认为是系统功率缺额引起的频率下降；当 $df/dt\geq 3\text{Hz/s}$ 时，可以认为是负荷反馈时的频率下降。所以用 $df/dt\geq 3\text{Hz/s}$ 作为频率变化率判据，当 $df/dt\geq 3\text{Hz/s}$ 时闭锁 AFL 装置，不允许切负荷；当 $df/dt<3\text{Hz/s}$ 时解除闭锁。

(5) 采用按频率自动重合闸纠正 AFL 装置的误动作。由于非功率缺额引起的频率下降，在 AFL 装置动作切负荷后频率回升快，即频率变化率 df/dt 大；而真正功率缺额造成的频率下降，在 AFL 动作后频率回升较慢，所以可根据频率变化率 df/dt 进行重合闸，将被误切的负荷重新投入。

三、AFL 介绍

目前我国应用广泛的有数字式 AFL 装置和微机型 AFL。这两类装置测频原理类似，只是实现方式不同。下面以微机型 AFL 装置为例，介绍装置的功能及基本工作原理。

1. 功能

(1) 正常频率监视。监视频率是否在正常范围。

(2) 频率闭锁功能。当系统频率 $f\geq 49.6\text{Hz}$ 时，闭锁跳闸出口中间继电器。

(3) 频率变化闭锁。当 $df/dt\geq 3.0\text{Hz/s}$ 时，闭锁跳闸出口中间继电器。

(4) 低频率动作。设有四级动作出口，各级动作频率和动作时间分别整定，动作后切除相应负荷。

(5) 频率变化量动作。当 df/dt 大于整定值，动作切除相应负荷。频率变化率动作值和动作时间可整定。

(6) 低电压和低电流闭锁。在电压和电流小于整定值时，闭锁跳闸出口继电器，并发信号。

(7) 装置具有自检、自恢复功能。

2. 硬件结构及原理

图 10-5 为微机型频率装置的原理框图，由 MCS51 系列单片机及外围电路、检测电路、出口电路、整定值输入电路等组成。

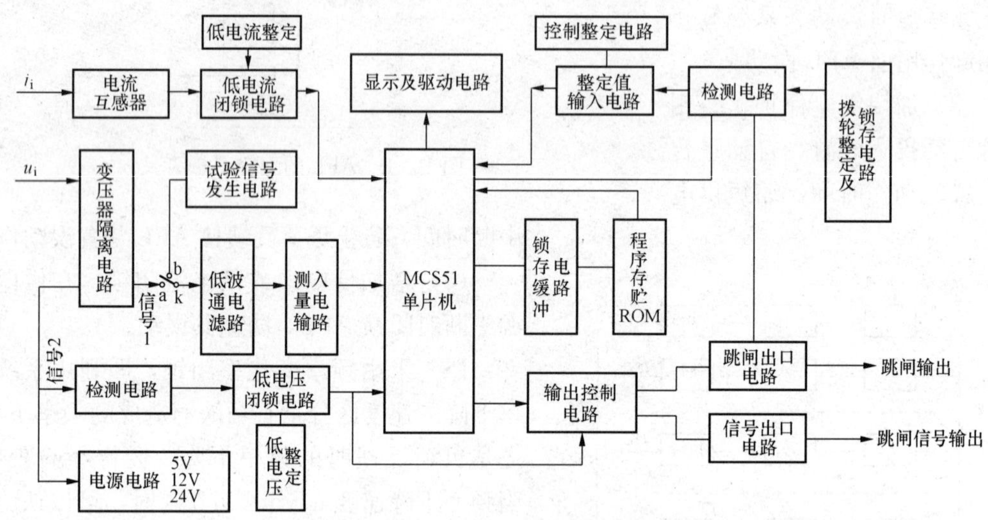

图 10-5 微机频率装置原理框图

输入交流电压 u_i 经变压器隔离降压后，其中一路经低通滤波、测量输入电路（包括方波形成和二分频电路）后到单片机中，该交流信号 u_i 经方波整形变成频率相同的方波信号，如图 10-6（a）、（b）所示。为防止过零干扰，采用了一定的门坎电压。整形后的方波信号经二分频电路形成单片机 INT0 的外部中断信号，如图 10-6（c）所示。在图中，方波上升于 t_0 时刻单片机内部计数器开始计数，方波下降于 t_1 时刻结束计数并申请中断，从 t_0 到 t_1 时刻计数器所测时间即为输入交流电压信号的周期值 T。根据 $f=1/T$，单片机计算出频率 f 值，然后对 f 值进行中值滤波后与正常监视频率、闭锁频率和整定跳闸输出频率进行比较。与此同时，由单片机计算出 df/dt 值，与 df/dt 闭锁整定值、df/dt 跳闸输出整定值进行比较。以上比较

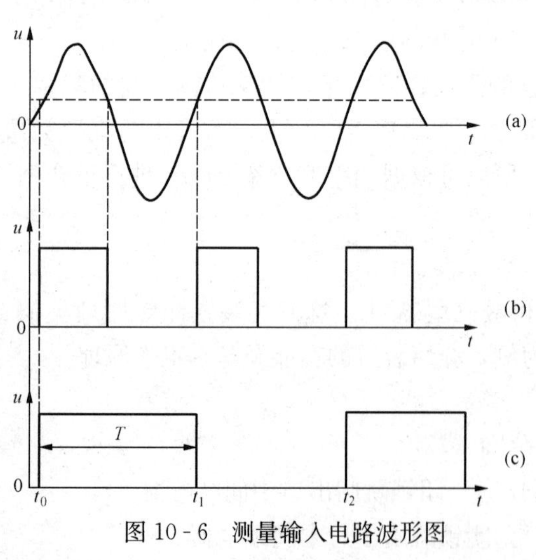

图 10-6 测量输入电路波形图

结果由单片机的输出口发出输出控制信号和显示信号，同时机内时钟进行计数。

输入交流电压的另一路至低电压闭锁电路。当输入电压小于低电压整定值时，低电压闭锁电路输出“0”电平，使单片机的 $P_{3.4}$ 口置“0”，同时使输出控制电路输出端呈“高阻状态”，自动闭锁出口跳闸继电器，并发出低电压闭锁信号。

输入交流电流 i_i 经电流互感器隔离，其二次侧接入低电流闭锁电路，该电路由运算放大器电路和门电路组成，根据需要可分别实现各跳闸输出级的闭锁。

3. 软件流程

软件流程框图见图 10-7。

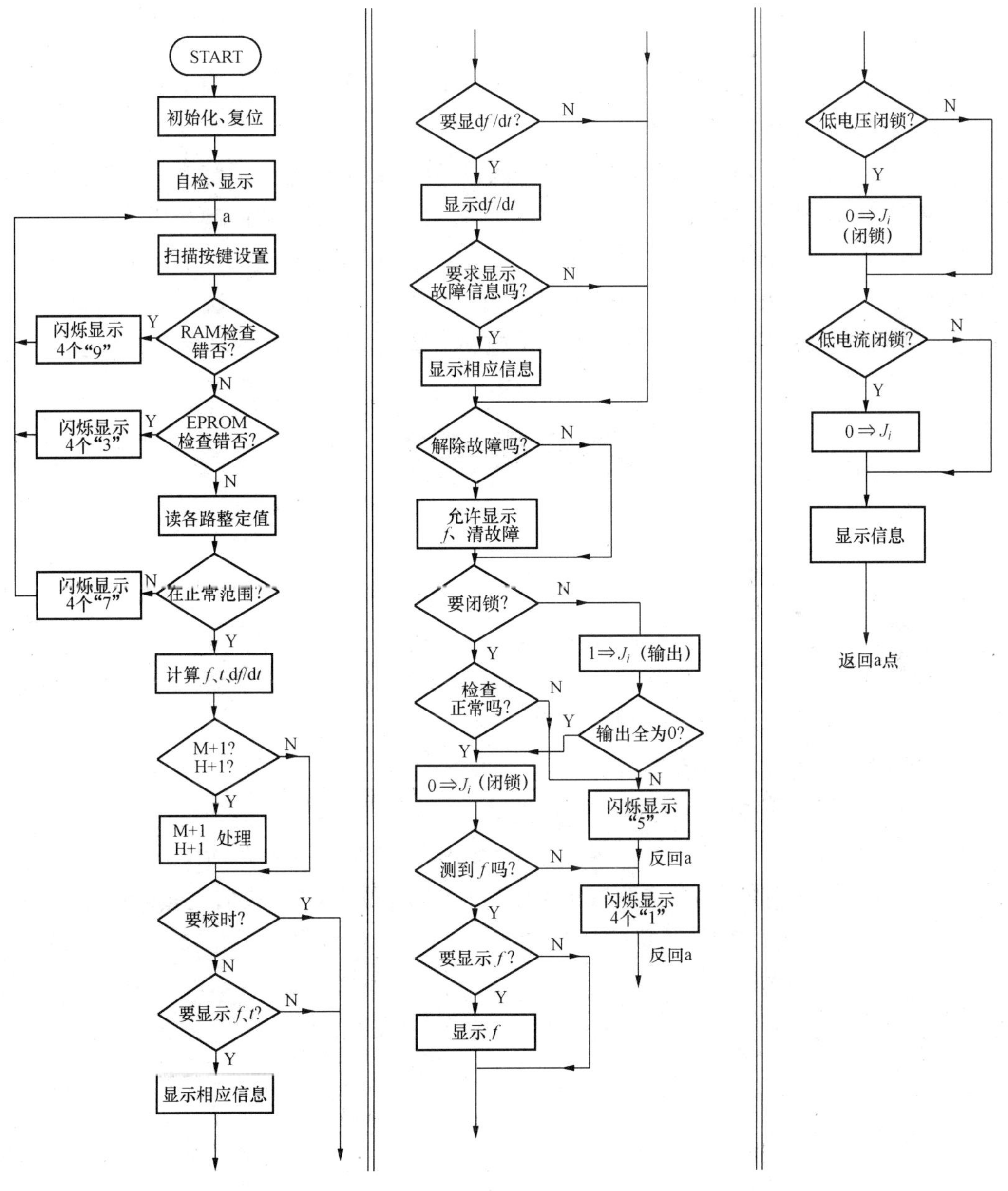

图 10-7　软件流程框图

首先，软件对显示进行自检，依次显示四个“1”、“2”、… “9”，然后自检 RAM，若有错，闪烁显示四个“9”，再自检 EPROM，若有错，闪烁显示四个“3”。读入各路整定值，若超出应该整定的范围，闪烁显示四个“7”，以提醒使用者重新整定。当测不到频率时，闪烁显示四个“1”，出口电路有故障时闪烁显示四个“5”，计算 f、$\mathrm{d}f/\mathrm{d}t$ 等值，巡回检查各按键开关输入，各整定值与计算值比较。一旦符合某一条件，则发出相应信号和指令，从而完成各功能。

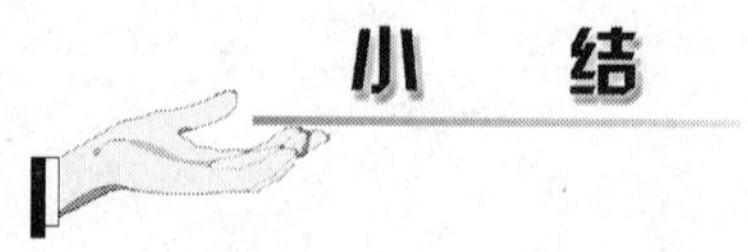

本单元的重点内容是对按频率自动减负荷装置的基本要求，难点是对按频率减负荷装置的原理及防误动措施的理解。

学习本单元首先要理解负荷调节效应，懂得 AFL 是保证电力系统安全运行的重要措施。当电力系统发生有功功率缺额时，由负荷调节效应和 AFL 共同起作用，可以保证系统的稳定运行。要理解恢复频率的意义，AFL 接入最大负荷的确定、切除负荷的方式采用分级实现方式，各级动作频率的确定以及设附加级等具体实施办法。在此基础上熟悉 AFL 误动作原因及各种相应的防止和补救措施。了解微机型 AFL 的功能及基本原理。

复习思考题

10-1　何谓负荷调节效应？它对系统频率有何作用？

10-2　什么是 AFL？

10-3　什么是负荷的静态频率特性和电力系统的动态频率特性？

10-4　某系统发电机出力保持不变，负荷调节效应系数 K_L 不变，原工作于额定频率，下面两种情况下系统稳定频率是否相等？为什么？

（1）再投入相当于 $10\%P_{L.\Sigma.N}$ 的负荷；

（2）切除相当于 $10\%P_{L.\Sigma.N}$ 的发电机组。

10-5　如何确定 AFL 装置首、末级动作频率、动作频率级差及动作级数？

10-6　AFL 装置为何要设置附加级？附加级的动作频率和动作时间如何确定？

10-7　说明微机型 AFL 装置的基本功能。

同步发电机自动并列装置

内容提要和要求

（一）内容提要

本单元内容包括准同步并列的基本原理，数字式并列装置的基本工作原理。

（二）教学要求

（1）理解同步发电机自动并列的意义、方法。

（2）掌握准同步并列条件。

（3）熟悉整步电压的特点。

（4）了解微机型自动准同步装置的工作原理。

§11.1 概　　述

一、电力系统并列操作的作用

电力系统中，各发电机是并联在一起运行的。并列运行的同步发电机，其转子以相同的电角速度旋转，每个发电机转子的相对电角速度都在允许的极限值以内，称之为同步运行。一般来说，发电机在没有并入电网前，与系统中的其他发电机是不同步的。

电力系统中的负荷随机变化，为保证电能质量，并满足安全和经济运行的要求，须经常将发电机投入和退出运行。把一台待投入系统的空载发电机，经过必要的调节，在满足并列运行条件情况下，经断路器操作与系统并列，这样的操作过程称为并列操作。在某些情况下，要求将已解列为两部分运行的系统进行并列，同样也必须满足并列运行条件才能进行断路器操作，这种操作也称为并列操作。系统间并列操作的基本原理与发电机并列相同，但调节比较复杂，且实现的具体方式有一定差别。

电力系统这两种基本并列操作中，以同步发电机的并列操作最为频繁和常见，如操作不当或误操作，将产生极大的冲击电流，会损坏发电机，引起系统电压波动，甚至导致系统振荡，破坏系统稳定运行。因此对同步发电机的并列操作有两个基本要求，即：

（1）并列瞬间，发电机的冲击电流不应超过规定的允许值。

（2）并列后，发电机应能迅速进入同步运行。

采用自动并列装置进行并列操作，不仅能减轻运行人员的劳动强度，也能提高系统运行的可靠性和稳定性。本章只讨论同步发电机的自动并列装置。

二、同步发电机并列操作的方法

电力系统中，并列方法主要有准同步并列和自同步并列两种。

（1）准同步并列。先给待并发电机加励磁，使发电机建立起电压，调整发电机的电压和频率，在接近同步条件时，合上并列断路器，将发电机并入电网。若整个过程是人工完成的称为手动准同步并列，若是自动进行的称自动准同步并列。

准同步并列的优点是并列时产生的冲击电流较小，不会使系统电压降低，并列后容易拉入同步，因而在系统中广泛使用。

（2）自同步并列。待并发电机先不加励磁，当其转速接近同步转速时，投入电力系统，在并列断路器合闸后，立即给转子加励磁，由系统将发电机拉入同步。

自同步的优点是并列速度快，但这种并列方法并列时产生的冲击电流较大，同时发电机加励磁前要短时从系统中吸收无功，会引起系统电压短时下降，所以自同步并列应用较少。下面着重讨论准同步并列。

三、准同步并列条件

（一）准同步并列理想条件

要使一台发电机以准同步方式并入系统，进行并列操作最理想的状态是：在并列断路器主触头闭合的瞬间，断路器两侧电压的大小相等、频率相同、相角差为零，即应满足的条件是：

（1）待并发电机电压与系统电压相等；

（2）待并发电机频率与系统频率相等；

（3）并列断路器主触头闭合瞬间，待并发电机电压与系统电压间的相角差为零。

符合上述三个理想条件，并列断路器主触头闭合瞬间，冲击电流为零，待并发电机不会受到任何冲击，并列后发电机立即与系统同步运行。但是，在实际操作中，同时满足以上三个条件几乎是不可能的，事实上也没有必要。只要并列时冲击电流较小，不会危及设备安全，发电机并入系统拉入同步过程中，对待并发电机和系统影响较小，不致引起不良后果，是允许进行并列操作的。因此，实际操作中，上述三个理想条件允许有一定偏差，但偏差值要严格控制在一定的允许范围内。

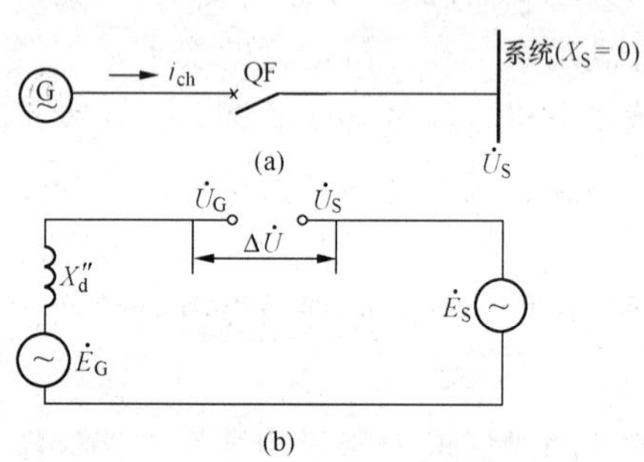

图 11-1　发电机并列示意图
（a）一次系统图；（b）等值电路

（二）准同步并列实际条件分析

现以图 11-1 所示电路来讨论非理想条件下并列操作的情况。图 11-1（a）示出待并发电机与系统的一次接线图，发电机 G 已加励磁，其机端电压为 $\dot{U}_G$，设系统为无穷大系统，即系统电压 $\dot{U}_S$ 的大小为常数，系统综合电抗 $X_S=0$，并列时产生冲击电流 $\dot{I}_{ch}$为图示方向。图 11-1（b）为求冲击电流 $\dot{I}_{ch}$的等值电路，其中 X''_d 为待并发电机的等值电抗。产生的冲击电流为

$$\dot{I}_{ch}=(\dot{U}_G-\dot{U}_S)/\,jX''_d=\Delta U/jX''_d \tag{11-1}$$

下面分三种情况来讨论。

1. 电压差允许值

发电机并列时，设发电机电压的频率 f_G 与系统电压的频率 f_S 相等，二者相角差 $\delta=$

0°，只是电压大小不等，即 $U_G \neq U_S$，且 $U_G > U_S$，作出其相量图如图 11-2（a）所示，电压差值即为发电机电压 U_G 与系统电压 U_S 的有效值之差。

根据式（11-1），可以写出产生冲击电流周期分量的有效值为

$$I_{ch} = (U_G - U_S)/X''_d = \Delta U/X''_d \tag{11-2}$$

式中 U_G——发电机电压有效值；

U_S——系统电压有效值。

可见，冲击电流 $\dot{I}_{ch}$ 的大小与电压差值 $\Delta\dot{U}$ 的大小成正比。

由于准同步并列是经常性操作，为保证发电机的安全，一般冲击电流不允许超过机端短路电流的 1/10～1/20。据此，在并列时要求电压差值应不超过 5%～10% 的额定电压值。

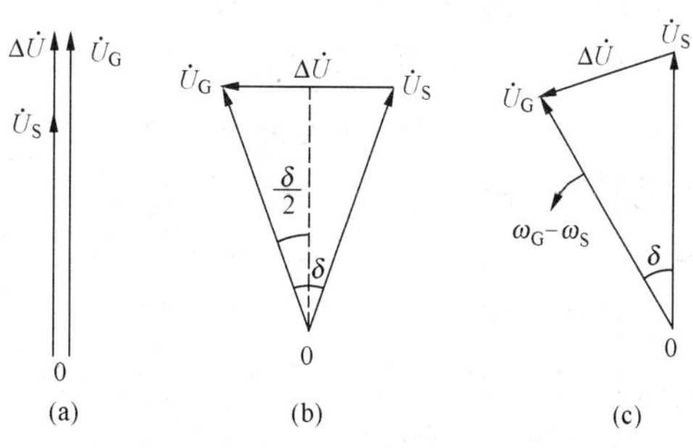

图 11-2 准同步并列条件分析相量图

（a）$f_G = f_S$，$\delta = 0$，$U_G > U_S$；（b）$f_G = f_S$，$U_G = U_S$，$\delta \neq 0$；（c）$U_G = U_S$，$f_G \neq f_S$

2. 相角差允许值

发电机并列时，设电压大小相等，即 $U_G = U_S = U$，频率相同 $f_G = f_S$，合闸瞬间存在相角差，即 $\delta \neq 0°$。作出相量图如图 11-2（b）所示，由于存在相角差，断路器两端就有一电压差值 $\Delta\dot{U}$，并列时将产生冲击电流，根据式（11-1），产生冲击电流周期分量的有效值为

$$I_{ch} = \Delta U/\mathrm{j}X''_d = (2U/X''_d)\,|\sin\delta/2| \tag{11-3}$$

计及非周期分量的影响，冲击电流的最大瞬时值为

$$i_{ch} = (\sqrt{2} \times 1.8 \times 2U/X''_d)\,|\sin\delta/2| \tag{11-4}$$

由式（11-4）可见，并列时相角差 δ 越大（在 0°～180°范围内），产生的冲击电流也越大。$\delta = 180°$，冲击电流出现最大值，如果在此时误合闸，冲击电流可能会烧毁发电机。

为了在发电机并列时不产生过大的冲击电流，应在 δ 角接近于零时合闸。通常并列操作时允许的合闸相角差不超过 10°，对于 200MW 及以上机组，合闸相角差不应超过 2°～4°。

3. 频率差允许值

发电机并列时，设电压大小相等（即 $U_G = U_S$），二者频率不同，即 $f_G \neq f_S$，发电机电压 $\dot{U}_G$ 和系统电压 $\dot{U}_S$ 各自以角速度 ω_G 和 ω_S 旋转。以 $\dot{U}_S$ 作参考量并令其不动，作出相量图如图 11-2（c）所示，$\dot{U}_G$ 绕 $\dot{U}_S$ 以角速度（$\omega_G - \omega_S$）旋转。当 $\omega_G > \omega_S$ 时，$\dot{U}_G$ 绕 $\dot{U}_S$ 逆时针旋转；$\omega_G < \omega_S$ 时，$\dot{U}_G$ 绕 $\dot{U}_S$ 顺时针旋转。在 $\dot{U}_G$ 旋转过程中，两电压之间的相角差 δ 由 0°→180°→360°变化，电压差值 $\Delta\dot{U}$ 的大小也相应由小→大→小的变化，产生的冲击电流大小也在从小→大→小变化。由于 $f_G \neq f_S$，并列时会使发电机振动，可能导致系统振荡。根据运行经验，并列时频率差值不宜超过 0.2%～0.5% 的额定频率，即应不超过 0.1～0.25Hz。

综合上面分析，准同步并列的实际条件应为：

（1）待并发电机电压和系统电压接近相等，其电压差值应不超过 5%～10% 额定电压；

(2) 待并发电机电压与系统电压的相角差，在并列瞬间应接近于零，相角差 δ 不应大于 10°；

(3) 待并发电机频率与系统频率应接近相等，其频率差不宜超过 0.2%～0.5%额定频率。

四、合闸脉冲命令的发出

在频率差、电压差满足要求的前提下，并列瞬间的相角差不能太大，要尽量使并列合闸时（即并列断路器主触头闭合瞬间）相角差 $\delta=0^{\circ}$。将发电机并入电网，实质上是将发电机出口断路器合上。由于一般断路器合闸机构为机械操作机构，从合闸命令的发出，到断路器主触头闭合，要经历一段时间，大约为 0.1～0.7s，因此要使并列合闸瞬间 $\delta=0^{\circ}$，合闸脉冲不能在 $\delta=0^{\circ}$时发出，而必须在 $\delta=0^{\circ}$之前提前一个时间发出。这一提前的时间叫导前时间，用 t_{le} 表示。显然 t_{le} 应为发合闸脉冲起到断路器主触头闭合止中间所有元件的动作时间之和，其中主要为断路器的合闸时间。

为保证断路器主触头闭合瞬间 $\delta=0^{\circ}$，导前时间 t_{le} 应不随频差、压差而变化，是一个固定的数值，所以有恒定导前时间之称。以此原理构成的装置，也称为恒定导前时间式自动准同步装置。

五、自动准同步装置的功能

自动准同步装置的任务是实现自动并列操作，具体应有以下功能：

(1) 能自动检测待并发电机与系统之间的电压差、频率差大小，当满足准同步要求时，自动发出合闸脉冲命令，使断路器主触头闭合瞬间 $\delta=0^{\circ}$。

(2) 如压差或频差不满足要求，能自动闭锁合闸脉冲，同时还能检出压差或频差的方向，对待并发电机电压或频率进行调整，以加快自动并列的进程。

§11.2 整 步 电 压

包含同步条件信息量的电压称为整步电压。自动准同步装置是利用整步电压来检查待并发电机是否满足准同步条件的。

在图 11-1 (a) 中，发电机并列前，并列断路器两端的电压称为滑差电压，用符号 u_d 表示，$u_d=u_G-u_S$。

假定待并发电机电压和系统电压的瞬间值分别为

$$
\begin{aligned}
u_G &= U_{Gm}\sin\omega_G t \\
u_S &= U_{Sm}\sin\omega_S t
\end{aligned}
\tag{11-5}
$$

式中 U_{Gm}、U_{Sm}——发电机电压、系统电压幅值。

$$u_d = u_G - u_S = U_{Gm}\sin\omega_G t - U_{Sm}\sin\omega_s t$$

若 $U_{Gm} = U_{Sm} = U_m$ ，则

$$
\begin{aligned}
u_d &= u_G - u_S = U_m(\sin\omega_G t - \sin\omega_s t) \\
&= 2U_m\sin[(\omega_G-\omega_S)t/2]\cos[(\omega_G+\omega_S)t/2]
\end{aligned}
\tag{11-6}
$$

显然，u_d 是一个幅值随 $\sin[(\omega_G-\omega_S)t/2]$ 变化且频率是 $(\omega_G+\omega_S)/2$ 的交变电压，作出滑差电压的波形如图 11-3（a）所示。滑差电压的正半波包络线即为正弦整步电压（用 u_{sy} 表示），可通过整流滤波获得，获得电路如图 11-3（b）。考虑到 $(\omega_G-\omega_S)/2$ 远小于 $(\omega_G+\omega_S)/2$，所以 u_d 经整流滤波后，只留下低频分量，则正弦整步电压可表示为

$$\begin{aligned} u_{sy} &= 2U_m \left| \sin[(\omega_G-\omega_S)t/2] \right| \\ &= 2U_m \left| \sin(\omega_d t/2) \right| \\ &= 2U_m \left| \sin(\delta/2) \right| \end{aligned} \tag{11-7}$$

式中　ω_d——滑差角频率，简称滑差，$\omega_d=\omega_G-\omega_S$；

δ——两电压之间相差角，$\delta=\omega_d t$。

u_{sy}波形示于图 11-3（c）。

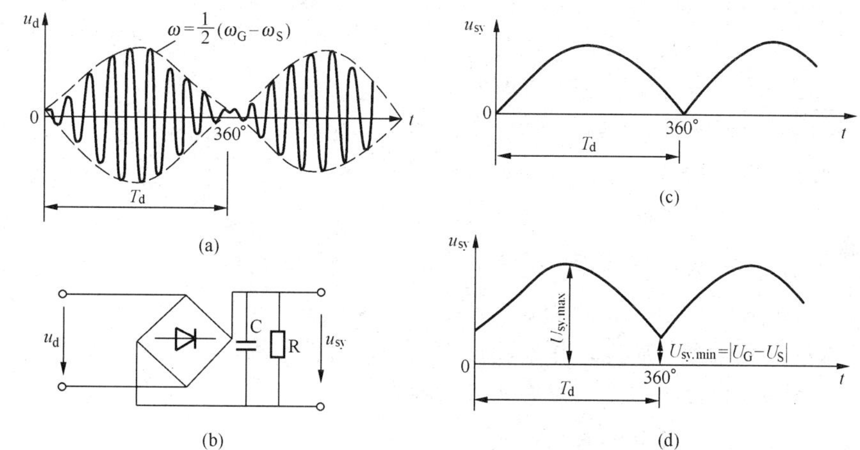

图 11-3　滑差电压和正弦整步电压

（a）滑差电压波形；（b）正弦整步电压获得；

（c）正弦整步电压波形（$U_G=U_S$）；（d）正弦整步电压波形（$U_G\neq U_S$）

可见，δ 由 0°→180°→360°变化时，u_{sy}由 0→最大值→0，即 δ 每变化 360°，u_{sy}完成一个周期的变化。通常，把 δ 由 0°～360°变化所经历的时间，称为整步电压周期（又称滑差周期），用 T_d 表示，有

$$T_d = 2\pi/|\omega_d| = 1/|f_G-f_S| = 1/|f_d| \tag{11-8}$$

式中　f_d——滑差频率，简称频差，$f_d=f_G-f_S$。

式（11-8）表明，整步电压周期 T_d 的长短反映了频差的大小。

当 δ=0°时，u_{sy}=0，故在 u_{sy}达到最低值时断路器主触头闭合，可保证 u_G 和 u_S 同相位的要求。

发电机电压不等于系统电压（即 $U_G\neq U_S$）时，δ=0°，u_{sy} 仅为最小值，$U_{sy.min}=|U_G-U_S|$；δ=180°，u_{sy}为最大值，$U_{sy.max}=|U_G+U_S|$，如图 11-3（d）所示。故 u_{sy}最低值反映了电压差的大小。

综上所述，正弦整步电压的特点是：

（1）整步电压周期与频差绝对值成反比，反映频差大小；

（2）整步电压最低点反映电压差大小；

（3）$\delta=0°$，整步电压出现最小值；$\delta=180°$，整步电压出现最大值，反映了相角差大小。

所以正弦整步电压能直观反映准同步并列的三个条件。检测整步电压就可判别是否满足并列条件。

§11.3 微机自动并列装置

一、概述

目前，自动并列装置全都采用微处理器（CPU）等器件构成的数字并列装置，由于硬件简单，编程方式灵活，运行可靠，运行上日趋成熟，已成为当前自动并列装置的主流。微处理器（CPU）具有高速运算和逻辑判断能力，它的指令周期以微秒计，这对于发电机频率为50Hz、每周期20ms的信号来说，可以具有足够充裕的时间进行相角差δ和滑差角频率ω_d近乎瞬时值的运算，并按照频差值的大小和方向、电压差值的大小和方向，确定相应的调节量，对机组进行调节，以达到较满意的并列控制效果。同时，数字式并列装置可以采用较为精确的公式，考虑相角差δ可能具有加速运动等问题，能按照δ当时的变化规律，选择最佳的导前时间发出合闸信号，这样就可以缩短并列操作的过程，提高自动并列装置的技术性能和运行可靠性。并列装置引入计算机技术后，可以较方便地应用检测和诊断技术对装置进行自检，提高了装置的维护水平。

二、微机自动准同步并列装置的构成

微机自动准同步装置的原理框图如图11-4所示。装置以单片机系统为核心，发电机电压和系统电压经互感器、整流、滤波后进行A/D转换，测量其电压值；把正弦信号变换成方波测量频率及相位差，然后进行计算比较，发相应的出口命令。

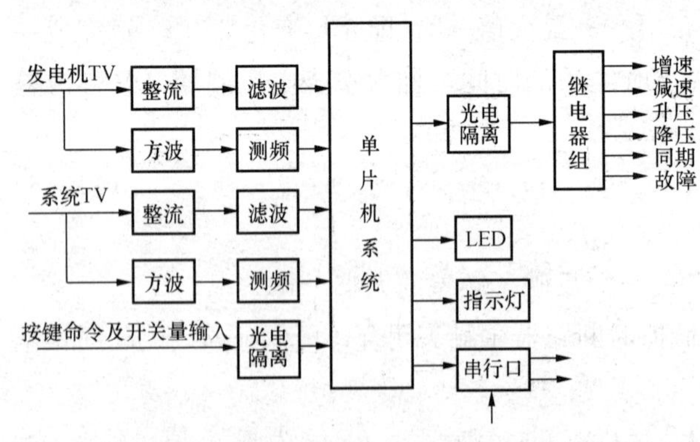

图11-4 微机自动准同步装置原理框图

（1）单片机系统。包括主机和输入、输出接口电路，主机部分为CPU和存贮器；输入、输出接口电路有串行接口、并行接口、管理接口（计数/定时、中断管理等）、模拟量数字量转换（A/D、D/A）接口等电路。

（2）输入通道。从电压互感器二次侧引入的发电机电压和系统电压经输入通道作相应处理（整流、滤波、波形变换等），才能进入单片机系统，按键命令和开关量等状态信号需经输入通道隔离后才能进入单片机系统。

（3）输出通道。单片机系统通过输出通道将调节量、合闸信号等变换为适合对待并机

组进行调节或合闸的操作信号输出，去控制待并机组；将装置自检结果、运行状态、显示于数码管、指示灯；通过串行通信接口与其他计算机系统通信。

三、微机自动准同步装置的检测原理

微机自动准同步并列装置借助于微处理器高速处理信息的能力，利用编制的程序，在硬件配合下实现发电机并列操作。并列条件的检测与合闸信号控制的基本原理如下。

1. 电压检测

交流电压变送器可以把交流电压 u 转变为直流电压 U，其输出的直流电压与输入的交流电压值成正比。如图 11-5（a）所示，CPU 从A/D转换接口读取的电压量 D_G、D_S 分别表示 U_G 和 U_S 的有效值。设机组并列时，允许电压偏差的整定值为 ΔU_{set}，装置内对应的整定值为 $D_{\Delta U}$。当 $|D_S-D_G|>D_{\Delta U}$ 时，不允许合闸信号输出；当 $|D_S-D_G|\leqslant D_{\Delta U}$ 时，允许合闸信号输出。如 $D_S>D_G$ 时，并行口输出升压信号，输出调节信号的宽度与其差值成比例；反之，则发降压信号。

2. 频率检测

把交流电压正弦信号转换为方波，经二分频后，它的半波时间即为交流电压的周期 T。利用正半周高电平作为可编程定时计数器开始计数的控制信号，其下降沿即停止计数并作为中断请求信号，由 CPU 读取其中计数值 N，并使计数器复位，以便为下一个周期计数作好准备。图 11-5（b）为测频方框图。

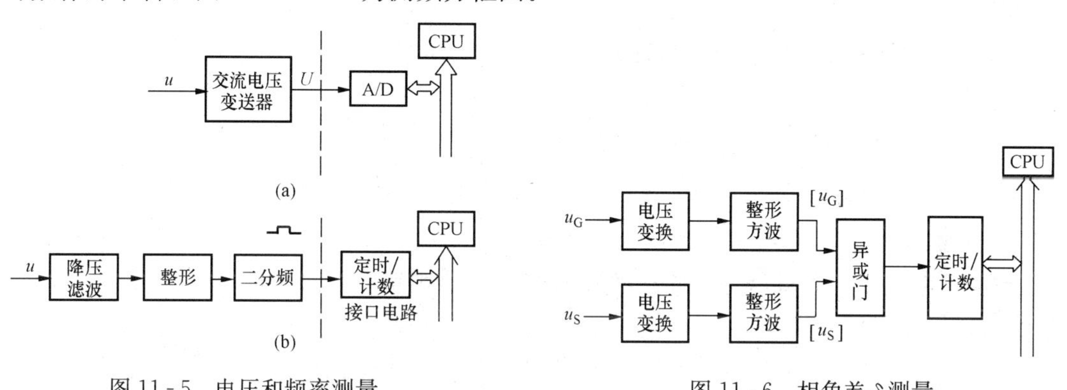

图 11-5　电压和频率测量

（a）电压测量；（b）频率测量

图 11-6　相角差 δ 测量

设可编程定时计数器的计时脉冲频率为 f_c，则交流电压的周期为 $T=(1/f_c)$。交流电压频率为

$$f=f_c/N \tag{11-9}$$

发电机电压和系统电压分别由可编程定时计数器计数，主机读取计数脉冲值 N_G 和 N_S，由式（11-9）求得 f_G 和 f_S。与上述电压检测所采用算式类同，把频率差的绝对值与设定的允许频率偏差整定值比较，作出是否允许并列的判断。按发电机频率 f_G 高于或低于系统频率 f_S 来输出减速或增速信号。选择相角差 δ 在 0°～180°区间，调节量按频差值 f_d 成比例进行调节。

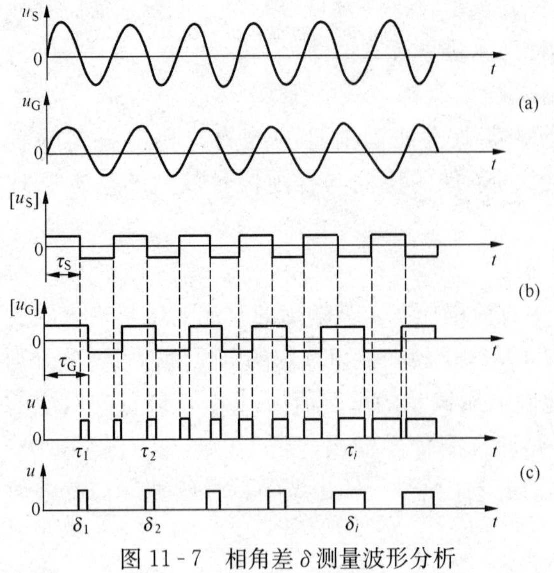

图 11-7　相角差 δ 测量波形分析

3. 导前时间检测

线性整步电压与相角差 δ 之间的关系是从宽度不等的矩形波求得的，即矩形波的宽度与相角差 δ 有关。由图 11-6 所示可知，$[u_G]$ 和 $[u_S]$ 两个方波加至异或门后，在异或门的输出端是一系列宽度不等的矩形波，表示了相角差 δ 的变化。借助于定时计数器和 CPU 可读取矩形波宽度的大小，求得两电压间的相角差 δ 的变化轨迹。为了叙述方便起见，设系统频率为额定值 50Hz，待并发电机的频率低于 50Hz。从电压互感器二次侧来的电压 u_S、u_G 波形如图 11-7（a）所示，经削波限幅后得到图 11-7（b）所示的方波，两方波异或就得到图 11-7（c）中的一系列宽度不等的矩形波。显然，这一系列矩形波的宽度 τ_i 与相角差 δ_i 相对应。系统电压方波的宽度 τ_s 为已知，它等于 $1/2T_s$（或 180°），因此 δ_i 可按式（11-10）求得。

$$\left.\begin{array}{l}\delta_i=(\tau_i/\tau_s)\cdot\pi \\ (\tau_i\geqslant\tau_{i-1},0<\delta\leqslant\pi),\text{矩形波逐渐变宽} \\ \delta_i=[2\pi-(\tau_i/\tau_s)\cdot\pi]=(2-\tau_i/\tau_s)\cdot\pi \\ (\tau_i\leqslant\tau_{i-1},\pi<\delta\leqslant 2\pi),\text{矩形波逐渐变窄(图中未示出)。}\end{array}\right\}\tag{11-10}$$

式（11-10）中 τ_i 和 τ_s 的值，CPU 可从定时计数器读入求得。如每一工频周期（约 20ms）作一次计算，CPU 可记录下 δ_i 的轨迹。

数字式准同步装置可按下式计算理想的导前合闸相角 δ_{le}，它可以计及 δ 含有加速度的情况。即

$$\left.\begin{array}{l}\delta_{le}=\omega_{di}t_{le}+(1/2)(\Delta\omega_{di}/\Delta t)\cdot t_{le}^2 \\ \omega_{di}=\Delta\delta_i/\Delta t=(\delta_i-\delta_{i-1})/(2\tau_s) \\ t_{le}=t_{on.QF}+t_c\end{array}\right\}\tag{11-11}$$

式中　ω_{di}——计算点的滑差角速度；

δ_i 和 δ_{i-1}——分别为本计算点和上一计算点的相角差值；

τ_s——两计算点间的时间，即为系统电压周期 T_s；

t_{le}——微处理器发出合闸信号到断路器主触头闭合时需经历的时间；

$t_{on.QF}$——断路器主触头闭合需要的时间；

t_c——装置出口继电器动作时间。

由于两相邻计算点间的 ω_d 变化甚微，因此一般可经若干计算点后才计算一次 $\Delta\omega_{di}$，所以式（11-11）中的 $\Delta\omega_{di}$ 可表示为

$$\Delta\omega_{di}/\Delta t=(\omega_{di}-\omega_{di-n})/(2\tau_s\cdot n) \tag{11-12}$$

式中 ω_{di}、ω_{di-n}——分别为本计算点和前 n 个计算点求得的 ω_d 值。

根据式（11-11）可以求出最佳的合闸导前相角值 δ_{le}，该值与本计算点的相角 δ_i 按式（11-13）进行比较［式（11-13）中 ε 为计算允许误差］。

$$|(2\pi-\delta_i)-\delta_{le}|\leqslant\varepsilon \tag{11-13}$$

如果式（11-13）成立，则立刻发出合闸信号。如果 $|(2\pi-\delta_i)-\delta_{le}|>\varepsilon$，且 $(2\pi-\delta_i)>\delta_{le}$，则继续进行下一点计算，直到 δ_i 逐渐逼近 δ_{le}，符合式（11-13）为止。

从 u_G、u_S 的电压波形中采集两并列电源间的相角差 δ、频率差 f_d 等信息，由计算（程序）来检验是否满足并列条件，因而具有并列速度快、冲击电流小等显著优点。

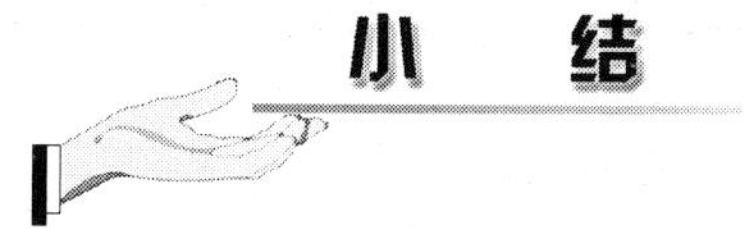

小结

本单元的重点是准同步并列的基本概念及自动准同步的基本工作原理，难点是准同步条件的检测。

学习本单元首先应从理解准同步条件（发电机电压大小、频率、相位与系统电压接近相等）着手，然后引伸到自动准同步装置的任务。对数字式自动准同步装置，要求了解其特点及如何检查准同步条件（电压检测、频率检测、相角差检测）。

复习思考题

11-1 并列的方法有哪两种？各有何特点？

11-2 准同步并列的条件有哪些？如果不满足这些条件时并列，会有什么后果？

11-3 为什么要在 $\delta=0°$ 之前提前发合闸脉冲？如何实现？

11-4 自动准同步装置的任务是什么？

11-5 何谓整步电压？

11-6 定性画出正弦整步电压波形，并说明其特点。

11-7 微机并列装置的主要特点是什么？

11-8 微机并列装置如何检测准同步条件？

第 12 单元

同步发电机自动调节励磁装置

内容提要和要求

(一) 内容提要

本单元内容包括同步发电机自动调节励磁系统的基本概念，半导体自动调节励磁装置和微机自动调节励磁装置的构成及基本工作原理，无功分配与外特性的关系。

(二) 教学要求

(1) 熟悉同步发电机自动调节励磁的作用及基本要求。

(2) 了解同步发电机的励磁方式及特点。

(3) 理解半导体自动调节励磁装置的构成，各部分的作用、工作特性及调节原理。

(4) 建立大机组自动调节励磁系统的整体概念。

(5) 了解无功分配与外特性的关系，强励及灭磁的基本概念，微机自动调节励磁装置的构成和工作原理。

§12.1 概　　述

同步发电机是电力系统的主要设备，它将原动机的机械功率转换成电磁功率。为完成这一转换，必须在发电机内建立一个旋转磁场，具体是在发电机的转子绕组（又称励磁绕组）中通以直流电流（用 $I_{e.G}$表示），产生相对转子静止的磁场，转子在原动机拖动下旋转，对定子形成旋转磁场。励磁电流 $I_{e.G}$的大小决定了发电机的空载电势 E_{G0}的大小，直接影响发电机的运行性能。

专门为同步发电机提供励磁电流的设备，即与同步发电机转子电压的建立、调整，以及必要时使其消失的有关设备，统称为励磁系统。所以，同步发电机的励磁系统是由励磁功率单元和自动调节励磁装置 AER 组成的，如图 12 - 1 所示。励磁功率单元向同步发电机励磁绕组 GLE 提供直流励磁直流，自动调节励磁装置 AER 则根据机端电压变化控制励磁功率单元的输出，从而达到调节励磁电流的目的。同步发电机和励磁系统共同构成了同步发电机的自动调节励磁系统。

一、自动调节励磁系统的作用

同步发电机的运行特性与它的空载电势 E_{G0} 值的大小有关，而 E_{G0} 值是发电机励磁电流的函数，所以调节励磁电流就等于调节发电机的运行特性。

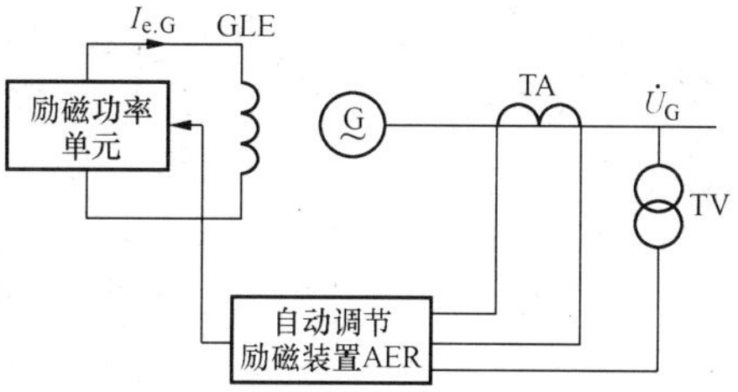

在电力系统正常运行和事故运行中，同步发电机的自动调节励磁系统起着重要的作用，优良的励磁调节系统不仅可以保证发电机安全运行，提供合格电能，而且还能改善电力系统的稳定条件。

图 12 - 1　同步发电机自动调节励磁系统框图

1. 调节电压

电力系统正常运行时，负荷随机波动。随着负荷的波动，需要对励磁电流进行调节，以维持机端或系统中某点电压为给定水平。所以，励磁系统担负着维持电压水平的任务。为便于分析，下面讨论单机（汽轮发电机）运行系统，如图 12 - 2 所示。

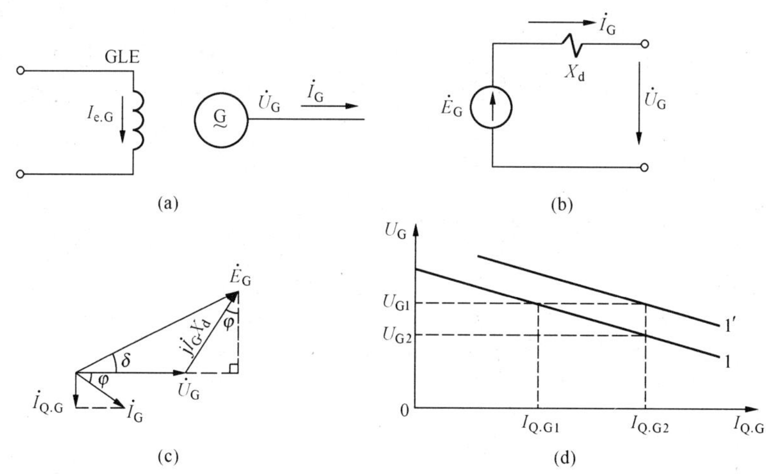

图 12 - 2　单机运行系统

（a）一次系统；（b）等值电路；（c）相量图；（d）同步发电机的外特性

发电机感应电动势 $\dot{E}_G$ 与机端电压 $\dot{U}_G$ 的关系为

$$\dot{E}_G = \dot{U}_G + j\dot{I}_G X_d \tag{12-1}$$

式中　$\dot{I}_G$——发电机定子电流；

X_d——发电机直轴同步电抗。

由图 12 - 2（c）可将 E_G 与 U_G 的有效值关系可表示为

$$E_G \cos\delta = U_G + I_{Q.G} X_d \tag{12-2}$$

式中　δ——E 与 U 间夹角，即发电机功角；

$I_{Q.G}$——发电机的无功电流。

当 δ 值很小时，可以认为 $\cos\delta \approx 1$，则

$$E_G = U_G + I_{Q.G} X_d \tag{12-3}$$

式（12 - 3）表明，当励磁电流不变（即 E_G 大小不变）时，无功负荷的变化是造成机端电压变化的主要原因。由式（12 - 3）可作出发电机的外特性（即 U_G 与 $I_{Q.G}$的关系曲

线）如图 12 - 2（d）所示，当发电机的无功电流 $I_{Q.G}$从 $I_{Q.G1}$增大到 $I_{Q.G2}$时，相应机端电压 U_G 从 U_{G1}下降到 U_{G2}。如果要维持 U_G 不变，则应增加励磁电流，使外特性由 1 向上平移至 1′。

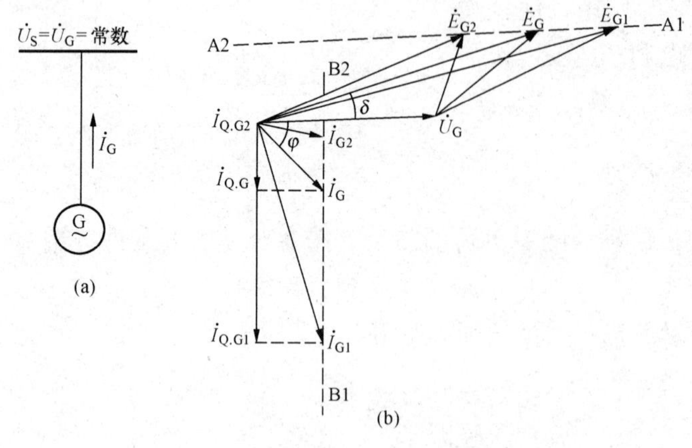

图 12 - 3　同步发电机与无穷大系统并联运行

（a）一次电路；（b）相量图（P＝常数）

综上所述，对于单机运行的发电机，引起机端电压变化的主要原因是无功负荷的变化。要保持机端电压不变，必须相应的调节发电机的励磁电流。

2. 调节无功功率的分配

为便于分析，设同步发电机与无限大容量的系统并联运行。如图 12 - 3 所示。发电机端电压不随负荷变化而变化，是一个恒定值，系统等值电抗为零。

当发电机输出的有功功率保持不变时，有

$$P = U_G I_G \cos\varphi = \text{常数} \tag{12 - 4}$$

式中　φ——功率因数角。

$$P = (E_G U_G / X_d) \sin\delta = \text{常数} \tag{12 - 5}$$

由于 U_G＝常数，X_d 不变时，式（12 - 4）和式（12 - 5）可写成

$$I_G \cos\varphi = \text{常数} \tag{12 - 6}$$

$$E_G \sin\delta = \text{常数} \tag{12 - 7}$$

图 12 - 3（b）示出了三种不同励磁电流值时的各电气量。由于 P＝常数，当励磁电流变化时，E_G 变化的终端轨迹为平行于 U_G 的 A1A2 线，相应定子电流变化的轨迹为 B1B2 线，励磁电流增大，电势 E_G 增大为 E_{G1}，相应定子电流 I_G 增大为 I_{G1}，无功电流 $I_{Q.G}$增大为 $I_{Q.G1}$；励磁电流减小，电势 E_G 减小为 E_{G2}，相应 I_G 减小为 I_{G2}，$I_{Q.G}$减小为 $I_{Q.G2}$。可见，励磁电流变化时，发电机发出的无功功率 $I_{Q.G}U_G$ 随之变化。

发电机接于无穷大容量系统时，调节它的励磁电流只能改变其输出的无功功率。励磁电流过小，发电机将从系统中吸收无功功率。在实际运行中，发电机并联的母线并不是无限大系统，母线电压将随负荷波动而变化，改变其中一台发电机的励磁电流不但影响其本身的电压和无功功率，而且也影响与其并联运行机组的无功功率。所以同步发电机自动调节励磁系统还担负着合理分配并联运行机组间无功功率的任务。

3. 提高电力系统运行稳定性

同步发电机稳定运行是保证电力系统可靠供电的首要条件，电力系统在运行中随时都可能受到各种干扰，在这些扰动后，发电机组能够恢复到原来的运行状态，或者过渡到另一个新的稳定运行状态，则系统是稳定的。自动调节励磁系统可以提高系统的静稳定极限，当其励磁响应速度快，又有高强励倍数时，可以改善电力系统的暂态稳定性。

4. 改善电力系统运行条件

电力系统故障切除后，由于用户电动机要自起动，系统将出现无功缺额；发电机自同步并列或失磁时，也会出现无功缺额。自动调节励磁系统能自动增加励磁电流，多发无功功率，加速电网电压恢复，改善系统工作条件。

此外，考虑到水轮机的调速装置不够灵敏和迅速，因而甩负荷时会出现电压上升，采用自动调节励磁装置，可抑制水轮发电机突然甩负荷时电压的上升。在电力系统内部发生短路故障时，自动调节励磁装置能使短路电流增大，因而提高了带时限继电保护的灵敏度。

二、对自动调节励磁系统的基本要求

对自动调节励磁系统的要求包括对自动调节励磁装置的要求和对励磁功率单元的要求。

1. 对自动调节励磁装置的要求

自动调节励磁装置的任务是检测和综合系统运行状态的信息，以产生相应的控制信号，控制信号经放大后控制励磁功率单元的输出，从而得到所需要的励磁电流。对其要求是：

(1) 系统正常运行时，自动调节励磁装置应有足够的调压范围 (0.8～1.2) $U_{G.N}$，并能合理分配机组间的无功功率。

(2) 系统故障时，自动调节励磁装置应能迅速地强行励磁，以提高系统的暂态稳定和改善系统的运行条件。

(3) 装置结构简单、可靠，反应速度快，运行维护方便，无失灵区，能保证在人工稳定区内运行。

2. 对励磁功率单元的要求

(1) 应有足够的调节容量，以适应各种运行工况的要求。

(2) 应具有足够的励磁响应速度和励磁顶值电压。

三、励磁系统的分类

(一) 励磁功率单元的分类

1. 直流励磁机励磁系统

电力系统发展初期，同步发电机的容量不大，励磁电流由与发电机同轴的直流发电机供给，即所谓直流励磁机励磁系统。按照励磁机励磁绕组供电方式的不同，励磁机可分为自励式和他励式两种。

图 12-4 (a) 为自励直流励磁机系统，同步发电机 G 的励磁绕组 GLE 由同轴的直流励磁机（直流发电机）GE 供电，励磁机的励磁绕组除有由励磁机 GE 通过磁场电阻 R 供给的自励电流外，还有由自动调节励磁装置 AER 供给的励磁调节电流 I_{AER}。前者可通过 R 人工调整，后者按预定要求自动调整。

图 12-4 (b) 为他励直流励磁机励磁系统，励磁机 GE1 的励磁电流除有可以自动调整的 I_{AER} 外，还有与发

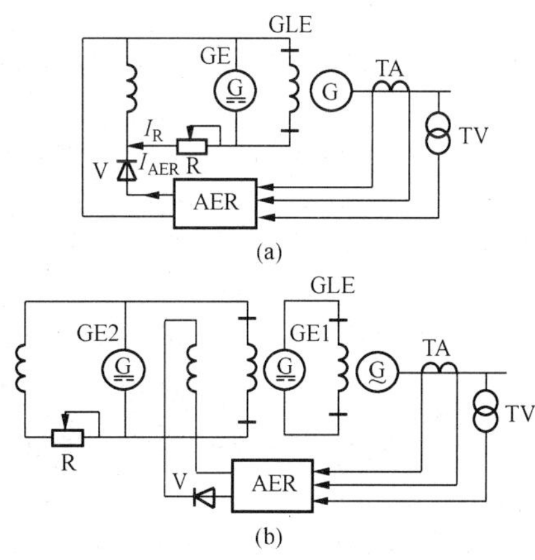

图 12-4 直流励磁机系统
(a) 自励直流励磁机励磁系统；
(b) 他励直流励磁机励磁系统

电机、主励磁机 GE1 同轴旋转的副励磁机 GE2 供给的他励电流。后者可通过手动调整 GE2 的磁场电阻 R 来改变。他励直流励磁机励磁系统有较快的响应速度，一般用于水轮发电机上。

直流励磁机有电刷、换向整流子等转动接触部件，运行维护工作量大，另外转速为 3000r/min 的直流发电机最大功率为 600kW，励磁容量有限，所以这种励磁方式只能用在中、小容量发电机中。

2. 交流励磁机系统

随着发电机容量的增大，所需励磁电流也相应增大，直流励磁机励磁系统已无法满足励磁容量的要求，所以大容量发电机的励磁功率单元就采用了交流励磁机和半导体整流元件组成的交流励磁机励磁系统。考虑到整流器的类型以及整流器是旋转还是静止，交流励磁机励磁系统分为以下几种。

（1）静止硅整流励磁系统。静止硅整流励磁系统是一种有刷励磁，适用于励磁（滑环）电流小于 8000～10000A 的同步发电机。

交流励磁机带静止二极管整流励磁系统。

图 12-5 示出了交流励磁机带静止二极管整流励磁系统的三种典型方框图。发电机的励磁电流均由与之同轴的交流主励磁机 GE1 经二极管整流装置 U1 通过转子滑环（炭刷）供给，图 12-5（a）、（b）中主励磁机 GE1 的励磁电流由副励磁机 GE2 经晶闸管整流装置供给。图 13-5（a）中副励磁机 GE2 采用永磁发电机；图 12-5（b）中副励磁机采用自励中频发电机，用自励恒压调节保持其端电压稳定。图 12-5（c）中取消了副励磁机，励磁机的励磁电源采用自励恒压方式。

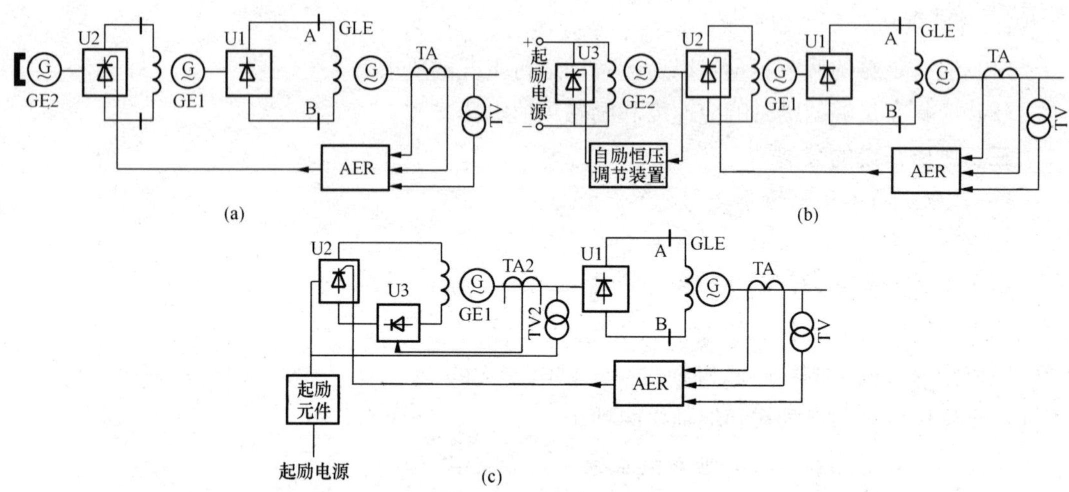

图 12-5　交流励磁机带静止二极管整流励磁系统

（a）GE2 为永磁发电机；（b）GE2 采用自励方式；（c）GE1 采用自励方式

A、B—转子滑环

在此励磁系统中，自动调节励磁装置 AER 通过控制晶闸管的导通角，来改变交流主励磁机的励磁电流，达到控制发电机励磁的目的。由于调节作用必须通过交流主励磁机来实现，而交流主励磁机有较大的时滞作用，故这种励磁方式的励磁响应速度是较慢的。尽管如此，在一般电力系统中仍然获得广泛的应用。

（2）交流励磁机带静止晶闸管整流励磁系统。

励磁系统构成如图 12-6 所示。交流主励磁机输出电压经晶闸管整流装置后，通过炭刷供给发电机励磁电流。主励磁机 GE1 可以采用他励方式，如图 12-5（a）、（b）所示，或者采用自励方式，如图 12-5（c）所示。

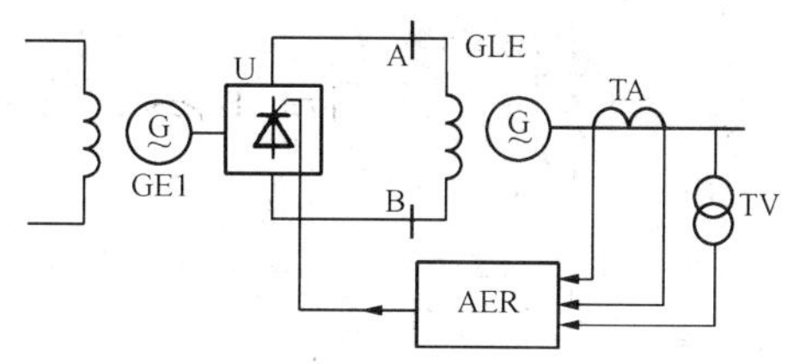

图 12-6　交流励磁机带静止晶闸管整流的励磁系统
A、B—转子滑环

由于这种励磁系统的励磁调节直接作用于发电机主磁场回路，与图 12-5 相比，有较快的励磁响应速度，但要求励磁机容量大一些。同时，利用主磁场回路的晶闸管还可以实现对发电机的逆变灭磁。一般用于对稳定性要求较高的电力系统中。

3. 旋转硅整流励磁系统

在上述静止硅整流励磁系统中，同步发电机的励磁电流必须通过转子滑环与炭刷引入转子励磁绕组。目前由于炭刷材料和压力的限制，当励磁（滑环）电流超过 8000～10000A 时，此种方式也不适应，需要取消滑环与炭刷的滑动连接，即需采用无刷励磁系统。为此，交流励磁机的交流绕组和整流设备应随同主轴旋转，而其直流绕组则是静止的，这就构成了旋转硅整流励磁系统。其优点是省去了炭刷维护工作，在现代大型同步发电机中，该励磁系统逐步获得较广泛的应用。

图 12-7（a）示出交流励磁机带旋转二极管整流励磁系统。图中副励磁机 GE2 可采用永磁发电机或自励恒压。该系统中励磁调节要通过时滞较大的交流主励磁机 GE1，其励磁响应速度与图 12-5 相当。

图 12-7（b）示出交流励磁机带旋转晶闸管整流励磁系统，其特点是将晶闸管的控制触发脉冲以无触点方式可靠且准确地传送到转子上，不仅响应速度快，且具有无刷的优点，是一种理想的励磁系统。

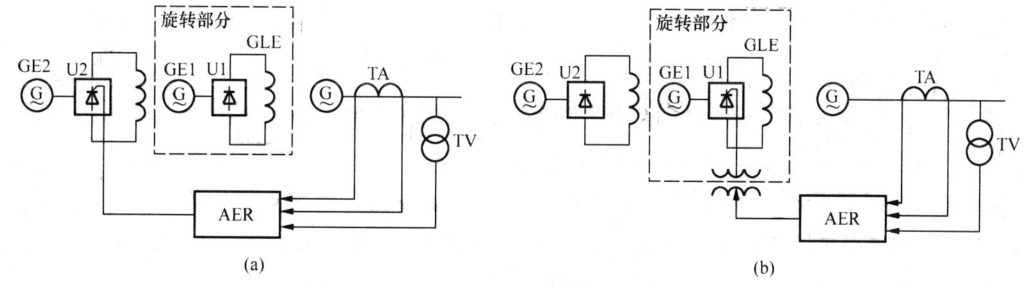

图 12-7　旋转硅整流励磁系统
（a）交流励磁机带旋转二极管整流励磁系统；
（b）交流励磁机带旋转晶闸管整流励磁系统

4. 静止励磁系统

静止励磁系统，其励磁功率取自发电机本身，采用励磁变压器作为电压源，励磁变流器作为电流源。由电压源或电流源构成的励磁系统，统称为自励静止励磁系统。由电压源和电流源复合构成的励磁系统，称为自复励静止励磁系统。静止励磁系统取消了励磁机，结构简单，运行维护方便，提高了可靠性，同时励磁调节速度高，对电力系统稳定性有利。

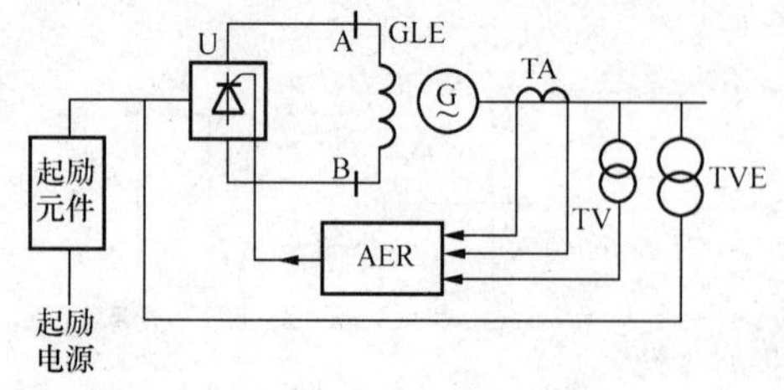

图 12-8 自励静止励磁系统

（1）自励静止励磁系统。见图 12-8 所示，同步发电机励磁电流由励磁变压器 TVE 经过可控整流电路后供给，这是一种最简单的励磁系统。但人们曾提出两点疑虑：第一，发电机近端短路时能否满足强励要求，机组是否会失磁；第二，由于短路电流的迅速衰减，带时限继电保护是否会拒绝动作。国内外分析研究和试验表明，这种励磁系统的缺点并非想象那么严重，只要配置适当保护，并适当提高强励倍数，这种励磁系统是可以采用的。近年来，我国已在某些机组上或一些引进的大型机组上采用了自励静止励磁系统。

（2）自复励静止励磁系统。按励磁变流器 TAE 和励磁变压器 TVE 在交流侧和直流侧的不同连接，这种励磁系统有多种形式，可以在交流侧串联或并联，也可以在直流侧串联或并联。

图 12-9（a）所示为交流侧串联自复励励磁系统，图（b）为直流侧并联自复励励磁系统。这种励磁系统由于引入了励磁变流器，具有相复励作用，减轻了调节器负担，提高了励磁响应速度，且励磁可靠，但设备和电路变得复杂，只适合于中、小型发电机。

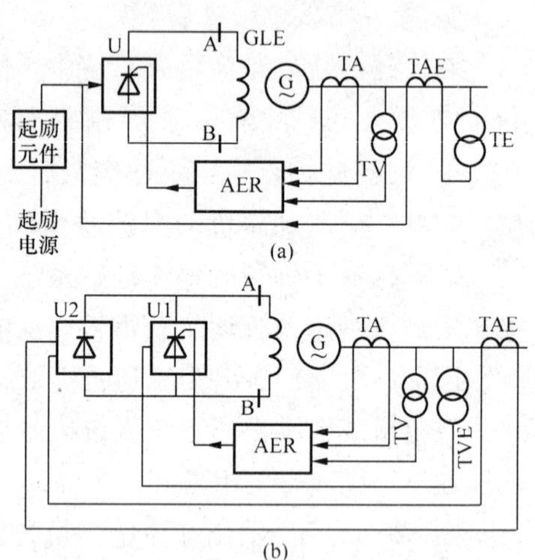

图 12-9 自复励静止励磁系统

（a）交流侧串联自复励励磁系统；

（b）直流侧并联自复励励磁系统

（二）自动调节励磁装置的分类

自动调节励磁装置是同步发电机励磁控制系统的智能部件，它是根据端电压和电流的变化，对机组励磁产生校正作用的装置。用来实现正常和事故情况下励磁的自动调节。因此，要求自动调节励磁装置是连续作用的比例式调节装置，即它产生的校正作用的大小应与输出电压的偏差成正比。

自动调节励磁装置按其构成可分为机电型、电磁型、半导体型和微机型。机电型调节器是最早的调节器，不能连续调节，且响应速度缓慢，并有死区，已被淘汰；电磁型调节器调节速度慢，但可靠性高，通常用于直流励磁机励磁系统；半导体型调节器响应速度快，且工作可靠，在电力系统中得到广泛应用；微机型励磁调节器功能全面，灵活方便，已逐步取代半导体型调节器成为主流调节装置。

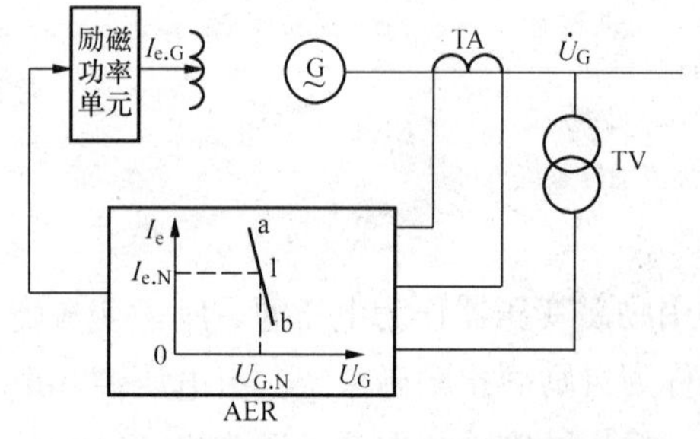

图 12-10 自动调节励磁装置调节原理示意图

自动调节励磁装置按其调节原理可分为按电压偏差比例调节和补偿调节两种。按电压偏差比例调节，其调节特性如图 12-10 所示，当机端电压 U_G 上升，调节器控制励磁功率单元，使输出励磁电流 $I_{e.G}$ 减小，U_G 下降；反之则增大励磁电流，使 U_G 升高。这种调节系统，不管使 U_G 产生偏差的原因是什么，只要 U_G 变化，调节器都能进行调节，最终使 U_G 维持在给定值水平上运行。补偿调节是按照影响机端电压的某些因素进行调节，由于具有一定的盲目性，一般只作为辅助调节装置，不单独使用。

§12.2 半导体自动励磁调节器

一、励磁系统中的整流电路

在交流励磁机系统和静止励磁系统中都采用了三相桥式整流电路，将交流电源转换为直流电源，给发电机（或励磁机）转子绕组提供励磁电流。整流电路依据整流元件类型分为不可控整流电路和可控整流电路。

（一）三相桥式不可控整流电路

图 12 - 11（a）所示为三相桥式不可控整流电路，u_A、u_B、u_C 为三相对称电源电压，波形如图 12 - 11（b）所示。直流侧负载根据不同励磁系统，可以是发电机转子绕组或交流励磁机励磁绕组等。图 12 - 11（a）中六个桥臂均采用不可控的硅二极管，其中 V1、V3、V5 的阴极连在一起，构成共阴极组连接；V2、V4、V6 阳极连在一起，构成共阳极组连接。

根据二极管的单向导电性，共阴极组连接的二极管，只有阳极电压最高的那一相二极管导通，其余二极管因承受反向电压而截止。同理，共阳极组连接的二极管，只有阴极电压最低的那一相二极管导通，其余二极管因承受反向电压而截止。所以六个二极管均为自然换向（流）导通，每个工频周期（2π）内，共阴极组自然换向三次，自然换向点分别为 ωt_1、ωt_3、ωt_5；共阳极组自然换向三次，自然换向点分别为 ωt_2、ωt_4、ωt_6，如图 12 - 11（b）所示。

1. 输出电压瞬时值

输出电压瞬时值 u_{MN} 波形如图 12 - 11（c）所示。

在 $\omega t_1 \sim \omega t_2$ 区间，A 相电压最高，B 相电压最低，共阴极组的 V1 和共阳极组的 V6 导通，构成 A→V1→R→V6→B 通路，输出电压为 u_{AB}。

在 $\omega t_2 \sim \omega t_3$ 区间，A 相电压仍最高，共阴极组 V1 继续导通；在 ωt_2 点，C 相电压比 B 相电压低，则共阳极组的 V6 和 V2 自然换相，负载电流从 B 相的 V6 转移到 C 相的 V2，构成 A→V1→R→V2→C 通路，输出电压为 u_{AC}。

同理，在 $\omega t_3 \sim \omega t_4$ 区间，输出电压为 u_{BC}；$\omega t_4 \sim \omega t_5$ 区间，输出电压为 u_{BA}；$\omega t_5 \sim \omega t_6$ 区间，输出电压为 u_{CA}；$\omega t_6 \sim \omega t_1$ 区间，输出电压为 u_{CB}。

可见，三相桥式整流电路输出电压 u_{MN} 每个工频周期（2π 区间）内有六个均匀波头，相带为 60°。

2. 输出电压平均值

输出电压平均值 U_{av} 为一直流电压，其大小可表示为

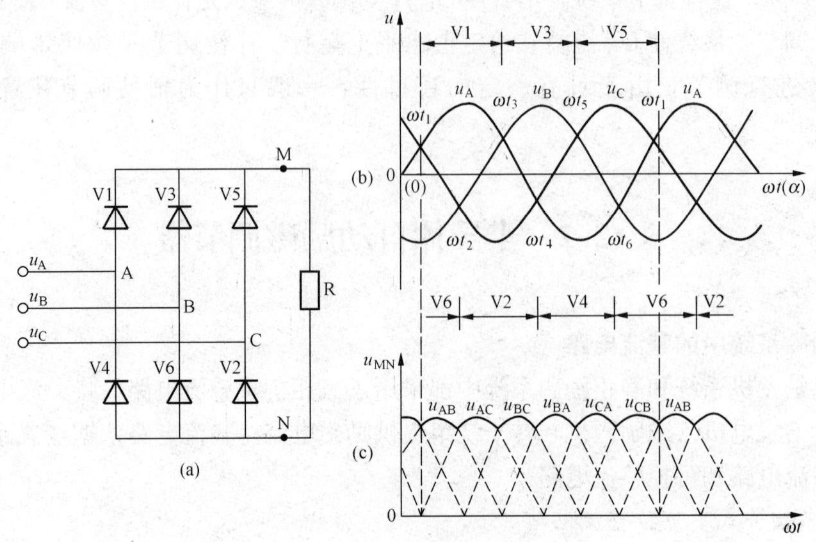

图 12-11　三相不可控桥式整流电路

（a）电路图；（b）输入相电压波形；（c）输出线电压波形

$$U_{av} = 1.35U_{p-p} = 2.34U_{ph} \quad (12-8)$$

式中　U_{p-p}——整流桥交流侧线电压有效值；

U_{ph}——整流桥交流侧相电压有效值。

（二）三相半控桥式整流电路

三相半控桥式整流电路如图 12-12 所示，晶闸管 VSO1、VSO3、VSO5 为共阴极组连接，二极管 V2、V4、V6 为共阳极组连接，V7 为续流二极管，L 和 R 为感性负载。共阳极组连接的 V2、V4、V6 自然换向导通；共阴极组连接的晶闸管 VSO1、VSO3、VSO5 触发换相导通，即在承受正向压降的同时接受触发脉冲才导通。一般用控制角 α 的大小表示晶闸管触发脉冲来临的早晚，并假定图 12-13 中 ωt_1 处为 α 的起始点。

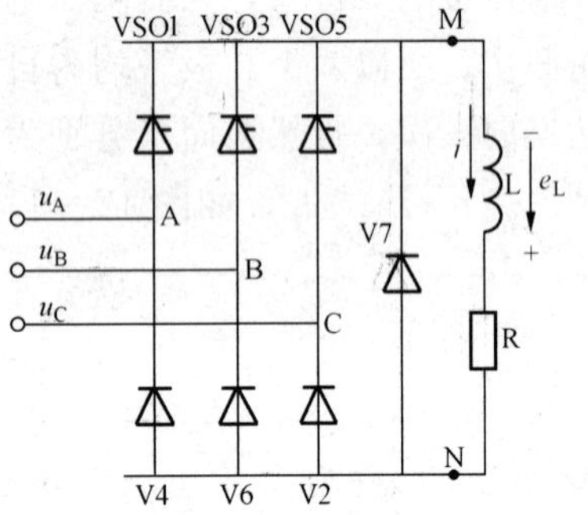

图 12-12　三相半控桥式整流电路

1. 对触发脉冲的要求

（1）任一相晶闸管的触发脉冲应在控制角 α 为 0°～180°区间内发出，即 VSO1 的触发脉冲在 ωt_1～ωt_4 区间内发出，VSO3 触发脉冲在 ωt_3～ωt_6 间内发出，VSO5 的触发脉冲在 ωt_5～ωt_2 区间内发出［见图 12-13（a）］，以便使触发脉冲与晶闸管的交流电源保持同步。

（2）晶闸管的触发脉冲，应按 VSO1、VSO3、VSO5 的顺序间隔 120°电角度依次发出。

2. 输出电压

在不考虑交流回路电感，即认为换相为瞬时完成的情况下，三相半控桥输出电压瞬时值波形如图 12 - 13 所示。

3. 输出电压瞬时值

（1）参看图 13-13（b），在$\alpha=0°$的ωt_1瞬间触发 VSO1，以后每隔 120°依次触发 VSO3、VSO5。其输出电压与不可控桥式整流电路相同，只是在ωt_1、ωt_3、ωt_5自然换相点分别给 VSO1、VSO3、VSO5 以触发脉冲。

（2）参看图 12 - 13（c），在$\alpha=30°$的$\omega t_1'$瞬间触发 VSO1，以后依次每隔 120°触发 VSO3、VSO5。在$\omega t_1'\sim\omega t_2$区间，VSO1 阳极电压（A 相）最高，同时接受触发脉冲而导通，V6 的阴极电位最低导通，构成 A→VSO1→LR→V6→B 通路，输出电压为u_{AB}。在ωt_2时刻，V6 与 V2 自然换相，故在$\omega t_2\sim\omega t_3'$区间 VSO1 和 V2 导通，输出电压为$u_{AC}$。

在$\omega t_3'$时触发 VSO3，此时 VSO3 阳极电压（B 相）高于 VSO1 阳极电压（A 相），VSO3 导通，VSO1 处于反向电压被迫截止，V2 继续导通，输出电压u_{BC}。在ωt_4时刻，V2 与 V4 自然换相，输出电压为u_{BA}。

在$\omega t_5'$时触发 VSO5。同理，$\omega t_5'\sim\omega t_6$区间，VSO5 和 V4 导通，输出$u_{CA}$；$\omega t_6\sim\omega t_1'$区间，VSO5 和 V4 导通，输出$u_{CB}$。以后重复上述过程，输出电压瞬时值如图 12 - 13（c）所示。

（3）图 12 - 13（d）是$\alpha=90°$时的波形。在$\omega t_1'\sim\omega t_4$区间，VSO1 接受触发脉冲而导通，C 相电压最低使 V2 导通，输出电压u_{AC}；到ωt_4时刻，A 相和 C 相电压相等，输出电压$u_{MN}=u_{AC}=0$，由于 VSO3 触发脉冲尚未出现，VSO1 和 VSO3 不能触发换相。又由于负载为感性，在输出电压等于零，负载电流i开始变小时，电感 L 上将产生感应电动热e_L，参见图 12 - 12，e_L阻止电流i减小。当e_L的绝对值大于零、输出 M 端为负、N 端为正时，由于续流二极管 V7 的存在，使负载电流i大部分经 V7 形成通路，流过 VSO1 电流远小于其维持电流，VSO1 自行关断。在$\omega t_4\sim\omega t_3'$区间 V7 导通，

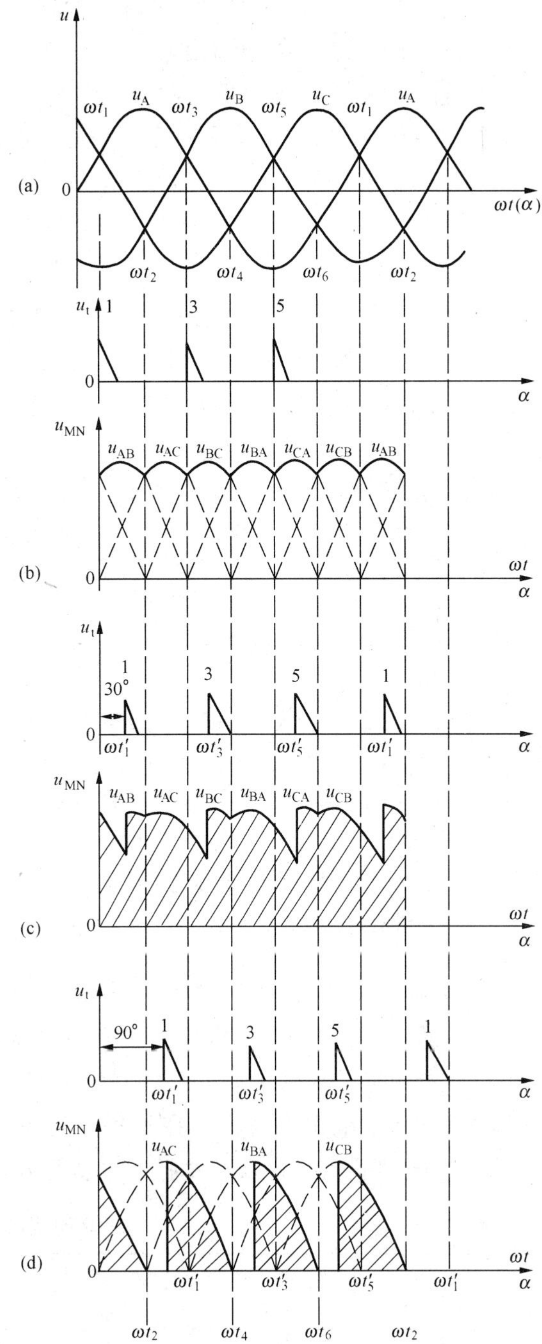

图 12 - 13　三相半控桥输出电压波形

（a）输入相电压波形；（b）$\alpha=0°$输出线电压波形；（c）$\alpha=30°$输出线电压波形；（d）$\alpha=90°$输出线电压波形

构成 $e_L \to LR \to N \to V7 \to M \to e_L$ 通路，输出电压 u_{MN} 近似等于零。

依此类推，得到输出电压波形如图 12-13（d）所示。

4. 输出电压平均值

输出电压平均值 U_{av} 与 α 角关系可表示为

$$\begin{aligned} U_{av} &= 1.35U_{p-p}(1+\cos\alpha)/2 \\ &= 2.34U_{ph}(1+\cos\alpha)/2 \end{aligned} \quad (12-9)$$

式中 α——控制角，$\alpha=0°\sim180°$。

作出 U_{av} 与 α 的关系曲线如图 12-14 曲线 1 所示。当 α 在 $0°\sim180°$ 内变化时，U_{av} 对应于 $1.35U_{p-p}\sim0$ 变化。可见，只要改变控制角 α 的大小，就可改变整流输出电压的大小，以满足自动调节励磁装置对晶闸管实行控制的要求。

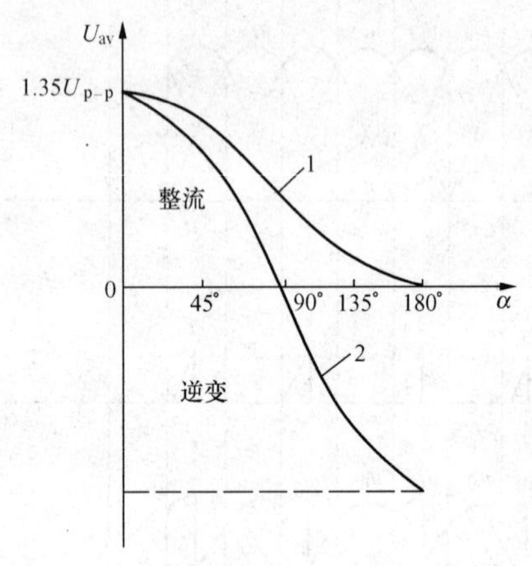

图12-14 输出电压平均值 U_{av} 与 α 的关系
1—半控桥；2—全控桥

（三）三相全控桥式整流电路

图 12-15 为三相全控桥式整流电路，它的六个整流元件均为晶闸管。它有整流、逆变两种工作状态，对触发脉冲也提出了较高要求。

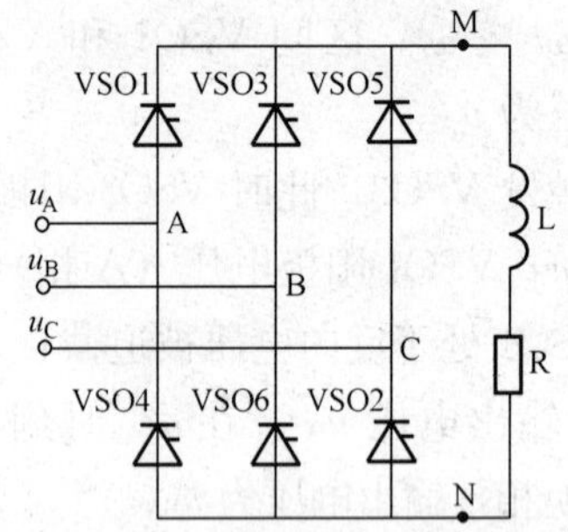

图 12-15 三相全控桥式整流电路

1. 对触发脉冲的要求

（1）晶闸管 VSO1～VSO6 的触发脉冲次序应为 VSO1、VSO2、…、VSO6，且依次间隔 60°电角度。为保证后一晶闸管触发导通时前一晶闸管处于导通状态，在触发脉冲的宽度小于 60°电角度时，应在给后一待导通晶闸管触发脉冲（主触发脉冲）的同时，也给前一已导通晶闸管以触发脉冲（从触发脉冲），形成双脉冲触发，如表 12-1 所示。

表 12-1 **$\alpha=0°$ 时双触发脉冲次序**

晶闸管号	一周期内触发脉冲的次序					
	0°～60°	60°～120°	120°～180°	180°～240°	240°～300°	300°～360°
VSO1	主	从				主
VSO2		主	从			
VSO3			主	从		
VSO4				主	从	
VSO5					主	从
VSO6	从					主 从

（2）VSO1～VSO6 的触发脉冲应在图 12-16（a）中以 ωt_1～ωt_6 点为起点的 180°区间内发出，即触发脉冲与相应交流电源电压保持同步。

2. 输出电压

（1）整流工作状态。整流工作状态就是控制角 $\alpha\leqslant 90°$时，将输入的交流电压转换为直流电压，如图 12-16 所示。

$\alpha=0°$时，输出电压波形与三相不可控桥式整流电路相同。

$\alpha=60°$时，各晶闸管在触发脉冲作用下换相，输出电压波形如图 12-16（b）所示。

$60°<\alpha<90°$时，输出电压波形如图 12-16（c）所示，输出电压瞬时值 u_{MN}将出现负的部分，原因是电感性负载产生的感应电动势维持负载电流持续流通所引起的。

$\alpha=90°$时，输出电压波形如图 12-16（d）所示，其正值部分与负值部分面积相等，输出电压平均值为零。

（2）逆变工作状态。逆变工作状态就是控制角 $\alpha>90°$时，输出电压平均值 U_{av} 为负值，将直流电压转换为交流电压。其物理过程实质是将负载电感 L 中储存的能量向交流电源侧倒送，使 L 中磁场能量很快释放掉。

图 12-17（c）为 $\alpha=120°$时输出电压波形，ωt_3 时刻虽然 u_{AB}过零变负，但电感 L 上阻止电流 i 减小的感应电动势 e_L 较大，使 e_L-u_{AB}仍为正［参看图 12-17（a）］，VSO1 和 VSO6 仍承受正向压降导通。这时 e_L与电流 i 方向一致，直流侧发出功率，即将原来在整流状态下储存于磁场的能量，释放出来送回到交流侧。交流侧电压瞬时值 u_{AB}与电流 i 方向相反，交流侧吸收功率，将能量送回交流电网。

三相全控桥式整流电路工作在逆变工作状态，需要如下条件：

1）负荷必须是电感性的，并且原来工作

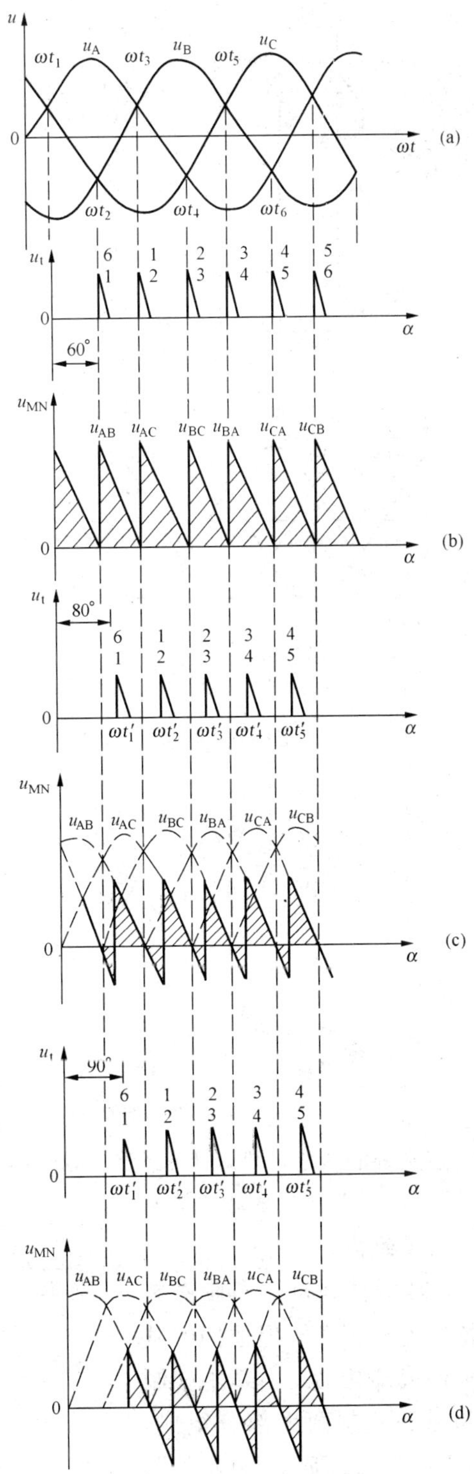

图 12-16　全控桥输出电压波形（0°≤α≤90°）

（a）输入相电压波形；（b）$\alpha=60°$输出电压波形；（c）$\alpha=80°$电压波形；（d）$\alpha=90°$输出电压波形

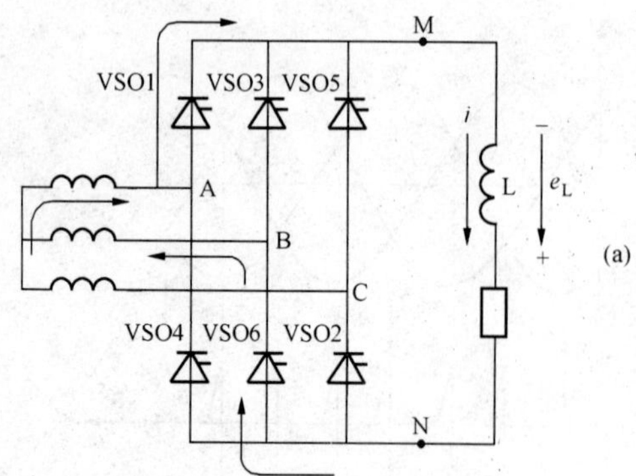

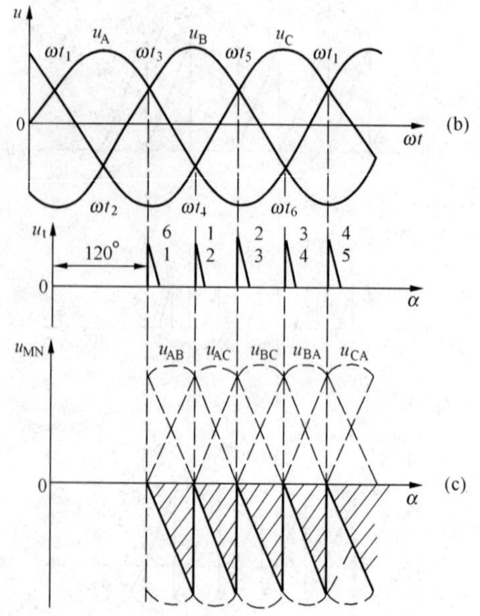

图 12-17　全控桥输出电压波形（90°<α<180°）

（a）整流桥；（b）输入相电压波形；

（c）α=120°输出线电压波形

于整流工作状态，即转子绕组已储存有能量。

2）控制角应大于 90°小于 180°，输出电压平均值 U_{av} 为负值。

3）由于逆变是将直流侧电感中储存的能量向交流侧倒送的过程，因而逆变时交流电源不得中断。

（3）输出电压平均值，为

$$U_{av}=1.35U_{p-p}\cos\alpha=2.34U_{ph}\cos\alpha \tag{12-10}$$

由式（12-10）可画出 U_{av} 与 α 的关系曲线，如图 12-14 中曲线 2 所示。

综上所述，三相全控桥式整流电路在 $0°<\alpha<90°$ 时，处于整流工作状态，改变 α 角，可以调节发电机励磁电流大小；在 $90°<\alpha<180°$ 时，电路处于逆变工作状态，可以实现对发电机的自动灭磁。也就是说，当发电机内部故障时，继电保护动作后，给励磁调节器一个信号，使控制角 α 由小于 90°的整流工作状态变化到大于 90°的某一适当的角度（如 150°），进入逆变工作状态，将发电机转子励磁绕组中储存的能量迅速反馈给交流电源，实现逆变灭磁。

为了保证逆变灭磁的顺利进行，控制角 α 不能过大，一般逆变控制角 $90°<\alpha<160°$，否则会造成逆变失败。

二、半导体自动调节励磁装置原理

自动调节励磁装置是同步发电机自动调节励磁系统的核心部件，下面介绍半导体自动调节励磁装置的基本工作原理。

（一）半导体自动调节励磁装置的构成

半导体自动调节励磁装置的型号很多，但他们的基本构成却相似，由基本控制和辅助控制两大部分组成，如图 12-18 所示。基本控制由调差单元、测量比较单元、综合放大单元和移相触发单元构成，实现励磁电流的自

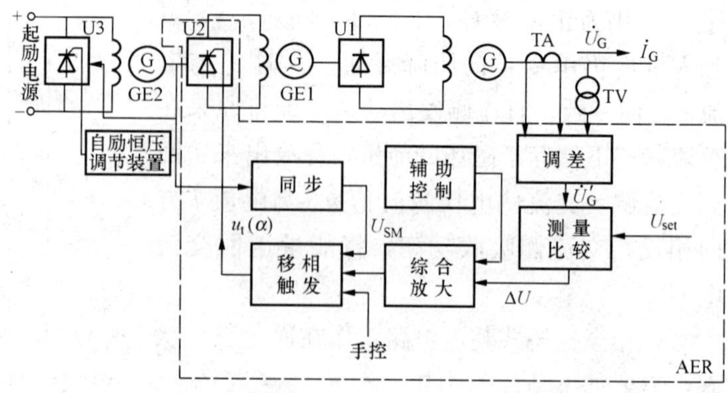

图 12-18　半导体自动调节励磁装置的构成框图

动调节，以便维持电压水平和合理分配机组间的无功功率。辅助控制是为了满足发电机不同工况要求，改善电力系统稳定性和励磁系统动态性能而设置的，包括励磁系统稳定器、电力系统稳定器和励磁限制器等，视具体要求设置。

（二）主要环节的工作原理及工作特性

1. 调差单元

为稳定、合理分配机组间无功功率而设置的，有关原理见§12-3。

2. 测量比较单元

测量比较单元的作用是测量发电机的端电压并转变为相应的直流电压，然后与给定的基准电压 U_{set} 比较，得到发电机电压偏差信号 ΔU。测量比较单元一般由三相正序电压滤过器、测量变压器、多相桥式整流、滤波电路和电压比较整定电路等环节构成，框图如图12-19所示。

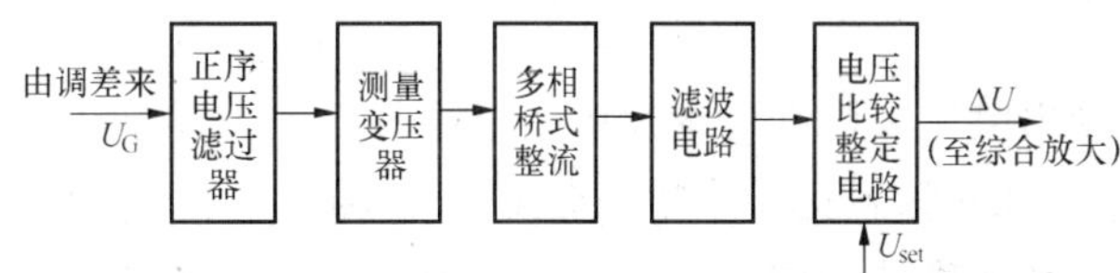

图12-19　测量比较单元构成框图

测量比较单元是整个装置的测量环节，为了提高测量精度和调节速度，要求输出偏差电压能线性反映输入机端电压的变化，灵敏度高，且输出直流偏差电压平稳，纹波系数小，电路的时间常数小，响应快。

（1）正序电压滤过器。其功能是提高测量比较单元的灵敏度，即提高自动调节励磁装置的灵敏度。当系统发生不对称短路故障时，正序电压滤过器的输出电压是对称的三相电压，只反映输入电压的正序分量，可有效提高强励的灵敏度。

（2）测量变压器和多相桥式整流、滤波电路。正序电压滤过器输出的三相正序电压，经测量变压器、整流和滤波电路，变成与发电机电压成比例的、平稳的直流电压。为了使直流电压平稳，通常采用多相整流电路和相应的滤波电路。一般来说，整流电路相数越多，整流后的直流越平稳，谐波次数越高，相应的滤波回路时间常数减小，从而可提高测量比较单元的响应速度。

（3）电压比较整定电路。该电路是将滤波电路输出的正比于发电机端电压的直流电压 U_G' 与给定电压 U_{set} 比较，得到一反映发电机端电压偏差的直流电压 ΔU，并可根据需要对发电机电压给定值 U_{set} 进行整定，以满足发电机运行要求。

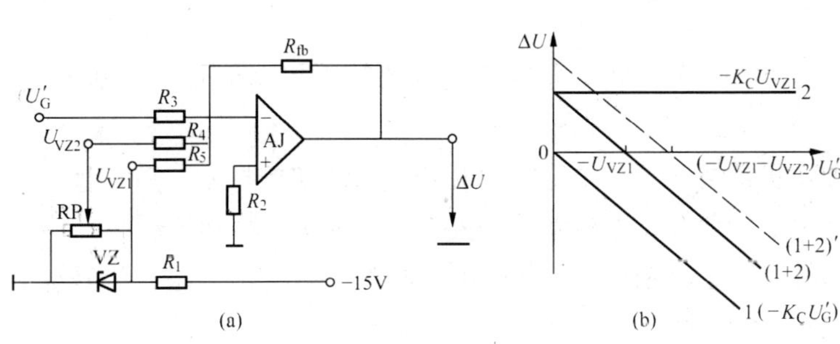

图12-20　集成元件构成的电压比较整定电路

(a) 原理电路；(b) 工作特性

图12-20 (a) 为集成元件构成的电压比较整定电路，从整流滤波电路输出的电压 U_G' 正比于发电机电压 U_G，作为加法器的一个输入量；加法器的第二个输入量是给定电压 U_{VZ1}，取自稳压管VZ，是一个恒定负电压；第三

个输入量是可调的整定电压 U_{VZ2}，取自可调电位器 RP，也是一个负电压。设闭环放大倍数相等，即 $R_3=R_4=R_5$，$K_c=-R_{fb}/R_3=-R_{fb}/R_4=-R_{fb}/R_5$。

1）先考虑前两个输入，设 $U_{VZ2}=0$。比较整定电路的输出电压为

$$\Delta U=(-R_{fb}/R_3)U_G'+(-R_{fb}/R_5)U_{VZ1}=-K_C(U_G'+U_{VZ1}) \tag{12-11}$$

式（12-11）中第一项为随发电机端电压 U_G 变化的量，见图 12-20（b）中曲线 1，第二项为恒定量，见曲线 2，两者叠加的结果见图 12-20（b）中曲线（1+2）。将曲线与横轴的交点看作是给定电压 U_{set}，显然 $U_{set}=-U_{VZ1}$，则

$$\Delta U=-K_C(U_G'-U_{set}) \tag{12-12}$$

输出电压 ΔU 线性地反映了端电压 U_G' 与给定电压 U_{set} 的偏差值。

2）计及第三个输入量 U_{VZ2}，调节电位器 RP 的阻值，取得 U_{VZ2} 为负值，相当于向右平移工作特线（1+2），如图中虚线（1+2）′所示。此时

$$\Delta U=-K_C(U_G'+U_{VZ1}+U_{VZ2})=-K_C(U_G'-U_{set}) \tag{12-13}$$

式中：$U_{set}=-U_{VZ1}-U_{VZ2}$。

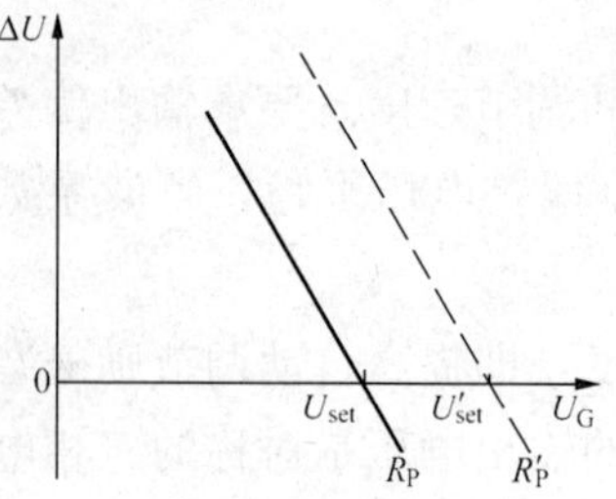

图 12-21　测量比较单元工作特性（$R_P'>R_P$）

由此可见，改变可调电位器 RP 阻值 R_P，可以整定发电机给定电压大小，RP 阻值增大，U_{set} 增大，反之减小。

最后要说明的是，测量比较单元中前几个环节只是将发电机电压 U_G 转变为相应的直流电压 U_G'，U_G' 与 U_G 的幅值成一定的比例关系，因此测量比较单元的工作特性实质上就是电压比较整定电路的工作特性，取其工作区段，画于图 12-21 中。改变可调电位器 RP 阻值大小，可改变整定电压（见图12-21中虚线）。

3. 综合放大单元

综合放大单元是将电压偏差信号 ΔU 与其他辅助信号进行综合放大，以提高装置的灵敏度，适应不同运行工况的要求。

综合放大单元要综合的信号按性质可分为三类：

1）主控制信号。即电压偏差信号 ΔU，用于正常的励磁调节。

2）反馈控制信号。为改善控制系统动态性能而设置的辅助控制信号，包括为改善励磁系统动态性能的微分反馈信号（励磁系统稳定信号）和提高电力系统稳定的信号（电力系统稳定器）等。

3）限制控制信号。为保证发电机及系统安全运行设置的辅助控制信号，包括最大、最小励磁限制信号等。

以上三种信号中，前两种在正常情况下按预定规律对励磁系统实施控制，后一种在正常工况下不起作用，在异常情况下（危及发电机及系统安全时）才进行限制控制。

图 12-22 是综合放大单元的原理接线图，是由正竞比电路、负竞比电路、信号综合放大电路和互补输出电路构成的。

（1）正竞比电路。如图 12-22 所示中第一级电路所示，由 VT1、V1～V3、$R_1\sim R_3$ 等组成。VT1 具有固定正偏置，是一个恒流管。正竞比电路有两个输入：测量比较单元

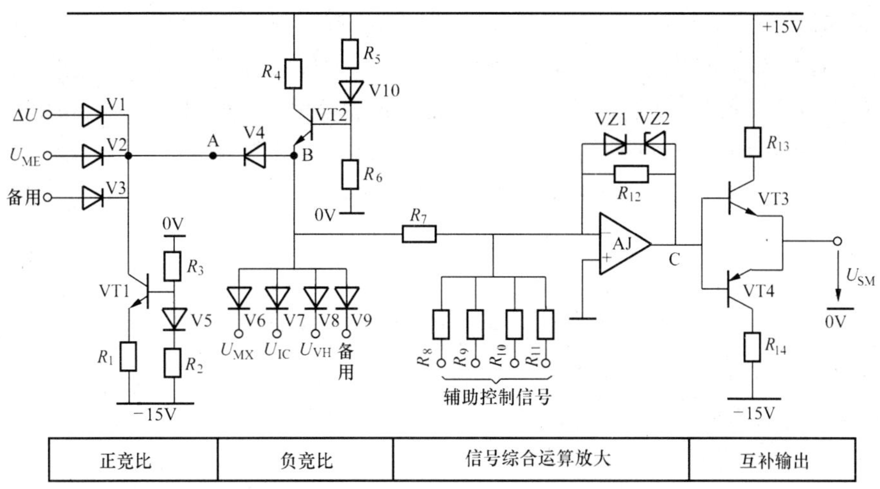

图 12-22　综合放大单元原理接线图

的输出信号 ΔU，由 V1 输入；最小励磁限制信号 U_{ME}，由 V2 输入。

正常情况下，最小励磁限制信号 $U_{ME} \leqslant 0$，V2 截止，U_{ME} 不起作用。电压偏差信号 $\Delta U>0$，V1 导通，A 点电位 $U_A=\Delta U-0.6V$（管压降）。励磁过小时，最小励磁限制单元起动，U_{ME} 由小于零变为正电平，且 $U_{ME}>\Delta U$，使 V2 导通，V1 受反向电压而关断，闭锁 ΔU 信号，励磁控制由 U_{ME} 决定，自动调节励磁装置作用于增大励磁电流，保证发电机并列运行的稳定性。

正竞比电路受输入信号中最高电平信号控制，即正值竞比，输出 A 点电位反映输入信号大小。

（2）负竞比电路。如图 12-22 中第二级电路所示。由 VT2、V6～V9、V4、V10、R_4～R_6 等组成，其中 VT2 也是恒流管。负竞比电路是进行负值竞比，即输入信号为负且最低者能通过。

负竞比电路的输入信号都属限制信号，有最大励磁限制信号 U_{MX}，由 V6 输入；瞬时过电流限制信号 U_{IC}，由 V7 输入；电压/频率限制器信号 U_{VH}，由 V8 输入；V9 留作备用。这些限制信号作用的目的一致，都是去减小励磁电流，把励磁电流分别限制在相应的允许范围内。

正常情况下，这些励磁信号都处正电平，为+10V 左右，V6～V9 均关断，V4 导通，B 点电位 $U_B=U_A+0.6V$（管压降）$=\Delta U$，反映电压偏差。

励磁过大，使某一限制器（如最大励磁限制器）动作时，相应励磁限制信号 U_{MX} 由正电平变为负电平，对应二极管 V6 导通，B 点电位为负，闭锁了正竞比门的所有信号，$U_B=U_{MX}+0.6V$（管压降），励磁控制由 U_{MX} 决定，以保证发电机的安全运行。显然，负竞比电路的所有限制信号级别，高于正竞比电路的控制信号。

（3）信号综合放大电路。如图 12-22 中第三级电路所示。由 AJ、R_7～R_{12}、VZ1、VZ2 等组成。

正常情况下负竞比电路不工作，$U_B=\Delta U$，经运算放大器输出 $U_C=-(R_{12}/R_7)\Delta U$

（设运算放大器的其他输入为零时），若取 $R_{12}=R_7$，则 $U_C=-\Delta U$。

经输入电阻 $R_8\sim R_{11}$ 输入的是有关励磁系统稳定的辅助控制信号，视机组和励磁系统的差异而不同，有励磁系统稳定器信号、电力系统稳定器信号、其他补偿和校正信号等。这些信号的综合比例可通过选择适当输入电阻 $R_8\sim R_{11}$ 的阻值来确定。C 点输出

$$U_C=-[(R_{12}/R_7)\Delta U+(R_{12}/R_8)U_{aux1}+(R_{12}/R_9)U_{aux2}+(R_{12}/R_{10})U_{aux3}+(R_{12}/R_{11})U_{aux4}] \tag{12-14}$$

式中　$U_{aux1}\sim U_{aux4}$——辅助控制信号。

图 12 - 22 中，VZ1 和 VZ2 可对运算放大器输出电压进行双向限幅，当运放输出电压 $U_C\geqslant U_{VZ1}$ 时，VZ1 击穿，输出正向电压被限幅为 U_{VZ1}。同理，$U_C\leqslant -U_{VZ2}$ 时，VZ2 被击穿，输出负向电压被限幅为 $-U_{VZ2}$。

（4）互补输出电路。如图 12 - 22 中最后一级所示，由 VT3、VT4、R_{13}、R_{14} 组成互补推挽射极跟随器，用来进行功率放大，提高与下一级负载阻抗的匹配能力。R_{13}、R_{14} 为限流电阻。射极跟随器输出电压 U_{SM} 是移相触发单元的控制电压。

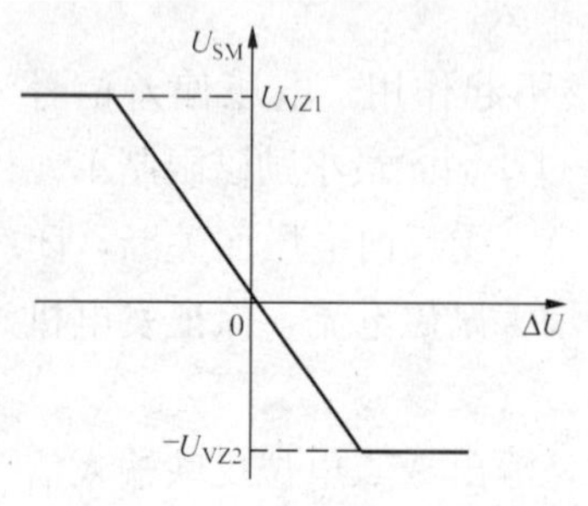

图 12 - 23　综合放大单元工作特性

正常情况下，综合放大单元的工作特性如图 12 - 23 所示，该特性可左右移动。

4. 移相触发单元

移相触发单元的作用是产生相位随着控制电压 U_{SM} 而改变的触发脉冲，用来控制晶闸管整流电路输出电压的大小，达到自动调节励磁的目的。实质上就是利用综合放大单元的输出 U_{SM} 改变触发脉冲的控制角 α。

根据三相可控桥式整流电路工作原理，移相触发单元应满足如下要求：

1）晶闸管触发脉冲应与交流电源同步，即在晶闸管承受正向压降区间内给出，且满足相序要求。

2）触发脉冲的移相范围符合相应可控整流电路要求。如三相全控桥式整流电路的移相范围是 0°～180°（考虑实际情况，要求为 0°～160°）。

3）触发脉冲的幅值和功率满足要求，以保证晶闸管元件可靠导通。

4）触发脉冲的前沿要陡，且有一定的宽度。对三相全控桥式整流电路，可采用双脉冲触发。

5）触发单元电路应与整流桥电路隔离，确保安全。

6）在整个移相范围内应保证各相的触发脉冲控制角 α 一致。

为满足上述要求，移相触发单元一般性原理框图如图 12 - 24 所示。由交流电源来的同步电源 u 形成同步信号 u_{sy}，与发电机电压偏差信号形成的控制电压 U_{SM} 共同作用于移相回路，形成一定相位的触发脉冲信号，经脉冲放大电路获得晶闸管所需要的触发功率，再通过脉冲输出环节输出触发脉冲 u_t，以使触发电路与整流桥电路隔离。

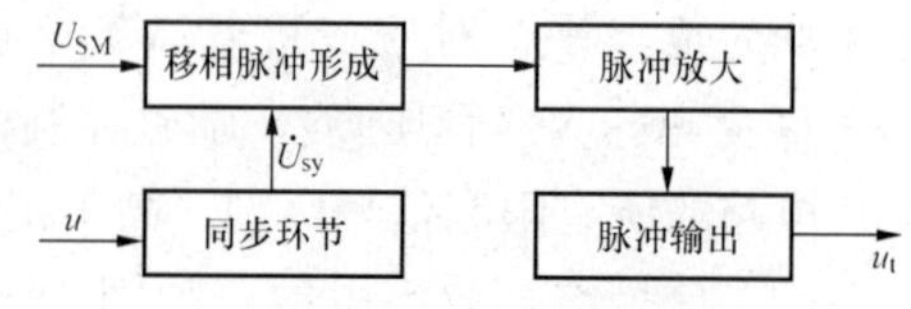

图 12 - 24　移相触发单元的原理框图

在不同的自动调节励磁装置中，触发电路形式是不同的。下面介绍常用的余弦波移相触发电路原理。所谓余弦波移相触发电路是指产生的同步电压 u_{sy} 与控制电压 U_{sm} 一起控制触发电路，在晶闸管触发脉冲的移相范围（0°～180°）内，控制角 α 与同步电压 u_{sy} 呈余弦特性。以+A 相触发器为例，当控制电压 $U_{SM}=0$ 时，同步电压的瞬时值 $u_{sy}=U_{sym}$，对应 $\alpha=0°$；$u_{sy}=-U_{sym}$，对应 $\alpha=180°$；$u_{sy}=0$，对应 $\alpha=90°$，如图 12 - 25 所示。由图可以看出，+A 相触发器（即 VSO1 的触发电路）的同步电压（图 12 - 25 中虚线所示）应超前其阳极电压 60°（与−B 相电压同相），其他同步电压依次类推。

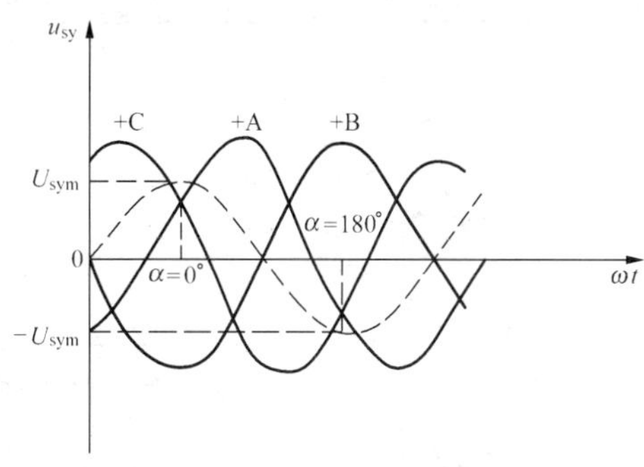

图 12 - 25　同步电压余弦波特性

（1）同步环节。余弦波同步和移相电路如图 12 - 26 所示。同步变压器 TS 采用 d，y11（或 5）接线，由三个单相变压器组成。各变压器二次绕组中间抽头形成分相，构成触发所要求的六个相别。各分相有两个电压：抽头Ⅰ表示用于触发电路电容充电电压 U_{ch}；抽头Ⅱ表示同步电压信号源。附在后面的数字表示相对正坐标轴为 0°的角度。变压器一次侧、二次侧电压相量关系，如图 12 - 27（a）所示。图中 $\dot{E}_a$ 表示整流桥 A 相交流电源二次侧电动势，+A相同步电压信号源 $\dot{U}_{Ⅱ240°}$ 超前 $\dot{E}_a$150°。为了获得余弦波特性同步电压，对各相需进一步移相 90°（后移），如图 12 - 26（b）所示，可由滤波和移相电路实现。同步电压信号的谐波会使波形失真，产生干扰脉冲，直接影响触发电路正常工作，故须经 L、R1 滤波。再从 R1 上抽取分压 $K_a\dot{U}_{R1}$ 经移相电路 R3、C1 输出余弦波特性同步电压 $\dot{U}_{C1}$，其输入、输出相量关系见图 12 - 27（b）、（c）。同步移相输出用Ⅲ表示，显然，$\dot{U}_{Ⅲ30°}$ 与+A 相晶闸管电源 $\dot{E}_a$ 重合。

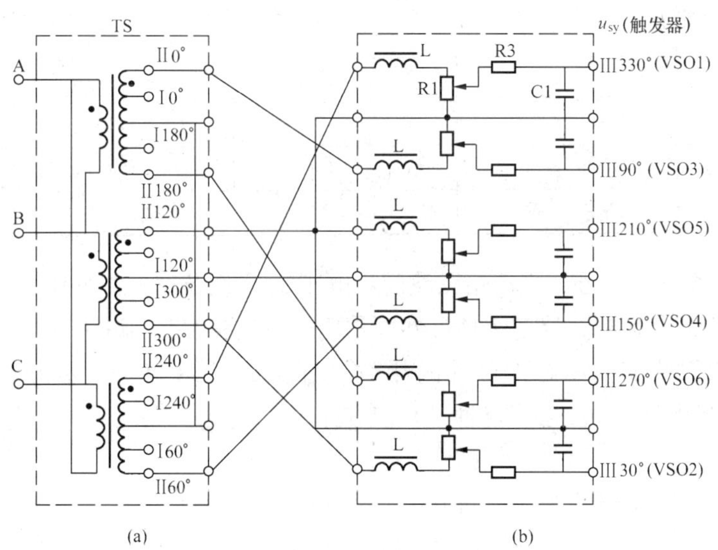

图 12 - 26　余弦波同步和移相电路

（a）同步变压器接线；（b）同步信号移相电路

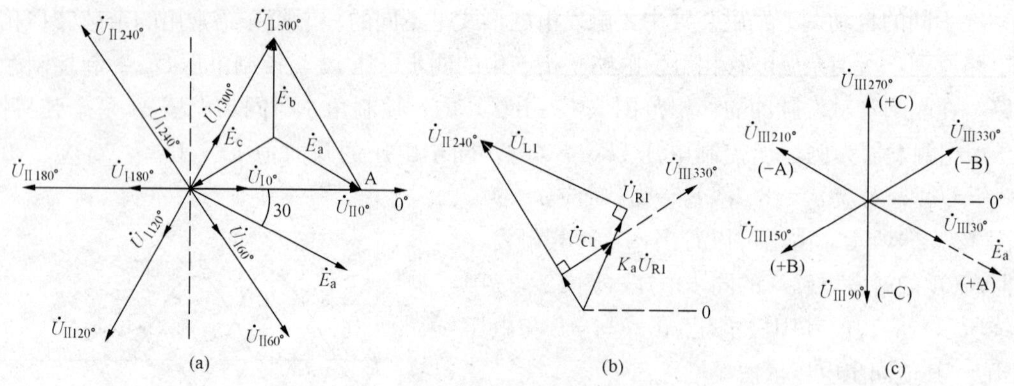

图 12-27 同步变压器和移相电路相量图

(a) 同步变压器相量图；(b) 移相电路相量关系（+A 相）；

(c) 移相 90°后相量关系

根据余弦波触发特性，三相全控桥式整流电路中六个晶闸管对应的同步电压信号 $\dot{U}_{sy}$ 相别容易推出，见表 12-2 所示。同步电压的 $+U_{sym}$ 瞬时是对应该相主电源的自然换相点，所以 $\dot{U}_{sy}$ 相位应超前于相应晶闸管阳极电压 60°，电容充电电压 $\dot{U}_{ch}$ 超前于相应晶闸管阳极电压 120°。表中 $\dot{U}_{ch}$、$\dot{U}_{\alpha min}$（最小角限制电压）、$\dot{U}_{\alpha max}$（最大角限制电压）由两电压合成，见图 12-28。

（2）余弦波移相触发电路。余弦波移相触发电路通常由信号输入、移相、脉冲形成及脉冲放大输出等环节构成，电路如图 12-28 所示。

表 12-2　各相触发电路同步、充电、限制电压信号相位选配

触发器相别	同步电压 $\dot{U}_{sy}$	容充电电压 $\dot{U}_{ch}$	$\dot{U}_{\alpha min}$	$\dot{U}_{\alpha max}$
+A（30°）	$\dot{U}_{Ⅲ330°}$（−B）	$\dot{U}_{Ⅰ240°}$，$\dot{U}_{Ⅰ300°}$	$\dot{U}_{Ⅱ240°}$，$\dot{U}_{Ⅱ300°}$	$\dot{U}_{Ⅱ0°}$，$\dot{U}_{Ⅱ60°}$
+B（150°）	$\dot{U}_{Ⅲ90°}$（−C）	$\dot{U}_{Ⅰ0°}$，$\dot{U}_{Ⅰ60°}$	$\dot{U}_{Ⅱ0°}$，$\dot{U}_{Ⅱ60°}$	$\dot{U}_{Ⅱ120°}$，$\dot{U}_{Ⅱ180°}$
+C（270°）	$\dot{U}_{Ⅲ210°}$（−A）	$\dot{U}_{Ⅰ120°}$，$\dot{U}_{Ⅰ180°}$	$\dot{U}_{Ⅱ120°}$，$\dot{U}_{Ⅱ180°}$	$\dot{U}_{Ⅱ240°}$，$\dot{U}_{Ⅱ300°}$
−A（210°）	$\dot{U}_{Ⅲ150°}$（+B）	$\dot{U}_{Ⅰ60°}$，$\dot{U}_{Ⅰ120°}$	$\dot{U}_{Ⅱ60°}$，$\dot{U}_{Ⅱ120°}$	$\dot{U}_{Ⅱ180°}$，$\dot{U}_{Ⅱ240°}$
−B（330°）	$\dot{U}_{Ⅲ270°}$（+C）	$\dot{U}_{Ⅰ180°}$，$\dot{U}_{Ⅰ240°}$	$\dot{U}_{Ⅱ180°}$，$\dot{U}_{Ⅱ240°}$	$\dot{U}_{Ⅱ300°}$，$\dot{U}_{Ⅱ0°}$
−C（90°）	$\dot{U}_{Ⅲ30°}$（+A）	$\dot{U}_{Ⅰ300°}$，$\dot{U}_{Ⅰ0°}$	$\dot{U}_{Ⅱ300°}$，$\dot{U}_{Ⅱ0°}$	$\dot{U}_{Ⅱ60°}$，$\dot{U}_{Ⅱ120°}$

该电路有三个输入信号：交流余弦波同步电压 u_{sy}、调节器控制电压 U_{SM} 和直流偏置信号 U_p。当输入电阻相等时，这三个信号共同作用于三极管 VT1 基极，控制 VT1 由导通到截止的时刻，从而改变输出触发脉冲的相位。由图 12-28 可见，不考虑三极管 VT2、VT3，当 VT1 截止时，产生触发脉冲。VT1 截止的条件为

$$U_{SM} + u_{sy} + U_p \leqslant 0 \tag{12-15}$$

令 $U_{SM}+U_p=U_S$，U_S 为直流合成控制电压。

先假设 $U_S=0$（$U_{SM}=-U_p$），此时只有 u_{sy} 起作用，即 $u_{sy}\leqslant 0$ 时，VT1 截止，对应的移相触发脉冲控制角 $\alpha=90°$（余弦控制特性）。

暂不考虑控制角限制，VT2 导通，VT3 截止。VT1 截止，电容 C2 立即充电（+15V

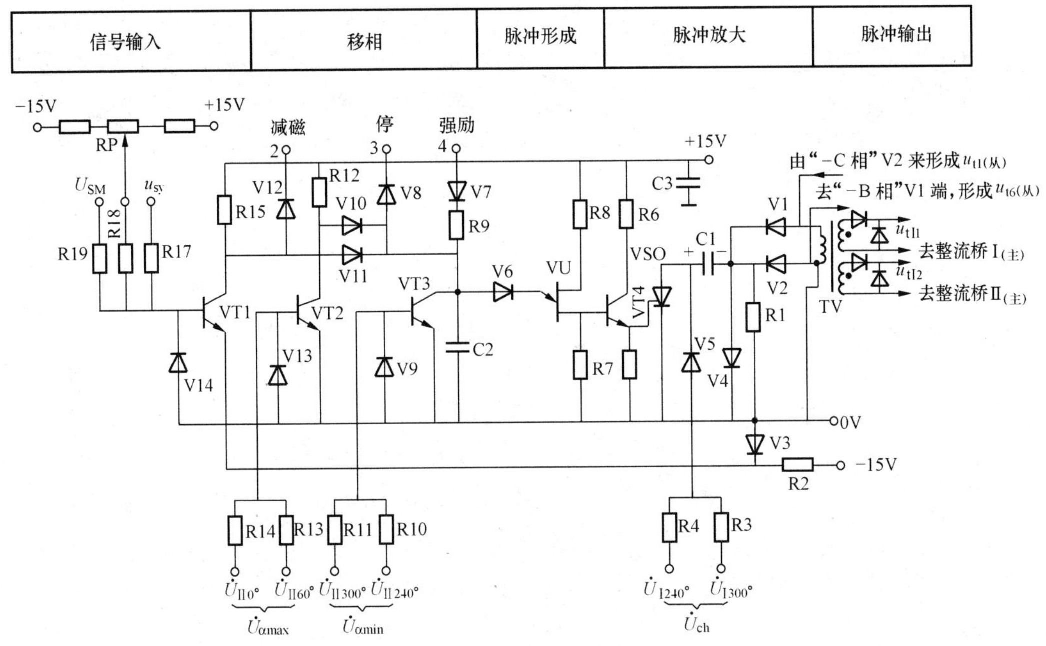

图 12-28 余弦波移相触发电路原理接线

→R15→V11→C2→0V），迅速达到单结晶体管 VU 的击穿峰值电压，使 VU 导通，C2 对 R7 放电形成窄的尖脉冲，脉冲的出现时刻受 VT1 截止时刻控制。此脉冲经射极跟随器 VT4 后向晶闸管 VSO 发出触发脉冲，在 VSO 被触发导通前，电容 C1 已提前充好电（因 u_{ch}超前于相应阳极电压 120°），VSO 触发导通时，接通 C1 的放电回路，C1（+）→VSO →TV1～2（TV 一次绕组）→V1（V2）→C1（－），在脉冲变压器的二次绕组中感应出触发脉冲。每相触发电路同时送出两个触发脉冲给两组可控整流桥的“＋A”相晶闸管。

图 12-28 电路还具有双脉冲触发功能，每相触发电路同时送出两个脉冲，分别送给共阴极组和共阳极组的对应晶闸管。双脉冲形成是通过 V1 和 V2 实现的，“＋A”相发出主脉冲 u_{t1}时，C1 通过 V2 向“－B”相触发电路的脉冲变压器一次绕组放电，因此“－B”相晶闸管得到从脉冲 u_{t6}；同理，“－C”相触发电路发出脉冲 u_{t2}时，“＋A”相的脉冲变压器一次绕组也与“－C”相的电容 C1 构成放电回路，获得从脉冲 u_{t1}。

波形见图 12-29 中（a）～（g）实线所示。

U_S不为零时，U_S与 u_{sy}叠加后的电压过零点改变，因而改变了 VT1 由导通到截止的时刻，从而改变了触发脉冲的相位。$U_S<0$，叠加电压向下移动，其过零点向左移动，如图 12-29（b）中的虚线所示，控制角 α 减小，即 $\alpha<90°$，使整流桥工作于整流区；反之 $U_S>0$，控制角 α 增大，对应 $\alpha>90°$，整流桥工作于逆变区。即控制电压 U_{SM}改变，相当于将叠加电压上下移动，改变了触发脉冲的相位。

为保证可控整流桥正常工作，控制角 α 必须在一定范围内（0°～160°），因此设置了控制角限制电路。考虑控制角限制电路后，电容 C2 能否充电，不仅取决于二极管 VT1 是否由导通到截止，而且取决于 VT2、VT3 的状态，而它们的状态受控制角限制电压 $\dot{U}_{\alpha max}$和 $\dot{U}_{\alpha min}$控制。

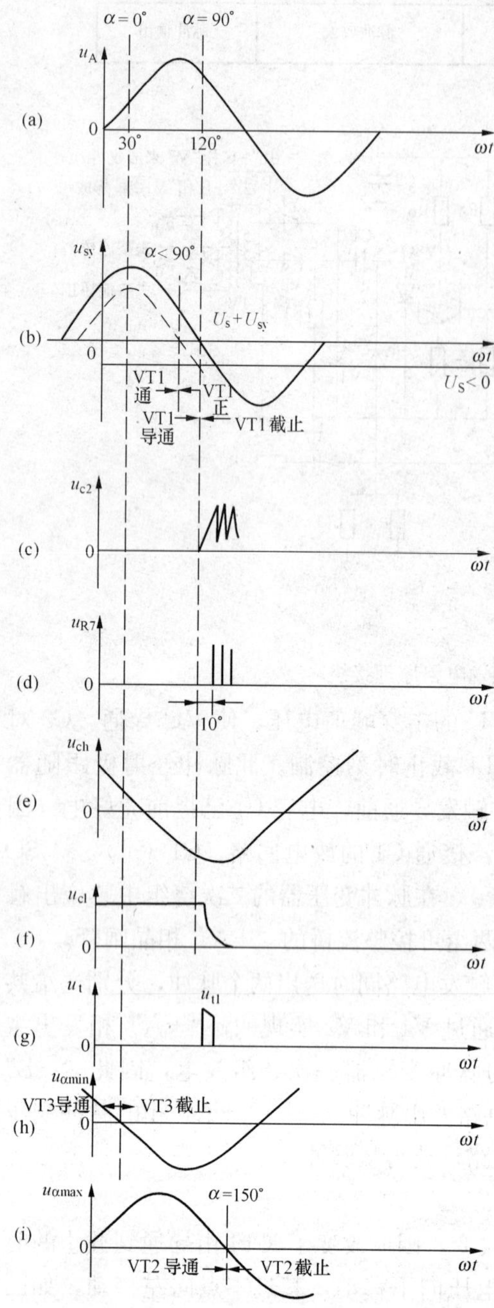

图 12 - 29　移相触发电路各点波形图

最小角限制电压 $\dot{U}_{\alpha\min}$ 是用来限制最小控制角 $\alpha_{\min}$。取 $\dot{U}_{\alpha\min}$ 相位为超前同步电压 $\dot{U}_{sy}$ 90°，如图 12 - 29（h）所示。当 $u_{\alpha\min}$ 为负时，VT3 截止，C2 才可能充电，在 ωt_1（即 $\alpha=0°$）时刻以前，$u_{\alpha\min}$ 为正，VT3 导通，电容 C2 被三极管 VT3 短接不能充电（即使此时 VT1 截止），不能产生触发脉冲。可见，最小控制角 $\alpha_{\min}$ 受 $\dot{U}_{\alpha\min}$ 控制。考虑振荡电路 C2 充电至单结晶体管 VU 的击穿峰值电压的滞后时间约 10°左右，$\alpha_{\min}\approx 10°$。

最大角限制电压 $\dot{U}_{\alpha\max}$ 用来限制最大控制角 $\alpha_{\max}$，以防止逆变失败。在 $\alpha<\alpha_{\max}$ 时，VT1、VT3 截止，VT2 导通，C2 充电使 VT4 发生弛张振荡产生触发脉冲。当 $\alpha=\alpha_{\max}$ 时，最大角限制电压 $u_{\alpha\max}$ 变负，VT2 截止，+15V→R12→V10→C2→0V，C2 充电，产生触发脉冲信号，该信号对应控制角为 $\alpha_{\max}$。当控制电压再向正增加时，则脉冲控制角不会向 180°方向移动，即实现了最大角限制。一般取 $u_{\alpha\max}$ 滞后同步电压 u_{sy} 60°，计及 C2 充电时间导致滞后角度约 10°，$\alpha_{\max}=160°$，如图 12 - 29（i）所示。

（3）移相触发电路的其他功能。为了满足发电机各种运行工况对励磁系统的要求，在发电机要求灭磁时，将图 12 - 28 中端子 2 瞬时接入 0V，使 VT1 集电极被 V12 钳位为 0V，电容 C2 充电只能由 VT2 截止控制，触发电路工作于 $\alpha=\alpha_{\max}$ 下，即实现逆变灭磁（或减磁）。端子 3 接地时，相当于 VT3 导通，C2 无法充电，不发触发脉冲，停止励磁。端子 4 接入+15V 电源时，VT3 截止或导通直接控制 C2 充放电，使电路工作在 $\alpha=\alpha_{\min}$ 下，整流桥获得最大输出电压，发电机处于强励状态。

（4）工作特性。由于移相触发单元是利用控制信号 U_{SM} 产生移相触发脉冲 $u_t(\alpha)$，去控制三相全控桥式整流电路，因此我们将移相触发单元和可控整流电路的工作特性放在一起考虑。

图 12 - 28 所示余弦波触发电路输入电压 U_{SM} 与控制角 α 具有下述关系（考虑 $U_p=0$）

$$\alpha = \arccos(-U_{SM}/U_{sym}) \quad (12-16)$$

式中 U_{sym}——同步电压最大值。

将式（12 - 16）代入式（12 - 10）中，整理后得

$$U_{av} = 1.35U_{p-p} \cdot (-U_{SM}/U_{sym}) \quad (12-17)$$

式（12 - 17）说明，整流电路的输出 U_{av} 与移相电路输入 U_{SM} 之间呈线性关系，其特性如图 12 - 30 所示。图中实线表示整流工作区，虚线表示逆变工作区。

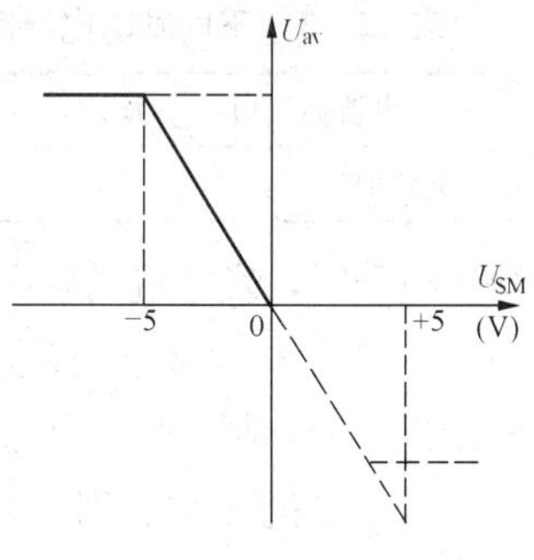

图 12 - 30 移相触发和可控整流工作特性

（三）励磁调节系统静态工作特性

前面分析了自动调节励磁装置各单元的工作原理，并得到了相应的工作特性。将这些单元的工作特性进行合成，可以得到励磁调节系统的工作特性。

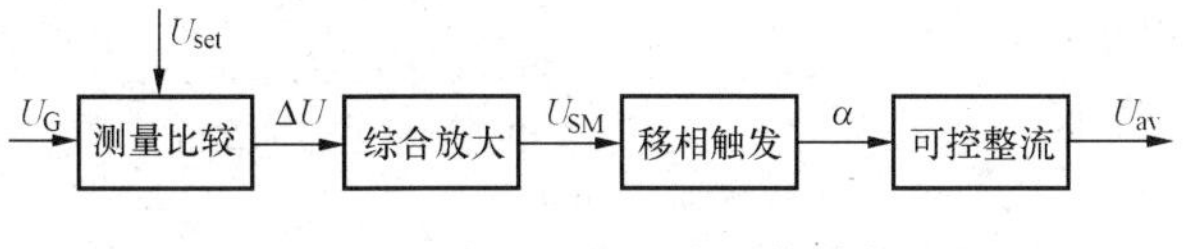

图 12 - 31 励磁调节系统的简单构成框图

励磁调节系统的简单构成框图如图 12 - 31 所示，测量比较单元的工作特性如图 12 - 32（a）所示，综合放大单元特性如图 12 - 32（b）所示，移相触发和可控整流桥工作特性如图 12 - 32（c）所示，将三者合成可得励磁调节系统的静态工作特性如图 12 - 32（d）所示。

由图 12 - 32 可见，在励磁调节器工作范围内，U_G 升高，U_{av} 急剧减小；U_G 降低，U_{av} 急剧增大，可维持发电机端电压为给定水平运行。

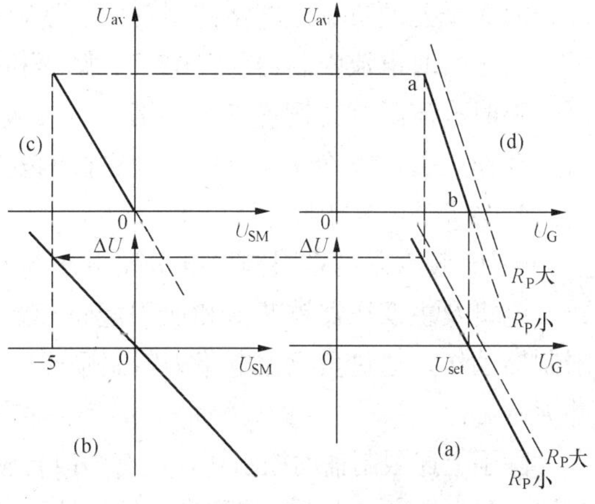

图 12 - 32 励磁调节系统静态工作特性

（a）测量比较单元工作特性；（b）综合放大单元特性；（c）移相触发和可控整流桥工作特性；（d）励磁调节器工作特性

（四）励磁调节系统中的辅助控制

辅助控制是为了保证发电机和电力系统安全运行以及改善励磁系统动态性能而设置的。以下介绍一般性的辅助控制内容。

1. 最小励磁限制（MEL）

发电机在欠励磁方式运行时，定子电流相位超前于机端电压，发电机吸收系统的无功功率，发出有功功率，这种状态称为进相运行。发电机进相运行时，最小励磁电流值应限制在发电机临界失步稳定极限允许的范围内，同时还要考虑发电机定子端部发热容许的容量范围。

在励磁调节器中设置了最小励磁限制器，它可根据发电机不同运行状态，对发电机励磁电流实施与该运行状态相适应的最小励磁限制。若发电机励磁电流过小，最小励磁限制器就输出正电压 U_{ME}，通过综合放大单元中的正竞比电路控制励磁，使励磁电流增大到允许范围内。

表 12-3 不同励磁电流时的允许时间

励磁电流标么值	1.12	1.25	1.46	2.08
允许时间（s）	120	60	30	10

2. 最大励磁限制（MXL）

最大励磁限制是为了防止发电机转子绕组长时间过励磁而采取的安全措施。按规程要求，当发电机端电压下降至80%～85%额定电压时，发电机励磁电流应迅速上升到强励顶值电流，一般为1.6～2倍额定励磁电流。由于受发电机转子绕组发热的限制，强励时间不允许超过规定值。表12-3给出了发电机转子在不同励磁电流时的允许时间。

为使机组安全运行，过励磁应按允许发热时间运行，若超过允许时间，励磁电流仍不能降下来，则最大励磁限制器执行限制功能，通过综合放大单元中的负竞比电路控制励磁，使励磁电流减小到允许范围内。最大励磁限制器具有反时限特性，如图12-33所示。

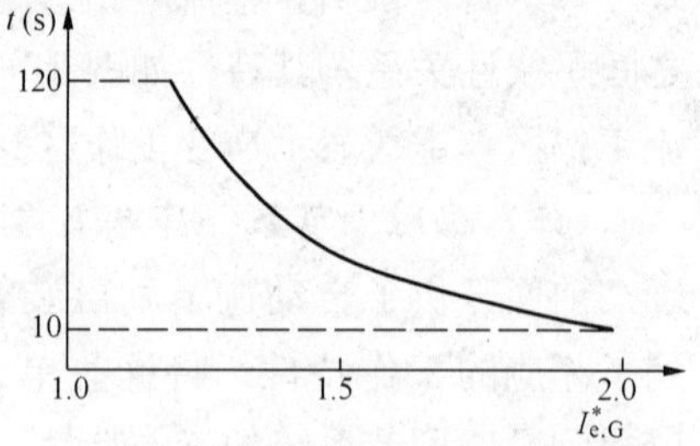

图12-33 最大励磁限制器的反时限特性

$I^*_{e.G}$—发电机励磁电流标么值

3. 瞬时电流限制（ICL）

大容量发电机组都采用高起始响应励磁系统，以满足系统稳定性要求。但励磁电流过大，超过规定励磁顶值电流时，会危及发电机和系统安全。励磁调节器内设置的瞬时电流限制器检测励磁电流，一旦超出发电机允许的强励顶值，限制器动作输出由正变负，通过综合放大单元的负竞比电路控制励磁，使强励顶值电流限制在允许范围内。

由于瞬时电流限制器与发电机、励磁机安全密切相关，因此其工作可靠性非常重要。通常瞬时电流限制器设置三级，第一、二级输出限制励磁电流，第三级则延时2s跳发电机并动作灭磁，以确保发电机、励磁机的安全运行。

4. 电压/频率限制（HXL）

电压/频率限制是限制发电机端电压与频率的比值，防止由于电压升高或频率降低导致发电机及主变压器铁芯饱和而引起过热。当电压与频率比值高于额定值时，电压/频率限制器动作，通过负竞比电路去限制励磁。若限制失败，则由相应保护延时动作跳发电机并灭磁。

除了上述限制辅助控制外，还有为改善整个励磁系统动态性能的辅助控制（励磁控制稳定器）和为提高电力系统稳定性的辅助控制（电力系统稳定器），在此不作介绍。

§12.3 并联运行机组间无功功率分配

同步发电机的无功功率与励磁电流密切相关。在同一母线上并联运行的几台发电机，无功功率的分配与同步发电机的无功调节特性有关，无功调节特性是指发电机无功电流$I_{Q.G}$与端电压U_G之间的关系曲线，也属同步发电机的外特性。

一、有自动调节励磁装置同步发电机的无功调节特性

发电机自动调节励磁系统是由励磁系统和发电机组成，考虑到发电机电压和转子电流之

间存在线性关系（未饱和时），利用励磁调节系统的工作特性 $I_{e.G}=f(U_G)$ ［或 $U_{av}=f(U_G)$］和同步发电机的调节特性 $I_{Q.G}=f(I_{e.G})$，可以合成发电机无功调节特性。

发电机的调节特性是指发电机励磁电流 $I_{e.G}$ 与无功负荷 $I_{Q.G}$ 之间的关系。由于在自动调节励磁装置作用下，发电机电压在额定值附近变化，图 12-34（a）给出了发电机电压处额定值时的调节特性。图 12-34（b）是利用作图法作出的发电机无功调节特性曲线 $U_G=f(I_{Q.G})$，图上用虚线示出了作图过程。图 12-34（c）示出不同给定电压值下的无功调节特性。

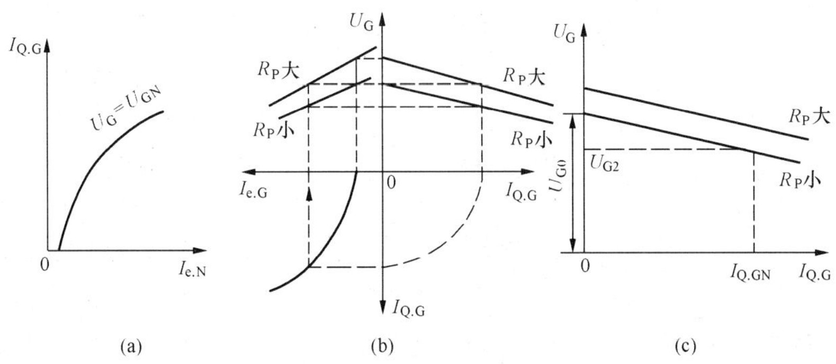

图 12-34　发电机无功调节特性的形成

（a）发电机的调节特性；（b）无功调节特性求取；（c）无功调节特性

由图 12-34（c）可以看出，改变端电压给定值可以上下平移无功调节特性。而在某一给定值下，调节特性随发电机无功电流 $I_{Q.G}$ 的增加稍有下倾，下倾的程度可以用一个重要参数——调差系数 K_u 来表示。调差系数定义为

$$K_u=(U_{G0}-U_{G2})/U_{GN}=U_{G0}^*-U_{G2}^*=\Delta U_G^* \tag{12-18}$$

式中　U_{GN}——发电机额定电压；

U_{G0}、U_{G0}^*——发电机空载电压（发电机无功电流 $I_{Q.G}=0$ 时的电压）及空载电压标么值；

U_{G2}、U_{G2}^*——发电机带额定无功负荷时的电压（$I_{Q.G}=I_{Q.GN}$）及其标么值。

调差系数 K_u 也可用百分数表示，即

$$K_u\%=[(U_{G0}-U_{G2})/U_{GN}]\times 100\% \tag{12-19}$$

由式（12-18）可见，调差系数 K_u 表示无功电流由零增加到额定值时，发电机端电压的相对变化。调差系数越小，无功电流变化时发电机端电压变化越小，所以调差系数 K_u 表征了励磁调节系统维持发电机端电压的能力。无功调节特性也被称为调差特性。

由于同步发电机在电网中运行情况各异，对无功调节提出了不同的要求，因此在励磁调节器中设置了调差单元。利用调差单元可以得到不同的调差特性，如图 12-35 所示。由式（12-19）可知，$K_u>0$ 为正调差系数，其调差特性下倾，即发电机端电压随无功电流增大而降低；$K_u<0$ 为负调差系数，调差特性上翘，发电机端电压随无功电流增大而升高；$K_u=0$ 为无差特性，调差特性呈水平，这时发电机端电压为恒定值。

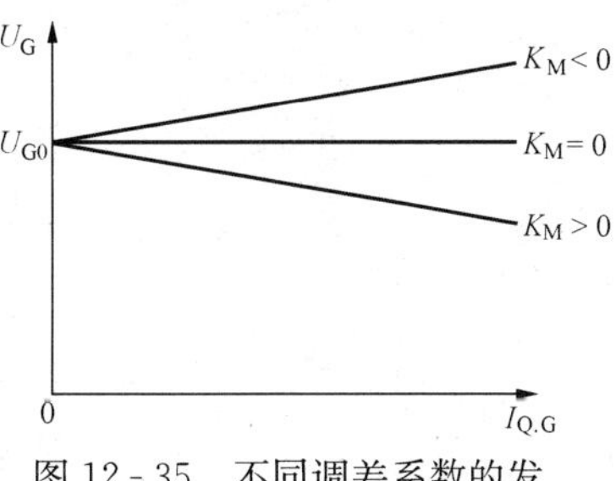

图 12-35　不同调差系数的发电机无功调节特性

二、并联运行机组间无功功率的分配

并联运行机组间无功功率的分配与各机组的调差特性密切相关，下面分别讨论。

（一）一台无差特性的机组与有差特性机组的并联运行

设两台发电机组在公共母线上并联运行，其中第一台发电机为无差调节特性，如图 12-36 中曲线 1，第二台发电机为有差调节特性，且 $K_u>0$，如图 12-36 中曲线 2。这时母线电压必定等于第一台发电机的端电压 U_1，并保持不变，第二台发电机的无功电流为 $I_{Q.G2}$。如果无功负荷改变，则第一台发电机的无功电流将随之改变，而第二台发电机的无功电流维持不变，仍为 $I_{Q.G2}$。移动第二台发电机调差特性 2 可以改变发电机之间无功负荷的分配。移动第一台发电机调差特性 1，不仅可以改变母线电压，而且也可改变第二台发电机的无功电流。

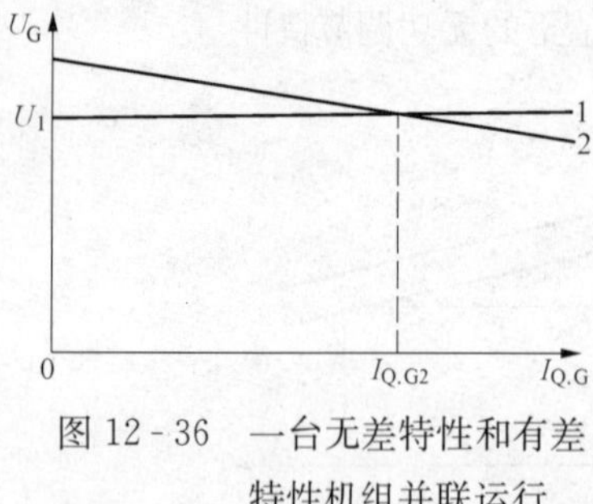

图 12-36　一台无差特性和有差特性机组并联运行

由上面分析可知，一台无差特性的发电机可以和一台或多台正调差特性机组在同一母线上并联运行，但由于无差特性发电机组将承担所有无功功率的变化量，无功功率的分配是不合理的，所以实际中很少采用。两台及以上无差特性的机组是不能在同一母线上并联运行的，因为无功功率的分配是随意的，故机组不能稳定运行。

（二）一台负调差特性机组和一台正调差特性机组并联运行

如图 12-37 所示，第一台发电机为负调差特性，第二台发电机为正调差特性。两机在同一母线上并联运行时，设并联点母线电压为 U_1，两台机组相应的无功电流为 $I_{Q.G1}$ 和 $I_{Q.G2}$。当系统中无功负荷变化（如增大）时，无功功率在两机组间发生转移，不能合理分配，因此不允许负调差特性机组直接参与并联运行。

（三）两台正调差特性的发电机并联运行

两台正调差特性的发电机在公共母线上并联运行，如图 12-38 所示，其调差特性分别为曲线 1 和曲线 2（$K_{u1}<K_{u2}$）。两台发电机端电压相同，均为母线电压 U_1，负担的无功电流分别为 $I_{Q.G1}$ 和 $I_{Q.G2}$。

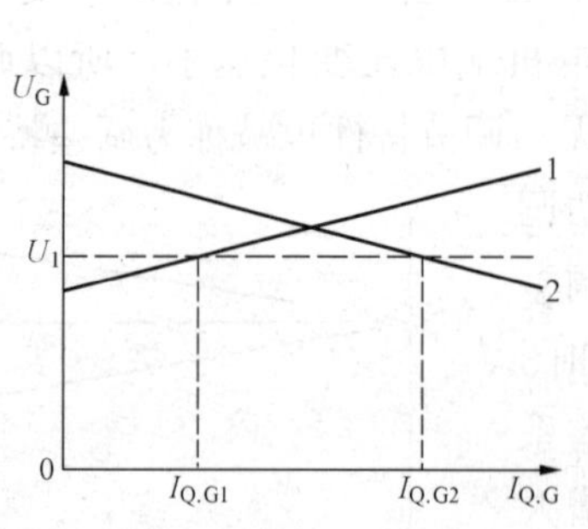

图 12-37　负调差特性机组直接参与并联运行

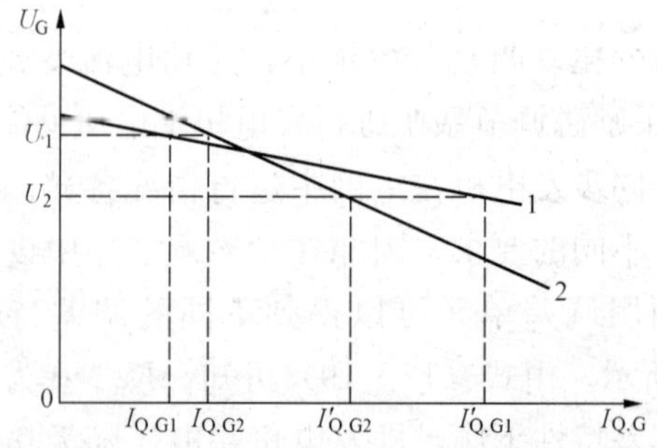

图 12-38　两台正调差特性的发电机并联运行

如果无功负荷增加，母线电压下降，调节器动作使新的稳定电压值为 U_2，这时发电机负担的无功负荷分别为 $I'_{Q.G1}$ 和 $I'_{Q.G2}$，两台机组分别承担一部分增加的无功负荷，无功负荷的分配取决于各机组的调差系数。

可以证明，两台正调差特性机组在公共母线上并联运行时，无功负荷分配与调差系数成反比，无功增量分配也与调差系数成反比。通常要求各发电机组间的无功负荷应按机组容量分配，无功负荷增量也应按机组容量分配，这就要求在公共母线上并联运行的发电机组具有相同的调差系数。

（四）发电机经升压变压器后并联运行

如图 12 - 39（a）所示，发电机经升压变压器后在高压侧母线并联运行，这时发电机发出的无功电流流经变压器，在变压器漏抗上产生压降，将使发电机对高压母线的调差特性向下倾斜程度加大，不利于维持高压母线电压水平，如果发电机具有负调差特性，如图 12 - 39（b）中 1 所示，则考虑到变压器压降 $I_{Q.G}X_T$ 后，发、变组对高压母线的整体调差特性是下倾的，如图 12 - 39（b）中曲线 1′，这样不仅能稳定并联运行，同时其倾斜度较小，有利于高压母线电压稳定。

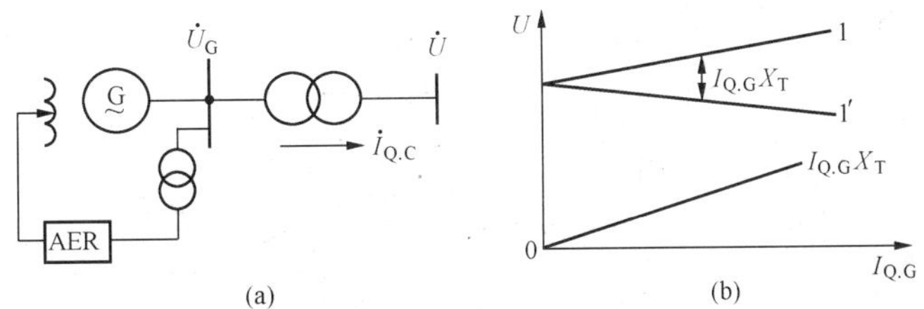

图 12 - 39　发电机经升压变压器并列运行

（a）接线图；（b）调节特性曲线

1—$U_G = f(I_{Q.G})$；1′—$U = f(I_{Q.G})$

综上所述，机端直接并联运行的发电机应具有正调差特性，无功负荷的分配与调差系数成反比；要按机组容量分配无功功率，发电机必须具有相等的调差系数。以发电机—变压器组形式并联运行的发电机，应具有负的调差系数，以维持高压母线电压稳定。

三、无功调节特性的调整

在电网上运行的同步发电机，为满足并列运行机组间无功功率的稳定、合理分配，以及为保证平稳地投入和退出发电机，而不致对系统造成无功冲击，应能调整同步发电机的无功调节特性（调差特性）。调整的内容包括调差系数的调整和调差特性的平移。

在自动调节励磁装置中设置了调差单元和电压整定环节，调差单元用来改变调差系数，电压整定环节则用来平移调差特性。

（一）调差单元工作原理

1. 调差单元的基本原理

图 12 - 40 示出了接入正调差环节的自动调节励磁装置（AER）方框图，为便于理解，调差单元没有画在 AER 内。由图可以看到，当发电机的无功电流 $I_{Q.G}$ 增大时，AER 装置感受到的端电压 U_G' 在上升，于是减小励磁电流，驱使发电机降低电压，使得机端电压随无功电流 $I_{Q.G}$ 增大而降低，得到下倾的调差特性。

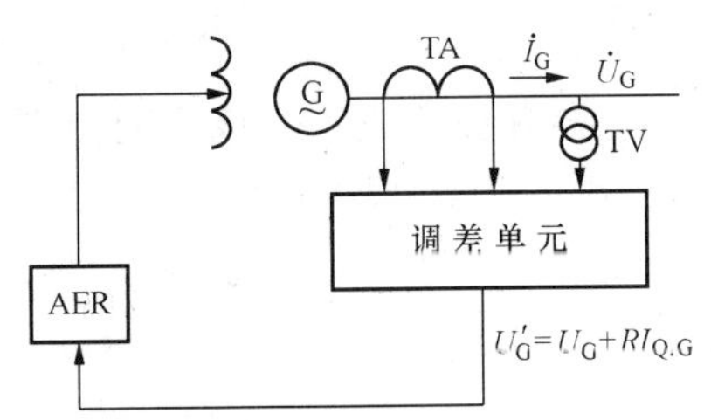

图 12 - 40　正调差环节示意图

如果令图 12 - 40 中调差单元的输出电压为

$$U_G' = U_G - RI_{Q.G} \qquad (12-20)$$

则可得到负调差系数。当无功电流 $I_{Q.G}$增大时，AER 装置感受到的电压 U_G' 在下降，于是增大励磁电流，驱使发电机电压升高，使发电机电压 U_G 随无功电流 $I_{Q.G}$增大而升高，得到上翘的调差特性。

可见，调差单元的关键是使其输出电压 U_G' 除反映端电压 U_G 变化外，还反映无功电流的变化。随着无功电流的增大，输出电压 U_G' 相应升高或降低，通过 AER 装置相应调节，得到所需要的正或负的调差系数，因此调差单元又叫做无功补偿环节。

2. 调差单元的接线

调差单元的接线按引用电流信号的相数可分为单相、两相和三相三种方式，现以大机组常用的单相式调差单元为例说明。

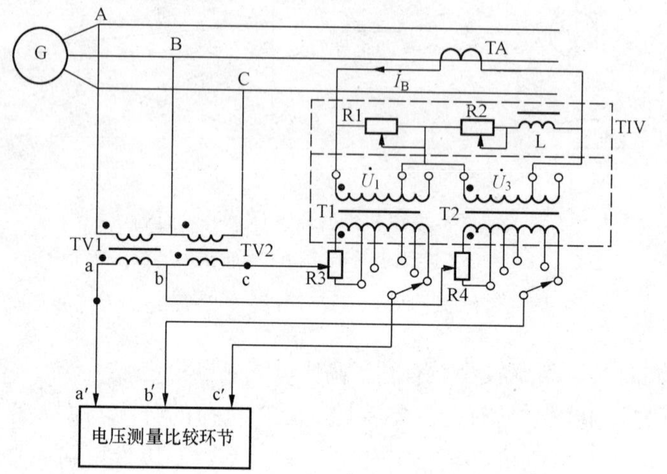

图 12 - 41　单相式调差单元原理接线（负调差）

单相式调差单元原理接线图如图 12 - 41 所示，它由两个 V/V 接法的电压互感器 TV1、TV2 和一个接于 B 相的电流互感器 TA 引入信号，再经电流—电压转换器 TIV 和两个具有可调分接头的变压器 T1、T2 组成。其特点是只取用一相发电机电流，可节省高压电流互感器，且调差精度高。

发电机 B 相电流 $\dot{I}_B$ 经 TA 输入 TIV。TIV 是由电阻 R1、R2 和电感 L 串联组成，电阻 R1 上压降 $\dot{U}_1$ 引至 T1 的一次侧，电阻 R2 和电感 L 上的压降 $\dot{U}_3$ 引至 T2 的一次侧。选择适当参数使 $\dot{U}_1$ 和 $\dot{U}_3$ 幅值相等，而 $\dot{U}_3$ 超前 $\dot{U}_1$ 相位 60°。T1、T2 二次侧电压 $K\dot{U}_1$、$K\dot{U}_3$ 与一次侧电压相位相同，它们分别与 TV1、TV2 二次侧的 C 相和 B 相电压串联，相量合成后获得经补偿的三相电压 $\dot{U}_{a'b'}$、$\dot{U}_{b'c'}$、$\dot{U}_{c'a'}$，作为发电机端电压信号输入测量比较单元。

根据图 12 - 41 所示接线，经电流补偿后的发电机相间电压为

$$\left.\begin{aligned}\dot{U}_{a'b'} &= \dot{U}_{ab} + K\dot{U}_3 \\ \dot{U}_{c'a'} &= \dot{U}_{ca} - K\dot{U}_1\end{aligned}\right\} \tag{12 - 21}$$

分析功率因数变化时补偿后发电机端电压的变化，只考虑两种极端情况：$\cos\varphi=1$ 和 $\cos\varphi=0$。

$\cos\varphi=1$ 时，如图 12 - 42 所示，此时发电机定子电流 $\dot{I}_b$ 为有功电流，与该相电压同相，作出对应的补偿电压 $K\dot{U}_1$ 与 $\dot{I}_b$ 同相，$K\dot{U}_3$ 超前 $K\dot{U}_1$ 相位 60°，根据式（12 - 21），在△abc 基础上作出对应的补偿后发电机电压，如图 12 - 42（b）中阴影△a′b′c′所示。由图可见

$$U_{a'b'} = \sqrt{U_{ab}^2 + (KU_3)^2} \tag{12 - 22}$$

由于补偿电压很小（8%以内），$U_{a'b'} \approx U_{ab}$，即调差单元基本不反映有功电流的变化。

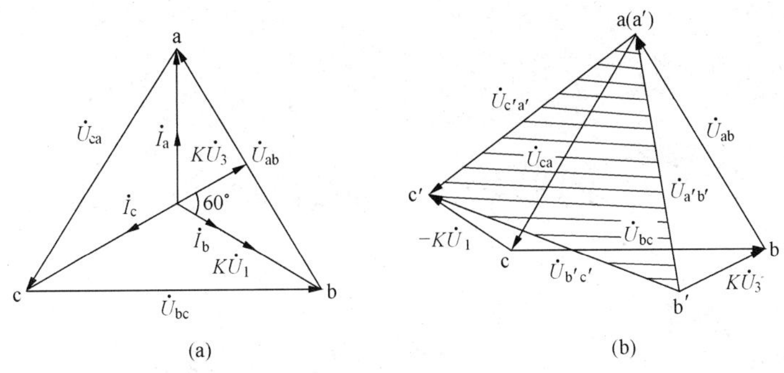

图 12-42 cosφ=1 时调差单元相量图

（a）$K\dot{U}_1$、$K\dot{U}_3$ 相量关系；（b）输入与输出相量比较

cosφ=0 时，此时 B 相电流 $\dot{I}_b$ 为无功电流，滞后该相电压相位 90°，作出对应补偿电压 $K\dot{U}_1$ 和 $K\dot{U}_3$，如图 12-43（a）。根据式（12-21），作出补偿后发电机电压见图 12-43（b）。由图可写出

$$U_{a'b'} = U_{ab} - KU_3 \qquad (12-23)$$

与式（12-22）比较，可见调差环节输出电压反映无功电流的变化，且随无功电流增大反而降低，得到负的调差系数。

若将图 12-41 中 T1 和 T2 变压器极性对换，可得到正调差系数。调节 T1、T2 的分接头可以改变调差系数大小。

（二）调差特性的平移

平移发电机的无功调节特性，可以改变该发电机所承担的无功负荷。如图 12-44 所示，假设发电机与无限大容量母线并联运行，母线电压为 U_1 不变，若将调差特性从 1 平移到 2 的位置，发电机承担的无功电流由 $I_{Q.G1}$ 减小到 $I_{Q.G2}$；如果特性继续下移到 3 的位置，则发电机发出的无功电流将减小到零。这样机组就可以退出运行，而不会对系统造成无功功率的冲击。同理，发电机投入运行时，可令其调节特性处于 3 的位置，待机组并网后再向上平移，则无功电流将从零起增加至运行要求值。

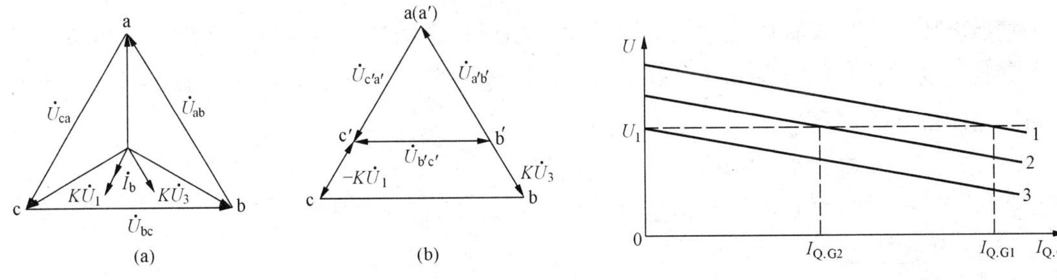

图 12-43 cosφ=0（滞后）时调差单元相量图

（a）$K\dot{U}_1$、$K\dot{U}_3$ 相量关系；（b）输入与输出相量比较

图 12-44 调节特性平移

调节特性的平移是通过改变机端电压给定值实现的，具体是改变测量比较单元的电压比较整定电路中 RP 的阻值。图12-32中示出励磁调节静态工作特性的合成过程。由图可见，发电机端电压给定值增加时，调节器的测量比较单元工作特性将向右移，所以对应的调节器工作特性也向右移。与此相对应，在图 12-34（b）中，发电机端电压给定值增加

时，调节器输出特性 $I_{e.G}=f(U_G)$ 向上平移，发电机的无功调节特性也随之上移。反之，整定值减小，无功调节特性向下平移。

§12.4 同步发电机的强行励磁和灭磁

一、同步发电机的强行励磁

电力系统发生短路故障时，会引起发电机端电压急剧下降，此时如能使发电机的励磁电流迅速上升到顶值，将有助于电网稳定运行，能提高继电保护动作的灵敏度，缩短故障切除后系统电压恢复的时间，并有利于用户电动机的自起动。因此，当发电机电压急剧下降时，将励磁电流迅速增加到顶值的措施，对电力系统稳定运行具有重要的意义。通常将这种措施称为强行励磁，简称强励。

一般的自动调节励磁装置均具有强励功能，但有些励磁系统可能励磁顶值电压不够高，或响应速度不够快，或某些故障形式下没有强励效应。在这种情况下，可以设置强行励磁装置 AEI，作为自动调节励磁装置强励的补充，或为其强励后备。

从强励的作用可以看出，要使强励充分发挥作用，不论是 AER 装置的强励，还是强励装置 AEI，都应满足强励顶值电压高且响应速度快的基本要求，因此可用两个指标来衡量强励能力：强励倍数和励磁电压响应比。

1. 强励倍数

强励时能达到的最高励磁电压 $U_{E.max}$ 与额定励磁电压 $U_{E.N}$ 的比值，称为强励倍数 (K_I)，即

$$K_I = U_{E.max}/U_{E.N} \tag{12-24}$$

显然，K_I 愈大，强励效果愈好。但 K_I 大小受励磁系统结构和设备费用的限制，通常为 1.2～2 倍。

2. 励磁电压响应比

励磁电压响应比又称励磁电压响应倍率，是反映强励过程中励磁电压增长速度大小的一个参数。通常指强励开始 0.1s 内测得的励磁电压按平均速度上升的数值，与发电机额定励磁电压的比值，即

$$\begin{aligned}&\text{励磁电压响应比}\\&=(\text{励磁电压等值上升数值}/0.1)/U_{E.N}\ (\text{电压标么值/s})\end{aligned} \tag{12-25}$$

一般为 2，快速励磁系统中为 6～7。

二、同步发电机的灭磁

运行中的发电机，如果出现内部故障或出口故障，继电保护装置应快速动作，将发电机从系统中切除。但发电机的感应电势仍然存在，继续供给短路点故障电流，这时将会使发电设备的绝缘材料等严重损坏。因此当发电机内部或出口故障时，在跳开发电机出口断路器的同时，应迅速将发电机灭磁。

所谓灭磁就是把转子绕组产生的磁场尽快减弱到最小程度。考虑到励磁绕组是一个大

电感，突然断开励磁回路必将产生很高的过电压，会危及转子绕组绝缘，所以用断开励磁回路的方法灭磁是不恰当的。在断开励磁回路之前，应将转子绕组自动接到放电电阻或其他装置中去，使磁场中储存的能量迅速消耗掉。

对灭磁的基本要求有：

（1）灭磁时间要短；

（2）灭磁过程中转子过电压不应超过允许值，其值通常取额定励磁电压的 4～5 倍。

（3）灭磁后，机组剩磁电压不应超过 500V。

灭磁的方法较多，常用的灭磁方法有以下几种。

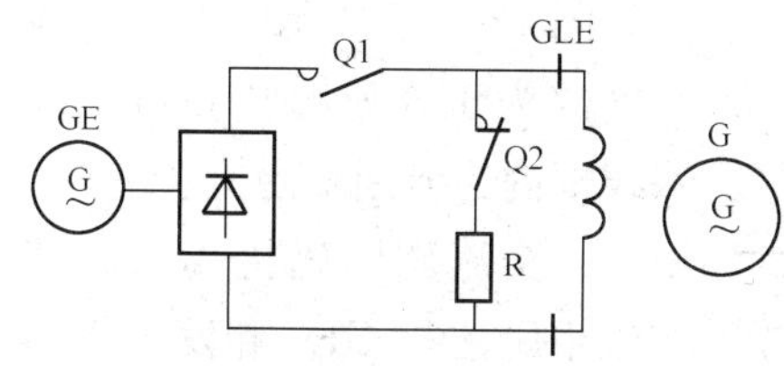

图 12－45　利用放电电阻灭磁示意图

1. 利用放电电阻灭磁

如图 12－45 所示，发电机正常运行时，灭磁开关 Q 处合闸位置，励磁机经主触头 Q1 供电给发电机的转子励磁电流，而触头 Q2 断开。发电机退出运行需要灭磁时，灭磁开关 Q 跳闸，触头 Q2 先闭合，使励磁绕组接入放电电阻 R，然后触头 Q1 断开，以防止转子绕组切换到放电电阻时由于开路而产生危险的过电压。Q1 断开后，励磁绕组 GLE 对 R 放电，就开始灭磁。

利用放电电阻灭磁的实质是将磁场能转换为热能，消耗于电阻上。传统的对常规电阻放电灭磁速度较慢，目前采用对非线性电阻放电灭磁，大大提高了灭磁速度。

2. 利用灭弧栅灭磁

如图 12－46 所示，发电机正常运行时灭磁开关 Q 处合闸状态，触头 Q1、Q3、Q4 闭合，触头 Q2 断开。当 Q 跳闸灭磁时，Q2 闭合，Q1 和 Q4 断开。接入限流电阻 Ry，是为了防止励磁电源被短接，在极短时间内，Q3 紧接着也断开。其间产生电弧，横向磁场将电弧引入灭弧栅中，电弧被灭弧栅分割成很多短弧，同时径向磁场使电弧在灭弧栅内快速旋转，散失热量，直到熄灭为止。灭磁过程中，励磁电流逐渐衰减，当衰减到较小数值时，灭弧栅电弧不能维持，可能出现电流中断而引起过电压。为限制过电压，灭弧栅并接多段电阻，避免整个电弧同时熄灭，实现按顺序熄灭。只要适当选择灭弧栅旁路电阻，可限制过电压在规定值以内。

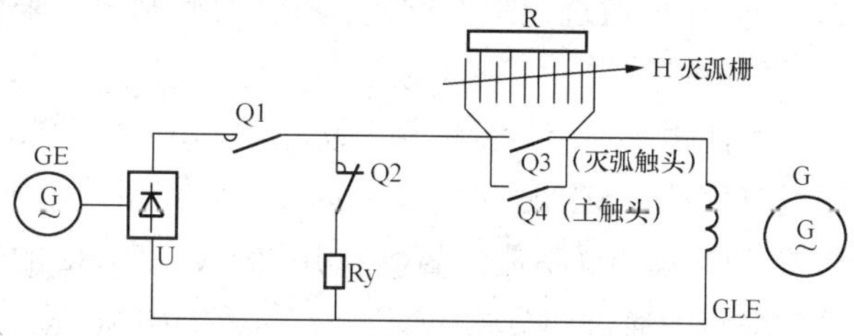

图 12－46　利用灭弧栅灭磁示意图

利用灭弧栅灭磁的实质是将磁场能转换为电弧能，消耗于灭弧栅片中。由于其灭磁速度快，广泛应用于大、中型发电机组中。

3. 利用可控整流桥逆变灭磁

利用可控整流桥逆变灭磁，其实质是将转子绕组储存的能量倒送回交流电源侧。这种灭磁方式是通过 AER 装置改变晶闸管控制角实现的，可节省灭磁开关和灭磁电阻等设备，灭磁速度快，灭磁效果好，但受励磁系统类型限制，只能用于交流励磁机带可控整流供电的励磁系统中。

§12.5　大机组励磁系统实例

本节介绍300MW发电机励磁系统，以便了解励磁系统全貌，建立同步发电机自动调节励磁系统整体概念。

一、励磁系统概念

300MW发电机励磁系统如图12-47所示。其中实线框内为工作励磁机系统，虚线框内为备用励磁机系统。

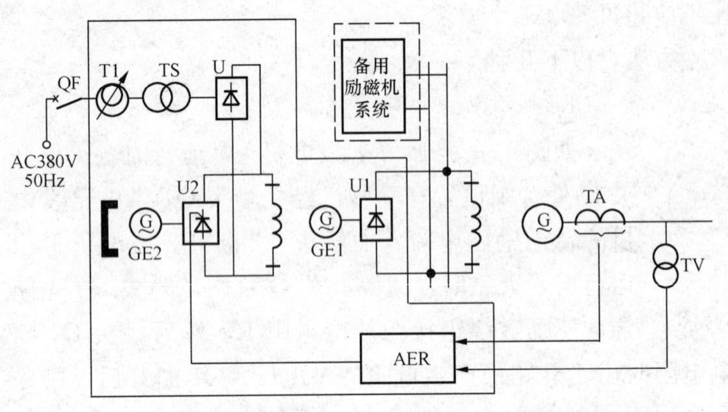

图12-47　300MW发电机励磁系统简图

交流副励磁机GE2、交流主励磁机GE1和发电机G同轴旋转。GE2为400Hz的永磁交流发电机；GE1为100Hz的交流发电机，其励磁电流由副励磁机经可控整流桥U2供给；发电机的励磁电流由主励磁机经静止二极管整流桥U1供给。自动调节励磁装置AER通过控制U2中晶闸管的控制角，来调节主励磁机励磁电流，达到调节发电机励磁的目的。

为使励磁系统运行可靠，防止因GE2或AER装置故障影响发电机运行，励磁系统中还设有手动调节励磁系统。手动调节励磁系统由感应调压器T1、隔离变压器TS和硅整流装置U组成。硅整流装置将厂用380V、50Hz的交流电源转换为直流，给主励磁机提供励磁电流，通过调节感应调压器T1的输出电压，来调节主励磁机的励磁电流，达到调节发电机励磁的目的。

为进一步增加励磁系统的可靠性，防止因工作励磁机系统故障影响发电机正常工作，还设置了备用励磁机系统，作励磁机系统的备用。为提高备用励磁机系统的利用率，通常为多台机组共用一套备用励磁机系统。如图12-48所示，备用励磁机系统采用电动直流发电机组作为直流电源，交流电动机M由6kV厂用电系统供电，拖动直流主励磁机GE1供给发电机励磁，通过调整直流副励磁机GE2的磁场电阻R，控制直流主励磁机励磁电流，达到调节发电机励磁的目的。

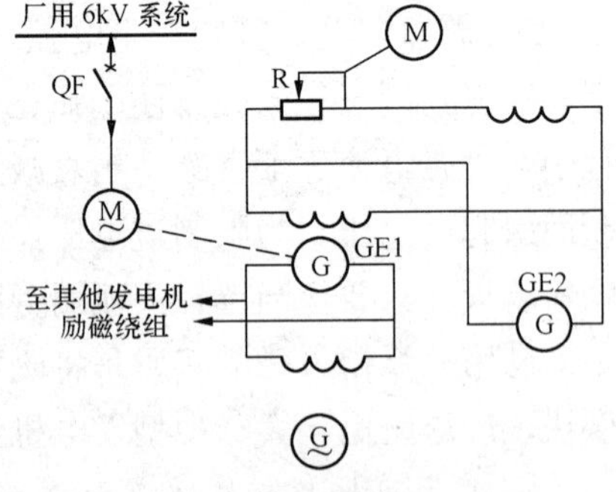

图12-48　备用励磁机系统

二、工作励磁机系统

300MW发电机的工作励磁机系统如图12-49所示。其工作情况如下。

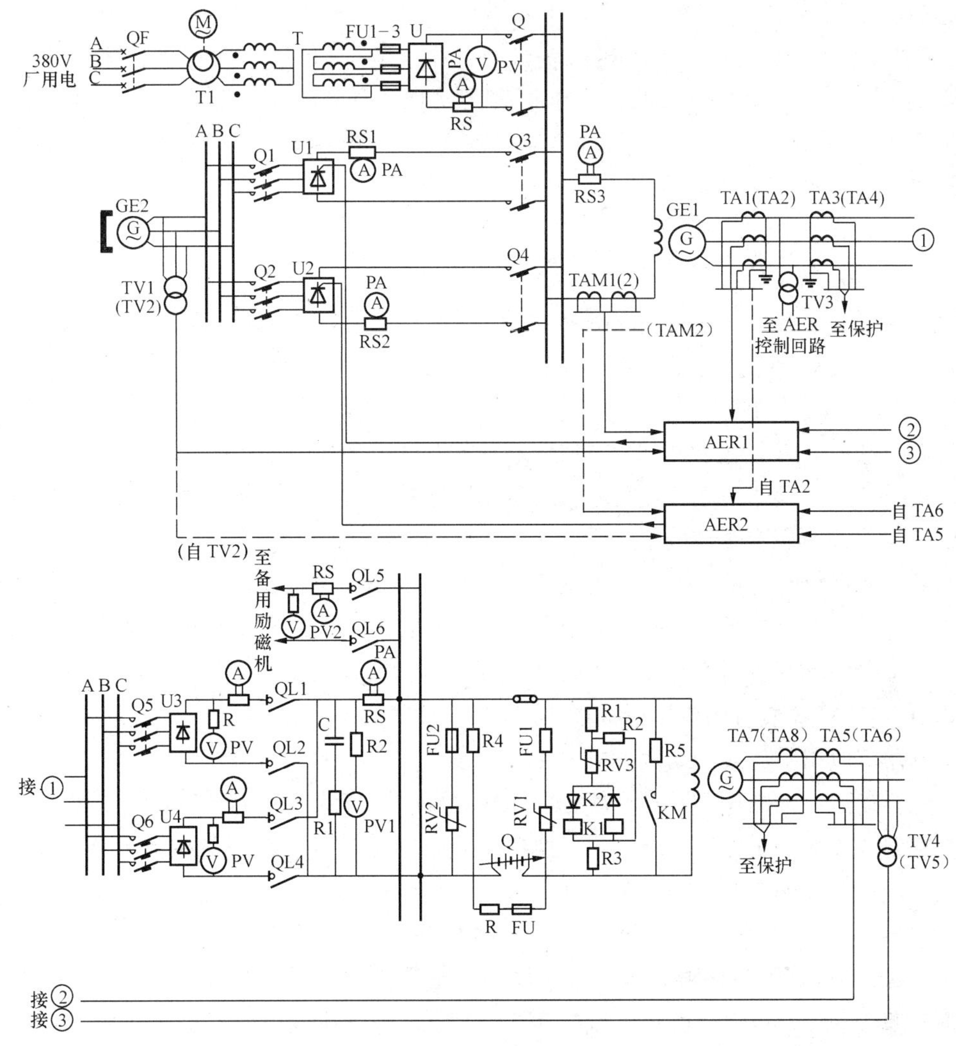

图 12-49　300MW 发电机工作励磁机系统框图

FU—熔断器；RV—压敏电阻；KM—接触器；K1、K2—继电器；

QA—自动开关；PA—电流表；PV—电压表；Q—灭磁开关

1. 正常运行

GE2、GE1、G 三机同轴运行，两套静止的硅整流装置 U3、U4 和两套自动调节励磁装置 AER1、AER2（包括可控整流桥 U1 和 U2）分别并列运行。副励磁机 GE2 靠自身的永磁体建立磁场为主励磁机提供励磁电流。它产生的电源经三相母线及三相开关分别供给三相全控桥 U1、U2 交流电源，经全控桥整流后的励磁电流再经自动开关 Q3、Q4 输入到主励磁机 GE1 的励磁绕组。主励磁机输出三相交流电流又经开关 Q5、Q6 分别为静止硅整流装置 U3、U4 提供交流电源。经静止硅整流后的电流分别经开关 QL1～QL4 及灭磁回路进入发电机励磁绕组，为发电机提供励磁电流，保证发电机正常运行。

2. 手动调节励磁装置的运行

当两套 AER 装置因故要退出运行时，应先合上自动开关 Q，将手动调节励磁装置投入，使之与 AER 装置并列运行。接着在控制台用手动调节按钮“SBM”（图中未示出）调整感应调压器 T1，增大其输出电压，同时用自动调节按钮“SBA”（图中未示出）调整 AER 装置减小其输出电压，以保证发电机的无功功率基本不变。当将励磁系统负荷全部转移到手动调节励磁装置上，逐步使 AER 装置输出电压为零时，断开开关 Q3、Q4，AER 装置退出运行。由于手动调节励磁装置无强行励磁功能，AER 装置一经恢复，应尽快倒为自动调节运行。

3. 备用励磁机系统运行

当发电机主励磁机发生故障或两套 AER 装置及手动调节励磁装置均发生故障时，发电机的励磁应由工作励磁机系统倒为备用励磁机系统运行，见图 12-49。首先合上开关 QL5、QL6，将备用励磁机系统投入，与工作励磁机系统并联运行，以保证不中断励磁电流。励磁切除柜上两个电压表 PV1 和 PV2 用来指示工作和备用励磁电压，当后者高于前者时，断开刀开关 QL1～QL4，发电机由备用励磁机代替工作励磁机供强励磁电流。

4. 自动调节励磁装置运行

为了保证机组的可靠运行，自动调节励磁装置采用双通道，即从测量比较单元起，直到可控整流桥，有两套完全相同的调节器。正常运行时，两套调节器并列运行，共同承担负荷。若其中一套调节器发生故障而退出运行时，允许只用一套工作，并可满足强励要求。其中一套 AER 装置的方框图如图 12-50 所示。

调节器可以用手动或自动两种方式工作。

（1）自动运行。操作 90CS 开关至调节器“自动”方式，发电机的电压互感器 TV 和电流互感器 TA 的二次侧信号→I/V 变换器→调差单元 COP→测量比较单元 VED。另外，90AC 自动调整给定信号（即端电压给定信号）同时送入 VED，两者进行比较产生差值，经时间常数补偿器 TCC（降低小信号变压时励磁机的有效时间常数）→综合放大单元 SMX。SMX 综合其他各路限制信号，如最小励磁限制器 MEL、V/Hz 限制器 HXL、最大励磁限制器 MXL－2、瞬时过励限制器 ICL－1 等，进行比较，变换成一个综合信号输入到直流调节器 DCR（实现自动和手动方式平稳切换）。由于调节器工作于“自动”状态，DCR 中“手动”信号已被隔开。DCR 输出控制移相触发单元，产生相应的移相触发脉冲，控制可控整流桥的输出，改变主励磁机的励磁电流，达到自动调节励磁的目的。

当发电机电压降低时，测量比较单元输出电压 ΔU 将增大，经综合放大单元放大后，U_{SM}向负值方向增大，使移相触发脉冲前移（减小），增大发电机励磁，驱使发电机电压上升。发电机电压升高时，情况相反。

当电力系统发生短路故障使发电机端电压严重降低时，自动调节励磁装置快速输出最大励磁电流，实现强励作用。如励磁电流因故过小或过大时，最小励磁限制器或过励限制器会通过综合放大单元起作用，去增大励磁或减小励磁，保证发电机的稳定和安全运行。

（2）手动运行。操作 90CS 通过“手动—自动”继电器切换到 90DC 状态，即手动状态，由 90DC 整定电位器→两组移相触发电路→二组可控整流桥→励磁机的灭磁开关（41SD）→励磁机励磁绕组。

为了避免在手动和自动切除的过程中发电机无功输出波动，设有跟踪器 FWR。调节

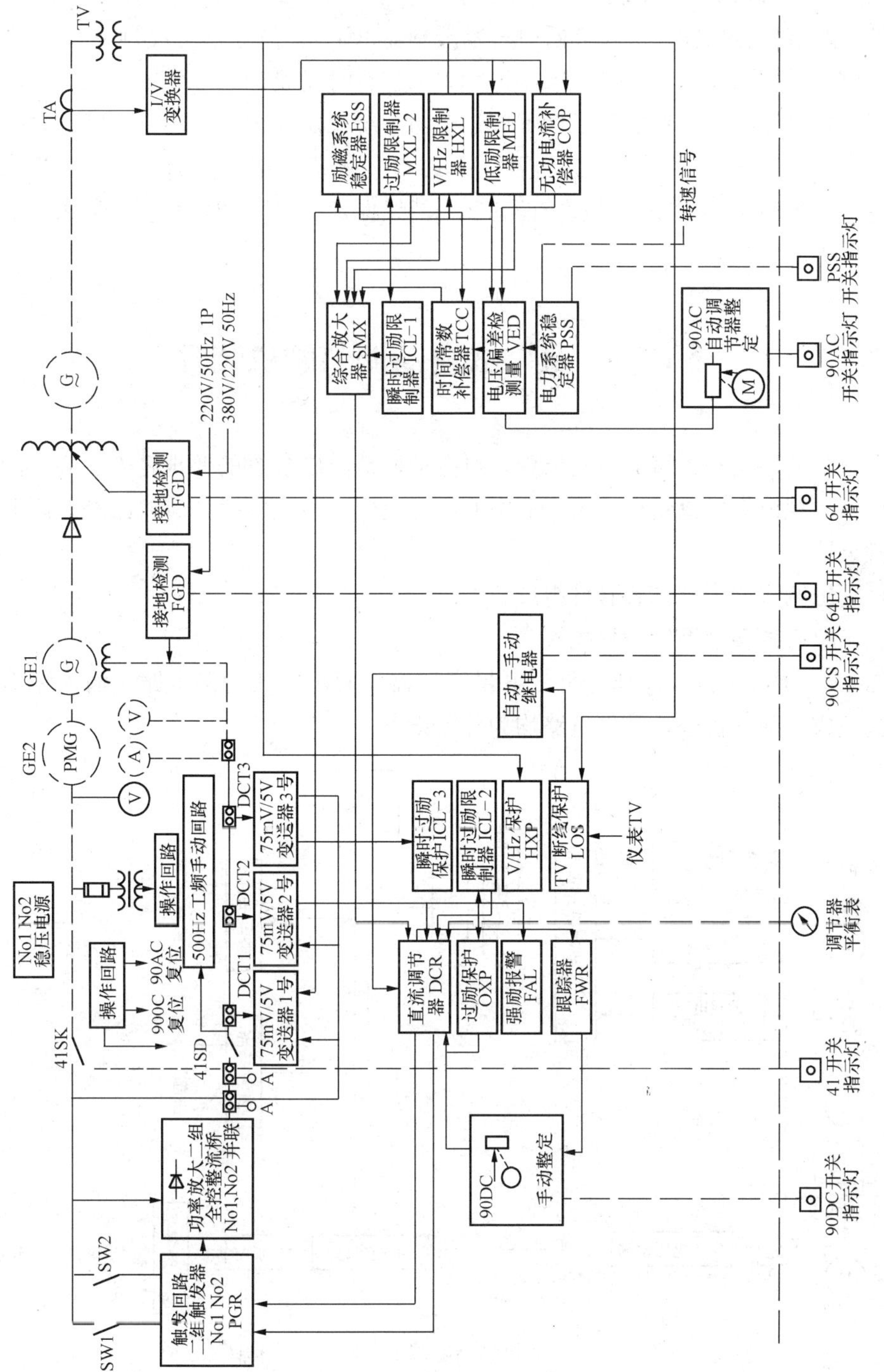

图12-50 自动调节励磁装置框图

器在“自动”运行时，通过 FWR 调整手动给定 90DC 始终与自动给定 90AC 保持一致。但在手动运行需切换到自动运行时，FWR 不能自动跟踪，必须人工操作 90AC 使之与 90DC 保持一致，即操作平衡表至零后再进行切换。

此外，调节器各保护环节，如瞬时过励限制器 ICL－2 信号亦输入 DCR 进行限制，调节器还设有强励报警器 FAL、V/Hz 保护 HXP、瞬时过励保护 ICL－3、过励保护 OXP 等。根据需要可设有励磁系统稳定器 ESS，电力系统稳定器 PSS。还设有励磁系统接地监测 FGD，包括发电机励磁系统接地监测、励磁机励磁系统接地监测。当电压互感器二次侧断线时，为了防止调节器误强励，设有 TV 断线保护 LOS，以便将调节器由“自动”状态切换到“手动”状态。

§12.6　数字式自动调节励磁装置

电力系统的发展和大型机组的出现，对自动调节励磁装置的要求越来越高。同时，随着计算机和大规模集成电路在电力工业中的广泛应用，微机励磁调节器已经逐渐取代模拟式励磁调节器。

微机励磁调节器由硬件和软件组成。

一、微机励磁调节器的硬件构成

由图 12-51 可知，硬件部分是由电量变送器、同步电压检测电路、输入输出通道电路、主机组成。除主机外，其他电路均为外围设备。

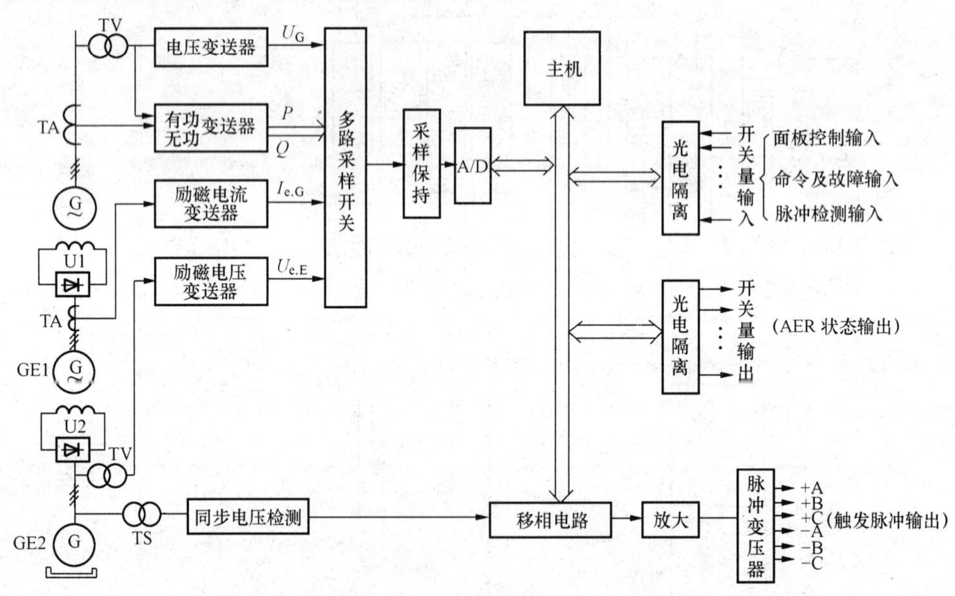

图 12-51　微机型励磁调节器硬件构成框图

（一）变送器

将各路模拟信号变换为成比例的直流模拟信号。输入的模拟量有机端电压 U_G、有功

功率 P、无功功率 Q、发电机励磁电流 $I_{e.G}$和主励磁机励磁电压 $U_{e.E}$等。

（二）同步电压检测电路

用于检测同步电压状态字和为主机提供外部中断源。

（三）输入、输出通道电路

1. 模拟量输入

将直流变送器输出的直流模拟信号经采样、保持和模/数变换器后，转换成数字量，进入数据总线，供 CPU 使用。由于多路模拟量公用一个 A/D，采用的是时分多路制原理，由多路采样开关把输入量按预定顺序接入。

2. 开关量输入

包括面板控制输入（如增磁、减磁、投 PSS 等）、命令及故障输入（如开机、停机、发电机出口 QF 等）、脉冲检测输入（检测 1～6 晶闸管触发脉冲出现信号）等，他们均通过光电隔离器进入数据总线。

3. 开关量输出

（1）调节器 AER 工作状态输出（如 AER 故障、TV 断线、励磁限制动作等），经光电隔离器输出到中间继电器和对应信号灯。

（2）晶闸管触发脉冲输出。输出的控制脉冲需经中间放大、末级放大后，才能触发大功率晶闸管以控制其输出电流。

（四）主机

由 CPU、RAM、ROM 等器件组成的主机是调节器的核心部件，根据输入通道采集的发电机运行状态变量的数值进行调节计算和逻辑判断，按照预定的程序进行信息处理，求得控制量，通过数字移相脉冲接口电路发出与控制角 α 对应的脉冲信号，以实现对励磁电流的控制。

二、微机式励磁调节器的软件

软件通常分为监控程序和应用程序。监控程序主要完成系统自检（即系统故障检测）、系统初始化、处理键盘命令、处理遥控通信接口命令，并完成终端显示和人机接口命令等功能。监控程序与励磁调节没有直接关系，但也作为主程序的一部分，编程后放置在程序存储器 ROM 中。应用程序主要是实现励磁自动调节和限制及控制等功能的程序。

三、数字移相的基本原理

（一）数字移相

数字移相是通过软件和可编程定时/计时器（如 8253 芯片）实现的。我们已经知道，三相全控桥式整流电路输出电压的高低取决于控制角 α 的大小，而 α 的大小可用触发脉冲距 α 角起始点的延时 t_α 来表示，再折算成对应的计数脉冲个数 D。α 换算为 t_α 的公式为

$$t_\alpha = (\alpha/360°)T \tag{12-26}$$

式中　T——晶闸管交流电源的周期。

如加到定时/计数器中的计数脉冲的频率为 f_c，则与 t_α 对应的计数脉冲数为

$$D = t_\alpha f_c = (\alpha/360°) \cdot T \cdot f_c \tag{12-27}$$

如果已知控制角 α（根据 ΔU_G 和 ΔQ 通过软件计算确定），用式（12-27）可求得计算机的写入数 D，在 $\alpha=0°$时将其装入相应定时/计数器中。计数器为减法计数器，计数结束时，计数器输出端输出低电平信号，经功率放大电路和脉冲变压器，形成触发脉冲，去触发相应晶闸管。

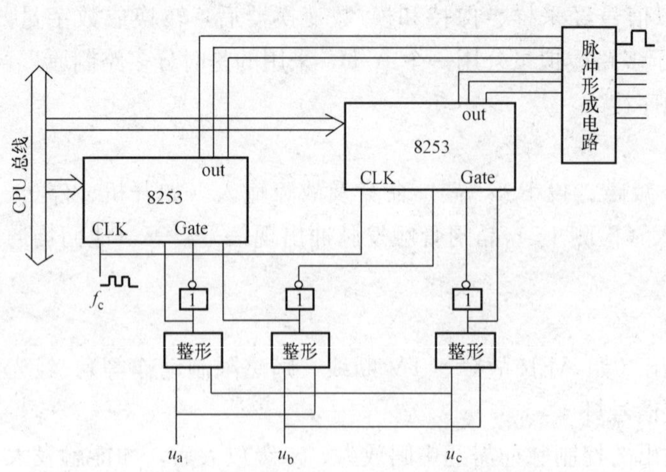

图 12-52　三相数字移相脉冲原理

（二）同步电路

同步电路的任务是将同步变压器二次侧电压整形成方波，作为定时/计数器的门控信号，指明控制角 α 的计时起始点，以触发相应晶闸管。图 12-52 所示为三相同步整形电路的例子，图中采用两个 8253 芯片、输出六个触发脉冲，作为三相全控桥的双脉冲触发，脉冲间隔为 60°。

同步电压波形如图 12-53 所示。线电压 u_{ac}、u_{ba}、u_{cb} 经方波整形可得宽度为 180°的 3 个方波，它们各自的反相器也是 3 个宽 180°的方波，这 6 个方波依次间隔 60°。它们的上升沿正好与 6 个自然换相点对应，分别接到两个 8253 芯片的 6 个 Gate 端，作为三相全控桥各晶闸管控制角 α 的计时起点，6 个输出端信号经转换后得到输出的触发脉冲信号。

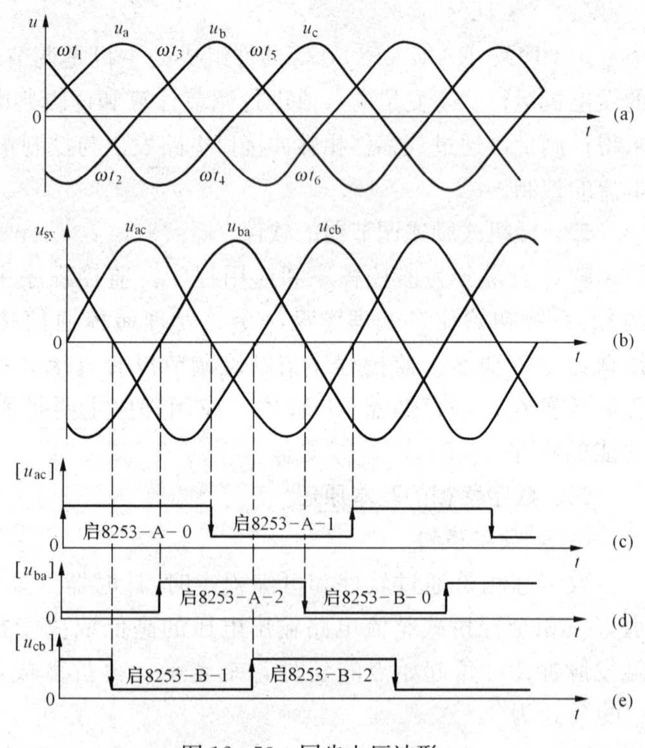

图 12-53　同步电压波形

（a）交流电源相电压；（b）晶闸管同步电压；（c）、（d）、（e）整形后的方波电压

微机型励磁调节器可以充分发挥其软件优势，无须添加硬件即可以方便实现其控制功能，且能“智能化”地计及运行中有关因素，便于实现复杂的控制方式，显示直观，通信方便，具有模拟式调节器无法比拟的优点。

小　结

本单元的重点是半导体自动调节励磁装置，难点是各单元的工作原理。

学习本单元，把握自动调节励磁的三个主要功能（①调压，②合理分配无功功率，③提高系统的稳定性），理解励磁与端电压及发电机发出无功功率大小的关系，在此基础上学习自动调节励磁装置。从外部特性看，自动调节励磁装置的作用就是当端电压下降（或上升）时，自动增大（或减小）励磁电流，以维持端电压为给定值运行。具体实施则是端电压上升（下降）时，检测到端电压发生变化，将偏差信号放大后使移相触发脉冲对应的控制角 α 增大（或减小），通过可控整流电路使整流输出的励磁电流减小（或增大）。如果改变端电压给定值或通过调差环节改变调差系数，则可以改变发电机发出无功功率大小，实现无功功率的稳定，合理分配。强励和灭磁是为了保证系统的安全、稳定运行采取的措施，前者用于发电机外部故障电压下降时，后者用于发电机内部故障时。在理解上述知识的基础上，通过大机组励磁系统实例，建立自动调节励磁系统的整体概念，了解自动调节励磁装置在实际中的运行方式、调节过程。

复习思考题

12－1　何谓励磁系统？自动调节励磁有哪些作用？

12－2　按励磁功率单元划分，励磁系统可分为哪几类？各有什么特点？

12－3　三相半控桥式整流电路中，对晶闸管触发脉冲有何要求？写出输出直流电压平均值的表达式，并画出其对应的工作特性。

12－4　三相全控桥式整流电路中，对晶闸管触发脉冲有何要求？写出输出直流电压平均值的表达式，并画出其对应的工作特性。

12－5　何谓三相全控桥的“逆变”？实现“逆变”需要什么条件？

12－6　在测量比较单元中为何要设置正序电压滤过器和多相桥式整流电路？

12－7　综合放大单元综合的信号按性质分为哪几类？各起什么作用？

12－8　说明图 12－28 触发电路中 $\dot{U}_{\alpha max}$、$\dot{U}_{\alpha min}$、$\dot{U}_{ch}$ 的作用及端子 2、3、4 的功能。

12－9　定性画出测量比较单元、综合放大单元、移相触发单元及可控硅整流桥的工作特性，并说明机端电压上升时的调节过程和调节结果。

12－10　大机组中常用的励磁限制器有哪几种？为何要设置这些限制器？

12－11　何谓调差系数，其物理意义是什么？

12－12　机端直接并联运行的发电机组对调差系数有何要求？经升压变压器后并联运

行的发电机为何应具有负调差系数?

12 - 13　为何要调整同步发电机的无功调节特性?调整的内容包括哪些?

12 - 14　在半导体自动调节励磁装置中,如何获得所需要的调差系数?如何实现无功调节特性的平移?

12 - 15　强励指标有哪两个?

12 - 16　何谓灭磁?常用的灭磁方法有哪些?各有什么特点?

12 - 17　微机型励磁调节器的主要特点是什么?

故 障 录 波 装 置

内容提要和要求

（一）内容提要

本单元内容包括故障录波装置的作用，微机故障录波装置的构成及特点。

（二）教学要求

（1）理解故障录波装置的作用。

（2）熟悉故障录波装置的基本原理。

（3）了解故障录波装置的使用方法。

§13.1 故障录波装置的作用

《继电保护和安全自动装置技术规程》规定，为了分析电力系统故障及继电保护和安全自动装置在事故过程中的动作情况，迅速判断线路故障的位置，在主要发电厂、220kV及以上变电所和110kV重要变电所，应装设故障录波装置或其他故障记录装置。故障录波装置是一种常年投入运行、监视电力系统运行状态的自动记录装置。

一、故障录波装置的作用

故障录波装置是提高电力系统安全运行的重要自动装置。电力系统正常运行时，故障录波装置不起动录波，当系统发生故障或振荡时，故障录波装置迅速起动录波，直接记录故障或振荡过程中的电气量。故障录波装置记录的电气量，反映故障录波装置安装处与系统一次值成比例关系的电流互感器和电压互感器的二次值，是分析系统振荡和故障的可靠依据。

故障录波装置的作用有：

（1）为正确分析故障原因、研究防范对策提供原始资料。故障录波装置记录的故障过程波形或数据，可以准确反映故障类型、相别、故障时电气量的大小、断路器的跳闸时间、保护及重合闸动作情况等，从而可以分析事故原因，研究防止对策，减少事故发生。

（2）帮助寻找故障点。根据故障录波装置记录的数据或波形，可以较准确地判断故障点，减轻巡线工人的劳动强度。微机故障录波装置判断故障点的误差在2%以内。

（3）帮助正确评价继电保护、自动装置、高压断路器的工作情况，及时发现这些设备的缺陷，以便消除事故隐患。根据录波资料，可以正确评价继电保护和自动装置工作情况（正确动作、误动、拒动），尤其是发生转换性故障时，故障录波装置提供的准确资料，可以帮助发现继电保护和自动装置的不足，有利于进一步改进和完善这些装置。同时，故障录波装置真实记录了断路器的情况（跳、合闸时间、拒动、跳跃、断相等），可以发现断路器存在的问题，消除隐患。

（4）便于了解系统运行情况，及时处理事故。微机型故障录波装置实时性强，能及时输出（显示）系统参数，并帮助判断事故原因，为及时处理事故提供可靠依据，从而提高了系统稳定性和供电可靠性。

（5）实测系统参数，可供分析研究振荡规律。故障录波装置可以实测某些难以用普通实验方法得到的参数，为系统有关计算提供可靠依据。在电力系统振荡时，故障录波装置可提供从振荡发生到结束全过程的数据，用以分析振荡周期、振荡中心、振荡电流和电压等问题，从而可提供防止振荡的对策。

由此可见，故障录波装置对电力系统安全运行有着十分重要的作用。同时，可加强对电力系统的认识，积累运行经验，提高运行水平。所以故障录波装置在电力系统中得到了广泛的应用。

二、故障录波装置的发展

故障录波装置已经经历了三个阶段，第一阶段是机械式故障录波装置，第二阶段是光线式录波装置，第三阶段是微机型录波装置。前两个阶段的录波装置均是利用起动元件，在系统故障或振荡时起动装置记录下故障或振荡时电气量的波形，故障录波装置也因此而得名。这种录波方式由于精度低，实时性不强，录波时间短等问题，现已基本淘汰。微机型故障录波装置是新型录波装置，适用于各电压等级的输出线路，可安装于发电厂、变电所等场所。当电力系统发生故障和振荡时，自动记录下故障类型、故障发生时间、电流电压变化过程以及继电保护和自动装置的动作情况，计算出短路点到装置安装处的距离等，并且可以通过打印机打印事故报告，通过传真或电力通信系统直接将报告传送到调度所。由于微机故障录波装置准确度高，起动方式灵活，实时性强，在电力系统中得到广泛应用。

§13.2 微机故障录波装置

一、微机故障录波装置的构成及功能

微机故障录波装置由硬件和软件两部分构成。

1. 硬件介绍

硬件结构图如图 13-1 所示。

装置采用主从分布式结构，前台工控机完成实时信号的采样及故障录波功能，后台工控机完成的主要是录波数据的分析和远传功能。

各路模拟量经交流变换插件变为 5V 弱电信号，各路开关量采样信号经过光电耦合隔离变换为高低电平，DSP 采样系统对所有模拟量、开关量进行采样，前台工控机软件以实时中断方式读取 DSP 采样数据，每次中断时间为 20ms，并以实时中断方式读取 GPS 校时

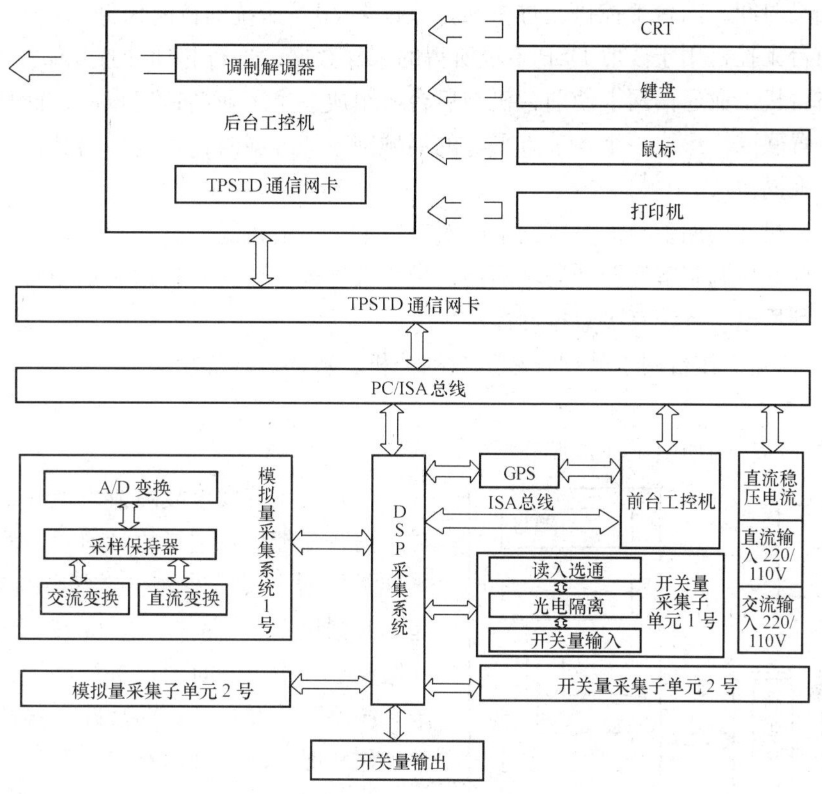

图13-1　装置硬件结构图

信息，从而完成前台工控机的采样工作。

前台工控机通过ISA总线从DSP系统中读取采样数据，同时向DSP系统发送装置运行状态信息，DSP系统驱动开关量输出以发光二极管、继电器信号等方式显示装置运行状态信息。

前、后台工控机通过两块工业通信网卡进行数据交换，后台工控机通过调制解调器经电话或电力数据网可将故障数据文件远传至上级调度。

(1) 模拟量采样保持板由采样保持电路、多路开关、16位高速A/D转换器构成，每块板包括32路模拟输入量，故两块板可同时采集64路模拟量。

(2) 开关量采样保持板可采集64路开关量，两块板可同时采集128路开关量。

(3) 开关量输出变换板以发光二极管、继电器等方式显示故障录波装置的运行状态信息，其输出的主要信息有装置部件自检信号、装置运行正常信号、故障录波起动信号、打印机电源信号，同时引出两对触点供驱动事故或预告信号用。

(4) DSP采样系统主板有两个功能：完成64路模拟量、128路开关量信号的采集工作，所得数据供前台工控机读取；按照前台工控机发出的有关故障录波装置自身运行状态的开关量输出信息，并驱动开关量输出板以发光二极管、继电器信号等方式显示装置运行状态信息。

(5) GPS校时系统接受户外GPS卫星信号，用于统一确定电力系统中各种事件发生和结束的准确时间。前台工控机通过中断方式读取GPS系统的校时信息。

（6）前台工控机用于读取DSP系统所得的采样数据、进行起动计算及保存故障数据。

（7）前台机工业通信网卡使前台机与后台机组成一个工业高速局域网。此局域网可与其他录波装置联网，形成一个各节点平等的局域网系统。同时也可与厂内其他局域网络互联，支持以太网协议。

（8）后台机通信网卡与前台机网卡配对完成前、后台机通信。

（9）数据远传调制解调器和局域网接口用于数据远方传送，适用于调制解调器经电话线传送，或利用电力系统三级数据网传送。

（10）一体化工作台用于管理、故障数据分析、数据远传等功能。

2. 软件说明

装置软件结构图如图13-2所示。

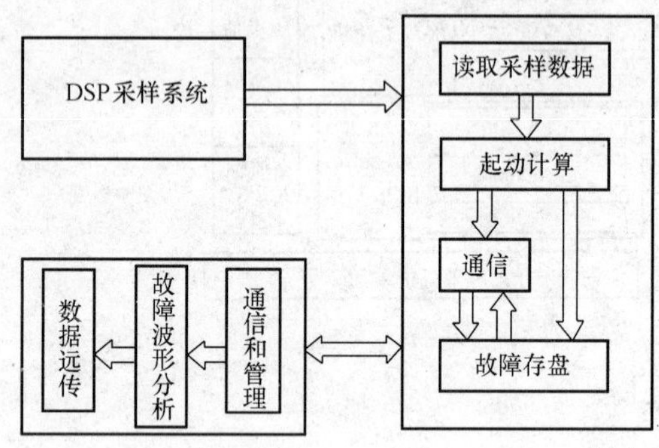

图13-2　装置软件结构图

（1）当系统发生故障或出现异常工作状况时，前台工控机将记录故障前后一段时间的各采样量数据。其软件的主要部分是起动判据，起动判据用于64路模拟量和128路开关量在线监测过程中对实时数据进行分析计算，以判定系统是否存在各种短路故障、接地故障或异常工作状况，起动判据有：

1）电气量越限起动，比如电流、电压等，包括过限起动、低限起动、突变量起动和振荡起动。

2）非电气量越限起动，比如温度等，可以经传感器变为直流信号。

3）开关量起动，用于监测断路器跳、合闸及保护装置的动作状态。

4）手动起动，用于检查装置运行状况，或监视系统正常运行时的各路电气量和非电气量。

（2）前后台机通信部分的任务是实现后台工控机对前台工控机的在线管理、维护，各采样量的实时监视、统计及故障数据文件的传送。

1）前台机采样的实时数据定时发送至后台机，以供后台机实时数据管理、画面监视，同时形成运行数据历史数据库。

2）将故障数据文件传至后台机保存，以供后台机进行波形分析、打印及远传。

3）后台机在线查看及修改前台机各起动判据的整定值，以及停止前台机软件的运行。

4）后台机在线查看及删除前台机硬盘上保存的过时故障数据文件，实现对前台机硬盘维护。

5）根据GPS校时系统，实现前、后台机时间校准。

6）后台机向前台机发送手动录波命令，以检查装置的工作状态或监测系统正常运行状况。

（3）后台工控机用于对前台工控机的在线管理及维护，并对故障录波文件进行分析、打印及数据远传至调度。一般采用 Windows 操作系统作为开发平台，提供良好的人机交互界面。后台分析软件的主要功能有：

1）波形分析。可以查看数据文件，完成数据文件到波形的转换、波形打印，对波形的分析（谐波分析、序分量分析、有功分析、无功分析、有效值分析等），根据需要对显示波形进行调整等。

2）实时监控。对电力系统各采样电气量和非电气量的运行状况进行监视，随时了解系统的运行情况。

3）报表管理。包括报表生成、预览、打印等，可以定制各类报表。

4）事件追忆。用于追忆查询每次故障发生的相关信息，可列出每次故障发生时间、种类、故障设备名称、故障文件名称等信息，并支持打印功能。

5）画面编辑。提供一个组件窗口，列出在绘制实时监视图时可能用到的各种工具组件，可以利用这些工具组件自己绘制电气图、接线图等并保存，以备实时监视时调用。

6）密码管理。在后台机分析软件系统中，有几项栏目与装置的安全运行有关，因此设置了严格的密码管理系统来防止无关人员非法操作该装置。密码管理系统是对系统中用到的所有密码进行统一的管理，包括各项密码的设置、修改和删除。

7）通道信息。数字通道信息显示各个开关量所占用的通道号、投停等信息，模拟通道信息显示各个模拟电气量所占用的通道号、模拟量信息，以供查询。

8）系统关闭。在系统关闭之前，应向前台机发送停止运行命令，在前台机停止运行后，后台机可退出运行。

9）后台机数据远传。上级调度需要故障录波文件时，可通过调制解调器经电话或网口将指定文件传送至上级调度端。

二、微机故障录波装置的特点

（1）采用分布式计算机结构，将实时与非实时任务合理分配于前、后台机，具有完善的软硬件自检功能，采用 ISA 总线结构，具有高可靠性、高抗干扰性、高数据传输率，保证装置长期稳定可靠运行。

（2）DSP 采样系统采用高速采样硬件结构。

（3）起动、计算、判据种类齐全，能有效检测各种故障及不正常运行状态，灵敏地起动录波。

（4）录波容量大，模拟量 64 路，开关量 128 路。

（5）记录时间长，并可查阅和打印输出。

（6）后台管理机采用一体化工作站，兼容性、可扩展性强。工作环境为全中文界面，并附有在线帮助，使得操作更为简单、方便。

（7）后台故障分析功能强大，不仅是校核保护动作行为是否正确的依据，而且可提供比保护更加详细的各种故障电气信息。

（8）后台机具有运行数据实时监控功能，并具有完善的运行数据管理功能，可提供各类运行记录报表并方便地查询和打印，还具有事故追忆功能，同时可远传数据至上级调度。

三、故障录波装置的应用

故障录波装置的配置应考虑便于分析事故，便于寻找故障点，便于监视系统中的主要设备。

录取量的选择包括模拟量和开关量的选择，选择哪些录取量应根据监测的电气设备的要求。一般监测的电气设备有发电机、变压器、输电线路等，所以录取的模拟量可以是与这些设备有关的电压、电流、有功、无功、阻抗、谐波分量、温度等，录取的开关量可以是重要的断路器、隔离开关及保护装置的状态等。

随着计算机技术的发展，微机故障录波装置会得到更广泛的应用。

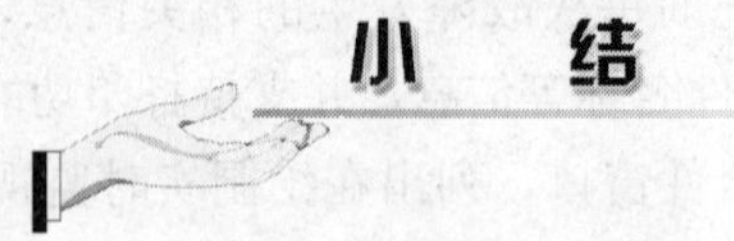

本单元的重点是故障录波装置的作用，难点是微机故障录波装置的软件功能。

学习本单元，要从系统对事故处理等需要去理解故障录波装置的作用。从装置来看，微机故障录波装置应该包含硬件和软件部分，硬件构成决定装置的性能，软件构成决定装置的功能，了解硬、软件功能相应就了解了装置的使用。

复习思考题

13 - 1　故障录波装置的作用有哪些？

13 - 2　微机故障录波装置有哪些特点？

13 - 3　故障录波装置录取量如何选择？